マイケル・L・パワー／ジェイ・シュルキン

人はなぜ太りやすいのか

肥満の進化生物学

山本太郎訳

みすず書房

THE EVOLUTION OF OBESITY

by

Michael L. Power and Jay Schulkin

First published by The Johns Hopkins University Press, 2009

人はなぜ太りやすいのか——肥満の進化生物学　目次

はじめに――ヒューマンバイオロジー、進化、肥満

ダニエル・ランバートは一七七〇年三月一三日、イングランド中部レスターに生まれた。短い人生（三九歳で逝去）であったが、ランバートはある種の有名人となった。英国王をはじめとして高貴な人々にも会った。人々は彼を見るためにお金を支払ったりもした。こんにちでもそこそこに有名である。生地レスターや、最期の地スタンフォードの博物館には、ランバートが着用した衣服や所持品が展示されている。ランバートの肖像画はスタンフォード市庁舎の市長室に掲げられ、複写は『クオータリー・ジャーナル・オブ・メディシン』誌の表紙に掲載された（図０－１）。なぜ彼はそれほど有名になったのか。一八〇九年六月二一日に死亡した時のランバートの体重は、七〇〇ポンド〔約三一七キログラム〕を大幅に超えていた。

希少なものは、価値があり望ましいものと見られることがある。「ポートリー（恰幅がよい）」という言葉がある。辞書によれば、現代語の定義は「太った」とか「ずんぐりした」であるが、古語としては「堂々とした」といった意味をもっていた。恰幅のよい紳士とは、人生に成功した裕福で堂々とした紳士を指した。その言葉は、肥満が日常的に見られるようになるまでは、誉め言葉だったのである。

肥満は現代社会に特有のものではないが、頻度は大きく変わった。肥満の証拠は二万年前にも遡るこ

（図０－１）ダニエル・ランバートは当時のイングランドで最も太った男だった．彼は人気があり，多くの人から好かれていた．死亡時の体格は身長180cm，腹囲284cm，ふくらはぎ94cm，体重335kgであった．

とができる。ドイツのヴィレンドルフ遺跡から発見された「ヴィレンドルフのヴィーナス」は、二万年かそれ以上前のものだ（図０－２）。この作品が特定の個人の模写かどうかを私たちは知らない。ただ像の細部や写実性は、作者が実際に極度に肥満した女性を見たことがあったことをうかがわせる。

歴史のなかには、極度の肥満に関する記述が多く見られる。かなり詳しい記述もある。一七〇〇年代あるいは一八〇〇年代のヨーロッパでは、極度の肥満者は、自身を好奇心の対象（珍奇なもの）として見世物にした。極端に痩せた人も「人体骨格標本」として見世物になった。アメリカのサーカスでは、人体骨格標本の男はしばしば肥満した女性と結婚していた。明らかに宣伝目的である。人体のかたちの極端な例は長く人類の間で知られている。歴史における極度の肥満例は、遺伝的、病的要因の存在を示唆する。極度の肥満者の多くは小さな頃から肥満しており、子どもの頃にすでに数百ポンドもの体重があったという例が多い。

なぜダニエル・ランバートは肥満になったのか。その理由はわからない。若い頃から大柄な人だった。しかしそれは背が高く、堂々としているといった意味であり、必ずしも太っているということではなかった。身長は一八〇センチあり、例外的というほどではなかったが当時のイングランドでも高い方だった。五〇〇ポンド以上のものを持ち上げられるという評判をもった、強く、活発な若者だった。同時に優秀な水泳選手で、レスターの若者たちに水泳を教えていた。二一歳の時にランバートはレスター郡の矯正院の看守仕事を父から引き継ぐ。事務仕事にも長けていた。仕事熱心ではあったが、実際の業務はあまり激しい身体活動を必要とするものではなかった。ランバートは、タバコを吸いながらビルの前に座って大半の時間を過ごしていたという。

その生涯で、ダニエル・ランバートはイングランドで最も太った男として知られた。それはしかし、悪口ではなかった。彼の巨大な体格と体脂肪量は好奇心の的だったが、彼に対する人々の気持ちは肯定的だった。彼は生ける謎だった。彼と年老いたジョゼフ・ボルワスキ伯爵との出会いは、世界で最も大きな男と最も小さな男という有名人同士の遭遇となった。ダニエル・ランバートの肖像は政治的風刺画にも使われたが、たいていはイングランドの偉大さを表すものとして使われた。文学作品のなかにも彼らしき人が出てくる。ウィリアム・メイクピース・サッカレーの『バリー・リンドン』や『虚栄の市』、チャールズ・ディケンズの『ニコラス・ニクルビー』である。彼の名前は「大きい」ということを暗示するようになった。この場合も肯定的な意味であった。現在でも彼の名前を冠したパブや居酒屋がある。彼の大きな体がおいしい食事と飲み物を想起させるからだろう。皮肉にも、ダニエル・ランバート自身の食事量は普通であった。酒はビールさえ飲まなかったという。

（図0－2）ヴィレンドルフのヴィーナスは2万2000年以上前のものである．この像は，その時代にもヒトの肥満が存在したことを示唆する．

友人たちはダニエルに親愛の情を抱いていた。死に際して、友人たちは彼の愛すべき体格と性格に対する賛辞を刻んだ墓石を寄贈した。

高貴で友好的な魂の持ち主である自然の驚異、一人のレスター人ダニエル・ランバート、比類なき偉大な男の思い出として。ふくらはぎの周囲は九四センチ、腹囲は二八四センチ、体重三三五キロ。一八〇九年六月二一日、彼はその人生を終えた。享年三九。

彼への尊敬の証として、この墓石は、レスターに住む彼の友人たちによって建立された。

彼に対する現代的な感情に、そうした思いやりはない。墓石には、スプレイで「でぶ」という文字が噴きつけられた。

ヒューマンバイオロジー

本書はヒトの生物学（ヒューマンバイオロジー）についての本である。一冊の本で扱うには大きすぎる主題である。ヒューマンバイオロジーに関するさまざまな側面を扱うとすれば、何冊もの本が必要になる。このような言葉で本書を書き起こしたのは、本書がよくある肥満の本とは違うということを強調するためである。確かに、私たちは「肥満の流行」を見ていく。当然、過剰な脂肪蓄積による健康被害についても議論する。食欲やエネルギー需給、摂食行動に関連する生物学についても検討する。しかし、肥満そのものに焦点を当てることは多くない。むしろ肥満を、ヒトの生物学や、生物と環境の相互作用を解明するための例として取り扱う。本書は、どのようにすれば肥満を予防できるか、肥満を「治療」できるかといった問題に解答を与えるものではない。ヒトがなぜ、そしてどのように肥満になるかを理解しようという試みなのである。そうした理解なしに、個人の肥満を改善しようという試みは、失敗しないとしても問題の多いものとなるだろう。

著者らの見解は、肥満の増加は、ヒトという種の適応的生物学的特性と現代という時代環境との間のミスマッチに起因するというものである。現代という時代環境は、ヒトが進化してきた環境から劇的に変化している。好悪にかかわらず、私たちは種としての生物学的過去をもっている。生物学的過去は、種としてのヒトが環境変化にどう対処してきたかにかかわらず、今ある環境への反応に影響を与える。著者らは、こうした考え方がヒトの肥満を理解する際に決定的に重要だと考えている。一方こうした考え方は、現代社会における健康問題を考える上でも重要である。現代病の多くは、少なくとも部分的には環境に対する生理的不適応に関連している。

肥満は、こうした考え方に格好の例を与える。脂肪を体内に蓄えることは適応である。脂肪は生きるために必須であり、ヒトは脂肪を蓄えるように進化してきた。たとえばヒトの赤ん坊は、哺乳類のなかで最も脂肪を多く蓄えている。新生児の脂肪の多さは、種の生存と関連している可能性がある。瘦せすぎは、病気や死亡のリスクを増加させ、少し余分な体重は私たちを病気から守るというのは、古くからの共通認識であった。最近の疫学的研究はこうした過去の伝承的知識が正しいことを示す。過剰体重は、ある種の疾患の死亡率を下げる要因にも、別の死亡リスクを増す要因にもなりうる。体内の余剰脂肪は、両刃の剣である。

過去、脂肪量の増加は主として外部環境によって制限されてきた。生態学的視点からすれば、ヒトの生活は厳しく、食糧は乏しかった。摂食の生物学には多くの考え方が存在しているが、その見方はしばしば、動物は限界まで食物を摂取するという前提を置く。動物は、食糧入手の効率を向上させ、摂食の動機を上げるよう進化してきており、食物摂取の制限は基本的に、環境が個体に課す外的なものだったという考え方である。これは、実験室における生理学者の視点とは異なる。生理学者は、食物摂取は恒常性を維持するために働く内部機構によって制御されると考える。その考え方に従えば、動物はそこに食物がある限り食べる存在としては扱われない。食べることへの動機は体内の状態によって異なるからである。場合によっては、摂食が忌避されることもある。ふたつの考え方はどちらも真実を含んでいる。これらの考え方を組み合わせることが最も道理にかなうと著者らは考えている。

必要なエネルギー支出を賄うために恒常的に努力しなくてはならない状況下で種が選択する適応は、摂取エネルギーが支出エネルギーを日常的に上回る状況下で見られる適応とは異なるに違いない。食物摂取に制限がある場合の適応は、摂食のための動機づけを高め、消費エネルギーを低下させる方向へと向かう。一方、偶然、過剰な食物に巡り合った時のそれは、体内にエネルギーを蓄積する方向へと向かう。食物が豊富にあるという、季節的な、あるいは気まぐれな機会はどの自然環境でも見ることができる。加えていえば、食物に制約がある環境下でさえ、短いながら、多くの動物が過剰な食物に恵まれる期間というのもよく見られる現象である。動物が自らの体重より重い獲物の肉を食べることもある。食物摂取の内部調整は常に重要な問題になるだろう。食べるということに関しては、外的制約がある一方で内的制約も存在するのである。

現代の生活は、人類祖先が長く経験した生活とは異なる。食物は豊富で、それを得るための長期間にわたる努力は必要ない。もちろん、すべての人に当てはまるわけではない。世界には今でも、十分な食糧を得るために厳しい労働が必要な地域もある。事実、主食となる穀物価格の高騰は、大きな政治的緊張や暴動を引き起こす。安価に食物が入手できる時代は終わり、世界の多くの地域で貧しい人々が悲惨な結末を迎える時代が到来すると警告する経済学者もいる。にもかかわらず、過去数十年間私たちは、現代という環境のなかで過剰な脂肪を捨てようと努力してきた。肥満は新しい問題ではない。しかし、人口の三分の一が肥満であるような国が出現するのは、極めて近年の出来事なのである。それが著者らの関心でもある。生物学は、そうした関心に対する理解の手段を提供してくれる。

脂肪の生物学

本書では、かなりの部分を脂肪の生物学に割く。つまるところ肥満とは過剰な体重ではなく、過剰な脂肪の問題なのである。ヒトの体内で脂肪が果たす役割と、過剰な脂肪が引き起こす代謝と、その結果に対する私たちの理解は大きく変わった。これは生物学研究における刺激的な分野のひとつである。

脂肪の大半は脂肪組織に蓄えられる。脂肪や脂肪細胞に対するこれまでの理解では、「蓄える」という言葉は最も適切な言葉だった。脂肪組織は脂肪を蓄える場を提供し、脂肪はエネルギーを効果的に蓄えるための手段であった。消費エネルギー以上のエネルギーは脂肪として脂肪組織に蓄えられ、食物供給が不十分になったときに動員され、消費される。適応的なシステムである。もちろん、脂肪には他の生物学的役割もある。脂肪はヒトの体に必須である。ヒトと似た意味、あるいは異なる意味の双方で、脂肪は他のすべての動物にとって重要である。海洋動物では、皮下に蓄えられた脂肪は断熱材として働く。水は優れた熱伝導体であり、空気の二五倍の速さで熱を奪う。海洋動物の脂肪は、その断熱性によって、熱を保存する機能を果たしている。

脂肪は適応的目的をもつと考えられている。従来の考え方では、脂肪と脂肪組織は受動的なものとされていた。脂肪は正のエネルギー需給、すなわち、消費量を摂取量が上回る結果蓄えられるもの、あるいは重要かつ必須の静的機能を果たすために計画的に蓄えられるものと考えられており、脂肪組織は代謝的に活発なものとは考えられていなかった。

しかし今や脂肪や脂肪組織に対する考え方は大きく変わった。脂肪組織が生理や代謝の調節装置であり、エネルギー需給の単なる結果ではないことは、すでに明らかになっている。脂肪組織は数多くのペプチドやステロイド、さらには免疫機能をもつ分子を産生し代謝している内分泌組織なのである。肥満がもたらす健康上の帰結の多くは、この内分泌器官、あるいは免疫器官としての脂肪の代謝作用が過剰になったことによる。つまり、生理機能の均衡が失われたということなのである。

なぜ私たちは脂肪を蓄えるのか？　単純な答えに、ある一定期間内に、消費するより多くのカロリーを摂取するからというものがある。この単純な答えは正しい。しかしこの単純さの背後には多くの複雑さが隠れている。エネルギー代謝を理解することは、肥満を理解するための必要条件である。そしてエネルギーと代謝は、どちらも複雑で根源的な概念である。どのように代謝と行動が結びつくか、それによってさらに複雑さは増す。確かに脂肪の蓄積は、摂取が消費を上回ることによって起こる。しかしその起こり方は千差万別なのである。

生物学の時代

一九〇〇年代初期から半ばにかけては、科学的発見の多くが物理学上の発見だった。相対性理論、量子力学、質量とエネルギーの等価性、原子爆弾、月面着陸、膨張する宇宙――これらは私たちの世界観を劇的に変えた。一九〇〇年代後半には、情報技術（ＩＴ）とマテリアル・サイエンスが最も大きな影響を与えた。古い汎用コンピューターより大きな計算能力を備えたパソコン、図書館全体を保存することが可能な記憶媒体、プラスチックや他の合成材料、私たちの生活を変えたインターネット。そして今、二一世紀の始まりにあたって、生物学の知識が過去に興隆した諸科学に匹敵するような影響力をもって台頭しつつあるように見える。遺伝子が解読され、クローン動物が誕生し、生命の構成要素が、五〇年前には想像できなかった多様で強力な技術を用いることによって調べられている。新しい発見の後には、生命の複雑さへの打ちひしがれるような理解が訪れる。魅力的で胸躍るような発見はしばしば、人類がこれまで真実だと思ってきたことが、じつは無知と短絡の産物であったこと、せいぜい全体のごく一部でしかなかったということを教えてくれる。

現代の生物学研究の道具箱にある道具は、驚くべきものである。「ノックアウト動物」を考えてみよう。ノックアウト動物とは、ある特定の遺伝子を欠損させたり不活化したりした遺伝子改変動物をいう。こうした動物は、欠損もしくは不活化した遺伝子が本来産生すべきペプチド〔明確な区別はないが、通常、アミノ酸が五〇あるいは一〇〇個以下をペプチド、それ以上をタンパク質ということが多い〕を産生できない。それによって、興味深いが、しばしば直感と異なる結果がもたらされた。

たとえばオキシトシン欠損マウスは、オキシトシンの欠損が出産に何らかの不具合をもたらすという予想の下につくられた。オキシトシンは、子宮の収縮を刺激するホルモンである。オキシトシンが分泌されると出産が誘導される。だからオキシトシン合成能力を欠いた哺乳動物は、妊娠期間中に困難に直面すると思われた。しかしこのマウスは、正常マウスと比較して妊娠期間が異なることもなく、極めて普通に出産をした。マウスの赤子は健康に生まれた。しかし、生後すぐに死亡した。母親マウスの育児行動は正常だったし、オキシトシン欠乏は妊娠過程に明らかな影響を与えなかった。しかし母乳分泌は上手くいかなかった。そのため赤子は母親の乳が飲めず餓死した。哺乳類では、生殖のさまざまな場面において、オキシトシンが必要かつ必須な役割を果たしていると考えられていた。しかし実際は、分娩、育児行動、母乳分泌のうち、母乳分泌機能だけに決定的な影響を与えていたのである。

オキシトシンと肥満には、何らかの関係があるのだろうか。実際にはそれほど関係はない。しかし、本書でくり返し現れる主題や原理の例として、ここでオキシトシンを取り上げた。生物は進化するシステムともいえる。進化はしばしば、機能の冗長さと重複をもたらす。動物は必須と考えられている要素の欠損さえ代償する。大半の代謝経路は複雑で、その多くは代替可能だ。

進化は、オキシトシンのような強力な情報分子を生み出した。情報分子は無限ではないが数多く存在する。大半は進化的に古く、すべての脊椎動物といくつかの無脊椎動物に見られ、体内で多様な機能を果たす。それらの遺伝子はしばしば複製され、複製された遺伝子は変化し、適応のための独自の進化をした。そうした分子とその受容体は、複数の、しばしば重複した機能をもつ。

研究者は常に新しい情報分子を発見している。また、すでに発見された情報分子に新たな機能と複雑性を見つけ出してもいる。進化の原則と過去の教訓から、以下のような予想が成立する。新たな分子が発見されるたびにその機能の解明が促され、こうして分子についての知識が広まることで、さらなる機能が発見される。機能は組織によって異なり、生理や内分泌、代謝に関わる他の分子との関連でも異なる。さらにある種の代償機能も、そうした文脈のなかで見られることになるだろう。

進化の視点から見たヒトの肥満

本書の目的のひとつは現代人を肥満にさせるような生理現象と行動の、進化的、適応的起源を探ることにある。これは、全く新しい考え方というわけではない。これまでにも多くの研究者によってさまざまな文脈で仮定されてきた。たとえば「倹約遺伝子」という言葉は、過去において食物供給が不安定であったために、ヒトが食物不足に適応するように進化したという考え方に基づくものである。もともと倹約遺伝子の概念は、インスリン抵抗性という現象を適応的視点から考察した際に考えられた。予測可能であれ不可能であれ、食物供給の減少は、体の組織を飢餓から守るために脂肪蓄積という代謝的適応を促す。興味深いことに、冬を迎える前にエネルギー貯蔵を増加させる動物のエネルギー代謝の変化は、II型糖尿病によって引き起こされる変化とよく似ているという。インスリン抵抗性は、脂肪酸の脂肪組織への正味の流入を通して脂肪の蓄積をもたらす。食物が乏しい時期を生き延びるための適応的反応として、食物が豊富な時期を利用する能力の強化が奏功した、と仮定することは合理的である。体内に十分量の脂肪を蓄える能力は、こうした適応の一例である。

だからといって、肥満そのものが適応的だといっているわけではない。本書の主題は、ヒトの肥満は、現代的生活環境に対する不適応反応であるということである。霊長類ヒト科の私たちの祖先は、腐肉採集者から狩猟採集者、そして農耕民となり、その子孫は今、ファストフード店の上得意である。進化の結果としての生態と現代生活の間にはミスマッチが存在する。脂肪蓄積という過去に利点であったことが、こんにち、重要な不適応をもたらしているのである。

進化的視点は、個人的あるいは社会的レベルで肥満を減少させるための努力にどのように貢献するだろうか。本書では、肥満を病理と見るか、不適応と見るかの間に大きな違いがあると考えている。ふたつの視点は、ともに肥満に対するある種の洞察を与えてくれるし、人々が自らの体重を管理するための有益な戦略を提供する。

ホメオスタシス、アロスタシス、アロスタティックロード

ホメオスタシス〔恒常性〕は制御生理学、とくに生物医学における中心概念である。肥満は体重のホメオスタシス維持の失敗と考えることができる。より正しくは、身体エネルギー全般についてのホメオスタシス維持の失敗といえるかもしれない。体内の生物学的機構は体重そのものを監視しているわけではない。

したがって体重ホメオスタシス論で微妙なのは、体内に蓄えられたエネルギーが絶対的なパラメータであるという議論である。エネルギーの大半は、脂肪組織に脂質というかたちで蓄えられる。摂食における脂肪定常説〔詳しくは九五頁〕はここに由来する。脂肪定常説の単純で簡潔な解釈は、総脂肪組織量は、食欲とエネルギー消費に影響を与える生理上、行動上の適応によって規定されているというものである。肥満は究極的には脂肪蓄積に由来する。したがって定常説では、肥満を脂肪定常機構の失敗として定義し、それは肥満を病理として定義することになる。

脂肪定常説は、恒常性という枠組みのなかで扱う限り適切であるが、進化的視点から見ると、あまり意味がない。ヒトの祖先が、食物供給の変化による体重増減をどの程度経験したかは明らかでない。し

かし野生動物の大半は日常的に体重、とくに脂肪の増減を経験する。そうした増減はヒトでもしばしば見られたに違いない。それは合理的な仮説だろう。野生動物は厳密な意味で、恒常的ではありえない。むしろ動物は状況に合わせて、あるいは変動を予期することさえして、自らの状態を変える。生理調節のこうした側面をアロスタシスと呼ぶ。鍵となる考え方は、動物は生存（遺伝子を次世代に伝える）能力を高めるために自らの生理を変える、ということにある。生理的な調整は進化的適応に資するのだが、ホメオスタシスはそうではない。ホメオスタシスが変化に対する抵抗を通じて生存能力を高める調整である一方、アロスタシスは変化によって生存能力を高める調節ということができる。このふたつは、生理調節を通して動物が環境への順応を達成するための異なる方法を述べたものにすぎない。

ホメオスタシス的パラダイムは、動物が生き残るために、厳しい制限のなかで維持されるべき重要なパラメーターとしてはよく成立する。しかし多くの栄養素が、人類の生存（遺伝子を次世代に伝える）の重要な局面において、必ずしもこの枠組みに合致するわけではない。体脂肪においては、その下限値がヒトの生存にとって重要な一方で、上限についてはずっと制約がゆるい。しかしそれは、体重にはホメオスタシスが存在しないとか、脂肪蓄積がある程度までは防衛されるという考えが誤りだということではない。ヒトの恒常性は明らかに、脂肪の蓄積より消失に対して抵抗的である。

進化の歴史において、脂肪蓄積に寄与する生理や代謝と、痩身維持に寄与する生理や代謝の帰結の間には非対称性が見られる。過度でない脂肪の蓄積は不利益より利益が多い。こんにち、私たちが見ている過度の脂肪蓄積による不利益の大部分は、かつては外的制約のために覆い隠されていた。言い換えるならば、人類は過去の大半において、エネルギー消費を削減し、カロリー摂取を増加させる仕組み（それは近代的な仕組みである）を欠いていたということになる。エネルギー収支に関する制約は、内部に存在すると同時に外部にも存在するのである。

技術と社会の進歩によってこうした外部制約は緩やかなものになってきた。その結果、ヒトの内部制約がいかに貧弱かがわかってきた。健康な範囲内で、長年にわたって、あまり変化なく肥満状態を維持する人は少なくない。ヒトは多様である。進化した種の特性のひとつといえる。

肥満が引き起こす病理は、部分的には、過剰な脂肪組織が引き起こす代謝異常を反映している。アロスタティックロードという概念は、生物の生理機構は有限で、その拡大適応は結局、機構そのものを消耗させるということを教えてくれる。通常、適応反応は、機能の背後にある病理にまで広がる。肥満は炎症指標とも、ホルモンの均衡不全とも関連している。こうした代謝の異常は脂肪の大幅な増加によって他臓器とのバランスを崩した脂肪組織の正常な機能に、直接的あるいは間接的に由来している。脂肪組織は、大きくなったり小さくなったりする内分泌器官であり、その意味で可変的である。しかし、今私たちが目にしている肥満の程度は、内分泌器官や免疫機能としての正常な範囲を超えている。それが問題なのである。

本書の構成

肥満の問題を調べるための方法は数多くある。栄養、エネルギー、内分泌、生殖、消化管生理、神経内分泌、心理。これらはすべて、ヒトが肥満になりやすいということを理解する上で欠かせない。また、生物学の一部でもある。本書でそのすべてを論ずることは望むべくもない。この物語に、始めも、中間も、終わりもないとすれば、私たちは可能な限り一貫した理論でそれらを提示することに最善を尽くすしかない。

最初の章では、肥満の流行は本当に存在するかという問題を検討する。つまり、過剰体重あるいは肥満の割合は、本当に急増しているのか。もしそうであれば、そうした変化がもたらす健康問題は「流行(エピデミック)」という言葉を使うほど容易ならざる事態かということを検討する。証拠を集めた上で、エピデミックという言葉が少なくとも広い意味で適切であると確信する理由を説明する。

著者らは、そうした健康問題への言及が特定の人々に対する意図せざる危害をもたらす可能性についても知っている。しかしこれまでの研究成果は、過剰な脂肪組織に由来する病気は増加していること。現在世界中で、肥満が人類の死亡や病気に関連する最も重要な要因のひとつになっているということ。さらには、肥満とそれに関連する病気は将来にわたって増加し続けるであろうことを示している。肥満が現代の健康危機を代表するか否かはわからない。しかし、より深い理解が必要な問題であることは間違いない。

第2章では、二〇〇万年前からのヒト進化の道筋をたどる。祖先の体格、消化管、脳の容量を時間とともに、それがどのように変化したか、あるいは変化しなかったかを見ていく。かといって、それは古人類学への入門を意味するものではない。本書の野心的な試みにおいて、各章はそれぞれ独立した本に発展しうる。ただし第2章における進化の探究は、代謝と摂食生物学に重大な影響がある範囲にとどめた。

ヒトが何を食べるかにかかわらず、食べるということの興味深く、他の動物と異なる側面は、私たちが「食事」をとるということにある。それは「食卓に出された食物、着席して食べる食物、食物を食べる習慣的な時間」といった辞書上の定義のことだけではない。そうした定義は、ヒトの摂食行動が他の動物とどれほど異なるかについての興味深く重要な含意をもつ。ヒトの摂食行動は、私たちに最も近縁のヒト以外の霊長類の摂食行動とも異なる。野生世界では、ヒト以外の霊長類は食事をするというよりむしろ、放牧家畜に近い。「食事」の特性は、それが、栄養学的意味以上に、むしろ社会的意味と目的をもつということにある。食べ物は、カロリー以上のものなのである。ヒトにとって食べるということは、社会的行動と切り離せない。

第3章では食事の発展を検討し、それがヒトにとって最も重要な行動学上の変化のひとつであったことを論じる。食事をするという、社会的、政治的、あるいは性的な意味さえもつ行動は、ヒトの知性を増加させてきた。そして重要な選択圧として、ヒトを特徴づける脳の大きさを増加させる原動力のひとつにもなった。食事という行動はまた、栄養を摂ることと「食べる」ことを分離する。食べるという行為はもはや、厳密な意味で栄養を獲得するという動機にはかならずしも由来しなくなっている。栄養を得るという以上に、ヒトは心理的要因によっても食べるのである。

第4章では、ホメオスタシス、アロスタシス、アロスタティックロード、そしてミスマッチ・パラダイムについて議論する。ヒトは、ヒトが進化した環境や状況から大きく乖離した環境や状況のなかでさえ生存する素晴らしい能力をもつ。一方でこの能力ゆえにヒトはしばしば、進化の結果獲得した適応的反応と環境との間に起こるミスマッチを経験する。これがミスマッチ・パラダイムであり、進化医学の重要な概念となっている。ミスマッチ・パラダイムはヒトの肥満にも関連する。進化が未来を予想することはない。適応反応は、過去の課題に対する解決策にすぎない。この章で私たちは、過去の適応が現在の病因となっているいくつかの例を挙げ、その基礎にある理論を考察する。

第5章では、第2章から第4章にかけて見てきた事例から、現代環境を見ていく。ヒトの進化の道のりと現代の環境の間のミスマッチはどこにあるのか。現代の肥満流行の近因は何か。食物や活動量、構築環境、睡眠様式を検討する。ここではまた、腸内細菌叢についても議論する。

第6章ではエネルギーと代謝について述べる。肥満はある一定以上の期間にわたって、消費エネルギーより摂取エネルギーが大きい時に起こる。エネルギーと代謝は、複雑で、しばしば混乱する概念である。この章では、生物が従う熱力学の原則についても触れる。異なる種類のエネルギーについて検討し、それがどのように生物によって消費され、研究者によって測定されているかを見ていく。鍵は、代謝は制御されるということである。直感的には明らかであるにもかかわらず、エネルギー代謝におけるその意味は、しばしば見過ごされてきた。エネルギーの摂取と消費は理論的には単純であるが、実際の生理においては非常に複雑である。摂取カロリーを減らし、消費カロリーを増やすという減量法を続けるのは、代謝的、適応的な理由からも容易ではない。

第7章では、食欲や満腹感を調整するために消化管と脳を結び、行動と消化を調整するホルモンである脳腸ペプチドについて述べる。またここでは、代謝を調節するために、細胞から細胞へ情報を運ぶ情報分子についても論じる。ペプチドとステロイドは情報分子の一例である。情報分子の起源は古いものと考えられている。すべての脊椎動物に存在し、非脊椎動物から見つかる場合もある。こうした情報分子の機能や調節を進化的視点から議論していく。さらに、脂肪組織から脂肪量に比例して分泌されるペプチドであるレプチンについても検討する。

食物摂取とエネルギー消費に影響を与える、代謝、もしくは内分泌の「シグナル（信号）」が存在する。第8章では、こうしたシグナルのいくつかについて、またそれらが中枢や末梢で食物摂取とエネルギー消費に与える影響について検討する。個人間の代謝の多様性は、消化された脂肪が酸化され脂肪組織に蓄えられる量に影響を与える。糖と脂肪酸の代謝能力の個人差は、肥満に対する脆弱性とも関係する。それに対しては、行動もまた重要な役割を演じている。食欲や満腹感を仲介する神経回路は、肥満に対する理解を助ける。簡単にではあるが、この章では、脳全体に広がる神経回路についても記述する。摂食行動に関して重要であると考えるからである。

動物は予想する。生理は単に反応的だというわけではない。それは生命維持上の必要に対応して、または必要を見越して変化する。これは、摂食に関わる生物の適応についても当てはまる。パブロフの研究から、脳相という考え方が生まれた。脳相とは、見た目、匂い、味など食物の様相に対する中央集約的な反応で、それが食物摂取、消化吸収、代謝に対する準備となる。第9章では、この予測的反応とそれに関連した主題、たとえば味覚と生物学についても述べる。

生きるためには食べなくてはならない。加えて、内部環境は限界域値内に収まっていなければならず、それについては臨界値が存在する。そうでなければ、健康は阻害される。食べることは、生命を維持するための材料を提供する一方で、ホメオスタシス維持の攪乱にも寄与しうる。満腹感のひとつの機能は、食べることを制限することによってホメオスタシスを維持することにある。第10章では、食欲と満腹に、摂食のパラドックスがどのように影響を与えるか、あるいは摂食の制限が、少なくとも短期的には常にエネルギーバランスに関わるわけではない、ということを見ていく。

第11章では、脂肪の生物学について述べる。肥満は体重の過剰ではなく、脂肪の過剰を指す。一般に、肥満がもたらす健康上の帰結は、体重の過剰によってではなく、脂肪組織の過剰によってもたらされる。脂肪組織は代謝調節因子でもある。過剰な脂肪組織は、代謝や生理活動を阻害する。正常範囲を超えた生理活動は、病的状態を引き起こす。アロスタティックロードと呼ばれる概念である。たとえば肥満は、炎症性ホルモンや炎症性サイトカインの分泌を増加させる。炎症性のホルモンやサイトカインの多くは脂肪組織で産生され分泌される。脂肪組織が体内に占める割合が過剰になれば、脂肪組織自身の正常な機能も阻害される。

反応は男女で異なる。そこには生物学的理由が存在する。第12章では脂肪の生物学における性差を検証する。こうした違いの多くは適応的変化の結果である。脂肪は女性の生殖に重要な役割を果たす。たとえば母体は、胎児の身体構成とある種の相関を示す。興味深い事実として、ヒトの赤子は哺乳動物の赤子のなかで最も脂肪に富んでいるということがある。ヒト以外の霊長類と比較してもそうである。この赤子における豊富な脂肪は、出産後の赤子の脳の成長に必須だった可能性が高い。そうした赤子の豊富な脂肪を担保するために、母親の脂肪も増加したのかもしれない。第12章では、脂肪と脂肪組織から分泌されるホルモンの一種であるレプチンと生殖の関係、女性の生殖への脂肪の関与、男性の生殖力といったことに焦点を当てて検討する。ただし、肥満が生殖に有利だといった議論ではない。肥満は男性にも女性にも有害な生殖上の問題をもたらす。しかし、それは過度の痩身も同じである。過去においては痩身人口の方が優勢だっただろう。ここで検討するのは、肥満、レプチン、性的成熟、生殖機能そして出産の相互関連である。

肥満に対する脆弱性には遺伝的要因もある。身体の大きさは遺伝する。しかしいくつかの稀な単一遺伝子の突然変異を例外として、肥満の遺伝リスクは十分に理解されているとはいえない。肥満に感受性であるかもしれない遺伝子の数は多いが、遺伝子と環境の間には複雑な相互作用がある。その複雑な相互作用が肥満の原因である。第13章では、肥満と遺伝子の相関や、肥満と肥満関連疾患に対する脆弱性の、集団による違いを検討する。現地食物への適応の結果ということもあるかもしれないが、ヒトの地理的集団間の違いの多くは突然変異の蓄積の違いによる。にもかかわらず、肥満感受性に影響を与える要因は、ヒトが過剰な食物を摂取するようになるまで明らかにはならなかった。

こうした問題を探索するためのデータは乏しい。しかし、ヒトの肥満に対する感受性を理解することは重要である。体重増加に影響する遺伝子は多い。遺伝子には多型が存在し、その分布は一様ではない。肥満に対する感受性や肥満の程度による健康上の帰結や、ボディマス指数（ＢＭＩ）との関連、脂肪の分布、代謝燃料としての脂肪を使う能力には人種や民族による違いが見られる。人種は、遺伝的差異の指標としてはあまり良いものではないが、こうしたことに遺伝的多様性が関与していることは確かであろう。

第13章では、子宮内でのプログラミングという現象について検討する。出生時体重と成人肥満のリスクの間にはU字型相関が見られる。低体重も肥満もともに、将来の肥満リスクとなる。著者らは、出生時低体重と後の肥満の間に見られる関係について、進化的に説明しようとする倹約遺伝子仮説には批判的である。仮説にはいくつかの欠陥がある。一方で、子宮内環境と、その後における代謝や生理、健康問題に何らかの関係があるということはおそらく正しい。

結論の章では、私たちが提唱する進化仮説を要約する。ヒトにおける脂肪量の増加は、大きな脳を支えるために起こったという仮説は正しいと考える。この仮説は、ヒトの赤子が脂肪に富むという事実や、脂肪に富む赤子を出産するために女性は男性より脂肪に富む傾向にあるという事実を説明する。もちろん、それが唯一の選択圧だったわけではないだろう。病原体の増加は、とくに乳児期において、ヒトの脂肪蓄積に重要な役割を果たした可能性がある。多くの病気、とくに消化管の病気に対して余分な脂肪をもつこと（長期間食物なしでも生存できる能力）は適応的だったに違いない。人口密度の増加、農耕と野生動物の家畜化の開始――これが新たな病原体とヒトの接触を増加させた――以降の人口増加は、新たな病原体をヒト社会にもたらした。仮説を支持する証拠として、ヒトの母乳には、これまでに調べられたどの動物の母乳より多くの抗微生物活性をもつ分子が含まれているという事実がある。ヒトの赤子が、多くの病原体に暴露されてきた結果だと考えられる。

食物入手における制約と、入手には高いエネルギー消費が必要だったというふたつの制約のために、肥満は制限されてきた。一方で、痩身でいるということには、そうした制約がなかった。そこには強い非対称性が存在した。すなわち、環境は痩せ遺伝子を選択する圧力を低くし、稀な場合に限られたが、可能な場合には脂肪を蓄積する遺伝子を選択する方向へと働くことになった。これが、現代においてヒトを肥満させやすくする遺伝子多型を蓄積させることになった。

本書は、肥満の流行を止める、あるいは可能であれば反転させる方策についても検討する。ヒトの肥満は、しばしば複雑で非直感的な相互作用によって引き起こされる。容易な解決策は存在しない。肥満を単に食べ過ぎや運動不足の問題として見ることは、ある意味正しく、ある意味間違っている。ヒトは種として、高いエネルギー密度の食物を好むように進化してきた。過去そうした食物を獲得するためには多くの努力を必要とした。進化は、ヒトがそうした努力を行うように適応的変化を促してきた。しかし、今ヒトは、食物、とくに高カロリーの食物を手に入れ、同時に必要なエネルギー消費を低減するように環境を改変している。そうした能力は、私たちの祖先が世界中を居住地にすることに成功した理由でもあった。またヒトの生存に必須の能力でもあった。人類は今、その成功の代償を支払っているのである。

ヒトは環境改変能力をもっている。ヒトには自身と自身を取り巻く世界を理解する能力がある。自身と世界を見る見方そのものを変える経済的、社会的、政治的戦略を有してもいる。問題は難しいが、解決は不可能ではない。最終目標は健康である。肥満は健康上のリスクだが、過剰な脂肪がすべての健康問題を説明するわけではない。身体的適合や社会心理学的要因もある。劇的な体重減少を果たさなくても健康を改善できる方法もあろう。なかでも身体活動は最も重要なもののひとつだ。種としてヒトは、持続的かつ適度な運動に適応してきた。それは、私たちの生存に不可欠といえる。疫学研究は、適度で継続的な身体活動が健康を改善することを示す。個人および社会における身体活動を増加させる戦略は、食物や体重、何より健康に大きな影響を与える。

最後に、早急に問題を解決する薬物を使った介入はどんなものであれ、成功より失敗の可能性が高い。肥満傾向を助長する、あるいは瘦身を維持するための機序は複雑である。多くの要因が相互に影響し、脂肪の動的平衡に関与する。ひとつの要素が変わると、どれほど多くの他の要因が影響を受けるかを予測することは難しい。そこには予想や意図されない帰結がある。肥満がもたらす健康上の帰結は重大であり、対処されるべきである。しかし、いくつかの選び出した要因を正常範囲に戻すよう強いるだけの対策では、おそらく健康は取り戻せない。こうしたアプローチは、しばしば予測できない結果をもたらす。肥満による健康上の帰結を改善するには、包括的なアプローチが必要とされる所以である。

第1章　肥満への道

すべての人がそうだというわけではないが、地球上のあらゆる地域で、ヒトは今、太り続けている。男性も女性も、老いも若きも。豊かな人、貧しい人、あらゆる人種、民族に当てはまる。流行は反転の兆しどころか、減速する兆しさえない。

恐ろしいのは、このような変化が急速に生じていることである。数世代のうちに、ヒトの体重分布は増加の方向に偏った。こんにちヒトの体重の中央値は、少し以前の平均よりはるかに重い。

傾向は続いている。米国では過去二〇年に、低体重者の割合は減少した。良いことである。飢えによる死亡や病気はほぼ根絶できた。しかし不幸なことに、健康な体重の人が増加したわけではない。肥満や過剰体重者の割合が増加したのである。その割合は、警告を発すべき速度で増加している。極度肥満者の割合は過去最高となった。それは一九六〇年の三倍に達する。

なぜ、こうしたことが起きているのか。なぜ今なのか。過去にも肥満はあった。しかしそれは稀で、多くは富の象徴と考えられていた（図1－1）。肥満になることは容易なことではなかった。しかし今では、痩せていることが稀で、名声や富の象徴となっている。

世界中で見られる肥満者割合の増加速度は、遺伝的変異が原因である可能性を否定する。ヒトが遺伝

（図1－1）1635年前後にシャルル・ムランによって描かれたトスカーナの将軍アレッサンドロ・デル・ボロ．この紳士は成功をおさめたし，それを誇りに思ってもいた．彼は自分の肖像画が恰幅の良さを示すように配慮した．

的に、突然太りやすくなったわけではない。肥満になりやすい遺伝的、生物学的要因は、長い時間をかけて人類が選択してきたものである。選択された遺伝子は、劇的に変化した現代という環境との相互作用の結果、持続的な体重増加として現れることになった。

技術的、経済的、文化的要因が、世界中で肥満増加をもたらした。しかし、こうした要因が肥満をもたらす機構を理解するためには、背景にある生物学を理解する必要がある。肥満の生物学の理解には、それをとりまく進化の過程についての注意深い考察が必要となる。すべての生物は、生物としての過去を背負って生きている。その生物が「何」であるかは、祖先が「何」であったかに依拠する。ヒトは、祖先が生きてきたようには生きていないが、祖先の生物学的特性は引き継いでいる。私たち自身を理解するためには、私たちの祖先がたどった進化の道筋を調べる必要がある。

伝統的生活を送る人の割合は少なくなってきている。大半は、祖先とは異なる生活を送っている。それには利点があり、長寿や乳児死亡率の改善をもたらした。過去に対する神話は捨てよう。伝統的生活様式は、ヒトという種にとっては正しい戦略かもしれないが、個人には試練をもたらす可能性がある。著者らは、生活様式に関する価値判断には興味がない。むしろ、現代の環境課題やその帰結を理解するために、過去の生活に対する適応を理解することの価値を探っているのである。ヒトは、五〇〇〇年、五万年、あるいは五〇万年以上にわたって、祖先が、その時々に直面した課題を解決するために進化させた生物学的特徴を有している。しかしそれは、祖先が生きてきたような生活に戻るべきだということとは違う。

本書は肥満に関するヒトの生物学を扱う。身体を脳から消化管まで調査し、摂食、消化、エネルギー代謝、そして脂肪の生理学や内分泌学を考察していく。進化の原則は、そうした調査の基礎となる。まずは、疫学から見ていこう。肥満の原因が、現代環境と過去の適応の不均衡にあるという仮説が正しければ、肥満は現代において、過去より増加していなくてはならない。この仮説を検証するために、近年の肥満の広がりを明らかにしてみたい。

肥満を測定する

肥満はどのようにすれば計測できるのだろうか。体重に影響を与える要因は数多くある。主要なものとして、身長、性、年齢、体格、骨密度、筋肉量などがある。一国の国民の体重が、肥満度の変化なしに、何世代にもわたって増加することもある。米国ではつい最近まで、身長が伸びていた。栄養改善によって、遺伝的潜在成長力が顕在化した結果だろう。身長の伸びは体重の増加をともなったが、これは単に、高身長になれば体重も増加するということにすぎない。しかし近年に起こった現象は、そうした話とは異なる。過去二五年間に、身長の伸びは鈍化した。あるいは停止した。しかし、体重は増加を続けた（図1－2）。

先進国のなかで米国は、肥満人口割合が最も高い国のひとつである。米国では継続的なデータの収集が行われてきたので、過去二〇～三〇年間にわたる肥満人口割合の変化を追うことができる。調査場所としては申し分ない。

肥満と過剰体重に関する米国の一次データは、全国健康栄養調査（NHANES）である。データを集めるために年間三〇〇〇万ドルの予算が投じられた。調査は、家にもち帰り二～三時間かけて記入してもらう質問紙と、移動センターでの身体計測からなる。身長と体重に関しては標準化された計測が行われた。これによってボディマス指数（BMI）が計算できる。ボディマス指数は、体重を身長の二乗で割ったもので、完全ではないが、身長に対する体重の最も良い指標のひとつとなる。また、これまで調査された人種や民族において脂肪量との強い相関があることが知られており、肥満と過剰体重を評価するための標準的指標となっている。米国成人の平均ボディマス指数は一九八〇年以降、急増した（図1－2）。

ボディマス指数は、さまざまな健康リスクと相関する。健康なボディマス指数の上限と下限についてはなお議論があるが、極端に低いボディマス指数（極端な痩身）と高いボディマス指数（肥満）は、高い死亡率や有病率と相関する。ボディマス指数と健康リスクの相関には人種による違いもある。腹囲や、ウエスト・ヒップ比といった指標は、同じボディマス指数範囲内であれば、異なる健康リスクを与える。ボディマス指数自体も、感度は鈍いが個人の健康リスクを評価する指標となりうる。一方、同じボディマス指数でも、個人によって健康リスクは異なる。たとえば、筋肉量が多いために高いボディマス指数を示す人は、脂肪量が多くて同じボディマス指数を示す人とは健康リスクが異なる。同様に、健康的とされるボディマス指数であっても、筋肉量が少なく、ボディマス指数に見合う数値を超えた脂肪をもっていれば、健康的とはいえない。多くの場合、過剰体重や肥満がもたらす影響は過剰脂肪を代謝することの帰結であり、過剰な体重そのものが原因ではない。

しかしそれでも、ボディマス指数は依然として集団の健康リスクを考察するには有効な指標である。安価であり、非侵襲的でもある。もちろん、ボディマス指数と健康リスクの関係は、個人の環境を含めた幅広い文脈で考えなくてはならないが、それは集団における肥満の健康リスクをスクリーニングするためには有効な手段を提供する。一般的にいえば、白人で、ボディマス指数が一八・五〜二五は正常、一八・五以下は痩せ、二五以上は肥満、四〇以上は極度の肥満と分類される。近年、世界保健機関（WHO）によって使用されているボディマス指数分類は表1－1の通りである。

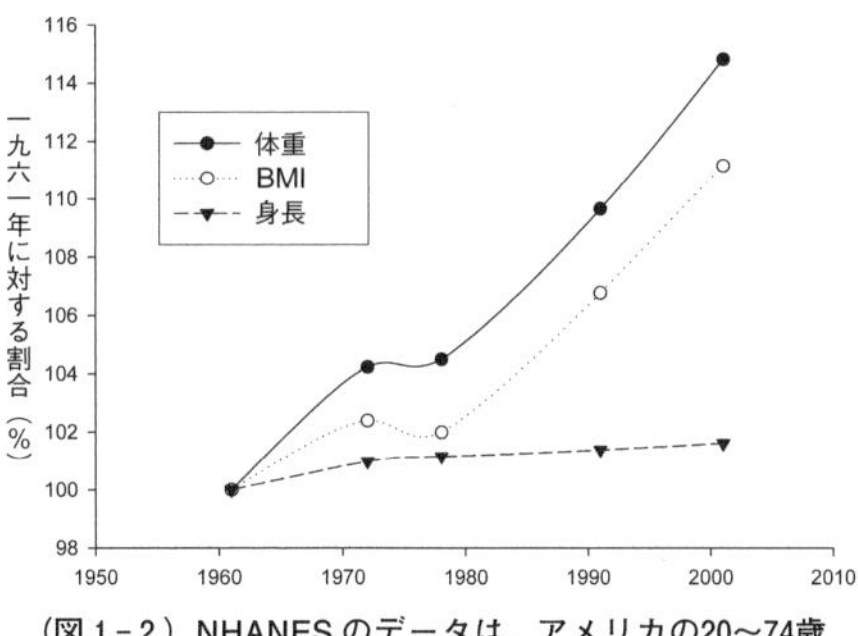

（図1－2）NHANESのデータは，アメリカの20〜74歳の成人の平均身長がほとんど変化しなかった（約1%）のに対し，平均体重は実質的に増加した（約15%）ことを示している．結果として平均ボディマス指数は約11%増加した．出典 Oden et al., 2004.

肥満の流行（エピデミック）は本当に存在するのか？

「エピデミック（＝流行）」という言葉は、健康な人の多くが突然病気に襲われるというイメージを惹起する。エピデミックは通常、感染症と関連しており、辞典では、感染性疾患の突発的流行と定義されている。肥満はこの定義には合わないが、他方で、「盗難の流行」といった言葉のように、エピデミックには急速な広がりといった意味もある。その意味でエピデミックは、感染症に限定されるものではない。さらに

（表 1－1）ボディマス指数を基準にした成人の過少体重，過剰体重，肥満の国際分類．出典 WHO, www.who.int/bmi/index.jsp?introPage=intro_3.html.

分類	BMI（kg/m²）	
	主な区分	追加的区分
体重不足	＜18.50	＜18.50
痩せすぎ	＜16.00	＜16.00
痩せ	16.00－16.99	16.00－16.99
やや痩せ	17.00－18.49	17.00－18.49
正常	18.50－24.99	18.50－22.99
		23.00－24.99
過剰体重	≧25.00	≧25.00
準肥満	25.00－29.99	25.00－27.49
		27.50－29.99
肥満	30.00	≧30.00
肥満Ⅰ	30.00－34.99	30.00－32.49
		32.50－34.99
肥満Ⅱ	35.00－39.99	35.00－37.49
		37.50－39.99
肥満Ⅲ	≧40.00	≧40.00

いえば、健康や病気にさえ限らない。フレガル[1]はエピデミックという言葉を、疫学辞典で与えられた定義を含めて注意深く検討した。その結果、ヒトの肥満割合の近年の変化はエピデミックの特徴を有すると結論づけた。彼女は主として疫学的定義に拠った。それによるとエピデミックとは、ある健康関連事象が明らかに正常な期待値を超えて起こることと定義される。その定義によれば、過去二五年間の肥満増加はエピデミックに相当するというのである。

ヒトの肥満に対してエピデミックという言葉を使うのは、恐怖心をいたずらに煽ると批判的な人もいる。そうした人は、過剰体重や肥満の増加は、それほど急激でも劇的でもなく、健康への影響も「流行」といえるほどではないと批判する。キャンポスら[2]は、経済的利害関係者（食物産業、食品産業、生物医学研究者）が、肥満に対する過剰な関心に反対していると警告する。また関心の低下によって経済的利益を得る強力な団体（ファストフード産業、清涼飲料メーカー）も存在する。

エピデミックという言葉は危機を想起させる。研究者は、それに対しては注意深くあるべきである。体型や肥満に関する規範は、歴史のなかで幾度も変わってきた。こうした変化、とくに女性に関連したものは必ずしも健全とはいえなかった。一八インチ〔四五・七二センチ〕のウエストを作り出すコルセットは、流行や社会的受容に基づくものであったが、健康という考えからはかけ離れていた。肥満に対しては、健康に基盤を置いた規範が必要とされる。

エピデミックには、はっきりとした量的定義があるわけではない。それは部分的には、エピデミックという現象が継続期間や増大の仕方によって多様であることに起因する。コレラ流行はＨＩＶ流行とは様相を異にする。そして、両者とも肥満の流行とは異なる。肥満割合の変化は、数世代といった時間単位で起こる。そうした意味では、過去二〇年間の肥満増加は劇的で、前世紀からは想像もできない。地域的な現象ではない。米国では、肥満割合はすべての州で増加した。何かが変わった。ヒトは、太り始めたのである。

こうした変化は、健康にどのような影響を与えるのだろうか。肥満は、糖尿病、高血圧、循環器疾患、骨関節炎といった成人病のリスク要因である。高い肥満割合をもつ国では、成人発症型（Ⅱ型）糖尿病の有病率も高い。近代医学が過去に流行した多くの病気の治療や予防に成功するにつれ、肥満関連の疾病割合は上昇し続けている。社会は、保健医療支出と、太くなり続ける腹部に起因する死亡率や有病率の増加によって、大きな負担を強いられ始めている。米国の肥満関連医療費は、直接経費だけで年間六一〇億ドルを超える。高いボディマス指数は、高い医療費だけでなく高い欠勤率とも相関する。南太平洋には、四人に三人の死因が、循環器系疾患や糖尿病といった非感染症疾患という島国も多い（表１－２）。世界保健機関によれば、こうした国では、肥満関連疾患が保健医療費支出の半分を占める。

肥満の流行は急速に広がりつつあるのか。著者らの答えは「イエス」である。ヒトにおける肥満増加は正常な期待値を超えている。しかし、このような結論を出したとしても、それに同意しない研究者からの警告を否定はしない。健康は多面的である。ボディマス指数や体脂肪率は、ヒトの健康の一部を説明するにすぎない。明らかなことは、ヒトのボディマス指数は過去数十年間で大きく変化したということ。その変化はこれからも世界中で続くだろうということである。それは、取り組むべき課題を明らかにしている。

（表1－2）南太平洋諸国の年齢標準化死亡率

国	10万あたりの件数	非感染症の割合（%）
クックアイランド	817	75
フィジー	1065	77
マーシャル諸島	1333	75
ナウル	1446	79
パラウ	968	77
サモア	1026	76
トンガ	888	77
ツバル	1428	73
ヴァヌアツ	1033	75

世界の肥満者割合

ボディマス指数で評価すれば、世界には一〇億人以上の肥満あるいは過剰体重者が存在する。栄養不良で苦しむ人の数は八億を超える。アジア人は、同じボディマス指数であれば、他の人々に比較して多くの脂肪量をもつ。とくに内臓脂肪量が多い。これは、どこで育ったかには関係ない。肥満や過剰体重のボディマス指数における定義は、アジア人に対しては低いものでなくてはならないので、これを加味すると肥満や過剰体重者の数は一三億人にまで増える。世界人口の五人に一人が、肥満あるいは過剰体重となる。地域差はあるが、世界中のすべての地域がこうした変化に直面しているのである。

まず、米国の状況から見ていこう。一九八〇年以降、米国におけるボディマス指数の分布は右側に偏った非対称なものになっている。体重の最高値は常に更新されている。正常体重の米国人の割合は、現在、歴史上最も低い。過剰体重者の割合は変わらず、肥満者の割合は増加している（図1－3）。最も増加率が大きいのは極端な肥満者の割合で、ボディマス指数が四〇を超える人は一二〇〇万もいる。そのうちの半数はボディマス指数が五〇を超え、一〇〇万の米国人のボディマス指数は七〇を超える。

男性も女性も、すべての年齢の人が影響を受けている。一九九九年から二〇〇〇年の調査では、二〇歳以上の米国人女性の六二％のボディマス指数が二五（過剰体重）を超え、三三％がボディマス指数三〇を超える肥満であった。一五～一九歳の少女の一五％は、米国疾病管理予防センターの成長曲線定義（九五パーセンタイル以上）によれば、過剰体重だった。米軍で推奨されている入隊時ボディマス指数でいえば、米国に住む若い女性の四〇％、若い男性の二五％が基準外となる。体重が重すぎるのである。

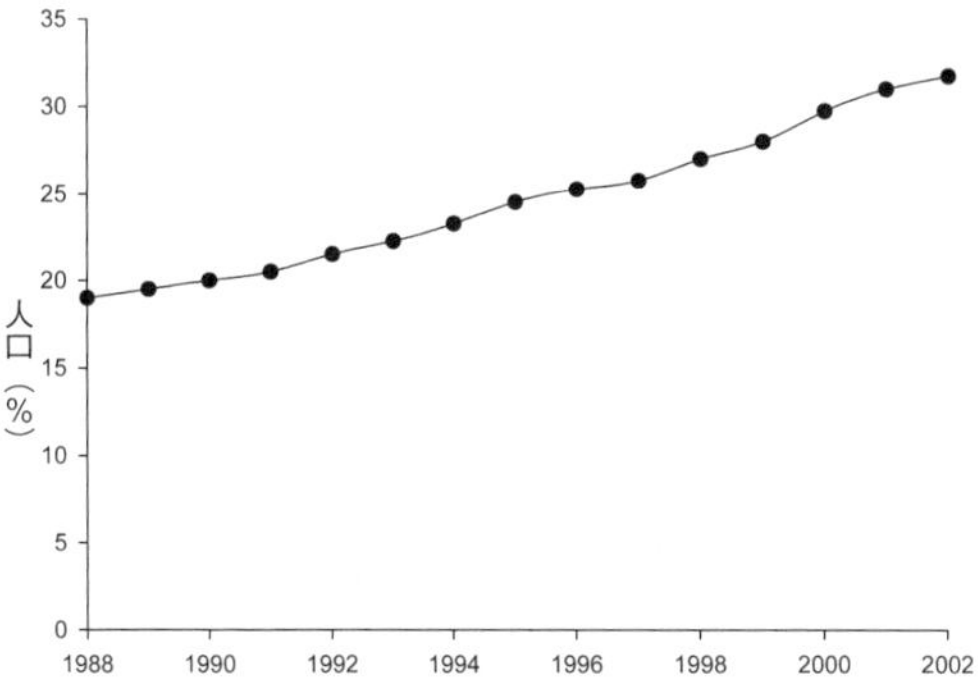

（図1－3）1988年から2002年までのアメリカにおける成人肥満（BMI＞30）の割合．行動リスク要因サーベイランスのデータ（NHANESのデータを自己申告バイアスに対して補正したもの）より．出典 Ezzati et al., 2006.

最も心配なことは、こうした現象が子どもたちの間でも見られることである。一九六〇年から二〇〇〇年の間に過剰体重の子どもの割合は三・四倍に、極度の肥満は七・八倍にも増加した。米国における肥満割合が将来的に減る兆しはない。一方データは、女性の肥満割合が横ばいになったことを示す。この事実は、現代西洋的環境下で肥満に脆弱な人の割合がおよそ三人に一人であること。また米国における肥満割合がある種の飽和点に達しようとしていることを示唆しているのかもしれない。

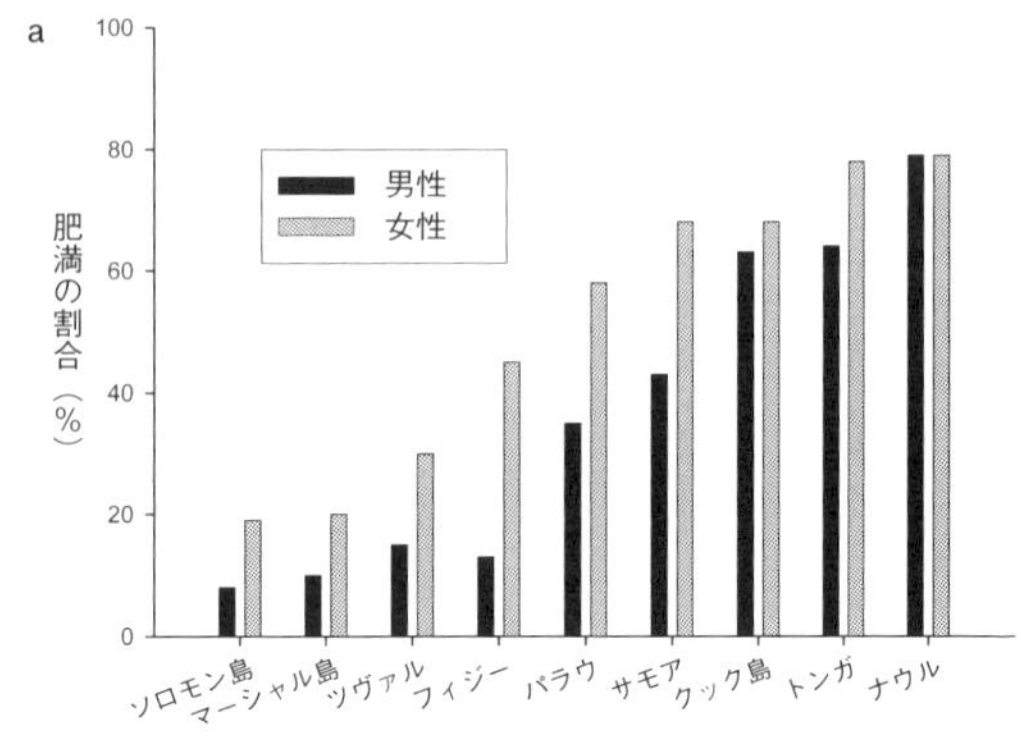

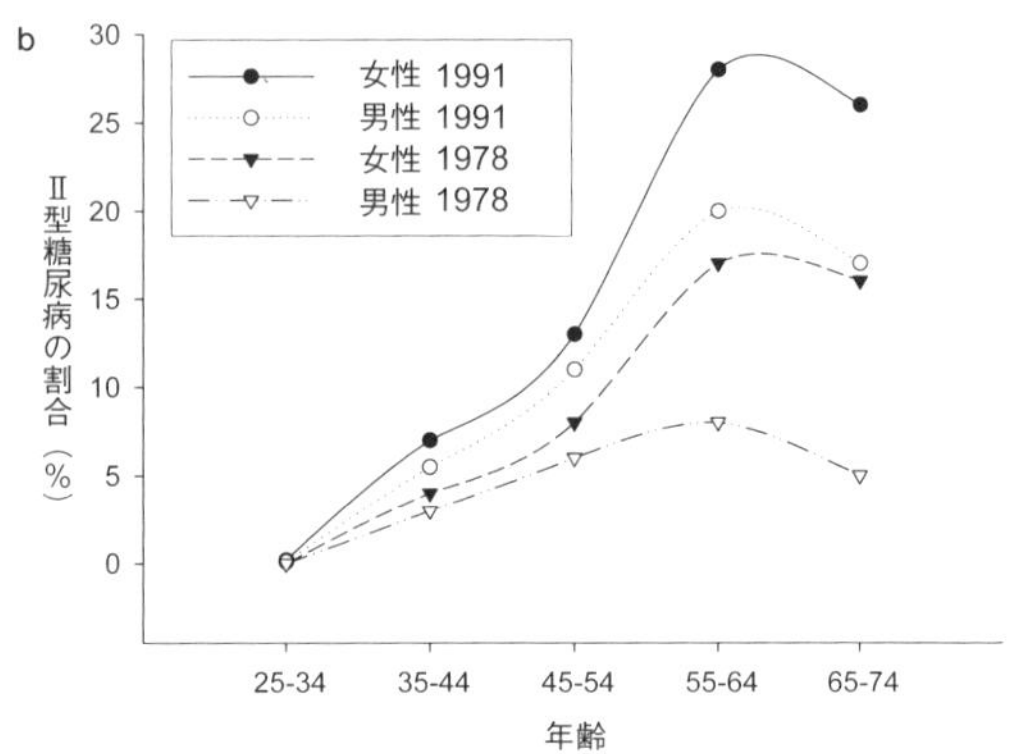

（図1－4）（a）南太平洋9カ国の肥満割合.（b）南太平洋9カ国のⅡ型糖尿病患者割合.

　米国の肥満割合が世界で最も高いというわけではない。南太平洋は、肥満の発生頻度が急上昇した地域である。小さな島国は、世界で最も高い肥満割合を示す（図1－4a）。ナウルでは、七〇％以上の人が肥満に分類され、四〇％の人がⅡ型糖尿病と診断されている。そうした状況に匹敵する島国は他にもある。そこでは糖尿病の発生率も著しく高い（図1－4b）。

　ヨーロッパにおける肥満割合は米国に近づきつつある。イギリスでは、成人肥満の割合が三〇％に迫り、二〇一〇年までには三人に一人が肥満になると予想されている。ヨーロッパにおける一五歳人口の過剰体重と肥満の割合は、国によって異なるが、心配するに十分なほど高い。興味深いことに、アイルランドを除いて、ヨーロッパにおける一五歳の肥満は少女より少年で多い。

　アフリカにおける肥満者の割合は、女性で上昇している。相対的ではあるが、経済発展した国の都市部では肥満が多く見られる。南アフリカの肥満者割合は、ヨーロッパに近づきつつある。黒人では男性で八％。白人男性はそれより高く（二〇％）、黒人女性は最も高い（三〇・五％）。サハラ以南アフリカでは、肥満と栄養失調がひとつ社会に共存している。

肥満と過剰体重はアジアでも見られる。白人に用いられる標準的なボディマス指数分類によれば、肥満や過剰体重はアジアでは米国より低い（図1－5a）。しかしアジア人における肥満関連疾病リスクは、

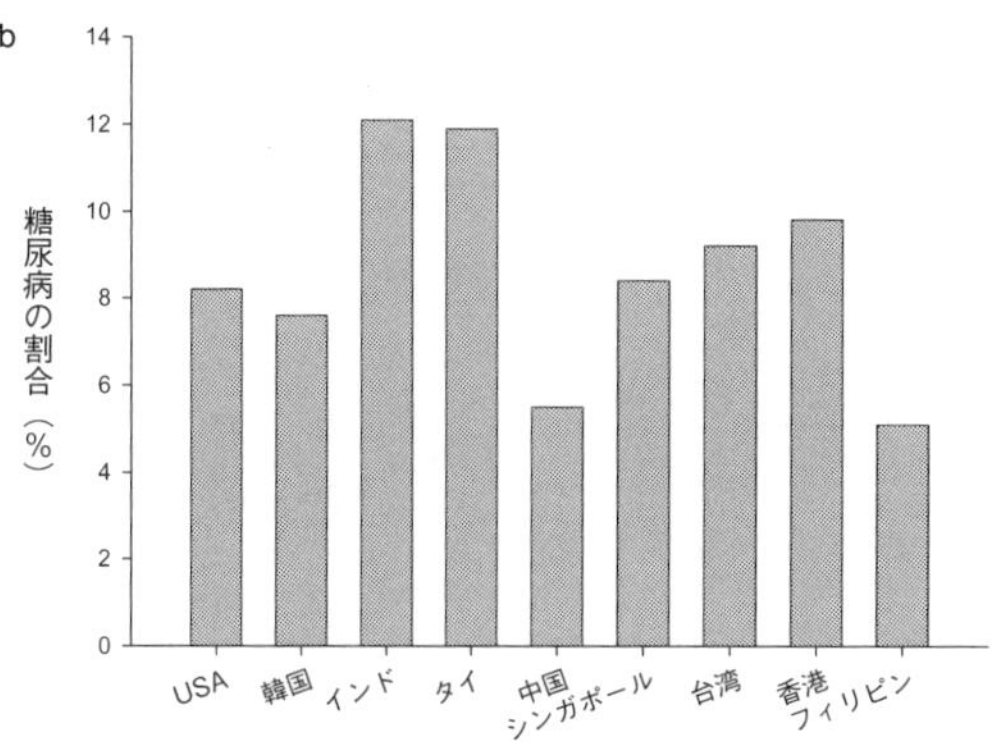

（図1－5）（a）1990年代後半のアメリカと，いくつかのアジアの国の過剰体重者および肥満者の割合．（b）1990年代後半のアメリカといくつかのアジアの国の糖尿病患者割合．アジア諸国の糖尿病患者割合は，アメリカのデータを参考に算出した，肥満から予想される割合をはるかに上回る．

低いボディマス指数であっても、白人より高い。Ⅱ型糖尿病の有病率は米国と同じか、それより高い（図1－5b）。過去二、三〇年間のアジアにおける糖尿病の増加率は、米国より高く、ボディマス指数の増加と一致し

（表1－3）肥満と関連する健康問題

代謝疾患	がん
Ⅱ型糖尿病	腎がん
高血圧	子宮内膜がん
心血管疾患	閉経後乳がん
脳卒中	食道がん
高脂血症	胆のうがん
非アルコール性脂肪肝	大腸がん
生殖系の不全	その他
不妊	骨関節炎
帝王切開	睡眠時無呼吸
死産	喘息
先天性欠損	うつ
流産	
巨大児	
子癇前症	
妊産婦死亡	

ている。肥満に対する脆弱性や健康リスクには、人種や民族による違いがあるようだ。アジア人は内臓に脂肪が蓄積しやすい。それは糖尿病や他の肥満関連疾病リスクを増加させる。アジア人のボディマス指数分類は、サハラ以南アフリカやヨーロッパ人の子孫との違いを反映するように改定される必要がある。

健康上の帰結

肥満の増加は慢性疾患の増加と一致する。肥満は、さまざまな病気のリスクとなる（表1－3）。重篤なものは、心血管系疾患と糖尿病である。がんと肥満が低い身体活動を交絡因子としてもつ可能性も否定できない。がんと肥満の関連を示唆する研究も報告され始めている。

死亡率は、ボディマス指数が高い人でも低い人でも高くなる。極端に低いボディマス指数（一六未満）は栄養不良を示唆する。病的肥満者（ボディマス指数が四〇以上）の年齢調整後の死亡リスクは、正常ボディマス指数の人より一・五～二倍高い。高いボディマス指数が防御的に働く骨粗鬆症を例外とすれば、肥満は高齢者の病気を悪化させる。肥満は、すべての男性の死亡率を増加させるが、若い男性でとくに増加割合が高くなる。中年の肥満者は、心疾患による入院と死亡リスクが高い。

一八歳の米国人女性でも、ボディマス指数と死亡率の間に相関が見られる。研究に参加した二四～四四歳の女性は一八歳時点での体重を尋ねられ、その後一二年間追跡調査された。一八歳時点で肥満だった女性は、肥満でなかった（ボディマス指数が二五未満）女性に比較し、死亡率が三倍も高かった（図１－６）。ちなみに、一八歳時点のボディマス指数の中央値は、二二～四四歳の集団のそれより低かった。ボディマス指数は年齢とともに上昇し、分布曲線は右肩上がりとなる。肥満は一八歳時点のボディマス指数とよく一致した（図１－７）。一八歳時点のボディマス指数が低い人で、肥満になった人はほとんどいない。一八歳時点のボディマス指数が高い人では肥満の割合が高かった。一八歳時点で肥満だった人のうち六四％は、歳をとっても肥満だった。これはおそらく良いニュースである。肥満だった女性のうち三人に一人が、年齢とともに体重を減らしたことになるからである。しかし集団全体で見れば、肥満だった人のボディマス指数の中央値は三二・六から三五・〇へ増加していた。これは、肥満女性のボディマス指数が実質的に増加したことを意味する。データは公表されなかったが、かなりの肥満（ボディマス指数三五以上）と極度な肥満（ボディマス指数四〇以上）の割合が増加したことが示唆される。

健康以外の帰結

アメリカ人の体格向上は、健康以外にも、生活にさまざまな影響を与えている。ヒトが大きくなるにつれ、必然的に身の回りの物も大きくなる。競技場や教会、車の標準座席幅は過去数十年間に数インチ大きくなった。事務用の机や椅子も大きく重くなった。回転ドアは六フィートから八フィートの広さになった。搭乗客の平均体重増加は、飛行機の燃料にも影響を与える。アメリカ人の体重増加は、二〇〇

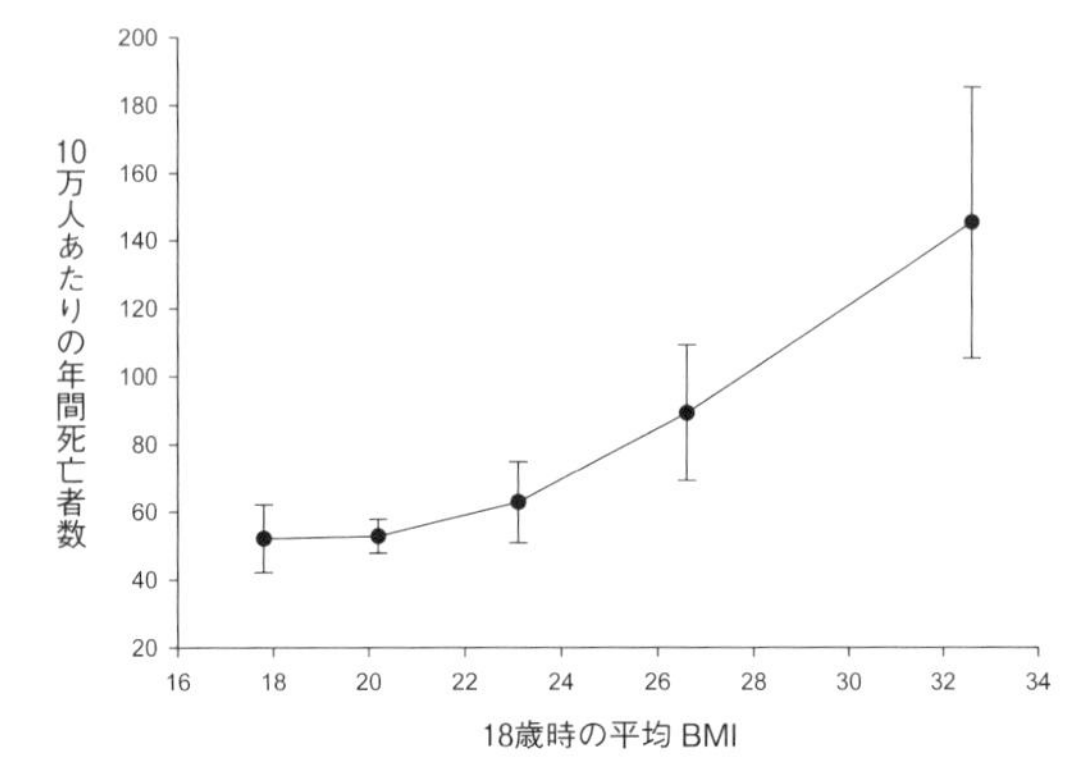

(図1－6) 18歳時点での平均 BMI 毎の死亡数 (人口10万／年). 18歳時点で肥満の女性は高い死亡率を示す. 出典 Van Dam et al., 2006.

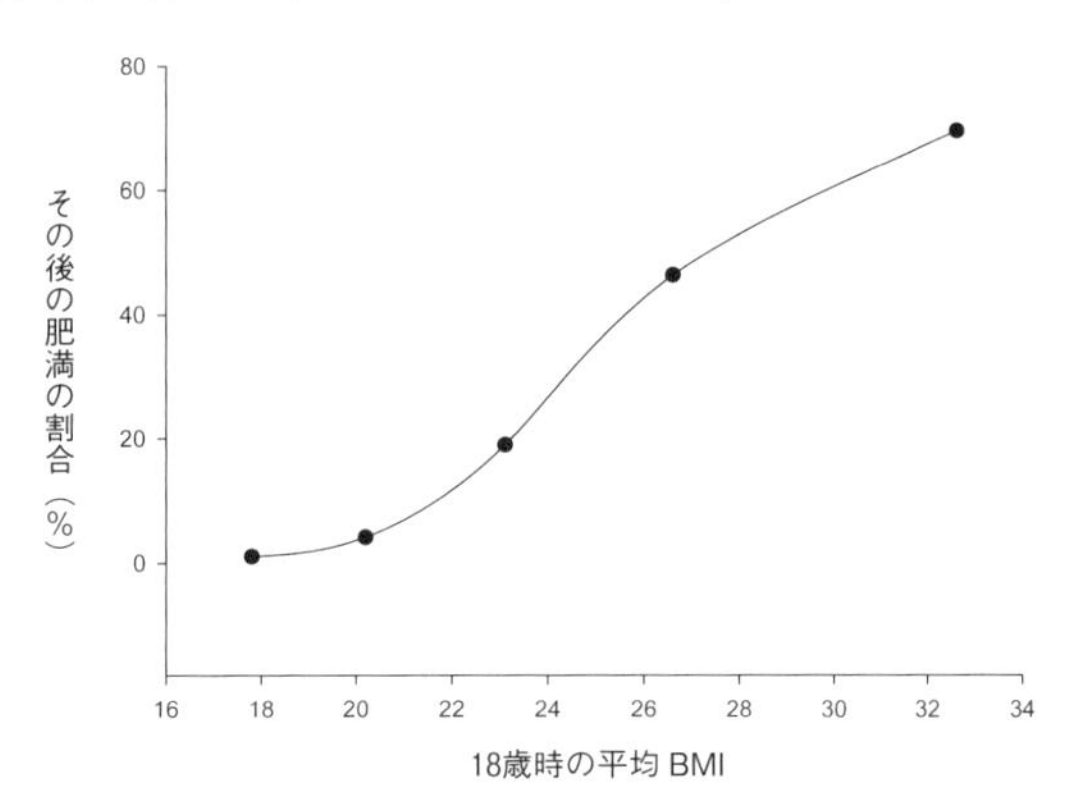

(図1－7) 18歳時点での平均 BMI 毎にその後の経過を追った女性の肥満割合. 出典 Van Dam et al., 2006.

○年だけでも、航空会社に数億ドルの追加燃料費を発生させた。自動車の燃費にも同じことがいえる。社会インフラ（とくに医療社会インフラ）も変化している。病院では、増え続ける肥満患者のために特別なベッドや手術台、車椅子が必要となっている。筋肉注射は肥満によって複雑になる。標準の皮下注射針が使えないこともある。肥満患者の脂肪層を突き抜けて筋肉に達するためには、より長い針が必要となる。寝たきりの肥満患者の体位交換は、多くの看護師を必要とする。病院は、標準的な病衣や車椅子、ベッド、核磁気共鳴画像診断装置の寸法が合わないといった現実に直面する。厚い脂肪が薄い影となって、X線写真の診断も困難となる。

安全性も問題となる。米国では、子どもの体重増加のため、車のチャイルドシートを大きくする必要がある。数十万人の子どもが、現在のチャイルドシートでは小さいと推測されている。重すぎる子どもは、事故時の死亡や怪我の危険性が増大する。自動車事故での成人死亡率もボディマス指数との関連が指摘されている。ボディマス指数が三五以上の成人は、事故後三〇日以内に死亡する割合が高い。死亡率増加の真の原因は不明だが、肥満の合併症が関係している可能性はある。たとえば麻酔の危険性などである。一方で、極端な肥満の人で、自動車事故時の胸部損傷が多いといった結果もある。男性では、ボディマス指数に相関する死亡リスクはU字型を描く。ボディマス指数が高い人、および低い人で死亡率が高くなる。ボディマス指数が三五を超えると事故に遭う確率自体も高くなるという。

エレベーターには通常、最大定員数が記されている。その数は、平均的な人を基準にしている。ヒトが大きくなれば計算も変える必要がある。二〇〇三年、短距離小型ジェット機が、ノースカロライナ州シャーロットにある飛行場から離陸した直後に墜落した。原因は積載過剰にあった。乗客数に関する安全規約は平均体重を基にしていたが、それは二五年前のものであった。この悲劇に対応して、米国運輸省は、乗客や荷物の重さに関する安全ガイドラインの見直しを行った。

肥満の流行に対する理解

なぜ、ある人は太り、ある人は太らないのだろうか。ヒトの生物学については多くのことが解明されてきた。脂肪の生物学についても多くのことがわかってきた。しかしヒトの肥満の増加は反転の兆しさえ見せてはいない。

ボディマス指数や体脂肪分布には遺伝的素因が関係する。肥満の背後にある遺伝的要因を探る研究はこれまでにも行われてきた。そうした努力は、肥満に関連する珍しい疾病に対する知見をもたらした。しかしこれまでのところ、一般的な肥満に対して、そうした研究が成果を上げたとはいい難い。内分泌や生理、あるいは遺伝子に異常が見られる人は、肥満者の五％にも満たない。肥満の大半は、複雑な遺伝的、環境的、社会的要因の相互作用の結果なのである。さらにいえば、社会的要因はしばしば非遺伝的変化を介したものとなっている。

近年の肥満増加の速度は、原因を遺伝的なものに帰するには速すぎる。一方でそれは、肥満増加に遺伝的要因が関与していないということではなく、現代の肥満の相当部分は遺伝的に相続されるものではないということ、もしくは、ヒトを肥満させやすくすることの根柢に横たわる遺伝的なものが集団間に広がったことを示唆する。おそらくその両方だろう。肥満になりやすい遺伝型が、ヒトの進化の過程で選択的に選ばれてきた可能性は高い。しかし外部環境がそうした表現型の発現を抑制していたから、顕在化することはなかった。遺伝的素因にかかわらず環境が体脂肪の蓄積を抑制してきたといえる。進化的視点は、肥満と痩身に対して、遺伝的非対称性を予感させる。進化は、肥満しやすい方向を指向した。あるいは少なくともその逆の方向は選択されなかった。肥満関連遺伝子としては、多くの遺伝子の存在が予想される。一方、痩身にははるかに少ない遺伝子しか存在しないに違いない。

この仮説を支持するものに、ノックアウトマウスを用いた実験がある。進化した生物の特徴として、ノックアウトマウスの多くはすぐに死ぬわけではない。欠損した代謝機構と重複する作用をもつ別の余剰機構が作動するからである。ノックアウトマウスを使った実験では、三四%に、従来のマウスと比較して体格や成長に変化が見られた。この結果から、マウスの成長や体格に影響を与える遺伝子数が導き出された。控えめに見積もって四〇〇〇個はありそうだという。従来のマウスと体格が異なる一〇種のノックアウトマウスのうち九種は、体格が小さかった。これは通常、遺伝子ノックアウトが正常な成長を損なうことが多いことを反映している。一方でこの事実は、体格に関していえば、抑制より、成長を牽引する遺伝子の方が、その数が多いことを示唆する。

極端な肥満者にまつわる逸話は、肥満の遺伝的側面を強調する。そうした人は、小さい頃から大きく、そのまま体重が増え続けた場合が多い。食欲旺盛な人もいれば、食べる量は普通だったが体重は過剰だったという人もいる。これは、肥満に至る道がひとつではないことを示す。過去との違いは、現在はより多くの人が肥満に至る可能性があるということである。

肥満と進化

多くの研究者が、肥満の原因には過去の成功した進化的適応があると考えてきた。近年の肥満の流行は、現代的環境にはもはや不適切となった過去の適応とのミスマッチが原因であるという考えである。一定の体重を維持するということでいえば、生物としてのヒトと、現代のヒトの生活様式の間には乖離が見られる。肥満は病気を引き起こす。また、肥満自身が病気とも考えられている。しかしその原因は、食物獲得が不確かで変動が大きく、そのために多くのエネルギーを必要とした時代の進化的適応反応という正常な出来事だったのだろう。

過去と現在の間の重要な変化は、食物獲得に身体活動が必要なくなったということである。ヒトは、食料獲得のために激しい労働をしなくてはならない種として進化してきた。エネルギーを獲得するためには、相当量のエネルギー消費が要求された。しかし現代は、自宅の玄関までピザが配達される。食物を得ることとエネルギー消費の増加は、もはや別の事象となった。過去の食物獲得戦略への適応は、もはや現代のヒトをとりまく環境と齟齬をきたしている。こうしたミスマッチが、現代における肥満の増加をもたらした。過去の問題への対処の成功が、新たな課題をもたらすということに他ならない。

こうした考えは大して心配なことではないかもしれない。しかし、現在の肥満の流行が自動的に継続するかもしれないという恐ろしい証拠がある。子ども時代の肥満も成人肥満の危険性も、子宮内環境によって影響を受ける。さらに、肥満による成人病の多くが、少なくとも部分的には生理と代謝の子宮におけるプログラミングに起因している。子宮内プログラミングに関連する初期の研究は、低出生体重児に焦点を当てて、「倹約遺伝子」という考え方を提案した。肥満は、飢餓や欠乏に適応した遺伝子が、子宮の外の過剰食物環境下で成長する際に起こす不均衡によるものだという考え方である。ところが肥満や肥満関連疾患発症の危険性は、出生時体重が重くても軽くても高くなる。子宮内における過剰栄養もまた、肥満の原因となりうる。

出生時体重が四五〇〇グラムを超える巨大児も過去二〇年間で顕著に増加した。妊婦の肥満や、妊娠中の過剰な体重増加は、巨大児出産の要因となる。ブライトンで行われたコホート研究は、母親のボディマス指数と児の出生時体重、その子どもの成人体重を追跡調査したものだが、三者の間には高い相関が見られた。母親のボディマス指数は、子どもの出生時体重より成人後の体重とより高い一致を見た。これは、出生時体重と成人後体重の関係が、母親のボディマス指数の双方への影響によることを示唆する。母親は、自らの肥満を、子どもたちに「獲得形質の継承」といったかたちで伝えているともいえる。肥満の母親が娘に易肥満形質を伝え、さらに娘が孫にそれを伝えるという話である。

何が肥満を引き起こすのか？

肥満は、摂取カロリーが消費カロリーを上回るという驚くほど単純な事実に起因する。肥満の流行は、カロリー摂取が容易になる一方で、カロリー消費が少なくなってきたという事実の理論的帰結として理解できる。ヒトが巨大化することの原因には、生物学的要因以外に、科学技術的、経済的、文化的、行動学的、心理学的といった多くの要因がある。近年の社会変化は、味が良くカロリーの高い食物（砂糖や脂肪を加えたもの）を、より健康的な食物（新鮮な果物や野菜など）と比較して安価に提供する。また、多くの人にとって、身体活動は娯楽となり、仕事と身体活動の関連は希薄になっている。身体活動を通じたエネルギー消費は、生存に必要不可欠なものというより、逆に時間とお金をかけるものへと変わっていっているのである。これは、健康な食事と十分な身体活動が、時間とお金の面で、今後、より高価なものになる可能性を示唆する。

食物と同時に、食べるということ自体が多くの面で変化している（表１－４）。こんにちでは、高脂肪、高糖分で高カロリーの食事が、事実上制約なく入手できる。獲得に費やされる時間は、驚くほど短縮で

（表 1 − 4） 食物に関する比較

食物の性格	古代の環境	先進国的環境
量	十分だが過剰ではない	過剰
入手可能性	多分に季節性で時に稀少	年中
高カロリー密度食物	稀	一般的
確保に必要なエネルギー	多	少
食べる時間	多	少
入手のリスク	多	少
食物の役割	主として栄養・時に社会・性的	社会的

きる。食物獲得に身体的危険がともなうことはない。現代的食物が反撃してくることはないし、スーパーマーケットの傍らにヒョウがいることもない。

不健康な食事習慣は子ども時代から始まる。米国の子どもの野菜消費の半量は、フライドポテトである。また野菜消費量合計も、一九七七〜七八年から二〇〇一〜〇二年にかけて四三％も低下した。同じ期間、ピザの消費量は四二五％も増加した。パンは、最も大きな炭水化物の供給源であるが、子どもたちのミルク消費量は少なくなり（三八％の減少）、ソーダ消費量は七〇％増加した。この結果、清涼飲料水は、子どもたちにとって二番目に大きな炭水化物供給源となった。

食物だけが問題ではない。ヒトは体を動かさなくなった。基礎代謝率より多くのカロリーを消費することは少なくなった。二〇〇五年には、米国の成人で定期的身体活動を行っている者の割合は半数以下となっている。良いニュースもある。余暇に定期的に身体活動を行っている成人の割合は二〇〇一年以降、すべての年齢層で増加している。それでも、祖先と比較した場合、多くの人が、ほとんど身体活動を行っていないこともまた事実なのである。

それほど遠くない過去には、余暇における身体活動はエネルギー消費の決定要因ではなかった。人々は、日々の活動で相当量のエネルギーを消費していた。しかしこんにち、私たちの仕事は体を動かさないものになってきている。生活環境がこうした行動を後押しする。道路は自動車のために設計されており、人や自転車のためにではない。多くのビルで、エレベーターを見つけることは容易でも、階段を見つけることは難しい。現代の環境は、低い身体活動を可能にすると同時に、一方でそれを促進するものにもなっているのである。

なぜ、太らない人もいるのか？

体重を増加させる現代的危険因子が広く存在しているにもかかわらず、適正な体重を維持している人も数多く存在する。現代的環境下でさえ、すべての人の体重が増加するわけではない。そうした事実は、肥満に抵抗性の要因が存在することを示唆する。要因のいくつかは、文化的であり、また行動に起因すると思われる。個人的選択もある種の役割を果たす。一方で、遺伝的、代謝的、生理的要因もある。ボディマス指数には、遺伝的要因が影響を与えることが知られている。身長や体格が遺伝することからすれば、驚くに当たらない。

ヒトは多様である。現在世界中で六〇億人〔二〇一六年時点で約七三億人〕が暮らしている。ヒトは、かつてないほど遺伝的多様性を獲得しているともいえる。過去にも、肥満した人もいれば、痩せた人もいた。これからもそうだろう。ヒトは肥満に対して脆弱である一方、そうした傾向に抵抗性を示す人が多く存在することもまた事実なのである。

まとめ

過去二五年間、豊かな国では、肥満や過剰体重の人の割合が劇的に増加した。同様の傾向は開発途上国にも広がっている。南太平洋の国々では、肥満の割合がヨーロッパやアメリカを超えている。体脂肪の増加に比例して、心血管系疾患や糖尿病といった疾患が増加した。ヒトは今、世界的な肥満流行の渦中にいる。

肥満に抵抗性の人も一部にはいる。肥満の急激な増加は環境変化の結果である。一方で、ヒトの生物としての機構が、肥満の増加に影響を与えている可能性もある。過剰な脂肪蓄積に対する脆弱性や抵抗性の背後に横たわる生物学を理解することは、肥満がもたらす健康影響を理解する上で重要である。

肥満に至る道は数多く存在する。過去には顕在化しなかった遺伝型や、相対的優位にあった遺伝型が、今、不適応を引き起こしている可能性もある。ヒトの摂食行動や、食べ過ぎの機序を理解するためには、ヒトの進化の過程を知ることが不可欠となる。

第2章　私たちの遠い昔の祖先

多くの特性を残してもいるが、ヒトは、チンパンジーと祖先を同じくしていた頃と比較して随分と変わった。ヒトはチンパンジーやボノボと多くの共通点を有しているが、それでも、ヒトが彼らと分岐して以降、六〇〇万から七〇〇万年が経過する。したがって、彼らと異なる特性も数多く存在する。最もよく引き合いに出されるのは、大きな脳と二足歩行である。

一九二五年、レイモンド・ダートは『ネイチャー』誌に、南アフリカ・タウングで発見した若い〔六歳くらいと推定された〕類人猿（タウングチャイルド）の頭蓋骨についての論文を発表した。この発見は、いくつかの理由で重要な意味をもった。第一にこれは、人類がアフリカで進化したという仮説を支持するものとなった。第二に、この化石は、二足歩行が脳の拡大に先立つものだったことを示した。タウングチャイルドの頭蓋骨は、直立を示唆するかたちで脊椎につながっていたのである。つまり二足歩行をしていた可能性が高いということになる。一方、タウングチャイルドの脳の大きさはチンパンジーと同程度であった。タウングチャイルドは、ダートによって、アウストラロピテクス・アフリカヌスと命名された。

一九五〇年代には、ルイスとメアリーのリーキー夫妻の発見により、人類起源がアフリカにあること、二足歩行が大きな脳に先立つことについてさらに確度の高い証拠がもたらされた。二人が発掘した頭蓋は約二〇〇万年前に遡り、その容量は大きくなっていた。それは原始的石器の使用と関連づけられている。つまり、タウングチャイルドは人類祖先の一種ではなかった。猿人と初期人類は同時代人として、共存していた可能性が高いということである。

一九七〇年代初頭、三二〇万年前のアウストラロピテクス（女性）の比較的よく保存（四〇％）された化石人骨がエチオピアのハダールで発見された。発見時にラジオから流れていたビートルズの歌〈ルーシー・イン・ザ・スカイ・ウィズ・ダイアモンズ〉にちなんで、この化石人はルーシーと名づけられた。化石は、二足歩行が脳の拡大に先立って見られたことの最終的証拠を提供した。ルーシーやタンザニアのラエトリで発見された同種の化石から、新種はアウストラロピテクス・アファレンシスと命名された。アウストラロピテクス・アファレンシスは、ヒトとチンパンジーの共通祖先の特徴を多く残していた。チンパンジーと同じ大きさの脳。メスより大きいオス。長い腕、木登りに有効な湾曲した指骨などである。一方、下肢と骨盤は、アウストラロピテクス・アファレンシスが二足歩行だったことを示した。また、化石化した足跡がラエトリ遺跡から発見された。足跡は、同じ大きさの二足歩行者が、同じ時代に、並んで歩いたか、あるいは同じ道をたどったことを示唆するものだった。

一九九〇年代には、二足歩行の起源がもっと初期に遡ることを示す化石も発見された。アルディピテクスである。四四〇万から五八〇万年前に生きていた二種が知られている。アフリカにおける近年の発見は、二足歩行が、さらにもっと早くから行われていた可能性を示唆する。オロリンという種は、敏捷に木登りをすると同時に二足歩行でもあったようだ。約六〇〇万から七〇〇万年前に暮らしていた。ヒトと類人猿の特徴を混合したかたちで有しているサヘラントロプスはヒトと大型類人猿の共通祖先かもしれないが、二足歩行だったか否かは定かでない。

面白いことに、ヒトとチンパンジーの分岐時期について、化石が示す証拠と分子生物学的証拠が食い違う可能性が浮上してきた。サリッチとウィルソンの古典的研究（一九七三年）によって始まった分子生物学的研究は、分岐年代が四〇〇万から六〇〇万年前にあることを示してきた。より最近の研究は、分岐年代を五〇〇万から七〇〇万年と推定する。遺伝子に関するある挑発的な研究によれば、チンパンジーとヒトの分岐は約四〇〇万年前で、初期の分岐はさらに前だという。X染色体の比較から得られた証拠は、六〇〇万から七〇〇万年前の初期分岐以降、チンパンジーとヒトの祖先の交配が約四〇〇万年前まで続いていたという仮説を提供する。証拠は決定的なものではない。しかしそれは、ヒトの進化の歴史は一本の木としてではなく、複雑な灌木の茂みとして記述される方が妥当であるという考えを支持する。もし二足歩行が、真にヒトの祖先を定義づける特徴であり、チンパンジーには存在しないものだとすれば、化石と分子遺伝学は矛盾に直面する。

分岐の正確な時期や様態はともかく、約二〇〇万年前には、人類学者たちがヒトとして参照する数多くの二足歩行霊長類が存在し、アフリカ各地に生息していた。ただし、生息域はアフリカに限られていた。これらの二足歩行霊長類の脳の大きさは、こんにちのチンパンジーと同程度だった。それは、彼らが複雑で適応的な行動をとり、それによって人生の課題を解決する知的な生き物だったことを示唆する。一方、彼らはアウストラロピテクスであり、現生人類の直接の祖先ではない。だが、ヒトと共通の祖先を有しており、私たちの祖先と同じ生息域に暮らしていた。やがてアウストラロピテクスは絶滅する。私たちの祖先は生き残り世界中へ広がっていった。それは二足歩行ではなく、大きな脳のおかげであった。

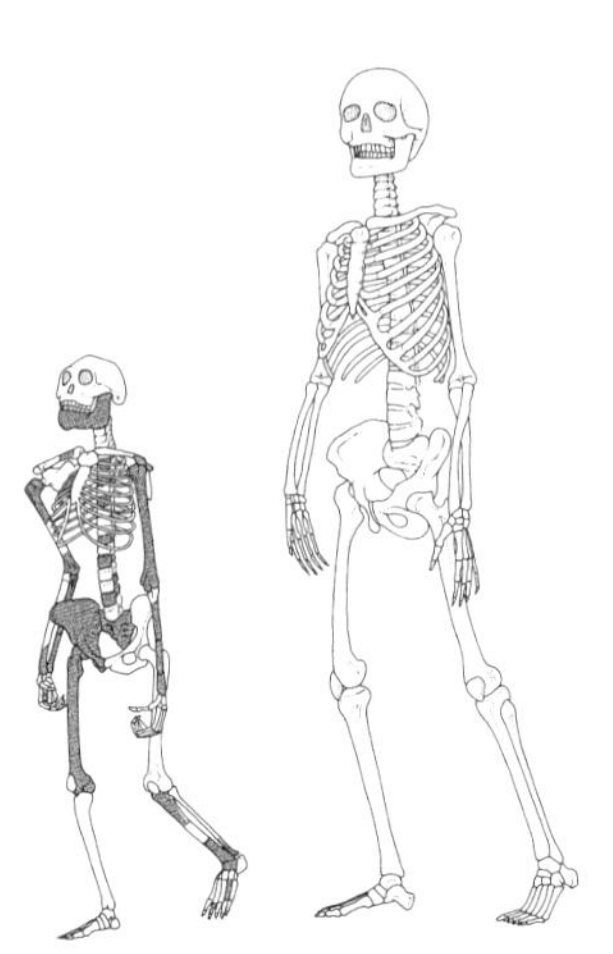

（図2－1）ルーシーと呼ばれる320万年前のアウストラロピテクスの化石（左）．二足歩行だが，小さく，脳の大きさはチンパンジーとほぼ同じ．現代のヒト（右）．体格も脳も大きい．どちらの骨格も女性である．提供 Milford Wilpoff.

初期のヒト

数百万年前の初期のヒトから一〇万年前の現生人類の出現までの、ヒトの進化から議論を始めたい。議論にあたっては、食欲や食物獲得、活動、エネルギーの消費と貯蓄といった「過去の仕組み」に焦点を当てる。ヒトの脳が二〇〇万年前から二五万年前までの間に大きくなったことを知る人は多いだろう。しかし、同時に体格も実質的に大型化したことを知る人は多くない。現生人類は祖先より、脳だけでなく体格も大きくなった（図2－1）。体格の大型化は、ヒトの進化の初期段階で起きたように見える（表2－1）。

大きな脳と大きな体、どちらが先だったのか。数百万年前にアフリカに暮らしていたヒト属には数種類あった。彼らは相当長い期間生存していた。ホモ・ハビリスは小柄で長い腕をもち、アウストラロピテクスに似ていたが、脳は大きい。近年発見された化石によると約一〇〇万年前までアフリカで生存していたという。しかしその頃には、体格が良く現代人的な四肢をもつホモ・エレクトスが生息域をアフリカの外へ広げていた。

ホモ・エレクトスは、現生人類の初期の祖先と推定される。アウストラロピテクスより体格は大きく、脳も大きかった。約一九〇万年前の人類の祖先もしくはその代表的な種は、頸骨大腿骨指数はより現生人類に近く、大きな脳（対身長比でも）を有するようになった。一方、小さなホモ・エレクトスの発見は単純な理解を困難にしたが、ヒトの祖先は、その最初期からではないにしても、アウストラロピテクスより大きな霊長類だったようである。

脳の容量は、直線的ではないが増加し続けた（表2－2）。こうした変化は、形態学的変化と同時により根源的な行動学的変化をもたらし、ヒトの出現を特徴づけるものとなった。それが種としての成功の鍵となった。しかし、脳容量は一律に増加したわけではない。脳の絶対容量は後期鮮新世のアウストラロピテクスから初期ヒト属まで増加したが、体格に比した脳容量は、五〇万年前まで劇的な変化を示すことはなかった（表2－2）。脳の絶対容量の増加は、したがって、体格大型化の一部だったと考えることもできる。初期のヒト属は大きな脳をもっていた。しかしそれは、類人猿やアウストラロピテクスがもつであろう脳よりいくぶん大きな脳を有していたということにすぎない。体格自体の大型化ということからすれば、長い期間、相対的な脳容量に大きな変化はなかったといえる。ホモ・ハイデルベルゲンシスやホモ・サピエンスの化石に見られるように、脳容量の劇的増加（表2－2）は約五〇万年前に起こったのである。

大きな体をもつことの利点

体格は、エネルギー要求性や消化吸収能力、体内に蓄積できるエネルギー量に本質的な影響を与える。エネルギー要求性に関するアロメトリー〔ふたつの指標、たとえば身長と体重の間に成立する両対数線形関係〕は通常、一より小さい。一方、消化吸収能力（消化管容量）やエネルギー貯蔵のアロメトリーは、ほぼ一となる。つまり、体の大きな動物は小さな動物よりも、日々、多くのエネルギーを必要とするが、消化吸収やエネルギー貯蓄の割合も大きくなる。結果として、大型動物は小型動物より低いエネルギー密度の食物で生活できる。ウシやウマ、ゾウ、サイなどは、消化吸収能力が相対的に高くなったことで、消化が困難で低エネルギー密度の食物での生活が可能になった。ゴリラが採用した生存戦略でもある。

しかしこれは、草食動物のすべてが大型でなくてはならないという意味ではない。ハタネズミはマウスと同じくらいの小型草食動物であるが、生存に成功している。しかし大まかにいえば、ゾウなどと比較すると、彼らの食す植物はより選別的である。ゾウは、ハタネズミがそれだけでは必要エネルギー需要を満たすことのできない植物を食べても生きてゆける。そうした食物では、ハタネズミは満腹にもかかわらず餓死することになる。

しかし大きな動物が、選択的に低エネルギー密度の食物を食べるわけではない。トラは大型であるが肉食である。大型動物は多くのエネルギーを体内に蓄えることができる。一時的に食べ物がなくても小型動物より長く生存できる。別な言葉でいえば、「飢餓」に耐えうる期間は、体の大きさに比例して長くなるということである。大型動物は食物利用の変動に耐性が高いともいえる。同じことは、長期間、飢餓状態で子育てをするアザラシやクジラといった大型動物でも観察される。そうした動物の母親は、体内に蓄えたエネルギーで何カ月もの間、自らが生き延びるだけでなく、母乳による子育てまでしてしまう。

ヒト属に関して体が大きいことの利点は、質の低い球根などの地下植物と、動物の肉のように稀にしかありつけないが質の高い食物の両方に依存できることだったかもしれない。二〇〇万年前のヒトの祖先は、果実や根茎、塊茎、木の実、莢（サヤ）、樹液などの植物を食べ、ときには腐肉を漁ったり、狩

（表２−１）平均的体重の推定値（男女）

種	生存期間	女性の体重（kg）	男性の体重（kg）
Pan troglodytes（チンパンジー）	現存	41	49
Australopithecus afarensis	390万—300万年前	29	45
Australopithecus africanus	300万—240万年前	30	41
Paranthropus boisei	230万—140万年前	34	49
Paranthropus robustus	190万—140万年前	32	40
Homo habilis	190万—160万年前	32	37
Homo ergaster	190万—170万年前	52	66
Homo erectus	180万—20万年前	52	66
Homo neanderthalensis	25万—３万年前	52	70
Homo sapiens（ホモサピエンス）	10万年前—紀元1900年	50	65
Homo sapiens（ホモサピエンス）	現在（米国）	74	86

（表２−２）現存する種，あるいは化石から推測される脳化指数（EQ）

種	生存期間	EQ
Pan troglodytes（チンパンジー）	現存	2.0
Australopithecus afarensis	390万—300万年前	2.5
Australopithecus africanus	300万—240万年前	2.7
Paranthropus boisei	230万—140万年前	2.7
Paranthropus robustus	190万—140万年前	3.0
Homo habilis	190万—160万年前	3.6
Homo ergaster	190万—170万年前	3.3
Homo erectus	180万—20万年前	3.61
Homo heidelbergensis	70万—25万年前	5.26
Homo neanderthalensis	25万—３万年前	5.5
Homo sapiens（ホモサピエンス）	10万年前—現在	5.8

った動物の肉を食べるなど、その食環境は変わりやすいものだっただろう。エネルギー密度の高い食物との偶然の出会いが、アウストラロピテクスにくらべて、生存に有利に働いた可能性もある。

大きいことは、食物入手戦略においても有利だ。エネルギー密度の低い食物で生存できるだけでなく、利用可能な時には栄養価の高い動物肉を消費でき、過剰なエネルギーを脂肪組織に貯蓄することができるからである。それは余剰摂取食物を、後で利用できることを意味する。散発的な祝宴の機会に過剰エネルギーを脂肪として蓄える能力は、ヒトが植物中心の食糧戦略から、動物の獲物に頼る「祝宴か飢餓か」戦略へ転換する鍵となる適応だったのかもしれない。

食物と適応

ある生物を理解したいと思う時、最初の問いは、系統学的位置はどこかということだ。系統樹はふたつの生物学的概念を具現化している。進化と遺伝である。すべての生物は祖先の遺伝的遺産を引き継いでいる。現在を知るためには過去を知らなくてはならない。異論のあるところではあるが、系統に次ぐ重要な問いは、彼らが何を食べているかだろう。食物は、その生物の形態や代謝、行動、社会構造、認識などに関係しているからである。

歯と消化管は最初の例である。一般的に、肉食動物と草食動物では、歯と消化管の構造が異なる。肉食動物の歯は、刺したり薄く切ったりすることに適している。一方で草食動物の歯は、すり潰すことや砕くことに適している。肉を咀嚼する際の課題は、葉の咀嚼とは異なる。消化に関しても同じことがいえる。肉食動物は一般的に、単純な消化管をもつ。草食動物のそれは大きく複雑である。葉は肉よりも消化しにくいからに他ならない。

例外はある。パンダはササを食べるが、熊と似た歯と単純な消化管を有する。問題を解決する方法はさまざまである。パンダの場合は進化と適応が草食を可能にした。パンダでは、食物が素早く消化管を通過する。これは消化に不利である。それどころか、植物性食物の消化率を減少させる方向に働く。しかしそれは一方で、多量の食物摂取を可能にする。パンダは、摂取する食物を完全に消化することによってではなく、大量に摂取することによって生存している。この戦略は、パンダが大型動物であることと、大型動物がエネルギー要求性に応じて大きな消化能力を有していることによって可能となったのである。

進化の歴史における食物の変化

ヒト祖先の食物は進化の過程で幾度か変化した。ヒト属以前の祖先の食物は、主として果実や花、葉、芽、といった菜食に基礎を置くものだった。食物中の繊維量は多く、咀嚼や消化は骨の折れる仕事だった。ヒト属の起源は、食物戦略の変化に関連している。考古学的記録は、ヒトへの移行が起こった二〇〇万年前に食物の幅が広がったことを示す。最も注目すべきは肉食の増加だった。変化は石器技術の発展に関連して起こった。初期は腐肉食、すなわち自然死した動物からか、あるいは他の捕食者との競争を通して肉を得ることもあった。狩猟、とくに小動物の狩猟もまた日常的にあった。現代のチンパンジーやボノボ、ヒヒも、小動物を狩り、食す。しかしそうしたげっ歯類やアンテロープといった小動物の化石が発見されることは稀だ。そうした動物の骨は徹底的に破壊されることが多いからだ。研究者は、初期人類の食物に動物が占める量を過小評価している可能性がある。ヒトの進化の過程で、狩猟は徐々に一般的となっていった。効率も向上した。肉は、植物性食物がふたたび優位になる農耕開始まで、ヒトの主要な食物となった。

現生人類と他の霊長類の間の大きな違いは、食物中の肉食比率（ヒトでは二〇～五〇％）とその獲得方法であろう。スタイナー[*1]はヒトの捕獲行動を「ほとんど比類なきもの」と記述した。捕獲行動を示す他の霊長類（チンパンジー、ボノボ、ヒヒなど）にくらべて現生人類は、動物性タンパク質を入手することにおいて効率的であり、食肉目に属する動物とよく似た行動、すなわち獲物を長距離移動させ、貯蔵し、軟部組織を入手するために骨を加工するといった行動を共有している。この行動様式に従って化石人類を分類することは、考古学や古人類学の中心的課題のひとつでもある。チンパンジーの捕獲行動（第3章を参照）は初期人類と似ている。アウストラロピテクスができなかったことで、チンパンジーが現在していることはない。

果実もそうだが、動物の死骸は、限られた機会にしか入手できない高品質食物とみなせる。しかし動物の死骸の栄養学的価値は、獲得の困難さと予測の不可能性によって薄まる。獲得と予測の確率を向上させる行動上の戦略が人類の成功の鍵となった。さまざまな意味で、ヒトの成功は、食物の栄養価値を高める戦略に負っていたということができる。

初期人類の食物は、アウストラロピテクスの食物に単純に動物性タンパク質を加えたものではなかった。おそらく、動物性、植物性食物、ともに変化していたと思われる。食物の変化は、動物性食物摂取に加え、種子や塊根といった植物からのカロリー摂取の増加にあり、肉食への傾斜というより、改善された雑食だといえるかもしれない。ヒトの体格の大型化は、資源獲得の優位性やエネルギー貯蓄、食物種類の多様性、消化の効率性を通しての適応だった。

新しい食物はアウストラロピテクスのものと比較して、繊維成分が少なく、動物組織や容易に消化できる食物を多く含んでいた。しかし果実が豊富な季節や、偶然ミツバチからハチミツを得たといった例外を除けば、当時の食物が多くの単糖類を含んでいたわけではなく、穀物に含まれる消化しやすいデンプンを多く含んでいたわけでもなかった。当時の食物のグリセミック指数は低かったと思われる。グリセミック指数とは、炭水化物が消化されて糖に変化する速さを相対的に表す数値である。容易に消化され、吸収される炭水化物を含む食品群は高いグリセミック指数を示す。一方、消化されにくい繊維や消化されにくい炭水化物を含む食品のグリセミック指数は低い。

私たちヒトがどこから来たかを思い起こすことは重要である。ヒトは、果実食や葉食を行ってきた動物の子孫であり、その後、新たな雑食という生態学的地位を確立した種である。栄養要求性や代謝、消化能力の多くは進化の歴史を反映している。違いは、現代の食物が高エネルギー密度であるという点だけではない。他の霊長類と現代人の食物の比較をもとにミルトン[*2]は、現代人の食物は、多くの微量栄養素において量が少ないと結論づけた。現代人の食物中のビタミンC量は、野生のサルや類人猿の食物に比較してかなり少ない。

ビタミンCは代謝の鍵となる栄養素である。その欠乏は、壊血病を含む重篤な代謝性疾患を引き起こす。壊血病は昔からある病気だが、初期の人類にはなかった病気であろう。

ビタミンCは霊長類にとって必須の栄養素である。多くの動物は、肝臓でそれを合成する。しかし霊長類やフルーツコウモリ、モルモット、その他の脊椎動物はその能力を失った。不適応ではない。自然の食物中におけるビタミンCが十分高いからである。ただ、進化は将来の必要性を予測できない。一六〇〇年代あるいは一七〇〇年代に船の乗組員の間で見られた壊血病は、こうしたミスマッチの典型である。技術的向上によって、ヒトは、手持ちの食糧では栄養上の必要を満たすことができなくなるような環境へも進出していった。乗組員に柑橘類やジュースを提供することによって、ヒトはそうした問題を解決した。そして今は、人工のビタミンを提供することによって。

ヒトの消化管

ヒトの消化管に関しては本質的に特別なことはない。胃は単純で、ヒトと同サイズの動物に期待される以上の大きさをもつわけではない。十二指腸や空腸、回腸といった上部消化管は長く、脂肪やアミノ酸、単糖類、ミネラルといった栄養素を吸収するに十分な表面積を有する。しかしそれも私たちの体格以上のものではない。下部消化管は小嚢を有し、繊維の発酵に十分な容量をもつ。ヒトは、結腸の共生的細菌による発酵を通して、ヘミセルロースを消化する能力とそれより劣るがセルロースを消化する能力を有している。これも、ヒトが相対的に大型動物であることを反映している。ヒトの消化管は、下部消化管において繊維発酵能力を有する雑食動物のそれである。このことは、ヒトが草食動物の子孫であることを示唆する。

他の霊長類と比較すると、ヒトの消化管は相対的に小腸の割合が大きく、大腸の割合が小さい。胃容量は同程度である。全体としては、ヒトの消化管は体の大きさに比較すれば、チンパンジーの消化管よりも小さい。

こうした違いの意味するところは、他の霊長類がエネルギーの大半を下部消化管における繊維発酵によって得ているのに対して、ヒトは脂肪や単糖類、他の要素を吸収する能力が高く、それによってエネルギーを得ているということだろう。ヒト消化管の構成比率は、中型の新世界ザルで、障害者の介助動物としても知られるオマキザルとよく似ている。オマキザルは、果実や油などを含む高脂肪椰子、非脊椎動物や小さな脊椎動物といった動物の組織など、高品質の食物を食す。

こうした比較は、ヒトの食事が繊維質の少ない高品質の食物から成ってきたことを示す。ヒトとチンパンジーの最も最近の共通の祖先が、狩猟採取時代のヒトや初期農耕時代のヒトではなく、現在のチンパンジーに近い食事をとっていたと仮定するのは合理的だろう。ヒトとチンパンジーの共通祖先の消化管構成比率は、現代人よりむしろ現代の霊長類におそらく近かった。アウストラロピテクスから分岐した後のある地点で、ヒトの消化管の構成比率は変化した。変化がどれくらい以前に起こったかは議論がある。大腸での発酵能力を犠牲にしても小腸での大きな吸収面積を指向する変化は、脳の容量増加によって可能となった、質の高い食事への移行を反映した初期の適応であった可能性が高い。小腸の大きな面積は、動物組織や、植物の根っこ、塊茎からの単糖類（デンプンの分解成分）、脂肪、アミノ酸の急速な吸収を可能にした。とくにそれらが調理された場合には。もちろん、調理はデンプンの消化に必須というわけではない。一方、繊維質を消化する能力は低下したが、消えたわけではない。

小腸に偏った消化管への変化は、ヒトの進化の過程では比較的近年に起こった。ヒトの消化管構成比率は何度か変化した。一度は、腐肉食から積極的な狩猟へ移行した時、次は農耕が開始された後。加工と調理によって食物中の繊維質は減少したが、農耕の開始は、植物性食物への依存をふたたび高めた。

調理は食物の消化に大きな影響を与えた。ヒトが火の確実な管理と調理を始めた時、小腸の割合を大きくし大腸の割合を小さくするという選択圧はより強くなった。では、調理はいつ始まったのか。五〇万年ほど前にはホモ・エレクトスが火を使い、調理をしたという証拠がある。

リチャード・ランガム[*3]は、調理はもっと早い時期に起こったと考えている。彼は、アウストラロピテクスが食べていた食物は、初期のホモ・エレクトスにとって、硬く、繊維が多く、エネルギーが低すぎると考えた。そのような食事では、相当量の生肉が加わったとしても、ホモ・エレクトスが大きな脳を維持するエネルギーを補給することはできなかった可能性が高いというのである。ランガムは、調理された植物が、初期人類にとって重要な食物だったと指摘する。調理した植物性食物が大きな脳を支えるためのエネルギーを担保しながら、ヒトの消化管が小さくなることを許容した、と。ケニアのコービ・フォラには、一六〇万年前に初期人類が火を使った場所がある。しかし最近の考古学的証拠は、ランガムの仮説を支持しない。現時点での控えめな仮説は、調理は、五〇万年前以降のどこかで始まったというものとなっている。それは、脳容量の第二拡大期に一致する。調理は、脳の容量拡大と小腸縮小の要因だった可能性が高い。しかしそれは人類の始まりの頃の出来事ではなく、少し後の出来事だったということになる。

食物の腸内滞留時間

消化管の解剖学的変化は食物の質の向上に一致して見られた。これは通常、食物中の繊維量に置き換えられる。高繊維質の食物は低質、低繊維質の食物は高質とされている。この考え方は、食物や消化管、代謝、行動といったものの複雑さを単純化しすぎているが、依然有効である。ヒト祖先の食事は、植物性の高繊維質食物から動物組織由来の食物へと変化し、さらには農耕の開始による植物性食物への回帰

（表２－３）チンパンジーとヒトの繊維質消化能比較

種／食物	平均滞留時間（時間）	消化された ヘミセルロースの割合（%）	消化された セルロースの割合（%）
チンパンジー			
低繊維食	48.0	76.9	67.5
高繊維食	37.7	62.7	38.4
ヒト			
低繊維食	62.4	—	—
高繊維食	41.0	58.0	41.0

——それは料理や植物由来食品の消化効率を向上させる加工をともなうものであったが——といった大きな変化を経験してきた。ヒト消化管の形態は間違いなく、そうした変化に対応したものとなっている。

興味深いことに、ヒトの腸管の動態は、その構成変化（小腸と大腸の比率）ほどは変わっていない。腸管の動態は消化管を通り抜ける流量を示す。ヒトの消化管構成はチンパンジーと異なる。にもかかわらず、チンパンジーとヒトの消化管の動態は驚くほど近い。それは消化管内容物のゆっくりとした入れ替わりに適している（表２－３）。こうした適応は消化を強化し、食物からの栄養吸収を助ける。長時間の滞留は、とりわけ繊維の消化を助けただろうし、腸容量が小さくともそれを部分的に補ったと思われる。しかしそれは、一定の時間に食べることのできる食事量を減らすことになった。

チンパンジー同様、ヒトにおける平均腸管滞留時間は、高繊維質食物の場合に短くなり、低繊維質食物で長くなる。これは、ヒトが下部消化管で発酵能力を有する雑食性動物であることと一致する。ヒトは、ペクチンや樹液といった可溶性繊維やヘミセルロースを消化する能力を有している（表２－３）。さらに、消化管の流量を上げることによって高繊維質食物に対応するという柔軟性ももっている。これは消化を向上させるのではなく、低下させる方向への変化である。しかし、それによって大量の食物摂取が可能となる。高繊維質食物であるササを主食とするパンダの戦略に似ている。

なぜヒトの腸管運動は、食事や消化管構成比率の変化に対応して変化しなかったのだろうか。パンダとヒトの例からすれば、腸管運動は一般的に不変の属性なのかもしれない。パンダは草食動物になった肉食動物である。パンダにとっては、内容物の通過速度を緩め、消化時間を延ばすのは有利だろうと考えるのが普通である。にもかかわらず他のクマ科の動物同様、パンダは内容物を腸管に素早く通過させる。ヒトは食事の質を大幅に向上させた。すると、内容物の移動速度が遅いことが依然として適応的である理由がわからない。ヒトは低繊維質食物の消化に適した消化管構成へと変化してきた。にもかかわらず、古くからの消化管運動に依然、拘束されているということなのだろうか。一方、繊維質の消化は、ヒトの進化史において、消化戦略の重要な部分を占める。

現代人の消化管が食事内容や体重の増加傾向にもたらす意味という点では、腸管構成比の変化が正確にいつ起きたかということは、じつはさほど重要ではないのかもしれない。ヒトの食物加工技術は急速に発達した。栄養密度と食物の消化しやすさは、私たちの祖先が食べていた食事とは比較できないくらいに高い。植物を食べる際、ヒトには食物繊維の消化能力はあまりないが、デンプンに関しては高い消化能力を有している。

デンプンの消化

ヒトはデンプン消化に適応しているように見える。それは口腔から始まる。食物消化は、咀嚼と咀嚼した食物と唾液との混合から始まる。唾液中に含まれる消化酵素アミラーゼはデンプンを単糖類に分解する。デンプンの消化は食物が嚥下（えんげ）される前から始まっているのである。

唾液中のアミラーゼ量は個人差が大きい。アミラーゼ遺伝子数が唾液中のアミラーゼ量に関係する。これはヒト属の特徴のひとつである。ちなみにチンパンジーは、両親からひとつずつ受け継いだ一組のアミラーゼ遺伝子しか有していない。ヒトでは、二から一五である。数は両親からそれぞれ何コピーの遺伝子を相続したかによって決まる。一四コピーのアミラーゼ遺伝子をもった個人がいた場合、その人はたとえば、一〇コピーを両親のうち一方から、四コピーをもう片方から引き継いだということである。

通常、大量のデンプン消化が起こるほど食物が長く口内に留まることはないが、アミラーゼは胃酸によって中和されるまで活性な状態にある。これによって食物中のデンプンの五〇％以上が小腸に達するまでに消化される。アミラーゼはまた、膵臓から小腸へも分泌される。そこで残りのデンプンが消化される。アミラーゼの遺伝子数が小腸へのアミラーゼの分泌量と相関しているか否かについてははっきりとしたことはわかっていない。しかし相関があると考えるのは合理的であろう。とすれば、ヒトにおけるデンプンの消化能にはやはり個人差が見られることになり、ヒトにおけるデンプン消化能力はチンパンジーより高いということになる。

結腸に達するデンプン量は個人によって異なる。腹部膨満を引き起こすガス産生は、結腸常在細菌によるデンプン発酵によってもたらされる。デンプン消化の効率が口腔内と小腸で高ければ、結腸では低くなる。

ヒトのアミラーゼ遺伝子数の変化はいつ起こったのか。何人かの研究者は、球根や球茎、塊茎といった、植物の土中部分が初期人類の重要な食糧資源であったという仮説を立てている。球根や球茎、塊茎はデンプンに富むが、デンプンは植物にとって、グルコース（ブドウ糖）のかたちをとった貯蔵エネルギーである。動物ではグリコーゲンに相当する。アミラーゼ遺伝子の重複は、この仮説を支持する。同定されたアミラーゼの重複遺伝子配列に基づけば、遺伝子数の変化は数十万年前に起こった可能性が高く、古くとも一〇〇万年、あるいは二〇〇万年前ということはなさそうだという。遺伝子数増加はデンプン消化能力の向上に有利に働いた。当時デンプンに富む食物が何であったかは不明であるが、球根や球茎、塊茎が、そうした食物であった可能性は高い。野生穀物もそうである。アミラーゼ遺伝子の重複は、農耕の開始に際しても有利に働いた。あるいは逆に考えれば、それが農耕の発明に重要な役割を果たしたのかもしれない。野生穀物を効率的に利用する能力は、穀物を要求する行動に動機を与えるだろうから。

私たちの消化機構と現代の食事

現代社会の主要食物の消化に、ヒトが困難を感じることはない。こんにちの食物はカロリー密度が高く消化されやすい。ヒトの消化能力は、一日の要求エネルギーをはるかに超える食物の処理を可能にする。遠い過去において、それは容易ではなかった。高いエネルギー消費と、少なくとも食事の一部は高繊維食で消化が困難だったという事実が示すのは、ヒト祖先の消化能力は、必要性に応じたものになっているということである。それにくらべて、現代人はかなり過剰な能力を有しているといえるかもしれない。

ヒトはデンプンを効率的に消化する。またデンプンに対する嗜好を有している。加工食品はデンプンを多く含む。私たちはまた、消化しやすいデンプンを選択し加工する。一般的にヒトは、高グリセミック指数食品を好み、生産してきた。カロリーが制限されていれば、これは効率的で適応的である。一方カロリーが十分であれば、そうした行為は問題を生む。

高グリセミック指数食物は脂肪蓄積に有利に働く。これは部分的には、ホメオスタシスを維持する方向である。高グリセミック指数食物は血糖の急上昇をもたらす。するとインスリンがブドウ糖を細胞へ取り込むために、膵ベータ細胞より分泌される。取り込まれたブドウ糖はそこで酸化され、グリコーゲンや脂肪へ変換される。これは明らかに血中ブドウ糖を減少させるための適応反応である。血中ブドウ糖は高濃度で毒性を示す。ブドウ糖を血中から取り除く方法のひとつが脂肪産生なのである。食糧豊富な状況と欠乏状況が予測不可能な場合、ブドウ糖の脂肪への転換は適応的である。それによって、欠乏時に備えてエネルギーを貯蓄できる。しかし現代社会では、多くの人が恒久的な食糧過剰状態に生きている。しかも食物の多くは、高グリセミックである。ブドウ糖の存在はインスリンの分泌を促し、代謝をエネルギー貯蓄方向へ傾ける。その結果、代謝する以上の脂肪が蓄えられることになる。

高グリセミック指数食物は間食を促すことが多い。急激な血糖上昇に対する急速で強固なインスリンの分泌は、高血糖から低血糖への転換を促すからである。その結果、食欲は早期に回復する。中華料理は満腹になってもすぐにお腹が空くという古いジョークは、米の高いグリセミック指数に関連している。一方、低グリセミック食物では血糖の上昇も緩やかとなり、結果としてインスリンの上昇も緩やかで長くその状態が続く。低グリセミック食物に限定した食事制限は、たとえ全体的な食事量を制限しなくとも、体重を減少させることができる。

「不経済な組織」仮説

脳は代謝的に「不経済」である。他臓器より絶対値としてそうだというわけではない。たとえば、肝臓も代謝的には不経済な臓器である。しかし脳の基礎代謝率は、脳が全身に占める割合に比較して大きい。基礎代謝率とは生存に必要な最少エネルギーである。初期人類に見られた脳容量の増大は、体格向上によって予想される以上の代謝率増加をもたらした。脳容量の増加による代謝率増加が、総エネルギー支出の増大をもたらしたか否かについては不明である。それには、基礎代謝率以外に多くの要因が影響する。しかし、総エネルギー支出を増大させたというのは立派な仮説である。

不経済で大きな脳はヒトの祖先にとって、払うべき対価だったのだろうか。答えは、生理学的説明以上のものを要求する。基礎代謝率は動物のエネルギー消費の大きな部分を占める固定経費のようなものである。自立生活する動物の総エネルギー支出は通常、基礎代謝率の二〜三倍となる。授乳など、集中的にエネルギーが必要な時期にはさらに大きくなる。授乳中のマウスは、基礎代謝率の七倍以上のエネルギーを消費する。

一般的に、高い基礎代謝率を有する動物の総エネルギー支出は多い。しかし、活動性や体温調節といった他要因もエネルギー消費の総量に影響を与える。さらに重要なことは、消費エネルギーそのものは、エネルギーの需給関係ほど重要ではないということである。問題の核心は、大きな脳が必要とする追加のエネルギーが、大きくなった脳が可能にするエネルギー獲得戦略で相殺されたかどうかということになる。相殺されたのであれば、エネルギー消費量が増加しても、あまり問題にはならない。少なくとも、少ないエネルギーで大きな脳を支えることのできる新人類が出現するまではそうだったはずである。

そうしたことは起こったのだろうか。現代人の基礎代謝率は、その大きな脳にもかかわらず、他の霊長類に期待される値とそれほど大きく違わない。エイロとウィラー[*4]による研究は、脳による増加分は消化管による減少分によって相殺されたとした。脳容量の増加が、食事の質の向上によって代償されたという主張である。食事の質の向上は、少ない消化過程で大きなエネルギー吸収を可能にする。つまり大きくなった脳は、高エネルギーで消化しやすい食物の収集を可能にし、料理といった加工法を生み出した。これらによって、ヒトは消化管を小さくし、代謝率を抑制することに成功したというのである。

こうしたことはいつ起こったのだろうか。何人かの研究者は、消化管から脳へのエネルギー消費の移行は、ヒト祖先がアウストラロピテクスから分岐した時期に起こったと考えた。一方で、代謝の非効率性をともなうものの、脳の増大はアウストラロピテクスの生活にも十二分の恩恵をもたらした。しかし、時代が下るにつれてヒトが競合したのは、アウストラロピテクスではなくヒト属に属する他の種となった。そのとき、同じことがより省力的に可能であったとすれば、それは競争に有利だったに違いない。こうして消化管の縮小が起き、脳における代謝の増大は代償された。

個人差はあるが、ヒトは甘いものが好きだ。それは部分的に遺伝する。ヒトは高脂肪の食物も好きだ。これにも個人差がある。一般にヒトは、高カロリー密度の食物を好むという特徴がある。一方で、ヒトの消化管は依然、低カロリー密度食物、少なくとも中程度に繊維質の多い食物を消化することに適した構造をしている。ヒトはこれまでの進化を、まだらに反映しているのである。

まとめ

脳が大きくなり消化管が小さくなったという変化は、ヒトの進化の歴史を反映している。ヒトの脳が大きくなってきたことはよく知られているが、体格も大きくなってきたことはそれほど認識されていない。大きくなった身体には、利点と欠点がある。必要総エネルギー量は大きくなった。しかしそれは同時に、消化やエネルギー貯蔵能力を向上させる潜在力をもたらした。大きな動物はたくさん食べることができ、食事と食事の間隔が長くても生きていける。こうした特徴は、たとえば他動物の肉のような、質は高いがたまにしか入手できない食事への転換に有利に働いた。ヒトの体内にエネルギーを蓄積する能力の向上は、おそらくここから始まった。

生物人類学者たちは、ヒト祖先の大きくなった脳は代謝上のコストをともなったと指摘する。大きくなった脳は、その成長と維持にエネルギーを必要とする。こうして、高エネルギー密度食物を獲得する動機が、大きくなった脳の代謝上の必要によって生じ、駆動されるという循環が生じた。

ヒトの消化管は大量の低グリセミック指数食物の消化吸収に適している。一方でヒトは、エネルギー密度が高く、グリセミック指数の高い食物に対しても、生理的柔軟性を有している。ヒトの歴史においてそうした食物は稀だった。偶然にそうした食物と出会った場合は、「食いだめ」の機会となった。ヒトの代謝は、高エネルギー密度の食物、高グリセミック指数の食物、もしくは単に大量の食物を摂取するとき、エネルギーを貯蔵する方向へ働く。現代という環境は、そうした方向への条件を揃えているのである。

第3章　食事の進化

動物にとって食べることは生活の中心である。食物を探し、獲得し、吸収するには相当な時間を必要とする。これはとくに、ヒトをはじめとする霊長類にあてはまる。野生の霊長類は、起きている時間の四分の一以上を食に関連する活動に使う。高エネルギー密度食への変化は、ヒトの進化を支える鍵となった。一方で、ヒトは何を食べるかだけでなく、どのように食べるかということも変えてきた。ヒトは「生の草」を食べる動物から、食事をとる存在へと変化していったのである。

ヒト、食物、食べるという行為

ヒトは霊長類であり、最も近い親戚はチンパンジー、ゴリラ、オランウータンといった大型霊長類である。多くの生物学的特徴をこうした霊長類と共有している。大型霊長類の間でも、二種のチンパンジー、いわゆるチンパンジーとボノボが最も近い。すべての大型霊長類は、基本的には果実や木の葉を食べる果実食で葉食である。ときとして、チンパンジーやボノボは肉を食べることもある。消化管の形態でいえば大型霊長類は、後腸で発酵を行う草食動物に似た、単純だが容量の大きな胃と中程度の大きさの小腸、機能的な盲腸を有する長く大きな大腸をもつ。

ヒトが果実・葉食の祖先から進化してきたことは確かだ。しかしヒトは雑食であり、その食事には相当量の動物肉が含まれる。ヒトはまた、すり潰したり、発酵させたり、料理したりして食物を加工する。それは、咀嚼や吸収に必要な労力を軽減させる。ヒトの歯や消化管が大型霊長類より小さくても、驚くにはあたらない。

ヒトの「食べる」という行動は、根源的な意味でも他の大型霊長類と異なっている。食物は、特定の時間に特定の場所で供され、通常は誰かと一緒にそこで消費される。他の人と一緒に食べるということは、協力的共同作業である。食物を分け合い、他人から食物を奪うことはしない。「もち寄る」ことさえある。食べるという行為は、栄養に関わる行為であると同時に社会的行為なのである。

ヒトの祖先は、おそらく数百万年前から「人と一緒に食事をする会食」という行為を行っていた。それを支持する考古学的証拠もある。炉辺の存在は、数十万年前に遡る。そこでヒトは料理をした。こうした炉辺は、数百年にもわたって使用された。石器と同時に、屠殺の際に付いた切り傷のある骨が二〇〇万年前の遺跡から出土する。石器の数と骨の量から、多くの人の共同作業だったことが推測できる。会食は、人類進化の初期に始まり、その行為自身が進化し、それが人類進化に影響を与えてきた。

会食は、ヒトの食べるという生物学的行為の基本的側面を照らし出す。しかし広い意味では、会食はヒトに特異的な行動ではない。一緒に狩りをし、屠殺をする社会的肉食も、会食のひとつである。しかし他の霊長類は、ほとんど会食を行わない。彼らは通常、自分のために食物を獲得し、手に入れるそばから食べる。これは草食動物の特徴である。会食は一般的に、獲物の存在と関連している。

本章では、会食の起源とその適応的価値を検討する。本書のテーマは肥満の生物学である。したがって、会食がいかにして食物の過剰消費をもたらしうるかに焦点を当てたい。もちろん会食には、他にも生物学的、社会学的、政治学的に興味深い側面がある。会食の複雑さに興味を引かれる読者には、クロード・レヴィ＝ストロースやメアリー・ダグラス、マーヴィン・ハリスの著作をお勧めする。

科学技術のおかげで、先史時代における食べるという行為の研究は大きく進んだ。食物考古学は、洗練された分子生物学的手法を用いて、先史時代人が何をどのように食べていたかを明らかにしつつある。手軽な総説としては、マーティン・ジョーンズによる『祝宴――ヒトはなぜ食物を分け合うのか』（*Feast: Why Humans Share Food*　未邦訳）という本がある。

食事とは何か？

会食という概念は幅広い。それは社会的なことでもある。ヒトは通常、一人では食事をしない。誰かと一緒に食事をする。ヒトには社会的関係がある。それは家族かもしれないし、同僚かもしれない。儀式への参加かもしれない。いずれにしろ会食には、食物摂取以上の意味がある。集団の一員であることを意味することも多い。会議での初顔合わせのように表面的なものかもしれないし、ふたつの家族が結婚前に食事をするといった重要な関係を確認するためかもしれない。またそれは、恋愛や政治や仕事に関するものかもしれない。ときには、ただ食べるという時間を共有しているだけのこともあるだろう。

食事という概念を神話化しようとしているわけではない。もし、単に食べるのではなく、食事をとる、という行為が栄養上の要求を満たすための適応として失敗であれば、私たちはここにいなかった。だとしても、会食が単に栄養を満たすためだけのものではないことも、また確かなのである。特定の他者との会食を拒むという行為が発する強い意思表示、また、競争相手や敵を説得するために食事をともにするという社会的、政治的戦略について考えてみよう。会食のもつ社会的意味が理解できるだろう。それは、人類進化の初期からそうだったと思われる。ヒトにとって食べるという行為は、栄養上の意味に加えて、社会的、政治的、性的意味をもつものなのである。

チンパンジー、肉食、そして食事

チンパンジーは果実食である。熟した果実は彼らに多くの栄養を提供する。チンパンジーは通常一人か、あるいは母子で食物を獲得する。母子間以外で食べ物を分けたりはしない。重要な例外は、狩りをする時のオスである。食物の共有はほとんどの場合、肉を分けるという行為として現れる。つまり、狩猟と関係するのである。

野生チンパンジーの食物には、相当量の動物組織（肉）が含まれている。チンパンジーは狩りのために道具をつくり、それを使用する。たとえば、シロアリを捕まえるために、削った小さな木の棒や木の葉を用いたカミソリを使う。チンパンジーはまた、自分より小さな哺乳類を狩る。いくつかの異なる調査地で、チンパンジーが毎年、数百頭のコロブスモンキーやブタ、小型のアンテロープといった中小の哺乳類を狩猟することが確認されている。メスのチンパンジーは六〇センチほどの尖った棍棒を使うことがある。それを木の穴に入れ掻き回す。そしてガラゴを捕食する。

しかしチンパンジーにとっては、肉食は食事の一部にすぎない。栄養の大半は果物から摂取する。ゴンベ国立公園では、狩りは季節性で、果物の少なくなる乾季によく見られる。一方、季節性の要因を除けば、果物の多寡と狩りの頻度との間に関連は見られなかった。食料が豊富な時に狩りがよく行われていた地域もあった。これは、部分的には集団の大きさによって説明できる。キバレ国立公園のカンヤワラ・チンパンジーは、果実が豊富な時期にも狩りをする。狩りは果物採取よりリスクが高い。ケガをする可能性や、獲物を得ることができないというリスクもある。カンヤワラ・チンパンジーは、周囲に食物が少ないときには、より慎重な食物獲得戦略をとり、果実が豊富なときにはハイリスク・ハイリターン戦略をとっているように見える。

肉食は確かに重要な栄養素を提供する。エネルギーは、チンパンジーが肉食から得る最も重要な栄養素とは限らない。骨から摂取できるカルシウムやタンパク質も重要だ。メスや若いチンパンジーで見られる単独の狩りは栄養上の欲求による。食物を得る以外の動機は見られない。しかしだからといって、すべての狩りが栄養上の欲求によるものだとは限らない。

主として青壮年のオスで行われる共同の狩りには、栄養上の意味に加えて社会的意味があるようだ。狩りの成功は、狩りに参加するチンパンジーの数に依存するが、参加するチンパンジーの数が増えれば一頭あたりの期待報酬は少なくなる。このことは、狩りが社交的肉食という意味では厳密には共同作業的行為でないことを示唆する根拠として使われてきた。狩りへの参加には、別な実質的な動機が存在するのである。

狩りの後に肉を分け合う行為は、社会的、政治的意味をもつ。獲物の「所有者」は、誰が、どれくらいの分け前を得るかを決定する。同盟関係にある個体は多くを獲得し、競争相手は無視される。性的関係にあるメスにも分け前が与えられる。所有者がかつて性的、社会的関係を有したことのあるメスも分け前にあずかることができる。母親もそうだ。一方で所有者は攻撃の対象ともなる。分け前の要求はときに強要に近くなることもある。行動学的にいえば「圧力下での共有」である。所有者が手にする獲物は、分け前を求める、あるいは強要する仲間の数が多くなるほど少なくなる。仲間は分け前を得ればその場を去る。すなわち強要はやむ。個人的に良好な関係も分け前に対する圧力となる。たとえば、オスの毛づくろいをするメスは分け前を得る可能性が高い。それは部分的には、メスからの要求が恒常的であることを意味する。

チンパンジーの肉食がヒト祖先の肉食とは異なる別の点は、それが長々と続くということだ。一頭のコロバスモンキーを食べるには、多くの時間を要する。それは「食事」というより、むしろ「催し」に近い。ヒトの基準でいえば効率が悪いようにも見える。狩りそのものは共同作業だが、その後の分け前に関する行為は共同作業というよりは商取引的な行為と考えられる。

食事と脳

大きな脳をもつことは、それにともなう対価を支払うことでもある。大きな脳はヒトの祖先に適応的優位を与えてきた。アウストラロピテクスが絶滅する一方、ヒトは生き延びた。つまり、エネルギー的に不経済であるにもかかわらず、大きな脳は成功した適応だった。ヒトの進化を理解するためには、脳の適応的機能を理解する必要がある。

道具の使用はそうした適応の重要な側面である。他の動物も道具を使用するが、初期のヒトが用いたような複雑で多様な道具をつくり、使用する動物はいない。初期人類が用いた道具の多くは食物と関係している。ある種の石器は、肉を骨からはずし、骨髄を得るために骨を破壊する目的で使用された。初期における他の道具は、地下植物を掘り出したり、シロアリの塚に挿入したりする棒状の道具だった。ヒト祖先による道具使用に関する推測の多くは、食物を中心にめぐらされている。他の動物によって使用されたとされる道具も、食物の獲得と関係している。チンパンジーは小枝を用いてシロアリを釣る。オマキザルは硬い皮をもつ果物や木の実を石を用いて割る。ラッコは甲殻類を石で砕く。キツツキは、木から幼虫を取り出すためにサボテンのトゲを用いる。道具の使用はヒトに特有というわけではないが、ヒトの進化と進化的成功に大きな役割を演じたことは確かであろう。

道具の概念は極めて広い。ベン・ベック[*1]はこのように定義している。「道具の使用とは、環境中にどこにも接続されずに存在する物体を、使用者身体の外部で使用することである。その目的は、別の物体や生物の形状、位置、状態を効率よく変化させること。使用者が道具を使用しようとして手にもっている、またはまさに使用している最中に、その道具の効率的働きが使用者自身の形状、位置、状態にかかっている場合、それを変化させることもまたその目的となる」。この長く複雑な定義は、道具を定義することの難しさを表している。またこの定義は、道具とは使用者によって物理的に操られるものであるとしている。これは、動物による道具使用を考える際に有用な定義となる。大半の動物は何らかの方法で環境を改変する。そうした改変はみな道具の使用といえるのだろうか。エジプトハゲワシは、くちばしでもち上げた石を打ち付けてダチョウの卵を割る。これを多くの人は道具の使用と考える。卵や甲殻類を空中にもち上げ、岩やコンクリートの上に落とす鳥がいる。これは道具の使用なのであろうか。ベックの定義を含む多くの定義によれば、答えは「ノー」となる。そこには、対象となる物体を操ることと、関心のある物体に影響を与えるために、それ以外の物を操るという、微妙だが洗練された違いがある。他方、道具使用の最も緩やかな定義では、貝をコンクリートの上に、それが壊れるまで何回も落とし、それを食べるという行為は、明らかに道具使用戦略の一環であるという議論もある。

道具とは何か。ヒトに限ってみれば、どうだろう。本書はワープロを使いながらコンピューター上で書かれた。それは道具である。道具は物理的な「物」でなくてはならないのだろうか。私たちヒトは、日々の生活や仕事上の問題を解決するために、アルゴリズムや記憶補助具といったものを使用する。これらは道具なのだろうか。道具と戦略の違いはどこにあるのか。食事は道具か。公式晩餐会は外交の道具か。道具とは実体のあるものなのか、あるいは意味上の概念なのか。

初期のヒトは、どのような定義であれ、道具の使用者であった。ヒトはまた、精神的、社会的戦略を採用していた。精神的戦略も社会的戦略も、どちらも食物獲得の戦略の一環であり、食事が進化していくための必須要素であった。

道具の製作と使用は確かに脳の進化に影響を与えた。同時に、大きな脳によって強化された社会的能力や「行動を達成するための能力」は、初期人類にとって環境改変能力と同じくらい重要だった。大半の霊長類は高度に社会的動物である。課題を解決するための彼らの戦略の多くは社会的であり、行動を達成するための能力に基づく。ヒトも例外ではない。協働は、ヒトやその祖先にとって鍵となる適応戦略であった。道具使用を広く定義すれば、ヒトにとって最も効果的な道具とは、「他のヒト」であったかもしれない。富と力は多くの人を目標へ向かって動かす。歴史を通して、これは偉大なあるいは恐ろしいことを成し遂げるための手段を提供した。多くの人の行動を共通の目標に向かって調整する能力は、ヒトが世界中に広がることを可能にした中心的能力であった。

食物を集め、それを共同体の場所へ運び、社会的関係を有する他人と分け合う行為は、ヒトの進化において重要な出来事だった。食事、あるいは食べるという行為をかたちづくる初期的行動でさえ、ヒトを他の霊長類と区別する適応的行動であったと思われる。

人類の最初期の頃でも会食は多面的な役割を担っていたと考えられる。食物を獲得し、分け合い、消費するために共同体の場所に運び込むことは困難をともなったが、それを超える利益をヒトにもたらした。食物を共同体の場所に運ぶこと自体が競争相手を引き付けるという側面もあっただろうが、利益のなかには、他の肉食動物や腐肉食動物、その他の競争相手に対する防御もあったろう。会食を栄養摂取の手段とするために必要だった行動上の変化は、ヒトに、他の肉食動物に対する対応戦略や社会構造、生殖戦略を進化させる上で大きく貢献した。

こうした戦略が成功するには、食に関する社会行動上の変化が必要だった。食べ物をめぐる攻撃性の抑制と、協調し分け合う行為の増加である。他人の行動を推し量る能力は、それ以前に比較してより重要な能力となった。後で食べる、というコンセプトは機能的で適応的戦略となる。食物を入手した時、それをどうするのがより良いかを考える必要が出てくる。今すぐ食べるのか、仲間のところへもち帰るのか、もしくはその中間の選択がよいのか。

会食の概念が含む複雑で洗練された要因は、より卓越した知性選択に働いた。それは時間と場所に関わる計画立案を必要とする。対費用効果の計算もそうだ。食におけるこうした行動上の変化が選択の幅を広げた。選択は、環境への配慮にも影響される。たとえば一人で食べるか、採集を続けるか、仲間のところへ帰るかの選択は、どれくらい食物を集めたか、その種類は何か、仲間のいる場所からどれほど遠いか、採集に費やした時間はどれほどか、仲間はどうしているか、すでに採集を止めたのか、仲間のいる場所へ帰ろうとしているのか、彼らは採集に成功したのか否か、それを分け与えてくれるだろうか、自分の得た物を仲間と分け合うことで自分は何を得ることができるのだろうか、といったことに依存する。

霊長類は、他の動物に比較して身体に占める脳の割合が大きい。ゴリラやチンパンジー、オランウータンなども体重に対する脳の重量は大きい。さらにいえばヒトの祖先は、ヒト属あるいは他の類人猿の祖先より大きな脳を有していた。脳の容量は人類進化とともに、比較的最近まで増加してきた。しかし、それは脳のすべての部分で起こったわけではない。増加は、おもに大脳皮質で見られた。

脳進化の社会的複雑性理論は、複雑な社会ネットワークを有する生物は、認識能力を高める選択圧にさらされると仮定する。複雑な社会ネットワークとは、必ずしも大きな社会集団を意味するわけではないし、またその反対でもない。アフリカに生息するヌーは大きな集団で暮らす。しかし社会ネットワークは必ずしも複雑とはいえない。一方、サルや類人猿は、集団の大きさにかかわらず複雑な社会ネットワークを有している。こうした社会の複雑さと、複雑さへの適応戦略は、霊長類における大きな脳の基礎となった。協力や提携を行う霊長類は、より大きな大脳皮質を有する。初期人類の協働のかたちや会食がもたらした社会的複雑性は、大きな大脳皮質への強い選択圧になった可能性が高い。確かに、会食の効果（協働や社会的、政治的、性的可能性を含む）を有効に活用する努力は、進化の過程においてヒトの認知能力を強化したに違いない。

協働と忍耐

会食は忍耐を必要とする行為である。多くの人が食べるために集まる。そのため脅したり、盗んだり、特定の者に食物を与えなかったり、あるいは明らかな性的行為（古代ローマ他で実践されたオルギアを脇に置けば）は自制される。参加者には、多くの制限が課せられる。

何十万年、何百万年も前のヒトの祖先を考えてみよう。食物は価値ある資源だった。他人がおいしそうな物を食べている姿を見たときの反応は、脅すか、乞うか、取引をもちかけるかであったろう。そこには相対的な地位や肉体的強さが影響した。一方で、協働と忍耐も示され、反射的かつ本能的な行動は制限されていたに違いない。

反射的で感情的な反応の抑制は、大脳皮質の機能のひとつである。脳幹や脳室、大脳辺縁系に、ヒトと他の霊長類の間で劇的な違いはない。しかし大脳皮質には大きな違いがある。

著者らは、大脳皮質の増大は会食によって促進されたという説を提唱する。脳機能の皮質化は、反射的行動の抑制、より先を見越した行動や節制を可能にした。結果を評価し、後から感じる満足や将来を考慮することもできるようになった。共同で食べ、食物を共有するということは、大脳皮質の増大をもたらす選択圧であっただけでなく、脳の進化そのものに影響を与えたと考えられる。

チンパンジーとボノボ

チンパンジーとボノボは、ヒトに最も近い親戚である。たとえば、ヒトのY染色体解析によれば、そこには、第一染色体からY染色体へ置換された小さな遺伝子断片が観察される。この置換は、ヒトとチンパンジーとボノボにのみ見られる。ヒトと、チンパンジーやボノボの祖先は、約四〇〇万から七〇〇万年前に分岐した。チンパンジーとボノボが分岐したのは一〇〇万年より近年である。チンパンジーとボノボの分岐時期は、初期のヒトとアウストラロピテクスが分岐した時期に重なる。

チンパンジーやボノボは、ヒト祖先の行動や、行動特性を解析するのに役立つ。たとえば、チンパンジーとヒトに共通する特性は、その祖先に由来する可能性が高い。チンパンジーとボノボの違いはヒトとアウストラロピテクスの違いを推測する物差しとなる。

チンパンジーとボノボの間の社会行動や社会構造、気質の違いは興味深い。進化的に近縁であること、身体的に相同であること、社会組織が似ているにもかかわらず、ふたつの種はその生活において根本的違いを有している。

単純化の危険を承知でいえば、チンパンジーは戦争をし、ボノボは平和的だ。もちろん、現実はもう少し複雑で曖昧だ。ボノボも暴力的になることはある。他の哺乳動物を狩ったり、たがいに攻撃を加えたりもする。チンパンジーの性的行動にも驚くべきものがある。チンパンジーとボノボの違いは、一般に思われているより小さい。行動に違いがあるというより、その程度に違いがあるだけだというのが正しい。しかしそこには、根本的な違いもありそうだ。オスのチンパンジーは集団で自らの縄張りを見張る。彼らが近隣のオスチンパンジーと遭遇した場合、近隣のオスチンパンジーは攻撃される。殺される危険さえある。集団中でさえ、優位を確立するためにチンパンジーは威嚇や物理的攻撃を用いる。対照的にボノボは、ほとんどすべての社会的相互関係に性を用いる。しかしこのことは、ボノボの生活に紛争がないことを意味するわけではない。事実、紛争はしばしば見られる。ボノボの「鍵となる行動」は、紛争の解決と和解が性的行動を通して行われるところにある。

オスとメスの関係も異なる。分離パターンが霊長類の標準と異なるという点で、チンパンジーとボノボはよく似ている。大半の霊長類では、メスは生まれた群れに留まり、母や姉妹といった女系でつながる。オスは通常、群れを離れ、他の群れに入らなくてはならない。チンパンジーとボノボでは、ともにオスが生まれた群れに留まる。成人したメスが群れを離れる。これは、チンパンジーに対する長い観察と糞便の遺伝子検査の結果、明らかになった。野生ボノボの集団では、オスのボノボは群れに居住している成人メスのどれかと遺伝子が一致する——それが母親である——が、メスの場合はそうではない。

同じように群れから離れるパターンをもちながら、オスとメスの社会行動はチンパンジーとボノボで異なる。チンパンジーのオスの行動は、群れから離れるパターンから予想される行動に一致する。オスチンパンジーはおたがいに同盟し協調して行動する。彼らは一生仲間であり、しばしば親戚関係にある。もちろん競争もあるが、協調は重要な要素となる。メスチンパンジーは、オスチンパンジー、とくに息子と強い結びつきをもつが、他のメスチンパンジーと同盟関係を結ぶことはない。メスチンパンジーは独りでいるか、子どもたちといるかのどちらかである。ところがボノボの行動は反対である。メスのボノボは、おたがい知り合って間がない場合でも同盟を組む。一方、オスは、生涯にわたる仲間あるいは兄弟がありながら、単独で行動することが多い。ボノボの社会組織はそうした連合のため、女性優位であるといわれている。もちろん現実はもっと複雑である。オスは大きく強いので、個別のメスを食物や、メスが欲しがる他の物から遠ざけることができる。しかし、彼女の友人たちが周囲にいれば、彼はただでは済まない。ただし、オスを追い払ったあと、メスはオスに性を与えることもある。一般的にいえば、オスが多くの場合においてメスに負けるというのは、良い戦略だと思われる。

これまでに述べたことは単純で大雑把だ。ボノボの社会行動に関する知識の多くは、捕獲されたボノボの観察からもたらされている。一方で野生のボノボからの情報は、ボノボがより暴力的で、より性的でないことを示唆する。性的で、平和を愛するヒッピーとしてのボノボの通俗的イメージは、架空の動物にしか当てはまらないのかもしれない。しかしチンパンジーとボノボの気質の違いは、誇張されているとしても、実際に見られ、協調的行動においては明確な違いがあることは事実である。

協調と公平性

ボノボもチンパンジーも、飼育された状態では容易に協調性を学ぶ。両者とも道具を使い、報酬を得るための戦略を使う賢い動物である。単純な共同作業、たとえば食物が入ったボールを手の届く範囲に引き寄せるために、二頭の個体がそれぞれ棒と紐を使うよう訓練されると、チンパンジーもボノボも、この仕事を完璧に行うことができる。しかし結果は異なる。二頭のチンパンジーがこの仕事を行った場合、協調的行動は低い。かなりの時間にわたって、一方のチンパンジーが協力を拒否する。協調が成立した時でも共通して見られる結果は、報酬の共有の拒否である。低い協調的行動は、これによって部分的に説明できるかもしれない。優位な個体、あるいは最初にそれを手に入れた者がそれを手にし、もう一頭の個体は何も得るものがない。寛容な個体は協調行動が上手だ。しかしそれは寛容な個体同士であればという条件つきだ。対照的に、ボノボはいつも獲物を共有する。パートナーは、どちらも何かを得る。ボノボはほとんどいつも協調的に行動している。

他の協調ゲームについて考えてみよう。チンパンジーがヒトと違うのはこの点だということが最近明らかにされた。ヒトの場合は「最後通牒ゲーム」と呼ばれる。まず報酬が提示される。両者はそれを見ることができる。一方が報酬を得ることができるのは、他方が同意したときだけである。第一の者が報酬の配分方法を提案する。第二の者が、それを受け入れるか拒否するか決める。受け入れれば、両者は合意した配分を受け取ることができる。拒否すれば、両者とも何も得ることができない。

経済的視点からすれば、第二の者はどんな配分でも受け入れると予想される。というのも第二の者は、そうでなければ何も得ることができないからだ。しかし結果は異なる。配分があまりに不公平だと、ヒトはそれを拒否する。ヒトは公平性の概念をもち、それが行動に影響を与える。第一の者の配分が不公正だと、第二者は拒否を通して第一者の「貪欲」を罰するのである。行動には遺伝的要素があることを、近年の研究は示す。一卵性双生児がこのゲームをすると、その行動は二卵性双生児より相同性が高くなる。

チンパンジーの方がより経済的視点をもっているように見える。彼らは獲物が得られる限り、その量に関係なく何らかの獲物を得ようとする。ボノボでこの実験をするとどうだろう。行動はヒトに近いものになるのだろうか。興味深い。彼らは拒否という行動をとるだろうか。それは、他の霊長類とヒトが分化した後に起こった進化のひとつ、別の言い方をすれば、選択的有利さをもつように進化した大脳皮質の特性のひとつなのだろうか。

「公平」という概念は食事を共有する場合にも重要である。チンパンジーもボノボも共有はする。チンパンジーはより取引的であり、得るということに熱心である。しかしそれは初期設定ではない。ボノボの行動は、規範としての共有という概念が、進化の早い時期から存在していた証拠を提供している。

獲物と捕食者

捕食者としての行動はヒトの進化に影響を与えた。初期人類の適応戦略は、より良い捕食者となることによって達成された。一方、ヒトは獲物でもあった。自然界にはヒトを捕食する肉食動物がいる。化石の証拠は、アウストラロピテクス（初期人類と同じ大きさ）が大型のネコ科の肉食動物やワシに捕食されていたことを示す。チンパンジーやボノボが、ヒョウに捕食されているという事実もある。捕食を避けることは、ヒト進化の大きな圧力であったと考えられる。

一方、捕食されるということがもたらした選択圧は、初期人類の身体の大きさや肥満度を制限する方向に影響を与えたという説もある。捕食される比率が高いと、進化は小さく、痩せた体型を指向するというのである。スピークマン[*2]は収集したデータから、その仮説が裏づけられているというが、なぜそうなのかはよくわかっていない。また、捕食されることがもたらす選択圧が、アウストラロピテクスのような比較的大きな動物にも当てはまるか否かについてもよくわかっていない。スピークマンの議論は、身体の大きさというよりむしろボディマス指数に焦点を当てたものとなっている。

太った個体は、より魅力的な獲物だ。またアンテロープのように、逃げるということが捕食されないための重要な要素である場合、大型化は捕食されることを避ける上では弱点となる。スピークマンは以下のようにも議論している。捕食されないための協調的戦略――道具や武器の使用、あるいは火の使用――が発達するにつれて、捕食されることによる淘汰圧がボディマス指数にかける上限は緩やかになった。そうした仮説によれば、太るということには、もはや積極的な制約がかからないことになる。結果として、ヒトは時間とともに大きく、そして太っていくことになった。

協働と効率

動物の死骸の傍らは、ヒトの祖先にとって危険な場所だった。獲物を得ることはできるが、他の動物に捕食される危険もあった。捕食回避行動は食物獲得行動と組み合わせて考える必要がある。協調行動は、捕食者を見つけてそれを回避し、動物の死骸の傍らで過ごす時間を最短にする——すなわちリスクを最小限にする——という点で利点をもつ。

動物の死骸をめぐる実際の行動に関しては、多くの臆測がなされている。死骸はその場で解体され、食されたのだろうか。ある場所で解体された死骸は、断片にされ別の場所に運ばれてそこで食べられたのだろうか。どちらの行動にも利点もあれば欠点もある。最終的には第二の行動が一般的となった。人類進化のある時点で、ヒトは野生動物の肉や他の食物を自分の陣営へもち帰るようになった。

どちらの場合においても、動物の死骸を素早く解体することが、獲物に魅かれてやってくる他の捕食動物による危険性を低減させたことは確かであろう。チンパンジーの肉食においては明らかになっていないが、速さと効率には利点があったはずである。一匹のアカコロブスを解体するのに、チンパンジーはほぼ一日を費やすことさえある。おそらく、ヒトの祖先はもっと素早く解体していたに違いない。少なくとも、ヒトが肉食になって以降はそうだったはずである。

忍耐は美徳であるといわれている。ヒトは欲する物の入手を遅らせることができる。面白いことに、ヒトより上手とはいえないが、チンパンジーもそれができる。マーク・ハウザーの研究室からのデータ[*3]は以下のようなことを示した。好物を一塊すぐに入手できるという状況と、二分後に三つの塊を入手できるという選択があって、そのどちらかを選択するよういわれたとき、チンパンジーが大きな獲物を得るために待つことを選択する確率は、そうでない選択をする確率の四倍高い。それはチンパンジーが何時間にもわたって、他のチンパンジーがコロブスモンキーを食べるのを見ながら、もらえないかもしれない分け前を求めてうろつく理由を説明する。確かに、チンパンジーが狩りをし、分け前を与える（得る）行動の収支は私たち人間には非効率的に見える。忍耐は必ずしも美徳ではないだろうし、少なくともある環境下では適応的ではない。

獲物を素早く効率的に解体するという戦略は、分業の概念に一致する。進化のどの時点でこうしたことが起こったのかは明らかでない。狩りに参加した者がすべて解体に参加したのか、あるいはそこに何かの規則があったのかを知るすべはない。全員が自分用に骨から肉をはがすための石の道具をつくったのか、あるいは道具をつくる専門家がいて、他の人々は専門家がつくった道具を使うだけだったのか。男女によって役割は異なっていたのか。エチオピアには、自作の石器を使って女性が皮をなめす部族がいる。そこでは、石器づくりは女性の仕事となっている。一〇〇万年ほど前の解体現場でも、男たちが獣を刻むための石器を女たちがつくっていたのだろうか。グループの何人かは見張りとして他の捕食者に注意を払い、他の肉食動物に対して警告を発し、それを追い払っていたのだろうか。それとも、全員が獲物のある場所に殺到し得ることができるものを得ていたのだろうか。

化石や考古学的記録は、こうしたことを教えてはくれない。見張りという行動が記録として残ることもない。一方、それは他の動物（ミーアキャット、プレーリードッグ、ムネアカタマリン等）に見られる。見張りという行為は、人類進化のどこかでヒトの道具箱に入れられた行動なのであろう。現生人類の脳がこうした行為を行う能力を有するということは、ヒトの祖先もどこかの時点でそうした能力を獲得していたことを意味する。重要なことは、こうした獲物をめぐる行動の複雑さを理解し、それらが進化の過程でどのようにヒトの食事をめぐる態度や行動に影響を与えたかを考えることである。

ヒトの祖先が、いつ分業能力をもつに至ったかは本書の主題ではない。重要なことは、協働的行動がひとたび現れ、食事がヒトの行動にとって重要なものになったとき、一連の協調的社会行動は潜在的優位性をもつことになったということである。こうした行動は忍耐や公平といった概念を必要とする。人々は「今、役割を果たしなさい。そうすれば後で報われる」という信頼の上で働いている。それらが大脳皮質増大への選択圧として働いた。食べることと社会行動の相互作用である。

まとめ

ヒトの食物獲得方法や食行動は種としてのヒトの成功と関連していた。ヒトとアウストラロピテクスの決定的な違いは食物だった。何を食べたかだけでなく、どのように食物を獲得し、それをどのように食べたかということとである。ヒトは、初期から道具を使用していた。石器や土を掘る棒、火などは、ヒトが食物を得、加工するための道具であった。進化のある時点で、協調的行動は食物や食事と深く結びついた。協調的狩猟だけでなく、一緒に食事をする、あるいは食物を分けるという概念は、私たちヒトに備わった行動の一部となった。こうした適応が、人類がアフリカを出て世界中に居住地を広めることを可能にした。

食物がどのように現代のヒトの肥満に貢献したか。それを理解するためには、現代社会における食事の機能を考える必要がある。食べるということを栄養上の側面のみから考えることは、ヒトの食行動を完全には説明しない。食べるということは、栄養だけでなく、社会行動、政治、性、あるいは道徳とさえ関係する。食べることと食事をすることは、異なる意味をもつようになった。

食行動は、ヒトの脳進化に対する主要な選択圧となった。食物と社会行動は密接に結びついている。食べることは、栄養上の側面と同時に結びつきをもたらす。食物は快楽にもなる。ヒトは食べることを楽しむだけでなく、他人が食べるのを見ることにも喜びを感じる。ヒトは祭りにおけるパイ喰い競争といった社会規範を越えた行為さえ楽しいと感じる。パイ喰い競争は、消化への際立った妙技で称賛される個人が参加する、さまざまな大食い競争へと進化していった。現代人は食べることをスポーツに変えた。現代社会においては、ヒトがなぜ食べるか、何を食べるかを理解するためには、栄養や食欲といったこと以上のことを考える必要がある。

ヒトの食行動は忍耐を必要とする。ヒトは競争的である。しかしある文脈では、そうした気質を抑制する能力を発揮する。食事はその一例である。それ以外にもある。協力する能力と努力は、ヒトの成功の鍵でもあった。

一緒に食事をとるという行為が始まったのはいつか。それは、永遠にわからないかもしれない。しかしそのことが、アウストラロピテクスからヒトへの変化を特徴づけるものとなった可能性はある。一緒に食事をとるという行為は、脳容量、とくに大脳皮質が大きくなることによって可能になった。また、それ自体が脳容量を大きくする選択圧として働いた。大きくなった大脳皮質は、計画を立てることや、忍耐、しっぺ返しといった行為を容易にした。それが会食を助けた。分業という考え方もそうである。

レストランやフードコートへ行った時に、少しばかり時間を使って、こうした行為がどれほど一般的か、忍耐力がヒトの祖先にどのように起こったか、それがヒトの進化にどのような役割を果たしたかを考えてみるのも面白いだろう。

第4章　進化、適応、ヒトの肥満

進化医学の中心的概念である「ミスマッチ・パラダイム」と呼ばれる概念を検証してみよう。医学は病気の機械的側面、つまり「何が」「どのように」という病理に焦点を当てる。一方、進化医学は病気の「なぜ」を検証する。たとえば、大半の脊椎動物は感染症に対する共通反応として、急性反応を示す。急性反応では、発熱、鉄や亜鉛の消費、食欲低減、C反応性タンパク（CRP）やフィブリノーゲン放出が見られる。こうした反応は組織を弱体化させる。したがって標準的医療の実践とは、急性反応を軽減させることによる症状緩和となる。しかし、こうした反応は感染に対する適応的反応である。反応の大半は、感染した動物が生き残る確率を上げる。たとえば、発熱と鉄の消費は相乗して細菌感染を抑制する。感染症の症状のいくつかは病原体によるものであるが、宿主の防御反応と関係しているものもある。それらは代謝や生理に影響を与え、感染した宿主の生存可能性を上げる。一方、そうした反応は、短期的あるいは長期的な病気の結果でもある。

近代医学の理論的枠組みでは、感染は適切な抗生物質によって治療され、宿主の防御反応は、発熱や倦怠感といった症状を和らげる緩和医学によって抑制される。こうしたやり方には多くの利点がある。病原体は根絶され、患者は防御反応がもたらす弱体化を免れることができる。その結果、完全に回復しなくとも仕事や通常の生活に戻ることが可能となる。当然、進化は宿主と同様に病原体にも働く。いくつかの病原体は、抗生物質に耐性をもつように進化した。抗生物質耐性菌は大きな関心事となっている。穏やかな感染に対しては、身体が本来有する自然防御機構に期待するのが近年の医療になってきている。個人に対する利益は、耐性菌を生み出すリスクと比較して考慮されなければならない。

肥満やそれに関連する疾患は感染症とは異なる。しかし共通する要素もある。肥満は脂肪組織（第2章参照）が産生するサイトカイン（インターロイキン1や6、TNF－α）によって引き起こされる炎症に関連している。肥満が引き起こす疾患は、大量の脂肪組織によって生じた不均衡への、正常で適応的な反応であるようにさえ見える。肥満自体は、エネルギー支出に制限があるなかで、高エネルギー密度食物の摂取を促すような適応的反応が原因であると考えられる。食物は報酬であり、可能な時にエネルギー支出を制限することには過去、適応的な利点があった。事実、現代社会はエネルギー支出を少なくする一方で、ヒトに十分な食物を提供するように設計されてきた。進化的方向の反映である。ヒトは、十分な食物を得るために、相当量のエネルギーを使うことを強いた外的要因を取り除くために働いてきた。そして今、カロリーを得るための動機や衝動は、それを使う動機や衝動を上回っているように見える。

本章では、ミスマッチ・パラダイムやホメオスタシス、アロスタシス、そしてアロスタティックロードについて考察する。生理的機構は有限である。ヒトは環境に適応できる。しかしそのための生理反応にはコストが必要となる。これがアロスタティックロードである。脳を含む組織は、長期にわたる、もしくは劇的な生理反応によって変化を被る。正常な生理機能であっても、本来の時間枠を逸脱する場合には、病気を引き起こす。

ミスマッチ・パラダイム

ヒトは、他のどんな種よりも多様な地域に居住している。祖先が住んだことのない環境にも暮らしている。ヒトが環境を改変する能力は突出している。しかしそれは、ヒトが生物としての生理から解放されたことを意味するわけではない。ヒトも環境に対する過去の適応を引きずって生きている。事実ヒトは、進化の結果としての現在と、自らがつくり上げた環境とのミスマッチに直面している。ミスマッチ・パラダイムは進化医学の重要な概念である。簡単にいえば、進化的過去は私たちに贈り物もしたし、困難を背負わせもした。どちらであるかは考え方によるが、多くの場合、その結果は依然として適応的である。ヒトはこの世界によく適応している。しかし、生物としてのヒトが環境との齟齬をきたしている例も多く見られる。これはヒトの食行動においてもいえる。

適応という言葉は、生物学では少なくともふたつの意味をもつ。進化の文脈における適応は、生き残る力または生殖の成功、もしくは両方を高めた種としての特性を指す。ここでは故意に過去形を使った。進化的適応とは、祖先が直面した課題に取り組んだことを反映する特性だからである。一方、それが依然として適応的であるかは、現時点の環境による。先祖が直面した課題が存在しなければ、選択された特性はもはや適応的とはいえない。そうした特性が将来世代において持続するか消えるかは、集団の多様性や、特性を維持するためのコストと利益、人口が増加しているのか減少しているのかといったことを含む多くの要因に依存する。過去の環境課題がもはや選択圧として働くことをやめた後でさえ、過去の適応の多くは集団に残る。

進化は、環境上の課題に対する単純で堅固な解決というかたちで表れることが多い。しかしそれは、複雑で目的志向的な適応が起こらないといっているわけではない。問題は、どのような適応が最も持続しやすいかということである。一連の課題に対して幅広く利益をもたらす適応は、的の絞られた、目的志向的な適応より存続しやすいと思われる。

生理学的には、適応という言葉は課題に対して短期間で生じる生理上、代謝上の変化を指す。こうした反応はしばしば、ホメオスタシス（内部環境の恒常性を維持する傾向）を守るためのものである。暑い日に運動すれば、すぐに汗をかき始める。気化による冷却効果は、運動のために起こった身体内部の温度の上昇を抑制する。

もちろん、生理的適応は進化的適応のひとつである。進化は身体が環境に適応するための能力を与えた。したがって、期待される環境と現実の環境は完全に一致する必要はない。ある種のミスマッチには適応可能である。しかしミスマッチが大きくなれば、適応反応の道具箱の道具は不足がちになる。そして、生理的に適応している環境下でさえ、ヒトの進化的適応反応はときに健康を損なう。生理的適応は、常に無償ではない。

恒常性パラダイム

外部環境は変化する。動物はその変化に対応できなくてはならない。身体内部の環境は、外部環境の極端な変化から守られなくてはならない。単純にいえば、生物が生き残るためには、内部環境は一定の制約下になければならない。制約のうち、あるものは許容範囲が広く、あるものは狭い。生理学はもっぱら、調節機構を含むこうした制約を研究する学問である。キャノン[*1]の生理学によれば、「器官や組織は液質のなかにある……。私たち個人の一人ひとりがそのなかで生き、動き、存在する。塩水が変化から私たちを守ってくれている限り、私たちは、深刻な危険からは自由である」という。キャノンにとってホメオスタシスとは「液質の安定的状態」であり、ホメオスタシスの機構は、その安定性を維持するものを意味する。こうした状況を維持するために動物は、細胞膜から複雑な中枢神経系まで、多くの適応を行ってきた。こうした適応が内部環境を一定に保つ働きをする。

ホメオスタシスという考え方は「液質の安定的状態」を越えて発展してきた。しかし、制御的生理機能の原理を根本的に説明するものと理解されている点では変わらない。安定という概念（変化に対する抵抗という概念）は、ホメオスタシスの土台であり続けている。ホメオスタシスを維持する機構は変化に抵抗的で、安定が乱されたとき、システム上の要素を適切な範囲内に戻そうと働く。適切な範囲はしばしば「セットポイント」と呼ばれる。制約とネガティヴ・フィードバックはホメオスタシスの重要な要素である。

ところが、すべての生理プロセスが、この恒常性パラダイムにすんなり当てはまるわけではない。多くの科学者がホメオスタシスという考え方の欠点を指摘している。厳密にいえば、ホメオスタシスに則らない生理調節もある。内部環境の多くは持続的に変化してもいる。多くの生理的数値は変動する。むしろ変化に対して恒常的に適応しているといった方が正しい。これはホメオスタシスの本来的矛盾ではない。キャノンはシャルル・リシェの次のような言葉を引用している。「私たちは、常に変化しているが故に安定なのである」。ホメオスタシスの概念は拡張されなければならない。あるいは、他の用語や概念が生理調節分野の語彙に加えられなければならない。

ムロゾフスキー[*2]は、セットポイントが変化し、新たな水準で維持される環境を記述する用語として

「レオスタシス」という言葉を、バウマンとクーリー[*3]は、生殖のような状況に対応する生理変化を述べる言葉として「ホメオレシス」という用語を提案した。ムーア＝イード[*4]は、生理的数値の概日変動も、急激で予測不可能な変化に対する「反応的ホメオスタシス」とは対立する概念である「予測的ホメオスタシス」として考えれば、ホメオスタシスのなかに組み込むことができると提案した。確かに、予測可能な生理反応とそれに対する行動を中枢で調節する機能を記述する概念としては、古典的なホメオスタシスの考え方は不十分である。スターリングとアイヤ[*5]は、従来のホメオスタシスの概念では説明できない制御システムを説明するための考え方として、アロスタシスという概念を提唱した。たとえば調節システムにおいて、多くのセットポイントが存在する場合や、あるいはセットポイントそのものが存在しない（恐怖などの）場合や、行動や生理的な反応が予見的であり、監視指標からのフィードバックを単に反映しているのではない場合などである。

　生理的適応の進化を考える際に「安定」とは誤解を生む言葉である。生理機構は、生物の生存や生殖に尽くすためにある。もちろん、いくつかの生理要素における安定は必須である。しかし、厳密な意味で安定した生物は結局のところ絶滅することになる。生物は変化できなくてはならないし、課題に反応できなくてはならない。「安定」という言葉より、成功や有効性を生む能力として定義される「生存力」といった言葉の方がふさわしい。進化の文脈においては、この言葉は遺伝子を継代していく能力を意味する。生物の生存を可能にする生理機構は、季節や年齢、必要性、課題に応じて変化する。そこには少なくとも一時的には、安定とは反対の生理プロセスが存在しなくてはならない。アロスタシスという言葉は、そうしたプロセスに対して提案されている。簡単にいえば、アロスタシスとは、変化への抵抗性と定義されるホメオスタシスとは逆の概念である。変化することが生存力を高めると定義される、変化の概念なのである。

ホメオスタシスとアロスタシスは、生理調節において相互補完的である。ホメオスタシスは、セットポイント周辺で調整され維持される。一方アロスタシスは、セットポイント自体を変え、あるいは破棄することによって状態を変化させる。著者らは、スターリングとアイヤの「変化を通して安定を達成する」というアロスタシスの定義を「変化を通して生存力を高める」へ、ホメオスタシスの定義を「変化への抵抗を通じて生存力を高める」へと変更することを提案する。

アロスタシスの概念は生理調節の理解に必要だろうか。ホメオスタシスは予測可能であり、反応的でもある。前述したアロスタシスの概念は、ムロゾフスキーのいう「レオスタシス」に似てなくもない。しかしレオスタシスの概念はより広範である。アロスタシスは、状況が安定的である限り新たな水準への変更を求めることはない。概日現象の多くは予測可能で恒常的である。一方で、ホメオスタシスとアロスタシスの違いを明確にすることは困難な場合も多い。

アロスタシスで重要なのは、中枢的に制御されるという概念である。ホメオスタシス的調節（通常ネガティヴ・フィードバック）の多くは末梢からのフィードバックを中心に働く。一方、予測的でポジティブなフィードフォワード機構はアロスタシスの一貫した特徴である。アロスタシス的調節は、ステロイドホルモンによる神経ペプチドの誘導によって引き起こされることが多い。そして課題に応じて末梢の生理を調整するホルモンは、変動する脳の中心的状態に影響を与え、それによって生物は課題に対応する行動を促される。末梢での生理や機能は脳で予測され、しばしば、末梢での機能を制御するのと同じ情報分子によって制御される。脳と末梢は多くの情報分子を介して結びついている（第７章参照）。生存を担保するために行動と生理が協働するという考え方は、アロスタシスの中心的考え方である。

アロスタティックロード

マッキュアン[*6]はアロスタシスの概念を、過剰な生理的負荷に対する耐性が弱い制御機構に拡大した。健康や病気、そして病理にともなう制御生理機構における比較的新しい概念に、アロスタティックロード（ロード＝負荷）がある。アロスタティックロードの概念は、多くの生理適応が短期的な解決策にすぎないという事実から生まれた。そうした解決策は、一定の期間内であればコストをともないながら機能する。しかし長期間に及べば、健康が損なわれる。発汗を考えてみよう。熱暑のなかで運動を続けると、発汗によって脱水と塩分の損失が進み、極端な場合は生命の危機に至る。発汗は体温上昇という問題への短期的な対処反応であるが、それを補完するためには水分補給や冷所への移動といった他の処置が必要になる。

ミスマッチ・パラダイムとアロスタティックロードの関係は明らかである。生物が環境に不適応であればあるほど、適応にかかるコストは大きくなる。さらにいえば、そうしたコストを払ったとしても、生理的適応は不十分、もしくは不適切なものにとどまる可能性も残る。ミスマッチが大きければ大きいほど、アロスタティックロードは増大する。ときに、適応反応のスイッチがオンになったまま、その後オフにならないといったことが起こるかもしれない。その場合は適応反応それ自体が、不適応を引き起こす。

ヒトは、食物獲得のために激しい身体活動をしなくてはならない種として進化してきた。しかし多くの人にとって（すべての人にとってではないということが残念だが）、食物獲得のための努力は大きな問題ではなくなった。食物は過去において、しばしば限られた資源であった。食物が獲得できた場合は、それを過剰に摂取し、脂肪を蓄積する方向へとヒトは適応してきた。脂肪組織は単に受動的なエネルギー貯蔵装置ではなく、代謝や生理における活動的プレイヤーの一員でもある（第11章参照）。事実、脂肪組織はそれ自体が内分泌組織であり、他の終末器官と相互に作用しあう。したがって、脂肪組織が他の体細胞組織に比較して過剰となる場合、アロスタティックロードが蓄積され、病気に至ると著者らは考えている。アロスタティックロードはこの場合、脂肪組織の正常な機能によっても、異常な機能によっても引き起こされる。

過去から受け継いだ機械装置

ヒトは生物学的に過去に適応してきた。そうした意味において、ヒトは他の種と異なるところはない。ヒトは自らが暮らす世界を絶えず改変している。その点においては異なっている。ヒトの能力は、過去、人類がほとんど遭遇しえなかったような課題をつくり出すことさえ可能にした。ヒトが食べている食物も、遠くない昔のそれとは大きく異なる。ヒトの継承した生物学的反応がそれに対して十分かつ適切なものでないとしても、それは驚くに当たらない。

ホメオスタシスの概念は、多くの研究者によって体重にも適用されている。動物は、あらゆる環境下において体重を一定に維持しようとする。多くの例が知られている。最近では、ヒトの肥満研究者の間で脂肪定常説〔脂肪を増減させることで、ヒトは体重を一定になるようにしているという説〕が支持を得ている。レプチンは、脂肪組織で産生され、組織量に比例して分泌されるペプチドホルモンの一種である。レプチンの発見は、ヒトの食物摂取とエネルギー支出が、ある程度まで体脂肪量によって制御されているという仮説を提起した。脂肪組織は重要なエネルギー貯蔵器官であると同時に、代謝に関連する重要な内分泌器官でもある。

脂肪組織やレプチンのような情報伝達分子が代謝や食行動に与える影響は後の章で詳しく触れる。本章では、ヒトの特性と傾向（脂肪定常説に反するように仕向ける）の進化を取り扱う。それは、ある種の適応であったが、現代社会においては非脂肪定常説に従う生物を産み出すことにもなった。

怠けることは、ひとつの適応か？

ヒトの祖先は、生きるためにより多くの努力とエネルギーを使ってきた。しかし、怠けることにも利点がないわけではない。何もしないということは、エネルギーを無駄にしないことでもある。「怠ける」という言葉は正しい言葉でない。野生動物は、進化の結果としての行動戦略に従って行動し、それが最大の適応を可能にする。野生動物を一定期間観察したことのある人なら、何もしないことは多くの環境下で成功する戦略であるように見えることを知っているだろう。休息は多くの動物に見られる共通の行動で、日中の大半をそれに使う動物も珍しくない。たとえばコロブスモンキーは、起きている時間の半分以上を休息に使う（図4－1）。筋肉を鍛える目的で行う体操などは、ヒトに特有の行動である。もちろん多くの動物も、社会的にも個人的にも身体活動でエネルギーを使う。身体活動を楽しむことに、適応的機能があるということはこれまでにも議論されてきた。しかしそうした身体活動にはコストも必要とされる。動物は一般的に、適応的目的を達成するために最小限のエネルギーしか支出しない。

どのように生きるか。それについて、エネルギーの視点で見たヒトの選択は多様である。ある人は常に何かをしている。ある人は機会が訪れた場合にのみ行動する。どちらの戦略もヒトの過去において適応的な利点があったと考えると興味深い。

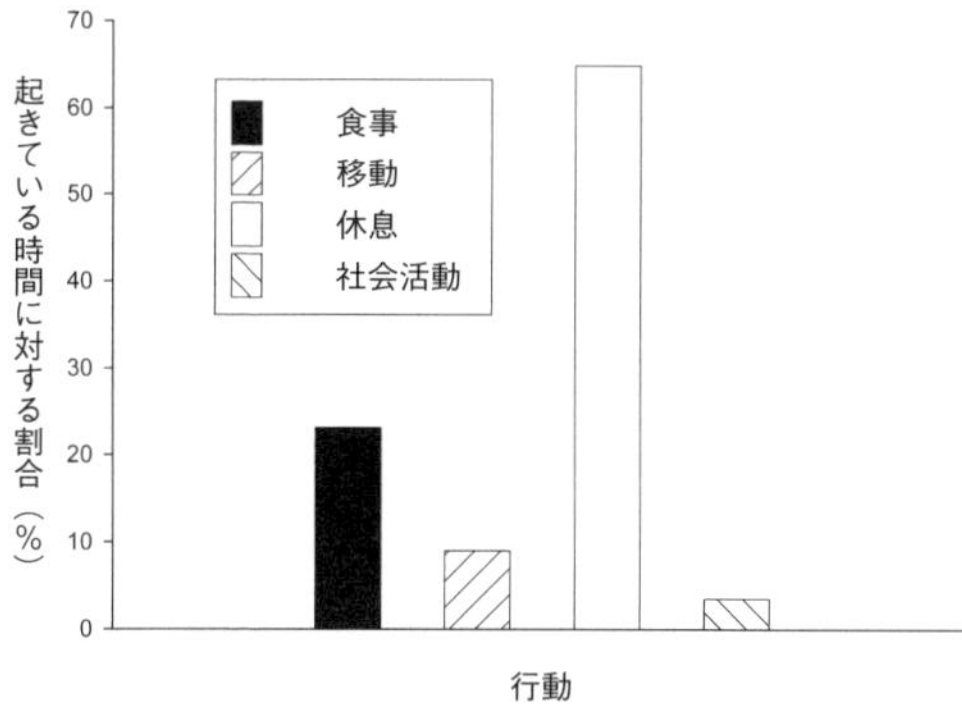

（図４－１）何もしないことは自然界では一般的である．コロブスモンキーは起きている時間の大半を休息に使い，夜間を通して眠る．図は，ガーナのコロブスモンキーの６つの群れの日常の活動を示す．出典 Wong and Sicotte, 2007.

旧石器時代の食事

ヒトの祖先は、私たちがこんにち食べているような食物を食べてはいなかった。過去の食事はかたちにおいても、消化性においても、含まれる栄養素においても、現在のものとは大きく異なる。そのことは、ヒトの食に関する進化を理解する上で重要な要素となる。含有栄養素の問題はとくに重要である。というのも、動物は食物を食べるが、彼らが必要とするものは栄養素である。栄養素の欠乏は生物の生理や代謝に大きな影響を与える。結果は行動にも影響する。ここでは欠乏を、病気を引き起こすという医学的な意味ばかりでなく、より広い意味で定義している。ヒトは、少なくとも短・中期的には、多くの栄養素の欠乏にも対処できるよう適応してきた。そうした適応がヒトの生理や代謝を変えてきた。さらにいえば、そうした変化は食行動にも影響を与えてきた。

ここでふたたび、灼熱の太陽の下での発汗を例に考えてみよう。長い時間が経過すると、喉が渇き、何か飲みたいと思う。加えて、塩分に対する反応が変化してくる。数時間後には、塩味の刺激が低下するとともに、塩辛さがいっそう快適に感じられる。何か飲みたくなると同時に、猛烈に塩辛いものが食べたくなる。

カルシウムは、ヒトの祖先の食事に多く含まれていた重要な栄養素である。農耕の開始とともに、ヒトの食事に占める穀物量割合は急増した。穀物はリンを多く含むが、カルシウムは少ない。現代人の食事はしたがって、リンが多くカルシウムが少ない。一方、ヒトの過去のカルシウム調節機構は、進化的には逆(高いカルシウム摂取)に適応してきた。こうした変化が、肥満と関係している可能性はあるだろうか。いくつかの興味深いデータは、その可能性を示唆する。

習慣的なカルシウム摂取が、ボディマス指数や体重増加、体脂肪量と逆相関することを示す多くの研究結果がある。カロリー制限した遺伝子改変マウスでは、低カルシウム食では脂肪の減少量が落ち、高カルシウム食では脂肪の減少量が増えた。食事中のカルシウム量と体脂肪が相関する仕組みはまだ十分には解明されていない。しかし、カルシウムに加え、ビタミンDや副甲状腺ホルモンといった、カルシウム量を調節するホルモンが何らかの役割を演じているらしい。低カルシウムの副作用は、そうしたカルシウム代謝ホルモンの活性を上げることかもしれない。それが脂肪組織の代謝に影響を与える(第11章参照)。

現代人の食行動に影響を与える過去の特性は、他にもあるのだろうか。次の項では、ヒト祖先の食事中に一般的に存在した栄養素、あるいは稀な栄養素について見ていくこととする。

稀なものが貴重になる

価値あるものはしばしば稀少である。経済活動にも当てはまる。稀少品は、ありふれた品物に比較して高価である。同様の原則は進化にも当てはまる。環境中には、稀少であるが故に制約要素として働く資源もある。それを獲得するためには努力を要する。獲得することが生存や生殖に有利に働くとすれば、それを獲得することに対する高い動機づけが個体への選択圧になる。そうした個体は、より多くの努力を獲得に向けて払うことになる。資源が食物であった場合、食物への嗜好が生まれる。

たとえば、リスほどの大きさの新世界ザルであるマーモセットは、もっぱら樹液を食べることで知られている。かなり特異な食戦略であるが、マーモセットにとっては成功した戦略である。捕獲されたマーモセットはアカシアの樹脂を好む。それらはしばしば動物園で栄養添加剤として用いられる。著者の一人（マイケル・L・パワー）がスポイトでアカシアの樹脂を与えようとしたとき、わずか一〇〇グラムのマーモセットがスポイトを必死で摑み、取り上げられまいとした。ヒトにとっては、それは旨みに欠ける。樹脂への嗜好をもたない他の新世界ザルは、樹脂入りの溶液にはほとんど興味を示さない。むしろスポイトなどは、それを避けようとする傾向さえ見られる。動物には甘い溶液がスポイトで与えられるが、それは、薬の投与を容易にする訓練の一部として行われている。マーモセットは樹脂シロップをおいしいと感じ、それを食べることに動機づけされているが、他の動物はそうではない。

野生界では、マーモセットは樹脂を得るために木の樹皮に穴を開け、樹液の分泌を刺激する。彼らはかなりの時間を、樹脂を得るために無防備な状態で過ごす。それはかなりのエネルギーを消費し、捕食に対するリスクもともなう。彼らは高い動機づけによってそうした行為を行っている。そうした行動は、食戦略とそれを実践するための行動だと考えられている。

他の例を考えてみよう。約二〇年前、著者の一人は動物園の飼育係にカンガルーラットに与える餌について相談されたことがある。定期的な身体検査の結果、何頭かの脚が骨折していることがわかったのである。係員の手荒な扱いではなく、骨がもろくなっていることが原因だった。獣医師や飼育係は餌がその原因ではないかと考えた。餌は、げっ歯類用に市販されているものを中心に、何種類かの種子（野生のカンガルーラットは穀食である）、アイスバーグレタス（カンガルーラットの好物）で構成されていた。栄養素計算では、餌はバランスも良く健康的なものであった。しかし餌の総量は、カンガルーラットが食べるだろう量よりも多く、食べることのできる量さえ上回っていた。何が起きたか。動物たちは、与えられた餌を選別して食べていたのである。翌週、実際に食べる量が調査され、餌量が計測された。食べられなかった餌は回収された。結果は極めて示唆の多いものだった。

げっ歯類用の市販の餌は、ほとんど消費されていなかった。一方で種子類はすぐに消費されていた。しかし、種子の種類に対する嗜好には個体差があった。アイスバーグレタスは常に完全に消費されていた。つまり、消費された餌ではカルシウムが不足していたのである。

解決策は簡単だった。与える種子の量を減らし、アイスバーグレタスは、たまに与えられるだけとなった。本来げっ歯類に与えられる餌の量が増加するにつれ、カンガルーラットの脚の骨折は過去のものになった。

なぜ穀食のカンガルーラットが、種子よりアイスバーグレタスを好んだのだろうか。カンガルーラットは砂漠の動物である。種子や昆虫、葉を食べていたが、葉を食べることができるのは短い雨季に限られる。アイスバーグレタスのような水分を多く含んだ葉は稀少だった。つまり貴重な食物だった。カンガルーラットにとって、そうした葉を食べることは強く動機づけられた行動だったのである。捕獲されたカンガルーラットは、進化によって方向づけられた動機にしたがって行動した。捕獲は、動物を永遠の「春」の環境に置いた。その結果、彼らの生物学的適応は不適応となって表れたのである。

捕獲された動物は、進化してきた環境から引き離される。野生生活や自然は過酷である。したがって、これは動物たちにとって必ずしも悪いことではない。捕獲された動物はそのことから生じる利益を多くの点で享受する。一方で、彼らが進化的に新しい環境にさらされることもまた事実である。進化や適応の方向と新たな環境がミスマッチとなることもある。こうした点において捕獲された動物は、現代社会におけるヒトとよく似ている。ヒトは新たな環境に日々直面している。多くは副作用をもたらさないばかりか、利益をもたらす。ヒトをとりまく現代的環境は過去に比較して多くの利点を有している。しかし私たちは、現代社会ではすでにかなり減少したか、意味が逆転してしまったような課題を解決するために進化してきた過去の嗜好や傾向を、いまだに引きずっているのである。現代人の能力は、かつて稀少だったものの概念を覆し、「貴重」の意味を逆転させた。食の経済は、人々が好む食物を生産することを要求する。稀少で、獲得に困難をともなう食物を入手するよう動機づけたであろう味覚的な嗜好は、現代では食品産業に、そうした食物を大量生産する動機を与えている。

ハチミツ

ハチミツは高カロリーの単糖食品である。果糖密度も比較的高い（しばしば一〇％以上）。果糖はヒトが非常に甘く感じるものである。ブドウ糖やショ糖よりも甘い。有史以来、あるいはそれ以前からヒトはハチミツを食べてきた。ハチミツを含むミツバチの巣は、ヒト祖先が暮らした環境（人類初期のアフリカの環境も含む）にも普遍的に存在していた。初期人類が石器や棍棒、あるいは運搬道具をつくることが可能だったとすれば、彼らは、ミツバチの巣を見つけ、ハチミツを採取することも可能だったはずである。人類が火を制御することを可能にしたとき、ハチミツの採取はより容易になった。ミツバチを燻し、巣から追い出すことは、ハチミツを得る安全な方法のひとつである。

アフリカにはノドグロミツオシエと呼ばれるハチミツの在処を教えてくれる鳥がいる。このノドグロミツオシエは、ハチミツを食べない。彼らはミツバチの卵やさなぎ、幼虫、さらには蜜蠟を食す。ノドグロミツオシエは蠟を消化できる数少ない鳥でもある。他にこうした能力を有する鳥には、海洋動物を餌とする鳥がいる。ノドグロミツオシエは、ミツアナグマ、ヒヒ、そしてヒトをミツバチの巣に導き、そうした動物がハチミツを食べた後の残りを食べると信じられていた。しかし、ノドグロミツオシエがミツアナグマやヒヒをミツバチの巣に誘導したという科学的証拠はない。多くは先住民の間で語られる逸話のまた聞きによる。しかしヒトについては、記録が残されている。ノドグロミツオシエは車を追いかけ、木を切る音に反応し、ヒトの吹く笛の音にも反応する。ノドグロミツオシエは、明確な鳴き声を発し、ハチの巣へ飛んでいく。そしてそこで止まり、鳴き声をふたたび発する。

こうしたノドグロミツオシエとヒトの協力関係は、ヒトと他の脊椎動物の初歩的な共生的関係のひとつと考えられる。それは人類の出アフリカに先立つ。しかしそうした関係も、ハチミツを店で買い、野生のミツバチを探さなくなった先進地域では消えていった。そうした行動は、遠くない将来に、アフリカの一部地域に限られたものになるに違いない。

ハチミツはヒトの進化において重要な食べ物であった。ハチミツを食べるということが、化石や考古学的証拠として残らないため、ヒトの祖先がいつ頃からハチミツを食べ始めたかについての正確な知見を得ることはできない。しかし、ハチミツへの嗜好がヒト祖先がそれを得るための道具を開発する動機になったとは十分想像できる。またハチミツを得る努力をした個人によって獲得された利益がヒトの甘いものに対する欲求を強化したことも事実であろう。

もちろん、ハチミツだけがヒトの祖先にとって甘味だったわけではない。現在生産されている果実ほど甘くはないが、多くの熟した野生の果実もあった。甘い食物の多くは、特定の季節にしか実らなかったりするため稀少だったり、入手困難だったりした。著者らは甘いものへのヒトの嗜好のひとつの側面は、それを入手しようとする動機をヒト祖先に与えたことではないかと考えている。糖を多く含む食事は、それがなかなか手に入らない過去の環境においては有益だった。しかし、甘いものが安価で豊富な場合、それはヒトの行動や生理を圧倒する。

味や口あたりの良い食物は、ヒトの食欲調節機構を変える可能性がある。そうした食物は脳内報酬系を活性化し、食欲を刺激する。糖や脂肪の多い食物はヒトにとって魅力的である。進化の視点からすれば、そうした食物はエネルギー供給という点からも見返りが大きかった。そうした食物の過剰摂取は、薬物中毒と類似点がある。

脂肪

初期人類において、食事中の脂肪量と脳容量には関連が見られた。増大した脳による食物獲得戦略の変化が脂肪獲得を可能にしたという側面と、脂肪自体が大きな脳を支えたという、ふたつの側面があった。脳の大型化は、食事の質の向上に、直接的あるいは間接的に貢献した。

アウストラロピテクスに比較して多様性に富むヒトの食事には、大きな脳に対する正の選択圧が働いたと思われる。獲物を見つけ獲得するには、草食より高度な判断が必要とされる。高い認識能力が食物獲得の効率や食事の質を向上させ、そうした向上が、さらに認識能力を向上させた。こうしたフィードバックループが存在したと想像される。初期人類の遺跡で得られるデータも、脳容量の拡大と質の高い食物（成年の有蹄類など）獲得能力との間には関連があったことを示している。

ヒトの祖先にとって脂肪は、おそらく稀少で貴重な食物だった。ヒトは脂肪への嗜好を発達させてきた。脂肪に対する特別の感覚器も舌の上に有しているかもしれない（第9章参照）。動物性脂肪はおそらく、ヒトの脳の進化、成長、維持のために必須だったろう。多くの脂肪を摂取するためには、大きな脳が必要となる。そして脂肪は大きな脳の存在を許容した。

脳と脂肪酸

脳は脂肪が豊富な器官である。第三の脂肪である異所性脂肪（本来ほとんど脂肪が存在しない非脂肪組織に過剰に存在している脂肪のこと）といってもいいくらいである。ある種の脂肪酸は、脳の適切な成長と発展に必須である。したがって脂肪の摂取には、エネルギーという側面を超えた役割があると考えられている。

長鎖多価不飽和脂肪酸は炭素が一八以上の多価不飽和脂肪酸をいう。ドコサヘキサエン酸やアラキドン酸といった長鎖多価不飽和脂肪酸は、脂肪酸の代謝や脳での遺伝子発現に重要な役割を演じる。哺乳類の脳の成長は、長鎖多価不飽和脂肪酸の脳（主として皮質）への取り込み増加と関連している。ヒトの胎児はそれを、胎盤を通して得る。出産後は母乳が主要な供給源となる。

食事中の長鎖多価不飽和脂肪酸は、妊娠中や授乳中のヒト祖先にとって重要だった。おもな供給源は、獲物の脳や脊髄である。必要な絶対量は多くはなく、脳の成長は何年にもわたる。長鎖多価不飽和脂肪酸がヒトの進化において制約要因だったとは考えにくいが、そう仮定してみる価値はある。こうした脂肪酸は、ヒトやヒヒにおいて脳の成長や発達に影響を与えることが明らかになっている。人工乳には現在、適量の長鎖多価不飽和脂肪酸が加えられている。妊娠中や授乳中の女性が魚を食べることをめぐって賛否両論があるのは、魚に含まれる長鎖多価不飽和脂肪酸の良い影響と、近年魚に高濃度に含まれる水銀の負の影響があるためである。

マーティン[*7]によればヒトの母乳は、大きな脳を支えるための長鎖多価不飽和脂肪酸要求性に対応するよう変化したという。ヒトの脳の成長の大半は出産後に起こる。それを支えるのは母乳である。ヒトの骨盤は、赤子が現在（二五〇〜三〇〇立方ミリメートル＝大人のチンパンジーの脳の大きさと同じで、ヒトの成人の脳の四分の一）より大きな脳をもって生まれてくるには小さすぎる。このことは、大きな脳を支えるためにヒトの母乳が変化した理由といえるだろうか。

ヒトの母乳は特別高濃度ではないが、必須量の長鎖多価不飽和脂肪酸やその前駆体を含む。その濃度は牛乳より高い。牛乳ベースの人工乳に長鎖多価不飽和脂肪酸が加えられなくてはならない理由である。一方、初期人類の母乳はどうだったのか。直接それを調べることはできないが、霊長類のそれと比較することはできる。

ローレン・ミリガン[*8]は、チンパンジーやボノボ、マウンテンゴリラやローランドゴリラ、オランウータンを含む一四種のサルと霊長類（野生のものと捕獲されたもの両者を含む）の母乳を調査した。チンパンジーやボノボ、マウンテンゴリラやローランドゴリラ、オランウータンの母乳は、サルの母乳とは異なっていた。チンパンジーなどの母乳は脂肪が少なく、エネルギー含有が低い。しかし重要なことは、それらとヒトの母乳がよく似ているということだ。基礎的栄養素に関して、ヒトとチンパンジーやゴリラに違いはなかったのである。

母乳中の脂肪酸は食事中の脂肪酸量によっても影響される。脂肪組織に貯蔵された脂肪酸が授乳時に動員される。つまり、現在と過去の食物摂取がともに、母乳の脂肪酸含有量に影響を与えることになる。乳児期の脳の成長を支える必要性が、脂肪を食べたり、蓄えたりするヒトの女性の選択圧になった可能性は高い。

まとめ

ヒトは、居住空間や食物、社会的慣習といった環境を自ら改変する。住まいや職場の温度や湿度、明るさも調節する。どう調節するかは、ヒトの好みや特性を反映している。しかしそれは必ずしも、ヒトが生み出す環境が、ヒトという種の生理に適したものであることを意味しない。ヒトは、自らが生きてきた過去とは異なる環境をつくり出した。新しい環境下では、環境要因が病気を引き起こすこともある。肥満はその一例である。

進化を通じて獲得した特性が環境と適応しない場合がある。理由のひとつに、ヒトが、高地や酷寒、酷暑、乾燥の地といった極限環境に居住することがある。別の理由としては、ヒトの環境改変能力がある。ヒトは不適切な環境にも適応できる。ただ、環境との間のミスマッチが大きければ、健康への影響も大きくなる。ミスマッチ・パラダイムとアロスタティックロードという概念はそうした考え方を説明する。外部環境への生理的適応はある種のコストを必要とする。ヒトの適応能力にも限りがある。代謝に大きな負荷をかける環境への適応は最終的には破綻し、病気をもたらす。

私たちは、生活にある種の好みを有している。快適と感じる温度があり、甘いものや脂肪に富む食物を好む。困難に立ち向かう能力もある。しかしそれはそうした努力を好むこととは違う。他に選択肢があれば、そうした努力はしない。これらはすべて、ヒトの進化の産物である。ヒトは天候にかかわらず、大半の時間を快適な温度で過ごせる社会をつくり上げた。甘いものや脂肪に富む食物を入手することも可能にした。またそれを望まなければ、身体的努力をする必要もない。別な言葉でいえば、肥満になりやすいように環境を改変したともいえる。

行動もときに生理と摩擦を起こす。ヒトは生理反応が許容する以上の食物を欲することがある。ヒトはアフリカのサバンナで進化してきた。しかし今、ヒトはキャンディーに満ち溢れた土地に暮らしている。

第5章　進化、適応、現代の試練

先立つ章では、ヒトの進化に関係するいくつかの要因について見てきた。ここでは、現代的環境が生物としてのヒトと相互に作用しながら、ヒトを肥満に対して脆弱にしてきた過程を検証していく。

現代の食物や食べ方は先史時代のヒトの経験と比較して、過去五〇〜六〇年間に劇的に変化した。現代の食肉は狩猟時代のヒトが食べていたものとは異なる。穀物飼料で育てられた牛肉は脂肪が多く、アフリカの類似の野生動物の肉と比較して脂肪酸の構成も異なる。さらにいえば、現代の裕福な国におけるヒトの身体活動も、質的にも量的にも過去とは異なる。ここでは、現代の生活空間がどれほどヒトの身体活動の低下に貢献したかを検証していく。それらが遺伝的、文化的あるいは社会経済的な要因とともに、ヒトの肥満を生み出した（図5－1）。

近代化が進む開発途上国での変化についても検討する。先進国で猛威をふるう肥満の流行は、開発途上国でも始まっている。これは、ヒトの肥満しやすさの背後にある人口構成、食事、文化における変化を検証するための機会となる。

ヒトの肥満の皮肉な側面は、それがしばしば栄養失調と関連していることにある。肥満と栄養失調は同じ集団のなかで見られるばかりでなく、同一個人においても見られる。肥満と貧困の混在は、こんに

肥満を引き起こす環境

高エネルギー密度食物
・安価な砂糖と油
・古くからのヒトの嗜好
・ソフトドリンクと液体カロリー
・外食

余暇と活動
・学校施設，公園，遊び場の不足
・歩行者や自転車に安全でない道路
・屋内での受動的エンターテイメント

家族
・遺伝的脆弱性
・母親の過剰体重
・健康や栄養に対する両親の知識
・買い物や料理のスキル

社会，経済，文化
・身体イメージ
・身体活動への態度
・治安
・収入

（図 5－1）肥満しやすい環境

ちでは稀なことではない。事実、肥満は多くの国で、裕福な人ではなく貧しい人の間でより多く見られるようになってきている。カロリーが十分であることと、栄養が十分であることは必ずしも一致するわけではない。肥満と関連する栄養不足についても検討する。

最後に、肥満の広がり方について検討を加える。肥満は伝染するのだろうか。伝染するとすれば、そこには社会学的意味合いと生物学的意味合いが存在する。

ヒトの食事や活動、肥満しやすさに影響を与える要因は、生物学のみでは説明しきれない。肥満には非生物学的要因も関与する。本章あるいは他の章でその重要性に言及する。一方、著者らは生物学者であり、本書はヒトの生物学と肥満に関する本である。肥満増加に関わる非生物学的要因をないがしろにするわけではないが、それに対しては、専門外のことについては何かをものする権能がない、と申し上げておく。

現代の食事

食事の話から始めよう。肥満には多くの要因が関係する。一方、肥満の基本は、必要以上の食事をとることにある。過剰なエネルギーは体内に脂肪として蓄えられる。正常な適応反応である。問題は、どうしてこんにちこれほど多くの人が、必要以上のものを食べるのか、ということにある。

こんにちの食物は、肉、デンプン、単糖、脂肪を多く含み、繊維やその他の難消化性のものをあまり含まない。さらに多くの場合、消化が容易でエネルギー密度が高い。それらは過去には稀で、貴重であった。獲得には多くの努力とリスクを要するものでもあった。一方こんにちでは、それは宅配することさえできる。そうだとしても、ヒトのそうした食物への好みは弱まらない。

なぜ現代の食物はエネルギー密度の高いものになったのだろうか。答えのひとつは市場原理にある。企業は人が望む食物を提供する。一方、ヒトの嗜好は古い習慣を引きずっている。過去には外部要因が、高カロリー食にありつく頻度を制約していた。しかし現代の経済と技術は、そうした食物を消費可能なものに変えた。高カロリー食を求めるヒトの動機と欲望はもはや現代的目的にはそぐわないにもかかわらず、依然として存在しているのである。

そこにはより近代的な要因も存在した。一九〇〇年代初頭のイギリスやアメリカの公衆衛生学的関心は、低栄養、とくに労働者階級の低栄養にあった。カロリー不足は低い労働生産性の原因と考えられた。労働者の食事中の脂肪量が十分ではないため、肉体労働を支えるカロリーが不足していると考えたのである。これはイギリスにおける、考え方の転換を表している。それ以前は、賃金は最低限の生活を維持できる水準で設定されるべきだと考えられていた。空腹が労働意欲を促進すると考えられていたのである。ジョゼフ・タウンゼントによれば「空腹は勤勉と労働に対する最も自然な動機であり、最も強い努力を引き出す」。労働者の平均エネルギー摂取量は、一八〇〇年代半ばから終わりにかけて減少さえした。その傾向は一九〇〇年代に入って反転したが、二〇〇〇から二三〇〇キロカロリーという水準はこんにちでは十分とは考えられない。とくに当時要求されていた身体活動の高い労働を考慮すればそうだ。平均身長は低かった。この事実は不十分な食事の故に、潜在的成長が阻害されていたことを示唆する。

労働者の健康は生産にプラスに働くという経済と経営哲学の変化によって、安価で高カロリーの食物を生産することは産業界にとって意味のある挑戦となった。

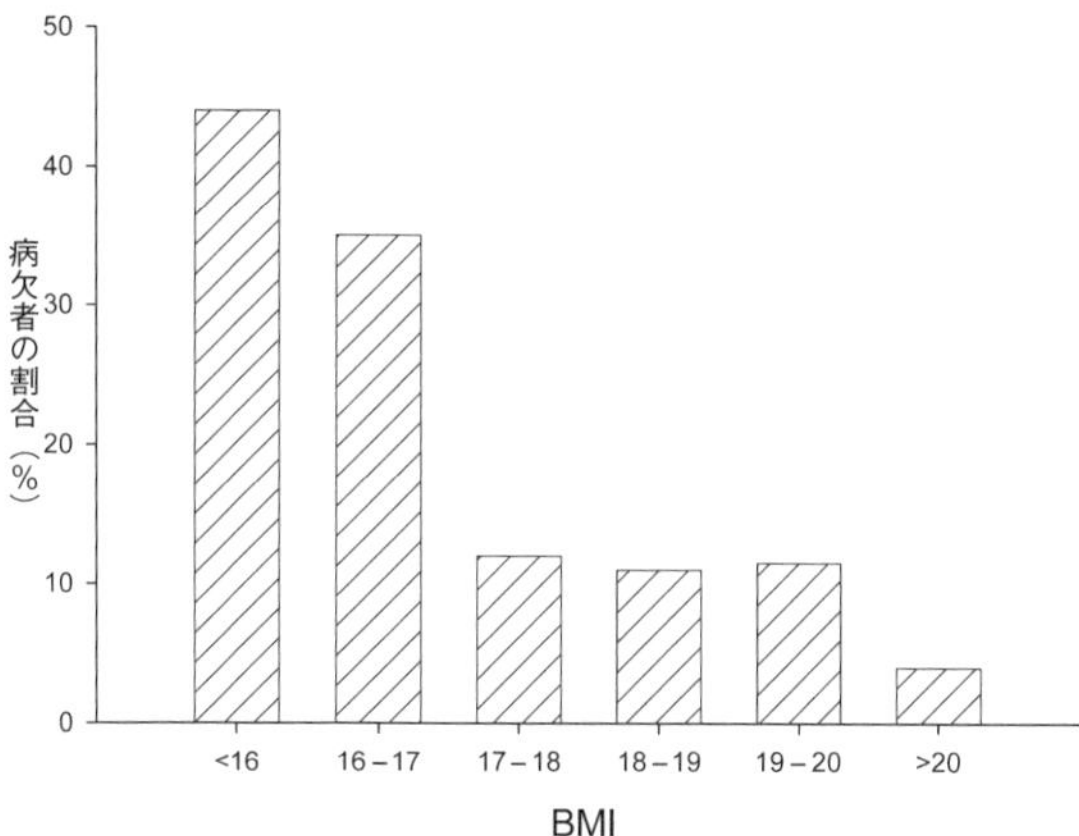

（図５－２）前月に病欠したバングラデシュの男性の割合．事故は除く．低いBMIでの相関が見られる．出典 Pryer, 1993.

それは十分に科学的であった。一九九〇年代初頭のバングラデシュにおける調査は、病欠した労働者の割合を調べるものだった。事故は除外された。結果はボディマス指数と病欠の強い関連を示した（図５－２）。ボディマス指数が一六未満の男性の四〇％と、一六～一七であった男性の三五％に病欠があった。この割合は、ボディマス指数が一七～二〇になると著しく減少し、一二％となった。ボディマス指数が二〇以上の男性の病欠割合は、五％以下と最も低い。高いボディマス指数は病気に対し防御的に見えた。生産性も高かった。この調査に参加した男性でボディマス指数が二五を超える者はいなかった。一方先進国では、高いボディマス指数は、病気が原因による高い欠勤率および学校の欠席率と相関している。高すぎるボディマス指数も低すぎるボディマス指数も、健康に対するリスクであることがわかる。

二〇世紀を通して低栄養や栄養失調は、多くの国で重大な公衆衛生上の懸念であった。現在もいくつかの国ではなお重大な関心事となっている。しかし栄養失調の原因は変わってきた。かつては食物の不足によって起きたものが、現代はしばしば暴力や政治的不安定の結果として生じる。暴力や政治的不安定で食物不足が起きるのは、食物が存在しないからではなく、それを必要とする人に食物が届かないからであることが多い。世界全体の栄養不足は経済的生産と道徳の問題であったし、あり続けている。豊かな国は貧しい国の人々の飢餓をなくすことに高い関心をもってきた。安価で高カロリーな食物は世界的な優先事項だった。

ヒトは安価で高カロリーの食物を生産することに成功した。市場システムは、高カロリー食物を世界中に届けることを可能にした（少なくとも、政治や社会が安定している地域では）。ところが、工業生産はもはや肉体労働に依拠しない。その意味では、ヒトは多くの国においてもはや存在しない問題への解決策を生み出したのだといえるし、それが新しい病気を生むことになったともいえる。

皮肉なことに、食物をめぐる経済学は変化しつつある。安価な食品の「問題」も逆転しようとしているのかもしれない。気候変動や食肉消費の増加（穀物を、ヒトの食用ではなく家畜飼育に投入する）、さらには穀物をバイオ燃料に変える試みなどは、世界的な食料価格の上昇をもたらす。栄養失調と飢餓は、世界の最も貧しい人々の間で――そうした人々の間では同時に肥満も増加しているのだが――ふたたび重要な問題になってきているかもしれない。

カロリーを生む液体

ヒトは――進化学的な意味において――比較的新しいカロリー源を生み出してきた。アルコール飲料や糖分の多い飲み物である。アルコールは、歴史上すべての民族で消費されてきた。それは農耕の開始にも先立ち、先史においても消費されていたことがわかっている。狩猟採集民族の一部は、ココナツなどの果実から発酵飲料を生産していた。アルコール飲料はカロリーを提供する。しかしそれは消費の主要な目的ではない。糖分の多い飲料はアルコールより新しい産物で、ヒトの歴史にはなかった。したがって、カロリー源としての生理的結果は十分には把握されていない。

あらゆる年齢層の人が炭酸飲料を好み、市場はそれに対応している。味とブランドの多様さには、目を見張るものがある。スーパーマーケットでは、ひとつの商品陳列棚すべてが炭酸飲料ということも珍しくない。しかも、そのサイズは大きくなっている。コカコーラの瓶はもともと六・五オンス〔液量オンスは、訳者にいつも混乱をもたらす。アメリカとイギリスで若干異なり、アメリカの方がやや多い。アメリカ式では、一オンスは、二九・五七ミリリットルとなる〕だったが、今ではその二～三倍になっている。炭酸飲料がファストフード店で提供され始めたとき、マクドナルドでは一杯が七オンスだった。そのサイズは、こんにちではメニューにさえ載っていない。現在のマクドナルドは、一二、一六、二一、三二、四二オンスのサイズ展開だ。記録に残る最大サイズの炭酸飲料は、セブンイレブンの六四オンス〔約一・九リットル」である。これが一人分である。レストランで提供される炭酸飲料は、しばしばお代わり無料となっている。炭酸飲料は現在、最も安価なカロリー源となっている。驚くには値しないが、大量の炭酸飲料を消費する人は過剰体重である割合が高い。

甘いフルーツポンチやスポーツドリンク、甘く香りの良い珈琲やお茶。高カロリー飲料を売る店は増えたし、コーヒーショップはいたるところにある。砂糖とミルク入りコーヒーを飲むことは、カロリー的には軽い朝食に匹敵する。

ヒトの身体は、こうした液体が与えるカロリーにどう対応するのだろうか。飲み物は固形食物と比較して何が違うのだろう。ダブル・ラテ・エスプレッソは、ヒトの食物摂取のなかでどのように位置づけられるのだろう。毎日一六オンスの炭酸飲料を摂取すれば、身体活動の増加、あるいは他の食物からの摂取カロリーの減少で相殺されない限り、一年間に二〇ポンド（約九キログラム）体重が増加する。人々はそれに対し相殺行為を行っているようには見えない。週一回以下、糖分を含む甘味飲料を消費していた女性がその頻度を毎日一回に上げると、一日のカロリー摂取量は平均で三五八キロカロリー増える。逆に、最低でも毎日一回の頻度で糖分飲料を飲んでいた女性がそれを週一回に減らすと、一日の摂取カロリーは平均で三一九キロカロリー減少する。炭酸飲料を頻繁に飲む女性は平均で年に一キログラム体重が増え、Ⅱ型糖尿病発症のリスクが約二倍になった。八年間の追跡調査の結果である。

カロリーゼロのダイエット・ドリンクもある。理論的には体重増加には関係ない。しかし現実的にはそうではない。最近の研究によると、ダイエット・ドリンクを飲む人は肥満になりやすい。もちろん因果関係は微妙だ。おそらく、体重増加がダイエット炭酸飲料の消費を促しているだろう。しかし、ダイエット炭酸飲料が肥満と闘うための有望な戦略とはなりえないことも確からしい。

さらに、人工甘味料は摂取食物量を増大させる。人工甘味料を与えられたラットは、食物摂取量が増加し、その結果、摂取エネルギーも増加する。甘いものが食欲を増加させるというのは、もっともなことである。脳相インスリン反応（詳しくは第９章で議論）は、カロリーのない甘味料でも引き起こされる。インスリンの分泌量増加は、ダイエット炭酸飲料が単独で摂取されると一時的に血糖値を下げ、同時に食べ物が摂取されるときには、それによって起きる血糖値の上昇を和らげる。さらに、血中に流入する代謝燃料の増大を見越して、インスリンは代謝を加速する。つまり、食事の前のダイエット炭酸飲料の摂取は、食物消費と脂肪蓄積を高めることになるのである。

フルクトース（果糖）

ダイエット飲料の多くは、ショ糖あるいはブドウ糖果糖液糖で甘味づけされている。ショ糖は単糖ふたつからなる二糖であり、ブドウ糖あるいはフルクトース（果糖）からできている。ヒトや他の動物は、フルクトースを非常に甘く、ショ糖よりも甘く感じる。フルクトースを多く含む食物は稀少で、過去には価値のあるものだった。ハチミツや熟した果実がそうである。フルクトースは間違いなく私たちの味覚を刺激し、それに対する嗜癖をもたらす。

フルクトースはまた、肥満になりやすい食物としての代謝特性を備えている。肝臓におけるフルクトース代謝は脂肪合成を高め、高いフルクトース消費は高トリグリセリド血症と関連する。フルクトース消費はインスリン分泌を刺激しないが、レプチン分泌を促進することもない。フルクトースの細胞への取り込みは、インスリンに依存しない。フルクトースを多く含む食事は、インスリンとレプチンの分泌を低いレベルに抑え、グレリン〔胃が産生する成長ホルモン分泌促進ホルモンで、食欲増進の働きをもつ〕分泌の抑制を緩める。こうした分泌パターンは、満腹感を生まず、食欲抑制効果は低いものとなる。それはより多くのカロリーを摂取する方向へ働く。

高グリセミック指数食

食事後の血糖は、食物とそれを食べる個人の両方に影響される。血糖反応は通常、血糖曲線における増加分として表される。この測定法を用いて食物が比較される。よく知られているものとして、グリセミック指数（血糖指数）やグリセミック負荷（血糖負荷）、グリセミック・インパクトがある。

高グリセミック指数食は長期的な健康と体重増加に影響を与えるといわれてきた。しかし影響がどの程度かは、まだよくわかっていない。低グリセミック指数食は後のエネルギー摂取を抑制する。これは、低血糖応答食物が糖代謝障害の人にとっても良いという仮説を支持する。一方で、そうした障害のない人にとっても有益かどうかについては、今のところ明らかな証拠はない。

カロリー源として以上のもの

食物は代謝の燃料や組織合成の原材料以上のものを提供する。食物は情報伝達分子としても機能する。それはエピジェネティックな効果ももつ。葉酸やビタミンB_{12}、コリン、ベタインといった栄養補助剤を妊娠中のラットに投与すると、子どもの毛色が変化する。おそらく、メチル化によってアグーチ遺伝子のなかにトランスポゾンが入り込むことが原因だと考えられる。

　脂肪酸も情報伝達分子として働く。長鎖脂肪酸は、細胞表面受容体からの信号を通じて膵臓ベータ細胞からのインスリンの分泌を促す。生後すぐのげっ歯類に、通常の高脂肪含有ミルクの代わりに二日間高炭水化物食を与えると、血糖に高い感受性（高インスリン反応）を示す成人ラットが誕生する。

　多くの出来事が胎生期や出産直後に起こり、成人後に罹患しやすい疾病が何であるかに影響を与える。ヒトをとりまく現代的環境は、成人期に影響を与えるだけでなく、その子孫にまで、出生前であっても影響を与える。糖は突然変異物質として働くことがある。それは、糖尿病の母親から生まれた子どもの出生時欠損の原因となる。生涯にわたって影響を及ぼす出生初期の生理プログラミングについては、第13章でもう少し詳しく触れる。

外食

　何を、どのくらい、どのように食べるかについて、ヒトは保守的である。忙しい日常生活と、過去に比較して増加した自由に使える可処分所得で、食べるという行為の多くが家の外で行われるようになった。一九七〇年代から一九九〇年代半ばにかけて、外食で摂取するカロリーは一八％から三四％に増加した。こうした食事は脂肪が多く、繊維やカルシウムが少ない。家で食べることが多いとされる朝食でさえ、レストランで食べたり、外で忙しく購入したりする。米国マクドナルドの売り上げの二五％以上は朝食メニューである。食べることと、食事を準備することは別行為となっている。もはやヒトは、自身が食べる物さえ用意しなくなっている。

過去から一貫しているのは、食事と社会性には関連があるということである。レストランの広告は、単においしい食事（あるいはボリュームのある）というだけでなく、社会的雰囲気を強調する。食べることは友人や恋人と行う行為であり、一緒に食事をすることは、絆を確かめる行為なのである。食べることは社会的報奨とも関係する。少なくともそれは、多くのレストラン広告が発するメッセージであり、私たちの生物学的遺産を反映するものなのである。

ヒトは、一緒に食べること、食物採集や消費における協働が主要な適応であるような種として進化してきた。食物を食べることは、本能的にヒトの社会的行動や自己同一性と結びついている。ヒト集団内の価値は、食物に対して払われる努力の対価として評価されてきた。ヒトの文化は、そうした考え方を支持する多くの例を有する。たとえば「パンを得る人」という言葉も「ベーコンを家に持ち帰る」という表現も、「生活費を稼ぐ」ことを意味する。こうした表現は、集団に食物をもたらす行為は価値のある行為だという考え方を示す。もちろんそれは近代的価値を反映しているのだが、その起源は古い。

一人前のサイズ

アメリカでは、食についてのすべてが大きくなっている。二〇年前のベーグルは直径が三インチだったが、今では六インチ。カロリーでいえば二倍を超える。米国保健福祉省によれば、多くの食事（チーズバーガー、マフィン、チョコチップクッキー、コーヒーなど）が、二〇年前に比較して二倍以上のカロリーを有しているという。

一人前のサイズは摂取エネルギーの合計に影響を与える。サイズを五〇％大きくすると、一一日間にわたって日々のエネルギー摂取が増えたという実験結果がある。一方、一人前のサイズの減少は全体としてのエネルギー摂取を減少させる。

一人前のサイズと食行動には文化的な差異が見られる。たとえばそれは、フランスとアメリカで異なる。フランス人はアメリカ人より食事に費やす時間が長い。食事の時間が長いにもかかわらず、摂取カロリーは少ない。一方アメリカでは、食事時間に制限のある平日のランチでも、食べ放題のビュッフェは一般的で人気が高い。

身体活動

ヒトは身体的にタフで、よく働く種として進化してきた。ヒトは一日に三〇〇〇キロカロリー以上のエネルギーを消費する能力がある。事実過去には、厳しい肉体労働に従事していた人々はそれに近いエネルギーを消費していた。基礎代謝量の約二倍である。しかしそのことは、ヒトが日々それほど多くのエネルギーを消費しているということを意味しているわけではない。肥満に貢献する非対称性のひとつは、食物に対する動機が、身体活動への動機より大きいということにある。

過去には、ヒトは起きている時間の大半を身体活動に使っていた。ところが現在では、大半の時間を椅子に座って過ごす。身体活動は多くの人にとって意識的に行うもの、あるいは仕事の時間以外に娯楽や健康のため行われるものとなっている。

全米健康栄養調査が身体活動の回数とその強度を測る研究調査を行った。その結果、週に五日、中程度の身体活動を三〇分行う人は五％以下しかいないことがわかった。身体活動の自己申告は直接観察に基づく測定より正確さにかける。自己申告によれば、三〇%の人が前述の基準を満たすと思うと報告した。これは自己欺瞞がどれほど強力で浸透性のあるものかを示す例でもある。多くの人が、自分は実際の計測が示す値より身体的に活発だと信じているのである。

これは認識に関する偏りを反映している。払った努力は、同等の食物を得るために消費したカロリーより多く判定されるのかもしれない。あるいはそうした努力を判定する経験がこれまで不足していたのかもしれない。

ヒトは、持続的で強度の高い労働を行うことに驚くべき能力を有している。エリー運河は、ショベルと手押し車を使って、ヒトとラバによって掘削された。一八〇〇年代のウエストヴァージニアの伐木業者は、伐採場所まで数時間を歩いた上に、一〇〜一二時間労働し、さらに数時間かけて宿舎まで帰っていた。現在の精力的なハイキングが一日に二回、厳しい肉体労働を行うために斧と弁当をもった人によって行われていたことが過去にはある。

座っていることの多い生活は、テレビの視聴時間の延びとともに始まった。二〇〇一年から二〇〇二年の調査（全米健康栄養調査）では、一日に三時間以上テレビを見る人の割合は五二・三%だった。子どもでも傾向は変わらない。米国疾病予防管理センターの二〇〇三年の「若者リスク行動調査」では、三五%の子どもが一日に三時間以上テレビを視聴し、二一%が同じ時間をコンピューターに費やしていた。一日に四時間以上テレビを見る子どもは、二時間未満しか見ない子どもに比較して体脂肪が多かった。推奨される身体活動レベルを維持していた子どもは三六%にすぎない。日常的に体育クラブに参加していた子どもは、三三%に満たなかった。

建造環境

建造環境とは、人間活動の「場」を提供する人工の建造物群を意味する。鉄道や高速道路といった大規模なものから個人空間を占めるだけのものまで幅広い。それは、ヒトの生活様式あるいは肥満に、さまざまに関わってくる。

ヒトは酷暑や酷寒の地にも暮らしている。ヒトはもともとアフリカで進化した。それ故、熱を放散することは重要で、熱放散にはよく適応している。ヒトの比較的薄い体毛と全身に発達した汗腺は、熱を効率的に体外に排出する。一方で、建造環境によって、ヒトは赤道から遠く離れた酷寒の地に暮らすことにも成功した。今日では、代謝や生理より、技術を通して体温を調節している。体温調節によるエネルギー支出は、現代の環境下では小さい。少なくとも温度を調節できる建造物に囲まれた先進国では。

現代的な建造環境がヒトに日常的に努力を促すことはない。たとえば輸送経路は、車やバスのために設計されている。歩行者や自転車のものではない。歩いて買い物に行ったり、学校へ行ったりするために設計された二〇世紀初頭の道路とは異なる。自動車所有の増加とそれにともなう郊外の開発に比例して、交通政策は自動車に便利で歩行者に不便なものとなった。商業・産業区域は住居地と分離され、職場や店舗は今や徒歩圏内にはない。移動には自動車が欠かせない。

そうした建造環境は、ヒトの行動や選択、肥満に影響を与える。たとえば、徒歩で何でも用が足りるコミュニティに住む人は、活動的に過ごせるため体重過剰にはなりにくい。もちろん、因果関係の方向を特定することは容易ではない。身体活動に価値を置く人は、そのようなコミュニティに住む傾向があるということかもしれない。しかしそれでも、建造環境が身体活動に影響を与えるということはいえる。

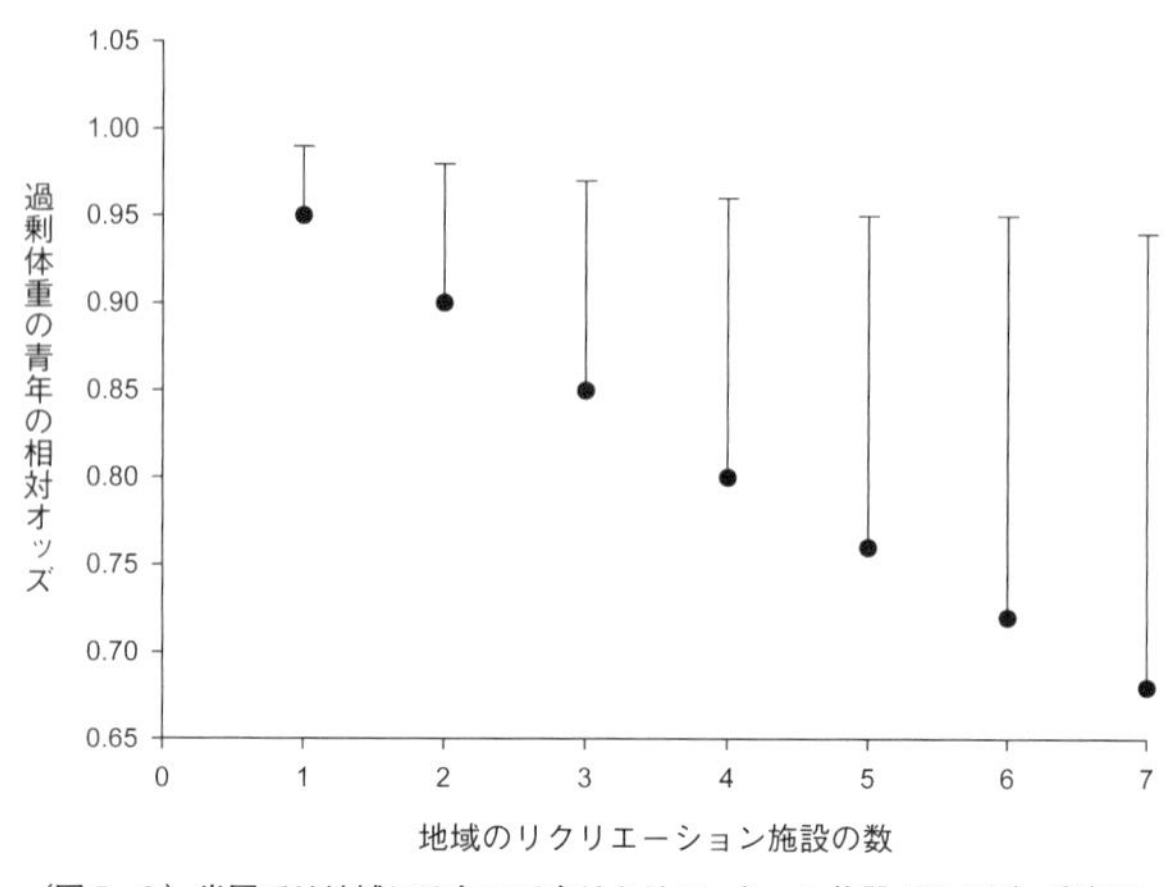

（図 5 - 3） 米国では地域にひとつでもリクリエーション施設があれば，青年の肥満リスクを有意に低下させることができる．出典 Gordon-Larsen et al., 2006.

ある種の建造環境は、歩行や他の身体活動を確かに少なくする。

どこに住み、どのように移動し、働くか。それらが変化したことで、身体活動の多くは娯楽となった。農場で働く人は少なく、身体活動を必要とする雑用も少なくなった。学校へさえ歩いていくことのない子どもも多い。徒歩圏内に学校がある都会でさえ、犯罪や交通事故に対する心配のため、徒歩通学の生徒は減少している。

娯楽施設が使用できる環境にあるか否かが身体活動レベルを決定する重要な要因となっている。たとえば安全な公園の存在は、都市における成人の身体活動レベルと関連する。不幸なことに米国では、学校やプール、公園、遊技場、バスケットボールコートといった娯楽施設の配置には偏りがある。過剰体重の成人の割合は、そうした施設の数と反比例する（図5－3）。そうした施設がひとつでもあれば、成人の過剰体重割合が減少するという結果は良いニュースかもしれない。悪いニュースは、多くの貧しい地域――過剰体重や肥満割合の高い地域――には、そうした施設が少ないということである。環境は、そうした施設の使用に影響を与える。ゴミが散乱し落書きが散見される状況では、安全に対する配慮から、子どもをそうした公園で遊ばせようという気はなくなる。

土地利用のパターンと建造環境は食べるものにも影響を与える。ファストフードやコンビニエンスストアが立ち並ぶ環境は肥満人口を増やす。低所得層の暮らす地域のレストランには、質が良く、健康的なメニューが少ないことが多い。建造環境の食事に与える影響は身体活動に比較して小さいことは明らかだ。しかし、低所得者が健康的な食物を食べようとすると負担が大きいこともまた確かなのである。

現代の生活様式、技術、物質文明がもたらす最後の影響は、化学物質である。私たちは現在、プラスチックやシリコンチップ、ナノ粒子といった新しい物質を生産しており、その生産工程では通常、環境中には存在しないか、存在したとしても極めて微量な多くの化学物質を使用している。重金属や各種の溶媒、ポリ塩化ビフェニルなどがそうである。環境中のこうした化学物質の量は増加してきた。こうした物質と肥満の関連が俎上に上っている。

因果関係は存在するのだろうか。確固たる証拠はない。しかし、化学物質への暴露が体重増加を引き起こすという研究結果は存在する。化学物質に対する毒性試験では、毒性限界以下の量が実験動物に投与されるが、それでも持続的な体重増加が見られるという。環境中に放出される化学物質には、エストロゲン様作用をもつ物質、あるいはその阻害物質も多く存在する。こうした潜在的内分泌攪乱物質はヒトの健康や病気と関係する。

睡眠

ヒトは夜の大半を眠って過ごす。ひとつの種を除いて類人猿は昼間活動性で夜間に眠る。中央および南アメリカのフクロウザルだけが夜行性サルとして知られている。技術のおかげで、私たちは自然光に依存しない生活を送るようになってきている。二四時間の勤務体制が敷かれている職業も多く、バーテンダーや夜警といった職業は、主として夜働く。

夜勤労働者は、多くの潜在的攪乱要因にさらされる。要因のうちには、多くの活動を昼間行う社会と折り合わなければならないという外的なものがある。内的なものとしては、夜勤労働者の食と睡眠が、進化の結果としての体内時計に合わないというものがある。体内時計を狂わせるという行為は、多くの人にとって長期的には健康に悪影響を与える。体内時計の変化に適応する能力は個人差が大きい。大半の人は困難を覚える。睡眠障害は夜勤労働者に最もよく見られる障害であり、がんを含む多くの病気と関連がある。夜勤自体が、乳がんや前立腺がんの発症要因として知られている。

睡眠障害や睡眠不足がひどければ、肥満や糖尿病を引き起こす。睡眠時呼吸障害も肥満や糖尿病発症との関連が知られている。睡眠の障害や不足は男性で糖尿病と関連し、女性では、睡眠不足に加えて過剰睡眠も糖尿病のリスクとなる。

米国の平均睡眠時間は減少している。一九六〇年代の最頻値は八〜九時間だった。一九九五年には七時間と短くなった。近年は、三〇歳から六四歳の人のうち三人に一人が、平均睡眠時間は六時間以内だと答えている。睡眠時間の減少は、肥満や糖尿病の増加と一致している。

短い睡眠は、体重増加や血糖コントロールの不調をもたらし、インスリン抵抗性を増大させる。睡眠不足の人の膵臓ベータ細胞はインスリン分泌の増加に反応しなくなる。若い健康な男性のインスリン分泌パターンも変える。六時間以下の睡眠は、男性のⅡ型糖尿病の発症リスクを倍増させる。

睡眠が少なくなるとラットでは過食が起こる。別名オレキシンとも呼ばれるヒポクレチンは、睡眠と摂食を結びつける分子的基礎を提供する。これらの分子は、起きているということと摂食の両者に影響を与えている。血中カテコールアミン量は睡眠中に減少する。睡眠が不足すれば、夜間の血中カテコールアミン量が増える。食欲抑制ペプチドであるレプチンの血中濃度は二四時間周期で変動し、睡眠時間の中央で最も高くなる。六日間にわたって一日四時間睡眠だった人では、レプチン分泌量が平均、ピークとも有意に低下した。短い睡眠はまた、食欲亢進ペプチドであるグレリンの分泌量を増加させる。グレリンは、胃で産生されるペプチドホルモンである（第７章参照）。

睡眠障害は妊娠後の体重増加にも影響を与える。五時間以内の短い睡眠は出産後の体重増加と関連がある。出産後六カ月の時点で平均睡眠時間が五時間以内の女性は、出産一年後の体重が出産前から五キログラム増加していた。

夜食症候群は、夕方の過食と、小腹を満たすために夜間にしばしば目を覚ますというふたつの特徴をもつ。夜食症候群はうつと肥満に関連する。女性の場合は、夜間に摂取する食事量が健康な女性に比較して多いが、興味深いことに一日の摂取量が多いわけではない。夜食症候群の女性では早朝のグレリン分泌量が低く、インスリン分泌量が多い。夜間の食習慣によると思われる。そうした女性は抑うつ傾向が強い。

慢性の睡眠不足と睡眠障害は、今日では珍しくない。睡眠障害は肥満や糖尿病と関連し、肥満によって強化される。睡眠障害が肥満を助長し、そうして起こった肥満が睡眠障害を助長するという悪循環を形成する。ヒトの睡眠パターンの変化は肥満の一因である。

栄養転換

肥満は、米国や英国、他のヨーロッパ諸国など先進諸国で猛威をふるっている。南太平洋諸国では状況はさらに激しい。そして今、アジアやアフリカの国でも流行が始まろうとしている。アマゾン先住民も影響を受け始めている。肥満の流行は、豊かになりつつあるかつての貧国でも始まっている。最貧国で貧者であるということは、体重不足や低栄養を意味するが、開発途上国で貧者であるということは、もはや肥満のリスクなのである。

肥満は貧者の病気となりつつある。たとえば一九七五年のブラジルでは、貧しい女性はだいたい痩せていた。しかし一九九七年までに、この傾向は逆転した（図5－4）。肥満した貧しい女性の割合は一貫して増加し、一九九七年には、肥満した裕福な女性の割合を超えた（図5－5）。

肥満をもたらす生活スタイルへの変化は開発途上国でも見ることができる。肥満の増加やそれに関連する疾病の増加は、人口構成や職業、生活スタイル、食習慣に関連する。一連の転換は、貧しい社会から豊かな社会への変化によって特徴づけられる。多産多死から少産少死への人口転換もある。これは、部分的には飢餓や感染症の減少によって生じた。寿命が延び、人口に占める高齢者の割合が高くなる。

人は田舎から都市へと移動する。（図5－6）都市はより多くの就業機会を提供するからだ。こうした変化にともない、労働における身体活動レベルは低下した。都市での仕事は座業が多い。

食事も変化した。脂肪や精製された炭水化物を多く含む、いわゆる欧米型と呼ばれる食事の普及である。ドレヴノスキ[*1]は「豊かさは、高カロリー食へと導く」といった。平均収入が向上すれば、食物は高カロリー、高糖、低繊維へと変化する。こうした変化は、必ずしも良質の栄養や健康を意味しない。米国では、低所得と低栄養価の食物の間に関連が認められる。

脂肪や糖を得るためのコストは一貫して低下している。先進国における農業への補助金と技術進歩は、

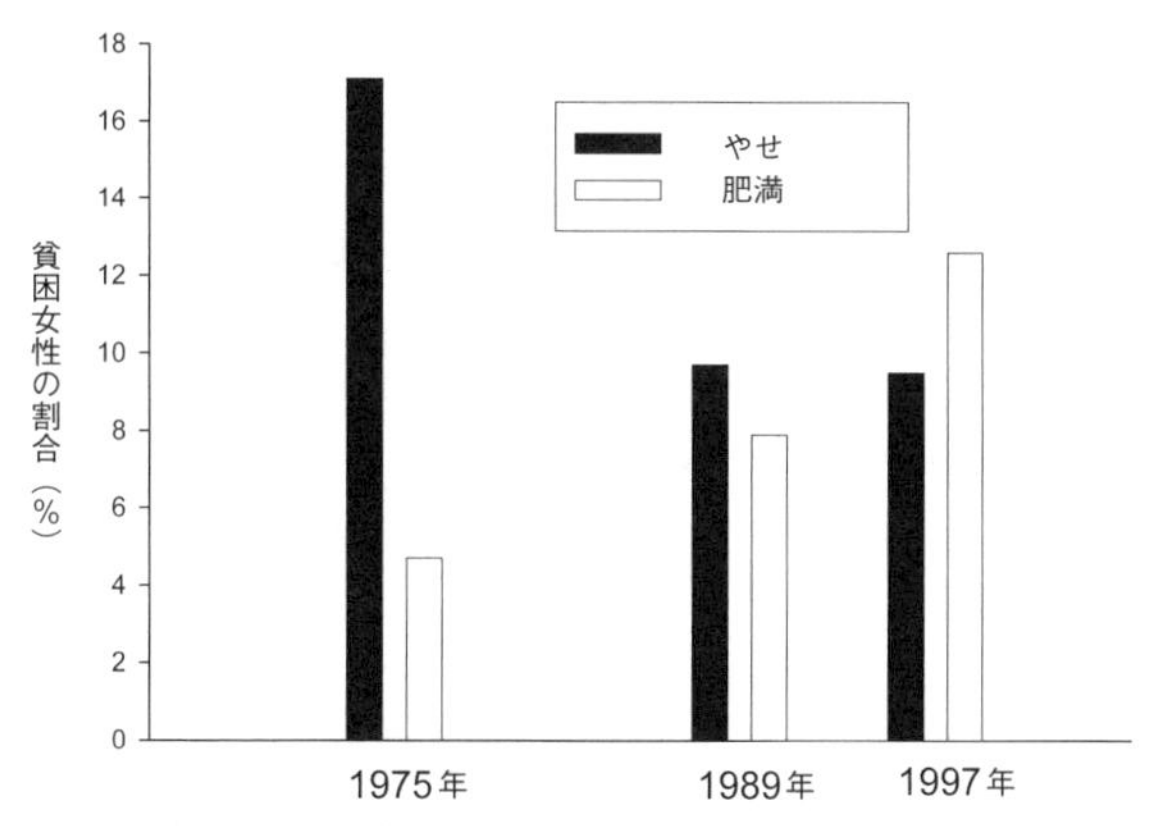

（図5－4）過去，ブラジルの貧困女性は肥満になるより痩せていることが多かった．しかし現在はそうではない．出典 Monteiro et al., 2004.

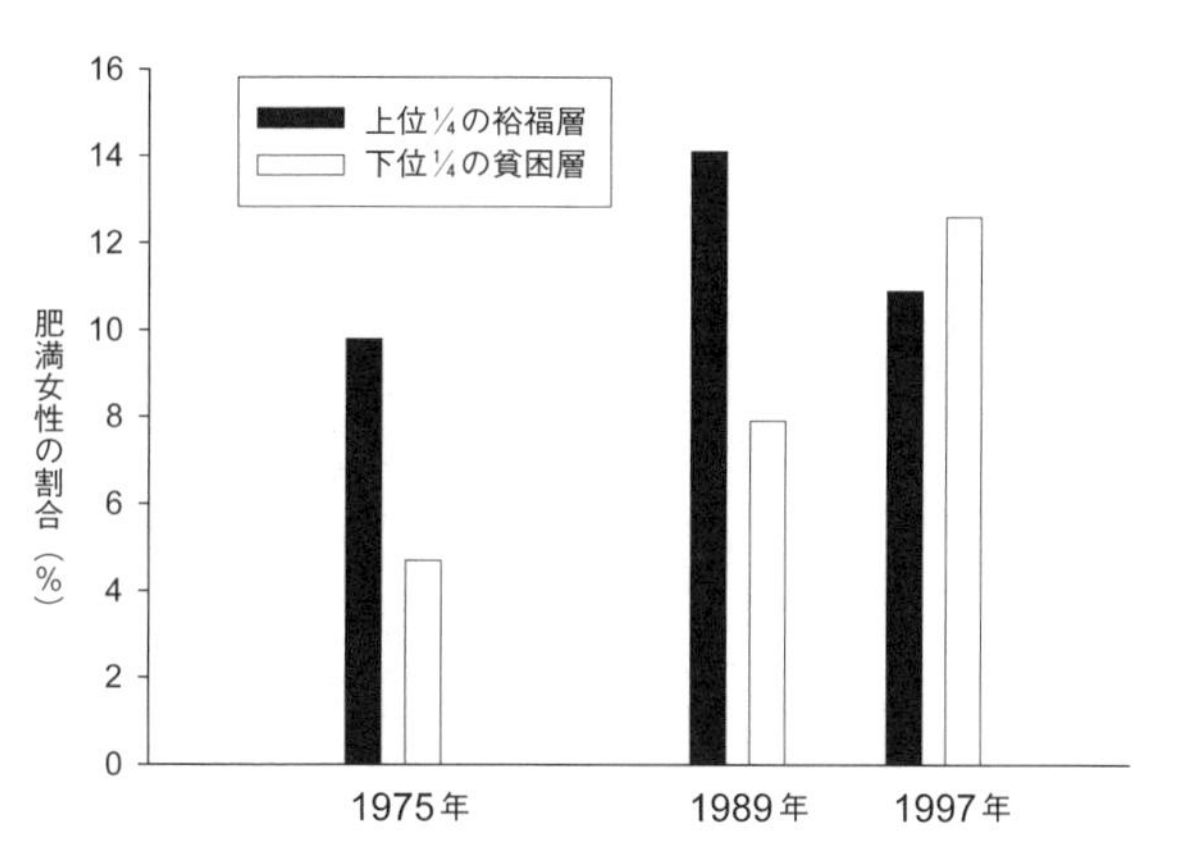

（図5－5）ブラジルの貧困女性は，今や富裕層の女性と同じくらい肥満である．出典 Monteiro et al., 2004.

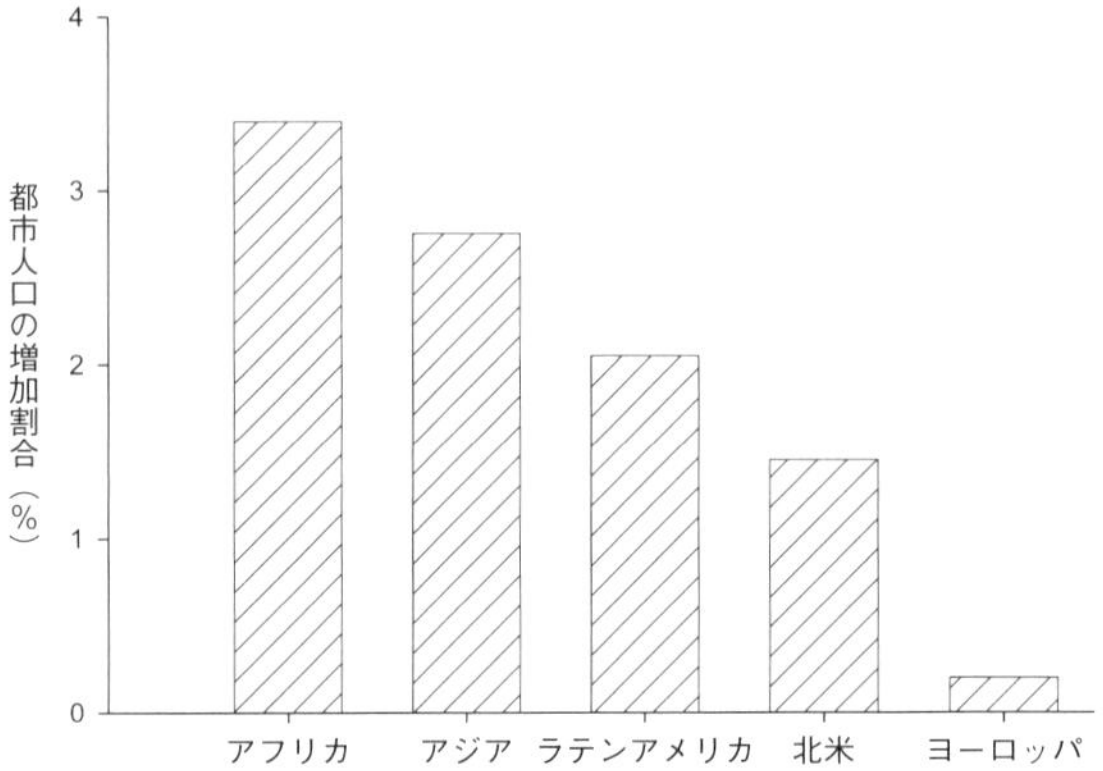

（図 5－6）1995年から2000年にかけての都市化は，開発途上国においてより急速だった．出典　国連 World Urbanization Prospects : The 2005 Revision, Table A.6. www.un.org/esa/population/publications/WUP2005/2005WUP_FS1.pdf.

植物油の価格を大幅に低下させた。精製された砂糖の値段も今日では驚くほど安い。米国で、一ドルで購入できる砂糖や油の量は、一人の人間を二～四日養うに足るカロリーを提供する。

こうした食事や生活スタイルの変化に一致して、平均的なヒトの脂肪量は増加した。変化の良い側面は、極端に痩せた人の割合が減ったことである。しかし一方で、肥満とそれに関連する病気の割合は増加した。二〇〇〇年時点でⅡ型糖尿病の罹患者数は一億七一〇〇万人と推測されており、その数は二〇三〇年には倍増する。

肥満と栄養失調

皮肉なことに、肥満は栄養不良と関連している。カロリー過剰は、すべての必要な栄養素が足りていることを意味しない。こうした事態は、動物の肉が食糧源だった農耕以前の時代には、ほとんど見られなかった。過去の食物はヒトが必要とする栄養素を含んでいた。問題は、それを十分に摂取できるか否かにあり、必要エネルギー量の充足は、必要な栄養素の充足を意味していた。ヒトの食物が多様になったことと、カロリー以外の栄養素が低い食品（ソーダなど）の出現は前述のような単純な公式を乱し、栄養不良の機会を増加させた。

これは、捕獲した野生動物に食物を与える時にもよく見られる。商業的に入手できる食物で野生動物の自然の食物を再構成することは容易ではない。幸運なことは、動物は栄養素を必要としているのであって、食事を必要としているわけではないということである。それは大半の動物に当てはまる。いくつかの種においては、食物は栄養補給であると同時に嗜好的でもあるが（コアラとユーカリの葉といった）、大半の種においてはそうではない。とはいえ、過剰栄養と低栄養は常に問題である。敢えて低カルシウム食を選択するカンガルーラットが水分の多い食事を好むのは、砂漠の動物に見られる適応のよい例である。しかし好みの食事（アイスバーグレタス）ばかりが毎日提供された場合、カンガルーラットは栄養不良をきたす（第4章参照）。

過去には動物園の肉食動物が、生肉のみで飼育された例があった。理にはかなっている。肉食動物なのだから、鶏肉や牛肉が悪いわけがないだろうと思われた。若いフクロウが肉のみで飼育された場合もあったが、重度の骨病変をきたした。骨なしの飼育用の肉で、カルシウム不足になったのである。肉だけでは栄養的に十分ではなかった。フクロウやトラのような肉食獣も肉だけを食べているわけではない。食べているのは「動物」であって、そうした動物が含む栄養素をすべて摂取しているのである。学校の科学の授業で使われるフクロウのペリット〔鳥が食べた物のうち、消化されずに吐き戻される物〕は骨（多くはげっ歯類の骨）を含む。骨は、フクロウの消化管を通過した後でもそれと判別できる形状を残しているが、相当量のカルシウムはフクロウに吸収されているのである。

捕獲した動物たちに対して不注意に行われた行為は、私たちが自分自身に行ったことに似ている。カロリーの多くをファストフードから得る人は、子どもも大人も、カロリーは過剰だが栄養素が不足する。

子どもの肥満と栄養状態に関しては、気がかりなデータが出ている。たとえば米国では、肥満の子どもに鉄欠乏傾向が見られる。鉄欠乏性貧血は行動や認識の遅延と関連が認められている。一九九九年から二〇〇〇年の全米健康栄養調査の結果を用いて、ブロタネックら[*2]は、一歳から三歳の子どもの八％が鉄欠乏性貧血であることを明らかにした。他の年齢層では、鉄欠乏性貧血は五・二〜二〇・三％となっていた。またデータは、保育園に通うことの利点も示した。保育園に通う鉄欠乏の子どもの割合は五・二％のみである。一方で、過剰体重あるいは肥満の一〜三歳児における鉄欠乏の割合は二〇・三％と高い。ヒスパニック系の一〜三歳児における同割合は、白人（六・二％）やアフリカ系アメリカ人（五・九％）と比較して高く、一二・一％であった。ただこの結果は、ヒスパニック系では保育園に通う子どもがまだ少ないこと、あるいは肥満児が多いことの反映かもしれない。いずれにしても結果は、鉄欠乏と肥満の関連を示した以前の研究結果とも一致する。因果関係はまだ完全には解明されていない。ただ、長期間にわたる哺乳びんの使用はミルクとジュースの高い摂取をもたらすとはいえる。こうした飲料は肥満の原因となる。鉄の含有量も乏しい。カロリーとしては十分であっても鉄補充の視点からは十分とはいえない。それによって貧血気味の肥満した子どもが育つのである。

　肥満に関連した他の栄養学的関心事として、葉酸欠乏がある。肥満した女性は一般に正常体重の女性に比較して血中葉酸濃度が低い。この事実は、肥満した女性の子どもに神経管の欠損が多く見られることを部分的に説明する（第12章参照）。たとえばカナダでは、葉酸強化小麦粉が市場に出た後でさえ、母親の肥満は依然として神経管欠損のリスクであり続けた。リスクはむしろ葉酸強化小麦導入前より悪化している。

肥満は伝染するのか？

交友関係や人付き合いは、体重増加に影響を与える。人々の社会的距離は、相互の体重増加における重要な指標となる。その際、地理的距離はあまり関係ない。たとえば近所に暮らす人の体重増加に影響を受けて、自分の体重が増えるようなことはない。一方、同性の親密な友人の体重増加は、地理的距離があったとしても、他方の体重増加に影響を与える。これは直感的関係以上のものである。たとえば、体重増加はともに見られるものの、友人だからといって必ずしも身体活動の程度や嗜好が共通しているわけではない。ただし、外見に対する規範のようなものに共通項を見出すことはできる。研究者らは、友人の体重が増えると、人は自分の体重増加への許容度を増すのではないかと仮定している。

他の直感的な考え方としては、肥満は事実、感染性の要素を有するというものもある。肥満と腸内細菌叢の間には関連が見られる。ある種の共生細菌は、効果的に基質を発酵させ、自身や宿主にエネルギーを提供する。肥満した人では、こうした細菌が多く見られる。加えて、高脂質食と関係するグラム陰性菌から産生されるリポ多糖は、肥満やメタボリック症候群と関連する慢性炎症の引き金となる。

食事はヒト腸内細菌叢に影響を与える。腸内細菌叢がヒトの食嗜好性に影響を与えるという、逆の仮説もある。チョコレート渇望症の人とチョコレートに無関心の人では、血中および尿中の代謝産物が異なる。これは腸内細菌叢の違いで説明できるかもしれない。違いは、チョコレートを消費しない場合にも見られる。

ウイルスが体重増加に影響を与え、肥満と関連しているという指摘もある。ネズミやイヌ、ニワトリといった動物モデルでは、肥満と関連するウイルスがいくつか知られている。ヒト・アデノウイルス36

は、ニワトリ、マウス、ネズミ、アカゲザル、マーモセットに脂肪蓄積を引き起こす。肥満している人では、ヒト・アデノウイルス36抗体の陽性割合（三〇％）が、肥満してない人（一一％）に比較して高い。

まとめ

現代環境はヒトの祖先が経験したものとは、さまざまな意味で異なる。こうした違いは、良くも悪くもヒトの病理に影響を与える。ヒトは生活を容易にするために環境を改変してきた。少ない身体活動、容易に手に入るカロリー。ヒトがデザインする環境は、エネルギー消費を抑制する方向へと発展してきた。室内温度は快適なものへと変化し、暑すぎたり寒すぎたりといったことは少なくなった。エレベーターや自動車といった機械はヒトをある地点から別の地点へ運ぶ。カロリーを満たしたいという思いは、安価で、高カロリー密度の食物を生み出した。市場は高糖かつ高脂肪の食事を好むというヒトの嗜好に応えてきた。こうした傾向は、ヒトの祖先が進化させた適応行動でもある。技術は、過去には稀少だった食物を一般的なものにした。こうして、新しい環境で多くの人が脂肪を蓄積していった。逆にいえば、こうした環境でさえ、依然痩せている人がいることのほうが驚きなのである。

第６章　エネルギー、代謝、生命の熱力学

肥満の本質は、一定期間、エネルギーの供給が消費を上回ることにある。過剰なエネルギーは、主として脂肪として体内に蓄えられる。脂肪の増加はときとして、代謝不良により健康を損なう。解決策は逆を行うことだが、現実的とはいえない。言うは易く行うは難しである。

本章は、生物におけるエネルギーの概念を探索する。エネルギーとは、ときに混乱をもたらす概念である。「エネルギー」という言葉が近代的な意味において最初に用いられたのは一八〇七年、イギリスのロバート・ヤングによってであった。ヤングはラテン語の「活力」の代わりにそれを用いた。熱力学の原則は、エネルギーという近代的概念を必要とする。その第一法則は、エネルギーは保存されるというものである。エネルギーの総量は変化しない。エネルギーと熱力学の法則は代謝理解の中心をなす。

エネルギーとは何か。物質ではない。物理量である。この事実がエネルギーの近代的概念の中心となる。一七〇〇年代後半、近代化学の父といわれるアントワーヌ・ラヴォワジエは、化学や代謝に関して多くの発見を行った。そのひとつに、化学反応において質量が保存されるというものがあった。言い換えれば、化学反応においては、生成物の合計質量は反応物の合計質量に等しいということである。彼はまた、熱エネルギーが保存されることも示した。ここから熱素（カロリック）説が誕生した。熱素説では、

熱とは物質間を、熱いものから冷たいものへ受け渡される、壊すことのできない物質であるとする。すなわち「熱」は「物」であり、質量が保存されるように熱も保存されるというのである。これがエネルギーの近代的概念の出発点となった。一方でこの説は、エネルギーが失われることなく、さまざまな「形態」の間を行き来するという基本的な性質についての言及を欠いていた。

エネルギーは、強力な概念であるが、抽象的であり、混乱をもたらすものでもある。ポテンシャルエネルギー、運動エネルギー、仕事をする能力、光子中のエネルギー、電子軌道内のエネルギー、化学結合のエネルギー、電子および磁場のエネルギー、バネの力学的エネルギー、これらすべては、究極的には同じ量の異なる概念を示している。こうしたエネルギーはすべて、生物によって使用される。

とはいえ、エネルギーは物ではない。大きさのみで表される「量」である。系が閉じていれば、エネルギーは出入りすることなく、系がどのように変化しようと総量は一定となる。一九六四年にノーベル物理学賞を受賞したリチャード・ファインマン[*1]は、それを次のようにいう。「今日までに知られているあらゆる自然現象を通じて、その全部に当てはまる事実――法則といってもよい――が一つある。これまでわかっているところでは、この法則には一つの例外もなく、精確に成立する。これがすなわちエネルギー保存の法則である。その内容は次のとおりである。ここに、我々がエネルギーと名付けるある一つの量を考えると、自然界でどんな複雑な現象が起こっても、その量は変化しないというのである。これは、いわば数学的の原理でたいへん抽象的な考えである。ここに一つの数量があってどんな現象が起こってもその量は変化しないというのだから、それはあるメカニズムの記述でもなく、また具体的のことがらの記述でもない。我々がまずある数を計算しておく、それから自然がいろいろな変化をした後になって、もういっぺんこの数を計算してみる。そうすると、面白いことには、その値が前と同じだというのである」。

ヘルマン・フォン・ヘルムホルツは、エネルギー保存の法則を生理学に応用したおそらく最初の科学者だろう。生理学は物理学や化学の上につくり上げられるべきだ、と彼は主張し、物理的世界から遊離した生命力といったような考え方を否定した。彼は運動エネルギーの保存が、仕事は無からは生じないという仮定の数学的帰結だということを示した。さらに、エネルギーが失われたように見える環境下では、実際にはエネルギーは熱エネルギーに変わっただけということを明らかにした。

質量とエネルギー保存の法則は、生物が行う生化学的過程――これを代謝という――の理解の基礎となる。質量はエネルギーの別の姿である。アインシュタインの有名な公式（$E=MC^2$）は、質量とエネルギーを光の速度に結びつけた。質量とエネルギーは元来、たがいに無関係なものだと考えられていたが、交換可能なものだったのである。たとえば光は重力で曲がるし、質量の間には引力が働く。質量は光子に変換可能で、それは核兵器の基礎となった。

物理学では、質量（＝エネルギー）は基本単位となる。生物学では、両者は同一の量形態であると認識はするが、質量とエネルギーは別個のものである。私たちが知る限り、代謝過程で直接、原子核崩壊を利用する生物はいない。生命の生理経路では、質量とエネルギーはそれぞれ保存されており、一方が他方に変換されることもない。質量の概念に関しても、物理学と生物学には重要な違いがある。物理学で重要なのは物質の量であり、その組成は問題にならない。一グラムの質量を加速させるために必要な力は、鉛であろうと羽毛であろうと変わらない。もちろん、真空という条件下での話ではあるが。別の言葉でいえば、鉛の一グラムと羽毛の一グラムは同じ重さなのである。アインシュタインの公式を応用すれば、それらは同じエネルギーを含有していることになる。

生物学では、一グラム中の生物学的エネルギーの量は、それが何によってできているかによって異なる。一グラムの羽毛はある量の生物学的エネルギーをもつが、一グラムの鉛にそれはない。本書の主題に沿っていえば、一グラムの脂肪は、一グラムの筋肉や皮膚、骨より多くの生物学的エネルギーを有している。

エネルギーと代謝

生物は、自身のなかでエネルギーを循環させるある種のシステムと見なすことができる。そうしたエネルギー循環は細胞、組織、生態系レベルで研究されている。ヒトの肥満を取り扱うという本書の目的に対して、生態系レベルでのエネルギー循環は——社会における食物の社会学や経済学に類似点を見出すことができるかもしれないが——関係ない。ただし生態系に対する理解は、ヒトの生理を理解する上では重要である。

代謝とは生物が、さまざまな形態を通じてエネルギーを循環させ、必要な分子を生み出し、必要な生命機能を果たすための手段である。代謝とは生命維持を可能にする化学反応の総体でもある。分子はエネルギーを放出しながら、構成要素に分解される。これを異化という。あるいはエネルギーを使いながら前駆体からつくり上げられる。これを同化という。自発的な反応は一般にエネルギーを放出する方向へ働く。逆の反応は通常、エネルギーを要求する。代謝の鍵は、通常は酵素を介して生じるエネルギー放出反応とエネルギー要求反応の組み合わせにある。

一八三八年、ジェルマン・アンリ・ヘスは、化学反応によって放出される熱は、途中どのような段階が存在しようとも、最初と最後の段階にのみ拠るという研究結果を発表した。これは、生命がどのように化学エネルギーを使用するかを示している。代謝は、最も単純にいえば必要分子を生産し、他の反応を駆動するためのエネルギーを産生する化学反応が多段階で結びついたものである。

多くの代謝反応は、エネルギーを固定する反応と取り出す反応が組み合わさって起きる。熱はほとんど産生されない。エネルギーは摂取した食物の酸化によって放出され、最終的にはリン酸化したさまざまな分子がもつ、エネルギー豊富なリン酸結合に変換される（たとえばアデノシン三リン酸＝ＡＴＰ）。食物中の化学エネルギーは代謝経路を通じて循環し、こうしたリン酸結合のかたちで蓄えられる。生物は、食物をエネルギーに変換するこの生命現象のなかで、できる限りエネルギーを失うことのないような効率的な代謝経路を生み出す方向へ進化してきた。

いや、ちょっと待って。エネルギーは保存されるといったばかりではないか、とあなたはいうかもしれない。エネルギーは消失しないと。しかし、それとエネルギーが出入りするというのは別の話である。完全に閉じた系はない。あったとしても極めて稀である。生命は明らかに閉じた系ではない。エネルギーはさまざまな方法で生体に取り込まれ、そこから放出される。本章の鍵は、エネルギー摂取と支出の構成を調べることにある。それが肥満に与える結果は何か、研究者たちはそれをどのように計測し研究しているのか。しかしエネルギーの収支に関して議論する前に、エネルギー代謝に内在するそれ以外の基本的考え方について議論しておく。分子中のエネルギー量は、代謝に用いることができるエネルギーと等価ではない。熱力学の法則の基本的含意は、化学反応のなかで放出されるエネルギーのうち代謝に使用できるエネルギーの割合には制限があるということなのである。

生命の熱力学

生命は熱力学の法則の範囲内で存在する。事実、生命とは、生物が生存し自らを複製するために熱力学の特性を使うよう進化した、生物学的機械と考えることもできる。熱力学の第一法則は、閉じた世界ではエネルギーは保存されるというものであった。熱力学の第二法則は、閉じた世界ではエントロピーは時間とともに増大するというものである。この法則のユニークな特徴は、時間に進む方向を与えているということである。

エントロピーとは何か。エントロピーとは、混乱しやすいが強力な概念である。エネルギー同様、エントロピーも物質ではない。ひとつの系における計測可能な「量」といえる。一方、エネルギーと異なり、エントロピーは保存されない。宇宙のエントロピー総量は増大し続けている。エントロピーに関しては、多くの定義が存在する。統計力学的には、エントロピーはひとつの系が取りうる微小状態の数を表す尺度、つまり系の不確実性を示す尺度である。もうひとつの考え方として、エントロピーは系についての私たちの無知を測る尺度、というものもある。本書が検討する代謝に引き寄せれば、それは系が自発的な変化に耐える能力を表す尺度といえるかもしれない。平衡状態にある系は最大のエントロピーを有する。系が質量やエネルギーといった保存された量をもつことと、それが外部からの追加、あるいは外部への損失といった影響を受けない限り変化しないということ以外、系についてわかっていることは少ない。低エントロピーの系は通常、平衡状態にはない。一方、系の自発的変化の方向は予想できる。低エントロピーのシステムは、安定性が低く、それは、変化の可能性が高いことを意味する。高エントロピーの系はその逆となる。

生物は秩序を増加させるので、何がしか熱力学の第二法則を侵害する、という誤った理解がある。しかし実際は、生体は熱力学の第二法則の上に成り立っている。ある種の生物学的過程は自発的に進行し、そこでエントロピーは増大するが、他の多くの重要な生物学的過程は逆にエントロピーを減少させる。それには外部からのエネルギーが必要となる。代謝はエントロピーを増大させる反応と減少させる過程を結びつける。生物内のエントロピーは局所的に減少することがあるかもしれない。しかし生物全体あるいは環境全体でいえば、エントロピーは常に増大する。

生体におけるエントロピー使用の格好の例として、細胞内液中のカルシウムイオンなど、細胞内イオンの集積がある。細胞内液中のイオン濃度が細胞外より高く保たれる確率は、当然ながら低い。これは低エントロピーの状態である。濃度勾配は、細胞膜のカルシウムイオン透過性によって維持される。イオンの細胞膜透過性が高まれば、イオンは自発的に細胞内から細胞外へ出ていく。すなわちエントロピーは増加する。このプロセスを逆回転させ、エントロピーを低く保つためにはエネルギーが必要となる。エネルギーを用いて、細胞外のイオンを細胞内へ運搬する必要がある。もちろん、細胞内イオン濃度を細胞外より低く保つためにも、同様のことがいえる。カルシウムイオンは、電位依存性チャンネルが開いていれば、自発的に細胞内に流入し、それを細胞外へ戻すにはエネルギーを必要とする。骨格筋の収縮はこうした事象のよい例である（表6－1　巻末）。

どちらの場合にも、自発的行動（たとえば高濃度から低濃度へのカルシウムイオンの流入）は、細胞内外の空間を系として定義した場合、系のエントロピーを増大させる。これを低下させるにはエネルギーが必要となる。ヒトのエネルギー代謝のかなりの部分は、さまざまなイオンの濃度勾配を保つために用いられている。

動物にとって重要なエネルギーは通常、化学結合に関係するエネルギーとして存在する。それは力学的エネルギーであり、さまざまな勾配——とくに電気的勾配——に内在するエネルギーであり、また熱である。熱は組織をつくることに使用できない。そのため、しばしば無用な産物と考えられてきた。また生物システムにおける不可避的な副産物、つまり熱はエネルギーの支出であり、生物にとって損失であると考えられていた。しかし熱は有用でもある。多くの代謝は特定の温度範囲で効率的に働く。哺乳類は極めて狭い温度範囲でのみ生存可能である。一般的に、環境温度は哺乳類の体温の下限より低い。したがって熱は、動物から環境へ放出される。これは極めて重要であり、適応的である。多くの動物にとって、代謝や活動が体温の極端な上昇を引き起こすことは大きな危険をともなう。体温を維持するために、動物はときには熱を放出し、ときには失った分を取り戻すために熱を発生させることで、熱流量を制御しているのである。

エネルギーを取り除く

熱はエネルギー支出の主要な構成要素である。アントワーヌ・ラヴォワジエとピエール゠シモン・ラプラスは、カロリーを直接計測する最初の装置をつくった。彼らは氷に囲まれた部屋にモルモットを入れ、その体温で溶けた氷の量で熱量を計測した。その結果を用いてラヴォアジエは、動物の代謝が実際にゆっくりとした燃焼であることを示した。この概念は、マックス・クライバー[*2]が動物に関する代謝について書いた『生命の火』のなかで具体化された。

熱はしばしば無駄な産物と考えられてきた。寒冷な環境下では有用だが、熱暑環境下では致死的でさえある。一方、代謝は熱を産生する。熱が環境に放出されなければ動物の体温は上昇する。哺乳類の代謝が正確に機能する温度範囲は通常狭い。哺乳動物は、熱を放出し、あるいは保存するために、さまざまな解剖学的、生理学的、行動学的戦略を進化させてきた。たとえば、熱を保存するための海洋哺乳類の脂肪層はそれに相当するし、血流豊富なゾウの大きな耳は熱を放出するのに適している。

環境への熱放出は代謝の制約要因でもある。一連の実験によってクルルら[*3]は、異なる環境温度における授乳期のマウスを観察した。標準的な研究室の温度（二一度）と比較して、三〇度という高温では、マウスの食物摂取量と母乳の生産量が低下した。全体のエネルギー支出も減少し、離乳する赤子の数と赤子の合計体重も減少した。低温（八度）では食物摂取量と母乳生産量はともに増加し、離乳する赤子の数も正常であった。興味深いのは、二一度では、メスのエネルギー支出を増やすために、たとえば追加の赤子を与えるといった操作をしても、食物摂取量も母乳の分泌量も増えなかったということである。つまり八度におけるエネルギー支出の増加は、需要に応えて代謝を上向き調整した結果とは単純にいえないということになる。授乳期のマウスは八度では需要に応じて代謝を上向き調整したが、二一度より高い温度環境では、他の操作にも反応しなかった。クルルらは、代謝は熱放出能によって制限されると仮定した。高温下での代謝亢進は過熱状態を導く。八度という温度は、環境と体温の差が大きいことによって、環境への熱放出を増加させ、それがメスの代謝亢進を可能にした。その結果、追加のエネルギー要求に対処することができるようになったというのである。

こうした事実は、多くの要因が代謝を規制しているという重要な点を指摘する。それは動物の内部要因であったり、外部要因であったり、内部要因と外部要因の相互作用の結果であったりする。動物が有限な存在である以上、代謝には内部的上限があり、それはエネルギー支出の上限となる。生命を維持するために必要なエネルギーの下限というものも存在する。しかし、外部的環境はしばしば、動物に理論的なエネルギー消費の上限以上の支出を強いる。一方で、理論的上限以下のところで代謝は制限される。技術と社会インフラを有するヒトは、エネルギー支出の下限に関する外部的制約の多くを取り除いてきた。体温調節や活動に要するエネルギーは、非常に小さくなりうる。

「食べる」こととエントロピー

食べるということは、他の生物によって生産されたエントロピーの低い物質を体内に取り込み、それを分解することでエネルギーを放出（そしてエントロピーを増大）させ、今度はそのエネルギーを使って、生命組織が必要とするエントロピー減少のプロセスを起動させることからなる。生物とは、全体としてはエントロピーを増大させる一方で、局所的にはエントロピーを低下させる生化学的機械である。原材料とエネルギーが系に取り込まれると、熱力学の法則に則って代謝がそのエネルギーを利用する。結果として生じるのは、生物内で増加した化合物、排出される老廃物、熱である。

ヒトの体は、食物の酸化を通して生命維持に必要なエネルギーを獲得する。複雑でエネルギー豊富な物質は酸化され、エネルギーの低い物質になる際に、エネルギーを放出する。酸化によって得られたエネルギーが直接代謝に利用されるためには、他の分子に移され貯蓄されなくてはならない。リン酸エステルは、重要なエネルギー転換分子のひとつである。それは水と反応してエネルギーを放出する。一方、熱力学的に加水分解に向かうのが妥当な場合にも、ほとんどが水中で安定する。こうした安定性は、リン酸エステルが熱力学的に向かう方向とは異なるが、生物学的に重要な反応を駆動するためのエネルギーを提供する際に役立つ。

こうして、アデノシン三リン酸（ＡＴＰ）のような補酵素を用いて、エネルギーは代謝経路を循環する。異化反応はアデノシン三リン酸を産生し、同化反応はエネルギー源としてこれを使用する。通常自発的に起こる異化反応はエネルギーを放出し、エントロピーを増大させる。一方、同化反応はエントロピーを減少させるが、そのためにはエネルギーが必要になる。酵素は、熱力学的には指向されない反応を、熱力学的に好ましい反応と組み合わせて可能にする。事実、代謝は多くの化学反応が並列して進むことによって成立している。

本書を通じた主題のひとつは、進化に適応してきた古代の情報分子にある。それらは、各末端器官や幅広い代謝経路において多様な機能が働くよう選択されてきたものである。事実、生命機能を維持する基本的な情報分子とエネルギーの流れを制御するリン酸エステルの間には、興味深い関連が見られる。ＲＮＡ（リボ核酸）は、ＤＮＡ（遺伝暗号）と生命維持に必要な機能分子を架橋する。非常に単純にいえば、ＤＮＡに書かれた暗号がＲＮＡに転写され、それによってアミノ酸が結びつけられ、機能的なペプチドが形成される。ＲＮＡはアデニン（Ａ）、グアニン（Ｇ）、シトシン（Ｃ）、ウラシル（Ｕ）といった分子によって構成され、これらの構成要素がリボース糖分子やリン酸基と結合し、線状重合体（リニアポリマー）ができる。こうしたＲＮＡの構成分子がリン酸化され三リン酸となったもの、すなわちアデノシン三リン酸（ＡＴＰ）、グアノシン三リン酸（ＧＴＰ）、シトシン三リン酸（ＣＴＰ）、ウラシル三リン酸（ＵＴＰ）が、生命における基本的なエネルギー仲介分子として機能する。代謝における主要なエネルギー仲介分子はアデノシン三リン酸であるが、グアノシン三リン酸はタンパク合成に用いられるし、シトシン三リン酸は脂質合成に、ウラシル三リン酸は炭水化物合成に関係している。つまり情報伝達システムを形成するこれらの情報分子が、同時にエネルギー伝達システムの基礎ともなっている。進化は、同じ分子が別の分子としても働くような複合システムを生み出したのである。

エネルギー支出

エネルギー支出には、基礎代謝、体温調節、食物の熱作用、活動、生殖、成長、体組織の更新に使われるものなどがある。こうした要素は、ある程度可変的であり、制御可能である。これらエネルギー支出の合計がエネルギーの総支出となる。ある要素の変化は、エネルギー支出の合計を変える可能性があるが、他要素の変化によって調整もされる。

エネルギー支出は三つに分類される。必要不可欠なもの、必要だが低減可能なもの、そして任意なものである（図6－1）。第一の分類例としては基礎代謝がある。活動は、必要だが低減可能なものと考えられる。生殖は進化的に必要不可欠だが、短期間では任意のものと考えられる。それぞれの動物は、エネルギーを生殖につぎ込むか否か、あるいはそれをいつ行うかについての戦略を有している。

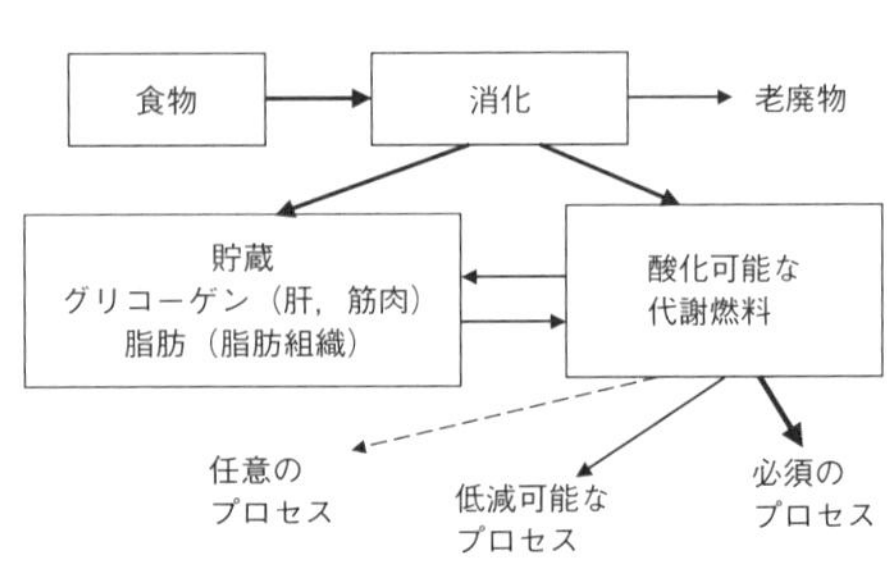

（図6－1）「必須」「低減可能」「任意」に分類されたエネルギー支出の要素.

基礎代謝は生命維持に必要な最小限のエネルギー支出であり、任意のエネルギー支出や低減可能なエネルギー支出を最低限にまで引き下げてもなお支出されるエネルギー量である。基礎代謝の変動量は生物学的要因と関連している。それは鳥や哺乳類など恒温動物で高く、魚類や両生類、爬虫類で低い。ここでは本書の目的にそって議論は哺乳類に限る。

基礎代謝量のかなりの部分は、細胞膜のイオン通過や分子の移動といった細胞レベルの反応で占められる。一般的に基礎代謝は、飼育動物においては全エネルギー支出の約半分を占め、野生動物では半分から三分の一を占める。現代人に推奨されるカロリー摂取量は、米国など先進国では基礎代謝量の一・五倍かそれ以下となる。たとえば、体重六〇キロの女性の基礎代謝量は約一五〇〇キロカロリーであり、体重を維持するために推奨されるカロリー摂取量は二〇〇〇キロカロリーとなる。これは基礎代謝量の一・三三倍にすぎない。基礎代謝量はエネルギー支出の四分の三を占める。これは現代的な環境における私たちのエネルギー支出が、過去と比較して低いことを示す。

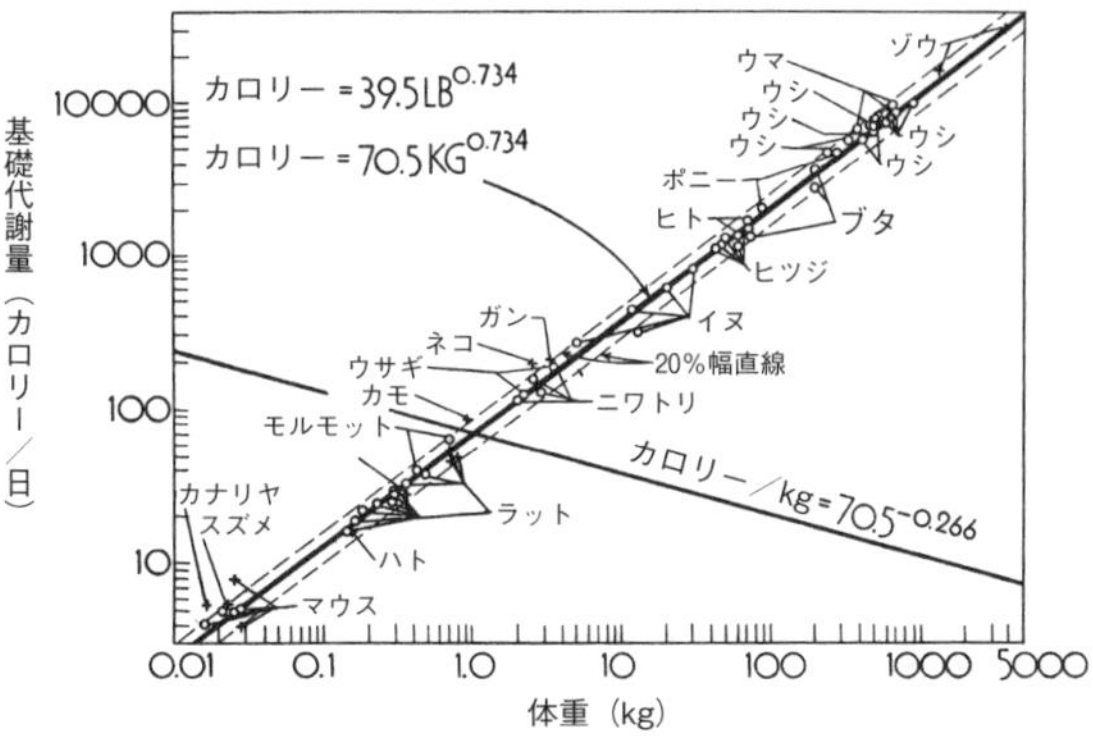

（図6－2）有名な，基礎代謝率のマウス–ゾウ曲線.

　系統発生、食物、砂漠や海洋といった特殊な環境への適応などは、基礎代謝量に影響を与える。しかし、哺乳動物の基礎代謝量を規定する主要な要因は体の大きさ（体重）である（図6－2）。分類上の「目」にかかわらず、大半の哺乳動物の基礎代謝量は体重の〇・七五乗に比例する（クライバーの法則）。〇・七二〜〇・七六の範囲における正確な指数はしばしば議論の対象となるが、本書の目的からすれば問題にはならない。重要なことは、指数が一より小さいことにある。他の重要なこととして、約〇・七五のアロメトリー（両対数線形関係）は基礎代謝量

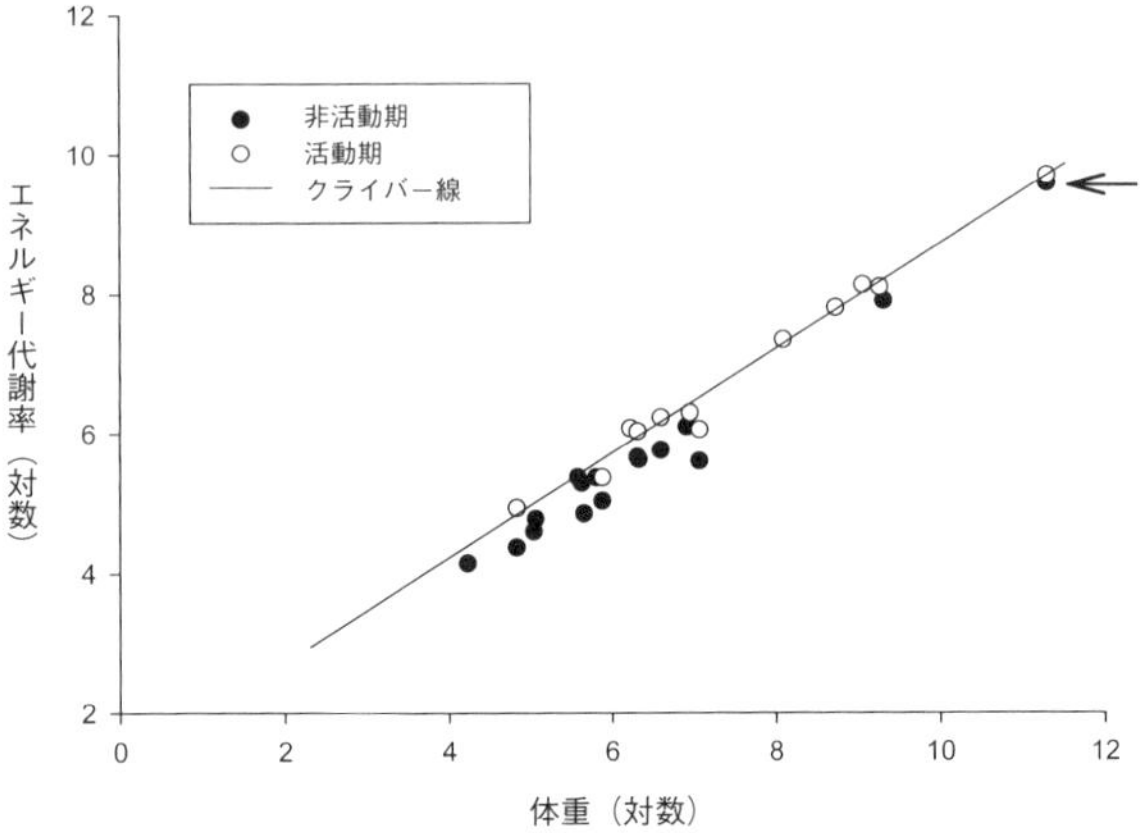

（図6－3）酸素消費量から計測したエネルギー代謝率と霊長類の体重（グラム）の対数図．○は活動時，●は非活動時．ヒトは→で示す．BMR＝3.48×（体重）0.75．

の種間アロメトリーを説明する、ということがある。同種内では、指数は必ずしも〇・七五ではない。事実、その値はしばしば〇・七五より小さい。たとえば、ゴールデンライオンタマリン（小型の新世界ザル）における基礎代謝量のアロメトリーは、〇・四三九〜〇・六〇九である。ヒトで必要とされる体重あたりの最少エネルギー支出は、クライバーの法則によって予測されるものより穏やかに、体重に応じて増加したのかもしれない。

ヒトの基礎代謝量がとくに他の霊長類と異なる点はない（図6－3）。ヒトが保有する大きな脳や技術、社会適応やその他の、ヒトを他の哺乳類と分ける特性にもかかわらず、根本の部分でヒトのエネルギー代謝は、ヒトと同じ大きさの他の霊長類や哺乳類と異なる点はないのである。霊長類の活動期基礎代謝量における回帰曲線は、クライバー線にほぼ一致する。もちろん、霊長類の代謝量データを注意深く見れば、一日のうちいつ計測が行われたかが重要だとわかる。活動時間帯における霊長類の体サイズあたりの代謝量は、睡眠時とは異なる。一般に、活動している時の代謝量がクライバー線上にあるかそれを上回るのに対して、活動していないとき（睡眠時）の代謝量はクライバー線を下回る。違いは、小さな動物ほど顕著である。

他の霊長類のようにヒトも、多くの時間を睡眠に費やす。睡眠時のヒトの代謝量は、基礎代謝量を計測するために定義された条件で計測される値より約一〇%低い。それは小型霊長類を含む他の多くの動物でも同じである。最も小型のサルであるマーモセットは、夜間に体温を数度下げることによって、代謝量を二五〜四〇%低下させる。それは霊長類に限らない。体重が一キログラム以下のげっ歯類は、睡眠時（ここでは、日中ということになるが）の代謝量が平均で二五%低下する。

代謝量は多くの要因に影響される。栄養状態、周囲の温度、活動性、あるいは一日の時間帯からも影響を受ける。代謝量は変動する。固定された量ではない。動物は一日の間でもかなりの程度、エネルギー支出を変動させる。基礎代謝量の概念は、最小限のエネルギー支出量として有用である。生活の大部分を眠って過ごすヒトのような動物では、それは、睡眠時のエネルギー支出を反映するものとなる。一方、合計の代謝量には上限も存在する。それは通常基礎代謝量の五〜七倍である。すなわち基礎代謝量は、最小限のエネルギー支出と、通常の活動時におけるエネルギー支出（基礎代謝量の二〜三倍）、そして代謝の上限（五〜七倍）に関する推定値を与えてくれる。もちろんそれらは、体温を奪うといった外部要因にも依存することはいうまでもない。

エネルギー総支出量

エネルギーの総支出量は、エネルギー使用のすべての要素の合計値である。しばしば用いられるモデルは、エネルギー支出量を項目ごとに積み重ねていく。こうしたモデルは有用だが、多少、間違った結論を導くこともある。エネルギーとはある程度まで代替可能である。ひとつの項目のエネルギー支出が変化すれば、それは他の項目のエネルギー支出によって代償される、もしくはされないことによって、エネルギー支出の合計量に影響を与える可能性がある。

動物はエネルギー支出を調整する。体温調節や繁殖にエネルギーが必要な場合、活動性を低下させることによってそれを代償することがある。たとえば授乳中のマウスは活動性を低下させる。授乳によるエネルギーの一部は、行動を変えることで相殺される。これはある種の帰結をもたらす。身体活動の低下は、機会費用を生じさせる。つまり、活動的であることによって得られた利益の喪失をもたらす。一方で、授乳のエネルギー支出は、他のエネルギー支出に単に上積みされ、エネルギー支出の合計量を増やすわけではない。活動の低下によって、授乳のエネルギー支出のいくばくかは吸収される。

他の例として、五〇日間、食物摂取を制限したマウスの実験がある。通常の摂取量の八〇％に食物を制限された一群は、同じ期間、自由に食べたマウス群と比較して体重が低下した。しかしそれは、二群間の摂取エネルギー量の違いの二・二％を反映していたにすぎない。安静時の代謝量を低く保つことで全体の二二・三％のエネルギー支出を節約し、残りの七五・五％は活動を低下させることで代償したのである。

授乳マウスの例では、低下した活動性は選択の結果ではない。ピーク時には授乳マウスのエネルギー支出は基礎代謝量の約七倍にも達する。そのための必然的結果ともいえる。そのエネルギー支出は、少なくとも彼らが飼育されている温度状況では、ほぼ上限に近いものになっていた。一方、より周辺温度が低い状況では、この上限を上回る代謝量の増加も可能であった。活動の低下は、代謝量の向上による内部からの体温上昇を制限するための機構ともいえる。活動の低下は、筋肉が発する熱量を減少させるためにも機能する。

エネルギー支出は、上限と下限の間で維持されなければならない。生命維持に必要な最少のエネルギー量があり、一方で内部要因と外部要因によって規定される上限が存在する。このふたつの範囲内では、かなりの程度の柔軟性が見られる。動物はエネルギーの支出増大や摂取減少を代償するために必要な戦略を複数有しているのである。

「不経済な組織」仮説の再検討

第2章では、ヒトが脳を進化させるために犠牲にしたものに関する議論をした。基本的には、脳は代謝的に極めて活発な組織であり、ヒトは他の動物に比較して、脳のエネルギー支出割合が大きい。原因のひとつはヒトの脳の大きさにある。初期人類は、大きな脳によるエネルギー支出の増大という困難に直面したかもしれないという研究者もいる。彼らは、初期人類の基礎代謝量は、脳が大きいために、クライバー線の上方にあると考えた。現生人類の基礎代謝量は異常ではない（図6−3参照）。最初は肉食の増加によって、そして最終的には調理や食物加工による食事の質の向上によって、ヒトの消化管のサイズが小さくなり、そのエネルギー支出量も減った。脳で増えたエネルギー支出はこうして相殺されたのだろう。彼らはそう推論した。

この興味深い仮説はもっぱら、エネルギー支出を相加的にとらえている。こうしたとらえ方は、この仮説のエネルギー支出概念に内在する構造的な理解ともいえる。エネルギー支出と代謝についての制御的視点は考慮していない。だからたとえば、脳容量の増大は代謝率の増加につながり、さらに代謝率の増加は自動的に全体のエネルギー支出増加につながると考えるのである。しかしエネルギー支出の構成要素は固定しているわけではない。大きくなった脳によるエネルギーコストの上昇が、活動性や体温調節、あるいは他のエネルギー支出要素にどう影響するかを予想するための経験則はない。おそらくそれは、全体としてのエネルギー支出を増やしたに違いない。一方で、大きくなった脳は、体温調節機能や他のエネルギー支出要素を通してエネルギー節約に貢献したかもしれない。

「不経済な組織」仮説に利点がないといっているわけではない。しかし生物界ではよくあるように、現実は、簡潔ですっきりした理論が描いてみせるようなものではなく、複雑で混乱しているものなのである。実際、初期人類において、大きくなった脳がエネルギー支出にどのように影響を与えたかは、わからない。わかっていることは、さまざまなエネルギー的課題にヒトの祖先は対処したということだけである。他のエネルギー支出を減少させることによって対処したのか、それとも全体のエネルギー支出を増大させることによってか。しかし、大きな脳が可能にした食物獲得戦略がそれに貢献したことは間違いない。

不経済組織仮説は、ヒトの食物嗜好性や肥満に対して、何らかの含意があるのだろうか。仮説の一般的な真意は、容易に消化でき、エネルギー密度の高い食事に対するヒトの好みは、大きな脳を支えるために重要だったということである。これはヒトの進化の歴史に合致しているように見える。ヒトが食物獲得戦略を改善し、より効率的で破壊的な捕食者となるにつれ脳は大きくなっていった。それは数十万年前まで続いた。ヒトは同時に他の食物、すなわち野生の雑穀やハチミツといったものも効率的に摂取していった。不経済組織仮説は、なぜヒトは高エネルギー密度の食物を好むかという疑問に、別の進化的理由を与える。ヒトの消化管はそうした高エネルギー密度の食事に十分適応しているし、ヒトの脳がそうした食事を必要とした可能性がある。

エネルギー摂取

エネルギー支出は最終的には摂取エネルギーと釣り合わなくてはならない。すべての栄養素は代謝を通じてエネルギーを放出する。栄養素には脂肪、炭水化物、タンパク質などがある。もちろん他にもある。たとえばアルコールがそうである。普段ヒトはエネルギー必要量を満たすためにアルコールを摂取することはない。しかし、ヒトがアルコールを摂取すれば、それは使用可能なエネルギーを提供する。アルコールが代謝される過程でアデノシン三リン酸（ＡＴＰ）が産生される。しかし、ヒトの使用する熱量の大半は脂肪、炭水化物、タンパク質から供給される。ヒトの代謝はそれに適応している。

食物中のエネルギー量を表現する方法にはいくつかの方法がある。それぞれに生物学的、代謝的意味をもっている。最も単純な方法は、グロス（総計）エネルギーと呼ばれる。これは食物中の可燃性エネルギーの総量を意味する。食物が燃焼によって完全に酸化された際に放出される熱エネルギーの総計である。それは、生物がその食物から摂取できる最大限のエネルギーとも一致する。一方、タンパク質が完全に酸化されることはない。尿素のなかには通常使用可能なエネルギーが残る。

消費可能エネルギーは、グロスエネルギーから糞便等で排出されるエネルギーを引いた値である。食物にもよるが、消費可能エネルギーは動物の消化能力にも左右される。たとえば、干し草から得ることのできる消費可能エネルギーは、ウマとヒトでは異なる。尿となって失われるエネルギーもあるが、これは通常タンパク質の不完全な酸化によるものであり、グロスエネルギー量の数％を占めるにすぎない。

食物から得られる正味のエネルギー量は、代謝可能エネルギーと呼ばれる。これらがカロリー表に掲載される値となる。

グルコースなどの単純炭水化物や脂肪酸は、ヒトが利用するおもな代謝物質である。タンパク質（アミノ酸）は、ヒトが自身の組織を異化する必要のある飢餓の時などを除き、エネルギーの主要な供給源とはならない。代謝可能エネルギーの一般的な推定値は、脂肪でグラム当たり九キロカロリー、タンパク質と炭水化物でそれぞれ四キロカロリーとなっている。これは概算値であり、代謝可能エネルギーは脂肪、タンパク質、炭水化物の種類によって異なる。

代謝可能エネルギーは常に、摂取エネルギー量の正確で適切な指標となるだろうか。必ずしもそうではない。どの程度が組織に蓄積されるかによって異なる。たとえば授乳期の哺乳類では、母乳中のタンパク質や脂肪のかなりの量が組織に蓄積され、代謝には回らない。この場合の母乳のエネルギーとしての価値はグロスエネルギーとしての価値であり代謝可能エネルギーとしてのそれではない。実際の代謝可能エネルギーは、子の組織への蓄積量を計測することによって初めて測定される。

エネルギーバランス

肥満の原因は単純である。それはエネルギー支出に見合う以上のエネルギーの持続的摂取である。この考え方は、栄養学者によって正のエネルギーバランスとして表現される。エネルギーバランスという考え方は直感的で理解しやすい。負のエネルギーバランスは体重減少をもたらす。正のエネルギーバランスは体重を増加させる。体重の増減がないとすれば、エネルギーバランスが均衡していることを意味する。もちろん、事はそれほど単純ではない。というのも、エネルギーバランスは直接的には体重にではなく、身体のエネルギー収支の変化に関係しているからである。身体エネルギーの総計は体重だけでなく、身体を構成する他の要素によっても変化する。

肥満も、厳密には体重の増加とは異なる。それは脂肪の過剰蓄積のことである。一般的に、私たちは正のエネルギーバランスは体重を増加させるというが、栄養学者や生理学者は、体重増加の代わりに身体エネルギー総計が増加するという表現を使う。実際的かつ医学的には、蓄積された脂肪増加が問題となる。ヒトの平均体重が増加することへの医学上の懸念は、体内の筋肉や水分が増えることや、骨密度が増加することではなく、過剰な体重増加の大半が脂肪の蓄積によるということにある。脂肪はエネルギーと密接に関係している。脂肪はエネルギー貯蓄の最も効果的な方法である。だからこそ、エネルギーバランスと脂肪が関係を有するのである。正のエネルギーバランスはエネルギーの蓄積を引き起こし、それは組織への脂肪の蓄積をもたらす。

均衡試験

栄養学の分野では、均衡という考え方は重要である。代謝均衡試験に関する最初の記載は、サントリオ・サンクトリウス（一五六一〜一六三六）によってなされた。彼は、ガリレオも含むイタリア賢人サークルの一人だった。サントリオ・サンクトリウスは、イタリアのパドヴァの人で、内科医で大学教授であった。体温計を発明し、脈を測るための装置を開発した。それらが彼単独の発明だったのか、ガリレオや他の人々との共同発明の結果だったのかということについては議論がある。よく知られているのは、彼が体温を具体的な数値で計測した最初の人だったということである。彼の天才は、自然現象をアリストテレス派がいうところの「本質」ではなく、「数」を用いて記そうと試みたことにあった。サントリオは、物事の基本は数学的であるといった。また、自然を探求する上で最も重要で考慮すべき証拠は、まずは感覚であり、次いで理由であり、最後に来るのが信頼に足る権威であると主張した。

多くの人がサントリオを代謝均衡試験の父と考えている。三〇年以上にわたって彼は、自らの体重と飲食したもの、そして排泄物の重量を測った。排泄物が摂取した量よりずっと少ないという事実を説明するために不感蒸散の考え方を提唱した。彼の理論にはほとんど新規性はなかったが、考案した実験的方法論は高く評価されている。体内での働きを理解するために、摂取物と排泄物を厳格で実証的に計測するという彼の考え方は、栄養学あるいは代謝学の研究に重要な土台を残した。

すべての栄養素は均衡式で記述できる。たとえばカルシウムバランスは、骨の健康に関して重要である。カルシウムバランスが持続的にマイナスである人は、骨ミネラルが失われる。究極的にはその喪失は不可逆的になり、骨強度は恒久的に阻害される。結果として、その人は骨折しやすくなる。

栄養素のバランスという考え方は、栄養素の種類によって少しずつ異なる。カルシウムは無機質（ミネラル）で、無機質のバランスは摂取から排出を差し引いたものとなる。食物、液体、栄養補助剤等からのカルシウム摂取が正のバランス、尿や便、他の体液からのカルシウムの排出は負のバランス。両者の差がカルシウムバランスとなる。

どの要素についても、バランスを表す均衡式はこのように組み立てられうる。しかし、多くの栄養は成分ではなく、もっと複雑な生物学的実体である。多くの栄養素に関しては、排出だけでなく代謝も考慮する必要がある。ふたつの方法が補完的に用いられる。窒素バランスは、タンパク質バランスの代理指標としても使用可能である。

エネルギーは、厳密な意味では栄養素の定義からはずれる。エネルギーは物質ではない。しかし、計測することもできれば、代謝経路に沿って追跡も可能である。それは組織間を循環する。破壊されることはないが、失われることはある。主に熱として失われる。

代謝は、結果が均衡試験によって計測される動的過程である。しかし、銀行口座からお金を移す作業のようにある場所から栄養素を取り出し、別の場所に置くといった単純な考え方は現実的ではない。生物は通常静的ではない。ある栄養素が、生物がある種の生命活動を行うためにそれを引き出すまでその場にとどまるということは、ほとんどない。代謝は動的で、異なる物質の間を行き来しながら、それを支える複数の経路によって構成されている。

たとえば、骨はいくつかの機能をもつ。そのうちのひとつにミネラル、とくにカルシウムとリンの実質的な貯蔵庫であるというものがある。骨も他の組織同様、静的ではなく、恒常的に再構成されている。骨の再構成は微小損傷を修復し、骨が機械的なストレスに適応することを助ける。さらにいえば、骨の再構成は細胞外液におけるカルシウムの濃度を一定に維持する働きを助けてもいる。

骨表面の断片は、破骨細胞によって形成される吸収窩を有している。この欠けた部分からカルシウムが細胞外液へ放出される。そのことからこの部分は再構築空間とも呼ばれる。骨芽細胞は吸収窩を修繕する。一般的に、骨芽細胞と破骨細胞の収支は等しい。骨の再構築率が上昇すれば再構築空間は増大し、合計の骨ミネラル量は減少する。骨の再構築率が低下すれば、逆のことが起こる。カルシウムやリンを主とするミネラルはそれによって、骨に流入したり骨から流出したりする。骨の再構築率はホルモンとカルシウム摂取量によって規定される。

同様にエネルギーも、体内でさまざまなかたちに転換される。すぐに使用可能な代謝エネルギーは、アデノシン三リン酸（ＡＴＰ）、グアノシン三リン酸（ＧＴＰ）、シトシン三リン酸（ＣＴＰ）、ウラシル三リン酸（ＵＴＰ）といったリン酸分子のかたちで貯蔵されている。グルコースや脂肪酸はそれとは異なる酸化可能燃料であり、グリコーゲンや脂肪として体内に蓄えられる。

エネルギーの貯蔵

動物はエネルギーだけでなく、酸化可能な燃料も必要とする。動物が負のエネルギー収支下に置かれたとしたら、代謝可能物質が体内のさまざまな貯蔵庫から動員される。収支が正であれば、代謝可能物質は逆に体内に貯蔵される。主要な燃料はグルコースや他の単糖、脂肪酸となっている。エネルギー源となる材料は生物学では重要である。異なる代謝燃料は異なる利点を有している。代謝燃料の制御は、エネルギーそのものの制御と同じく重要である。

エネルギーは、いくつかのかたちで体内に蓄えられる。主要なものには、グルコースの貯蔵型であるグリコーゲンとしておもに肝臓や筋肉に蓄えられる方法と、脂肪組織に脂肪として蓄えられる方法がある。タンパク質はエネルギー源としては最後の手段となる。たとえば飢餓状態では、筋肉や組織からのタンパク質が代謝される。これは短期的適応といえる。しかしそれが長期間になれば、生命に危険が及ぶ。代謝の点から好ましいエネルギー源は、筋肉や肝臓に蓄えられたグリコーゲンである。あるいは脂肪組織からの脂肪である。脂肪は少量ではあるが筋肉内にも蓄えられている。

脂肪は、エネルギー貯蔵源として重要な利点をもつ。まず、単位重量あたりの代謝可能エネルギーが、炭水化物やタンパク質の二倍であること。また、水をほとんど介することなく貯蔵されることである。対照的に、一グラムのグリコーゲンの貯蔵には三～五グラムの水が必要となる。したがって、体内に蓄えられた単位重量あたりのエネルギーということでいえば、脂肪はグリコーゲンより一〇倍も効率的なエネルギー源ということになるのである（表6－2）。一キロカロリーは、グリコーゲンでいえば一グラムに相当するが、脂肪でいえば〇・一一グラムにしか相当しない。これは空を飛ぶ動物たちにとっては、究極の効率化といえるかもしれない。エネルギーをグリコーゲンのかたちで貯蔵していたとしたら、彼らは決して空を飛ぶことができなかっただろう。

　ヒトにとって過剰体重は、空飛ぶ動物ほど極端ではないが、運動にはマイナスである。したがって、グリコーゲンとして体内に蓄えられる量には上限があり、それ以上のエネルギーは、ずっと軽量で済む脂肪として蓄えられることになる。もちろん、グリコーゲンの主要な貯蔵組織である肝臓と筋肉は、それ自体、容量が決まっているという事情もある。一方、脂肪組織は伸長が可能でありそれが利点ともなっている。

　では、なぜエネルギーが脂肪以外で蓄えられるのだろう。グリコーゲンには、脂肪にはない少なくともふたつの利点がある。第一は、グリコーゲンは無酸素条件下でも代謝できること。それは強強度の活動下、つまりエネルギー支出が有酸素代謝の能力を超える時でさえエネルギーを供給できるという利点を有する。第二は、容易にグルコースに転換できる点にある。グルコースは脳、胎盤、そして

（表6－2）炭水化物，タンパク質，脂肪の代謝可能エネルギー概算量．＊正確な値は水分量によって変化する．

	ドライウェイトの際のグラム当りのキロカロリー数	ウェットウェイトの際のグラム当りのキロカロリー数	1ℓの酸素で還元できるキロカロリー数
炭水化物	4.2	1.0*	5.0
タンパク質	4.3	1.2*	4.5
脂肪	9.4	9.1	4.7

胎児のエネルギー源として最も好ましい。妊娠中の哺乳類では、グルコース代謝はとくに重要となる。

エネルギー貯蔵組織

肝臓と脂肪組織は、ふたつの最も重要なエネルギー貯蔵庫であり、エネルギー代謝組織である。肝臓は、グルコース代謝に深く関係している。脂肪組織は脂肪の主要貯蔵組織である。ふたつの組織は異なる時間単位で働く。肝臓はより迅速な代謝に関係しているし、脂肪組織はより長期的な代謝やエネルギーバランスに関係している。どちらの組織も食物摂取に関して重要な役割を演じている。役割は、状況によって相補的であったり対立的であったりする。

エネルギー貯蔵は静的なものではない。多くの代謝系が筋肉中や肝臓内のグリコーゲン代謝や、脂肪組織内の脂肪代謝に関連している。栄養学的恒常性は静的なものと考えるべきではない。むしろ、いつも出入りのあるダイナミックで動的なものなのである。それは脂肪組織も同様である。脂肪組織は、他にも機能はあるが、なかでもエネルギー代謝や食欲を調整する分子を生産する機能は重要である。脂肪組織は活動的な内分泌細胞で構成されている。肝臓はまた、代謝に重要な調節機能を有する。エネルギー貯蔵庫は、エネルギー収支の積極的なプレイヤーなのである。

エネルギー貯蔵とエネルギー要求性

エネルギー要求性に関するアロメトリーは一より小さく、エネルギー貯蔵のそれは一もしくは一より大きい。実証的計測に基づくものであるが、重要な生物学的原理でもある。これはまた、大きな身体を有する主要な利点ともなる。大きな動物は、自身のエネルギー要求量のうち相対的に大きな割合を体内に貯蔵できる。したがって、食事と食事の合間により長く行動できる。大量の食物を獲得した時、過剰なエネルギーを消化し貯蔵し後で使用するといったことも可能になる。

ゾウとハタネズミを考えてみよう。両者とも草食動物であり、腸内で発酵を行う。必要なエネルギーの大部分は、両者とも植物細胞壁の発酵によって賄われる。しかし両者には、身体の大きさに違いがある。ゾウは「トン」単位で計測され、ハタネズミは「グラム」単位である。ゾウは大まかに計算して、ハタネズミの一五万倍もの重量がある。しかし、ゾウの基礎代謝量はハタネズミの約七六〇〇倍にすぎない。他の例でいえば、体重が七〇〇グラムのゴールデンライオンタマリンと体重七〇キログラムのヒト、そして体重七〇〇〇キログラムのゾウを比較すると、ヒトはゴールデンライオンタマリンより重量で一〇〇倍重く、ゾウはそのヒトのまた一〇〇倍となっている。しかし、基礎代謝量には、三二倍ずつほどの違いしかない。大きくなることの利点である。

進化の歴史を通じて、ヒトは他の哺乳動物と同様にときに予想可能で、ときに不可能なエネルギー収支を経験してきた。あるときは、正のエネルギー収支を経験し、あるときは負のエネルギー収支を経験する。事実、活動の概日変動は、エネルギー収支の概日変動と一致する。ヒトは夜眠る。少なくとも過去にはそうしてきた。睡眠時、ヒト体内のエネルギー収支は負となる。一方、昼間には、すぐに使用される以上の食物が消化され、エネルギーが補充される。ヒトは大きな動物である。小さな動物より、エネルギーの収支の変動許容量が高い。ヒトは負のエネルギー収支下でも、小さな動物より長く活動できる。また、より大きなエネルギー量を処理、貯蔵もできる。

たとえば、ゴールデンライオンタマリンは、捕獲された状態で基本的な状態を維持するために、一日に一一四キロカロリーを必要とする。これは基礎代謝量の二倍に相当する。ゴールデンライオンタマリンより一〇〇倍大きいヒトの必要量は、一日に二五〇〇キロカロリー。それは、ゴールデンライオンタマリンの必要エネルギー量の二二倍にすぎない。ゴールデンライオンタマリンのような小さなサルは、体重の約一〇%を脂肪として蓄えることができる。しかし、大抵はそれ以下の量しか蓄えていない。それは、五日分のエネルギー必要量に相当する。しかしヒトの場合、体重の一〇%の脂肪量（この量は、かなり痩せた人の脂肪量である）は、一カ月分のエネルギーに相当する。ヒトの大きな身体は、多くの食物を必要とするが、一方で多くの貯蔵も可能にしているのである。それによってヒトは飢饉からの衝撃を和らげることができた。しかし、過剰な食事からの衝撃はその限りでない。

まとめ

エネルギー代謝は肥満の全体像を理解する鍵となる。ヒトの大きな身体は、多くのエネルギーを体内に蓄えることができるという点で、大きな利点を有している。重量当たり最も効率的なエネルギー貯蔵のかたちは脂肪である。体内に脂肪を蓄えることができるようになったヒト祖先の進化的利点は、エネルギーの支出、摂取、代謝の基本原理となった。大きな脳をもつことによる代謝コストの増大は、ヒトにある種の淘汰圧を与えた可能性がある。

第７章　情報分子とペプチド革命

前章では、エネルギー、代謝、そしてエネルギーの収支を概観した。代謝やエネルギー収支は調節される。本章と次章では食物摂取、すなわち食欲を調節することに関連する分子やその機構について述べていく。

この章では時間を、場合によっては脊椎動物と無脊椎動物の共通祖先にまで遡り、情報分子（もしくは伝達分子、制御分子）と呼ばれるものの機能や進化を検討していく。本書でとりあげる具体的な情報分子のほとんどは、ステロイドやペプチドホルモンである。ステロイドもペプチドホルモンも生物において広範に見られるので、その起源は地球上の最初期の生命にまで遡れる。情報分子の元来の機能は完全に理解されているとはいい難い。しかし、しだいに明らかになってきたのは、進化の結果、多くの情報分子が複数の機能をもつようになり、どの組織にあって、同時に働いている別の代謝プロセスが何であるかによって、異なった機能を発揮するということである。

進化的視点

進化の基本的な考え方に、すべての種は共通の祖先をもつというものがある。何であれふたつの種の系統を遡っていけば、必ず共通の祖先に到達する。それによって種間の関係や共通祖先から分岐した時間が推測でき、系統樹が作成される。その考え方が示す重要な点は、生命現象の中心で機能する分子も共通祖先の分子に由来するということである。つまり、ふたつの似通った種の代謝や情報伝達経路は共通性を有している（共通祖先のそれに由来する）ということになる。種間の距離が遠くなればなるほど、分子や情報伝達経路の共通性は低くなる。これが分子進化の基本原則である。それは、ヒトとサルの分岐年代（五〇〇〇万〜七〇〇〇万年前）の推定にも応用される。六五〇〇万年前のティラノサウルスから回収された骨コラーゲンタンパク質が、現代のそれと比較された。それによって、ティラノサウルスに最も近縁な種はニワトリであると推定された。

本章では、部分的にではあるが分子の系統を探っていく。遺伝子重複や突然変異、選択、生殖といった進化的過程は、共通祖先に由来する分子や情報伝達経路が時間の経過とともに多様化していく原動力になる。しかし一方で、ある種の分子や情報伝達経路は驚くほど保守的でもある。保守的な分子は生命現象の根幹に関連していることが多く、多様性への制約要因にもなる。

DNAやアミノ酸構造の相同性のために共通の祖先に由来すると思われる分子は、オーソログと呼ばれる。時間を十分に遡れば同一の分子をもつ共通祖先を見つけることも可能になる。というのも、ふたつの種が分岐した後の進化はそれぞれ独立しており、ふたつのオーソログの違いは経過した時間を反映するからである。オーソログは同じ機能を担ったり、担わなくなったりする。生物種が近縁であれば機能や構造は似る。しかし多くのオーソログ分子は、組織や年齢、外部環境によってさまざまに異なる機能を果たすので、その機能は多様であることが多い。

遺伝子重複は遺伝子多様性の源泉である。言葉を換えていえば、機能遺伝子を含むＤＮＡの断片がゲノム上でしばしば複製されるということである。ヒトのアミラーゼ遺伝子は遺伝子重複のよい例を提供する（第2章参照）。遺伝子は重複後、独立した進化の道筋をたどりうる。そう予想されるのであるが、実際のところは、選択圧は両者の遺伝子に同様に働くだろう。

ヒトアミラーゼ遺伝子の重複に関していえば、重複した遺伝子も元の遺伝子の機能を残している。多数のアミラーゼ遺伝子の存在は唾液中や消化管内のアミラーゼ分泌量の増加を意味する。重複遺伝子は遺伝子の機能を変化させない「沈黙の」突然変異を蓄積する。もちろん、いくつかの変異がアミラーゼ分泌に影響を与えている可能性はある。重複遺伝子におけるそうした差の蓄積から、逆に、重複が起こって以降の時間経過が推測できる。

遺伝子重複の進化的重要性は、重複遺伝子が元の機能を失うことなく、そこから分離した機能をもつ可能性を開くというところにある。重複遺伝子にコードされた情報分子同士はパラログと呼ばれる。たとえばミオグロビンとヘモグロビン遺伝子は、重複遺伝子から進化したパラログだと考えられている。膵臓のポリペプチドファミリーも、同様にパラログである可能性が高い。

情報分子

情報分子は、組織内の情報を伝達し、組織の生存が脅かされるような課題に対処する。肥満に関しては、いくつかの重要な情報分子が知られている。レプチンであり、インスリンであり、コレシストキニンであり、副腎皮質刺激ホルモン放出ホルモンである。コルチゾールやエストロゲン、テストステロンといったステロイド、さらにその受容体も相当する。

既存の変異に働く限り、進化は限られる。しかし強力な情報分子とその受容体の遺伝子が存在すれば、機能や制御、行動様式が分化する潜在力になる。進化的視点によれば、情報分子が多様で多岐にわたる機能を有するだろうこと、そうした機能は同一種においても組織間で、あるいは発達の段階で異なるだろうことが予想される。ひとつの分子が複数の受容体と結合する。また、ひとつの受容体が複数の結合分子を有する。機能的多様性は、分子の違い、あるいは受容体の違いによってももたらされる。研究者が分子に関してある種の機能を見つけた場合でも、その機能は多くのなかのひとつにすぎないことが多い。

ペプチド革命

一九七〇年代半ば以降続いているペプチド革命は加速を続けている。以前から知られていたペプチドの新たな機能の発見や、新しいペプチドの発見が続いている。ひとつの例として、副腎皮質刺激ホルモン放出ホルモン（CRH）を考えてみよう。このホルモンはヒツジの視床下部の抽出物から同定され、視床下部-下垂体-副腎系で主導的役割を果たすことで知られている。二五年後には、このホルモンが四つのリガンド（副腎皮質刺激ホルモン放出ホルモン、ウロコルチン、ウロコルチンII、ウロコルチンIII）、ふたつの受容体（それぞれが多くのスプライシング変異型をもつ）そして副腎皮質刺激ホルモン放出ホルモン結合タンパク質からなるホルモンのグループに属することが知られている。こうした分子は神経伝達物質や神経修飾物質として働くだけでなく、末梢組織で、分泌された物質がその細胞に働きかけたり（オートクライン）、近隣の細胞に働きかけたり（パラクライン）、遠くの細胞に働きかけたり（エンドクライン）する機能をもつ。こうした物質は体内の至る所に存在する。

副腎皮質刺激ホルモン放出ホルモンは、分子進化やシグナル伝達の背後にある原則のようなものを教えてくれる。それは哺乳類でよく保存されている。霊長類、げっ歯類、肉食動物、ウマなどでこのホルモンは同一である。ウシでは、アミノ酸で数個の違いがあるが、これは、多くの環境で草原が出現した後期始新世〔約五五〇〇万〜三五〇〇万年前〕から初期中新世にかけて起こった、反芻動物の急速な適応放散を反映していると思われる。

副腎皮質刺激ホルモン放出ホルモンは、脊椎動物に普遍的に存在している。鳥類や両生類、魚類にはそのオーソログが確認されていて、代謝に関してさまざまな役割を果たす。残基の九〜二一は、これまでに塩基配列が解読されたすべての副腎皮質刺激ホルモン放出ホルモンのオーソログに関して相同である。また、魚類と哺乳類の副腎皮質刺激ホルモン放出ホルモンは七五％以上の相同性を示す。このように副腎皮質刺激ホルモン放出ホルモンは、構造や機能が、五〇〇〇万年以上も前に分岐した系統にも、きわめてよく保存されている情報分子の例を提供する。

同時にこの分子は、哺乳類中に、遺伝子重複によって生じた三つの類似遺伝子、ウロコルチン群遺伝子を生み出した。両生類では、皮膚に存在するペプチド（サウバジン）はウロコルチン分子と共通の分子に由来している。魚類では、ウロテンシンⅠというペプチドが、脊椎動物共通の祖先分子に由来することがわかっている。サウバジンとウロテンシンⅠは、哺乳類の副腎皮質刺激ホルモン放出ホルモンよ

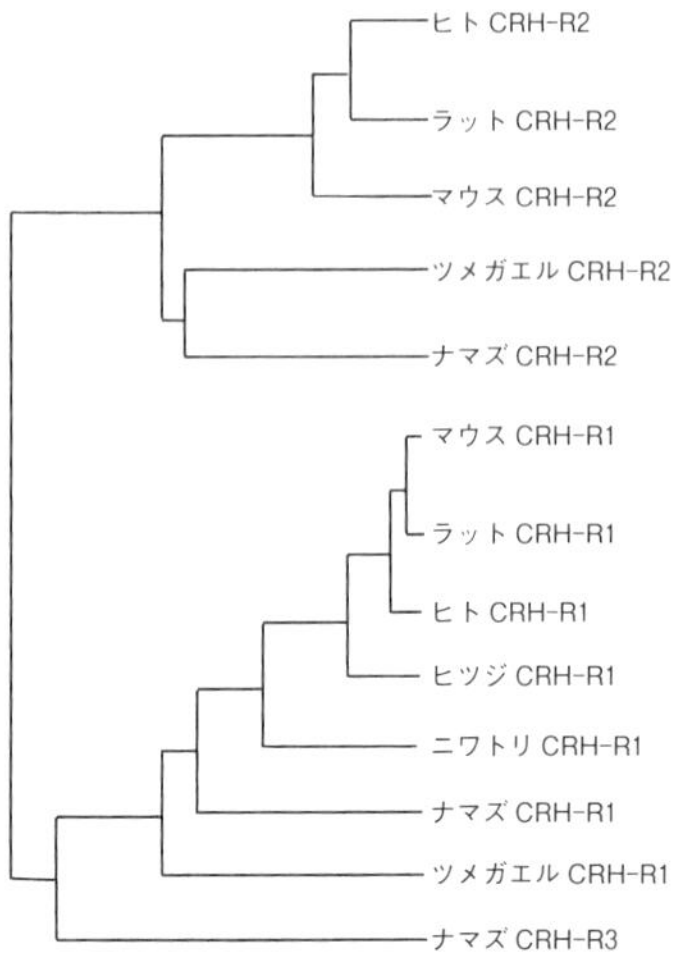

ヒト CRH-R2
ラット CRH-R2
マウス CRH-R2
ツメガエル CRH-R2
ナマズ CRH-R2
マウス CRH-R1
ラット CRH-R1
ヒト CRH-R1
ヒツジ CRH-R1
ニワトリ CRH-R1
ナマズ CRH-R1
ツメガエル CRH-R1
ナマズ CRH-R3

（図7－1）CRH 受容体の系統樹．出典 Aria et al., 2001（一部改変）．

り、ウロコルチンとサウバジンとウロテンシンIは、たがいにオーソログであり、副腎皮質刺激ホルモン放出ホルモンとはパラログであるという推測が成り立つ。さらにいえばそこから、副腎皮質刺激ホルモン放出ホルモンからウロコルチンが分岐した時期は脊椎動物から哺乳類が分岐した以前のことと推測できるのである。

受容体の比較は、この仮説を支持する（図7－1）。副腎皮質刺激ホルモン放出ホルモンI型受容体は通常、副腎皮質刺激ホルモン放出ホルモンと関連し、Ⅱ型受容体はウロコルチンと高い親和性を有している。受容体は哺乳類以外にも、魚類、両生類、鳥類で確認されている。すなわち、古い副腎皮質刺激ホルモン放出ホルモン群は、現存の脊椎動物の共通祖先にも存在していたと推測できるのである。Ⅲ型受容体は、ナマズから分離された。しかしこの受容体は、ナマズのI型受容体とはかなり異なっている。そのため、以下のような可能性は低い。（1）Ⅲ型受容体が魚類に特異的であること、（2）Ⅲ型受容体が、魚類と四足獣の共通祖先中にも存在していたが、四足獣の場合、適応放散の過程で喪失したという仮説、（3）Ⅲ型受容体が哺乳類、鳥類、両生類にも存在すること。

こうした種においては、副腎皮質刺激ホルモン放出ホルモン結合タンパク質も発見されており、よく保存されている。これまでに遺伝子配列を読むことのできた脊椎動物の結合タンパク質は、一〇のシステイン残基と五つの連続するジスルフィド結合を有している。興味深いことにこの結合タンパク質は、ミツバチやマラリアを媒介する蚊やショウジョウバエといった昆虫にも発見されている。昆虫の副腎皮質刺激ホルモン放出ホルモン結合タンパク質は、脊椎動物のそれと遺伝子レベルで二三〜二九％の相同性を有しており、八つのシステイン残基を残している。

ミツバチにおけるこの結合タンパク質オーソログの存在は、脊椎動物におけるこのホルモンのシグナル伝達系が、昆虫と脊椎動物が分岐する以前から存在していたことを示唆する。昆虫の利尿ホルモンⅠは、副腎皮質刺激ホルモン放出ホルモンと共通の祖先に由来すると推測されているが、それは構造や解剖学的位置、機能に基づいた推測である。

副腎皮質刺激ホルモン放出ホルモンは進化の原則を反映している。情報伝達の機能的制約のため構造は高度に保存されているが、同時に、何億年も前の遺伝子重複によって生じた重複遺伝子を用いることによって、実質的な多様性を達成している。

この膨大な時間のなかで、一群の副腎皮質刺激ホルモン放出ホルモンファミリーは、情報伝達系に関して新たな機能を加え続けてきたように見える。哺乳類では、副腎皮質刺激ホルモン放出ホルモンの情報伝達系は、調査可能だったすべての組織（皮膚、心臓、胃、消化管）に広く分布していることが確認されている。霊長類は、これに加えてこのホルモンを胎盤で合成し、妊娠を維持し、胎児の発達を調整するという新たな機能を進化させた。これもまた、進化の特質である。解剖学的であれ、分子学的であれ、多様な機能を発揮するために既存の構造を取り込むということである。

ホルモンと内分泌腺

身体は、それぞれ特徴的な機能を有する多くの異なる器官からなる。こうした器官の働きは調節され、制御されている。生きた身体は部分と部分の総体以上のものである。中枢神経は身体器官の主要な調節制御器官である。神経を通して情報をやり取りすると同時に、ステロイドやペプチドといったホルモンをはじめとする化学伝達物質を通しても情報をやり取りする。内分泌腺は、内的、外的刺激に対応して、そうしたホルモンを合成し分泌する。いくつかの分泌腺（副腎や副甲状腺）は、主として内分泌機能を担っているように見える。しかし多くの器官は、ホルモンを合成分泌する内分泌機能と外分泌機能の両者を有している（表7－1 巻末）。内分泌腺に対する理解は、近年、大きく広がってきた（第9章参照）。

ステロイドホルモンは血液脳関門〔血液と脳の間の物質交換を制限する機構〕を越えるが、ペプチドホルモンは基本的には越えない。レプチンやインスリンといったある種のペプチドは、輸送機構を介して脳内に運ばれるが、その他のペプチドは血液脳関門の外側の脳（脳室周囲器官）でのみ働く。多くのペプチドが中枢と末梢の神経の両者で産生される。末梢で産生されるものはペプチドと呼ばれ、中枢で産生されるものは通常、神経ペプチドと呼ばれる（表7－2 巻末）。ペプチドと神経ペプチド、末梢で産生されるステロイドホルモンの間には相互作用がある。末梢ペプチドは、血液脳関門を越えるステロイドの分泌に影響を与え、ステロイドは神経ペプチドの合成と分泌に影響を与える。

神経ペプチドとペプチドは連携しながら相補的に働くことがある。たとえば塩分の喪失に対応して、末梢の内分泌腺は水分と塩分を貯蔵しようと働き、中枢神経は塩分を求める行動を引き起こす。両者は協調して働く。末梢と中枢には、異なるレニン－アンジオテンシン系が存在する。末梢のレニン－アンジオテンシン系は、塩分の保持と体内での再配分の機能を担い、中枢のレニン－アンジオテンシン系は、塩分希求行動を担当する。

消化を助ける内分泌腺

第2章では、ヒトの消化管について概説的な議論をした。本章では、ヒトの消化システムを一連の多様な器官の集まりとして、その機能や制御について論じていく。こうした働きは身体全体にも似ている。生物の体内では、多様な器官が調整のとれた作用をなすことで生存を可能にしている。そこで制御や調節の主役を担うのが脳である。

消化は、異なる機能を有する複数の部分からなる。それぞれの部分で、腸管内分泌細胞は、局所的に作用するペプチドや中枢に作用するペプチドを合成し分泌する。肝臓や胆のう、膵臓といった、消化に対し補助的に働く器官もペプチドを分泌する。こうしたペプチドの分泌は消化管からのペプチドの分泌に直接的、間接的に影響を与え、また消化管からのペプチド分泌によって影響を受ける。またしばしば、中枢神経によっても影響を受ける。

消化管の主要な機能は、消化されるべき物質を受け取り、消化し、吸収し、残余物を排出することにある。しかし消化管は一方で代謝や免疫にも関係している。食物を食べるということは、生存を担保するために外部物質を体内に取り入れることであるが、それは同時にホメオスタシスと免疫系に対する攻撃でもある。食べるということの逆説は、食べることはホメオスタシス維持に必要であると同時に、脅威ともなるということである（第10章参照）。消化管は内部環境を守るための鍵となる防御壁である。一方、生存を担保することはしばしば、難しいホメオスタシス状態を要求する。程度は許容範囲内でなくてはならない。

食物が消化管に入ると、食後のペプチド分泌が始まる。多くの腸管内分泌細胞は、舌の味覚受容体細胞と共通した性格を有している。たとえば、ヒト十二指腸のL細胞とマウス腸管のL細胞は、ともに甘味受容体を発現している。こうした消化管の味覚受容体は、腸管内分泌腺細胞が食物の栄養成分に対応してペプチドを分泌することを助ける。このような分泌が、腸管運動や胃酸、消化酵素の分泌、膵臓からの分泌を制御し、迷走神経を刺激する。一部は循環系に乗り、脳を含む他の器官に働く。たとえば砂糖と人工甘味料は、ブドウ糖吸収を増強するナトリウム依存性糖輸送体の発現を増加させる。食欲やインスリン分泌、腸管運動に影響を与えるグルカゴン様ペプチドの分泌は、こうした味覚受容体からの信号を通して制御される。こうしたペプチドの効果は栄養素の消化と吸収を向上させると同時に、摂食を終了させる生理的カスケードを始動させる。つまり、こうしたペプチドの多くは、食物摂取を減少させる方向に働くことになる。

脳腸ペプチド

脳と消化管は多くの脳腸ペプチドで結ばれている（表7-3　巻末）。こうしたペプチドの多くが、脳と腸の両方で産生されている。いくつかのペプチドの産生は腸管のみで行われているが、最終的には脳に運ばれ、そこで受容体と結合する。もっぱら求心性迷走神経に働きかけるものもある。

脳腸ペプチドには多様な機能があり、さまざまな器官に働きかける。腸管運動や分泌、末梢での代謝そして中枢にも影響を与え、摂食行動に変化を生じさせる。またそれは、生理、代謝、行動に対して多様な機能を発揮するように進化した古い情報分子でもある。たとえば胃で産生される腸ペプチドであるグレリンは、下垂体に働き成長ホルモンの分泌を促す。また、食欲を刺激する。これまで知られている腸ペプチドでそうした働きをもつのは、グレリンだけである。食欲刺激は、部分的には、弓状核内に存在する神経ペプチドYとアグーチ関連タンパクの発現増加によって引き起こされる。

生殖に関係する脳腸ペプチドもある。たとえばグレリンは、黄体ホルモンの分泌を抑制し、プロラクチンの分泌を促進する。YYペプチドや神経ペプチドYは膵臓ポリペプチドの一種である。神経ペプチドYの過剰分泌は、げっ歯類の動物モデルでは性腺機能低下と関連している。YYペプチドは神経ペプチドYの分泌を抑制し、生殖機能に影響を与える。よく考えてみると、摂食行為と生殖の間に関連があるというのは驚くべきことではない。

ウロコルチンや副腎皮質刺激ホルモン放出ホルモンも、脳腸ペプチドである。ウロコルチンは胃で発現している。ウロコルチンとコレシストキニンは協働して胃が空(から)になるのを遅らせ、食事による肥満化に抵抗性のあるマウスで摂食を抑制した。副腎皮質刺激ホルモン放出ホルモンやウロコルチン、副腎皮質刺激ホルモン放出ホルモンI型、II型受容体は直腸に発現している。外来性のウロコルチンや副腎皮質刺激ホルモン放出ホルモンは、摂食行為を抑制するとともに、直腸運動を促進する。脳内の副腎皮質刺激ホルモン放出ホルモン信号伝達系は、恐怖や悲しみと関係している。ウロコルチンと副腎皮質刺激ホルモン放出ホルモンの腸管機能への影響は、恐怖や悲しみが摂食行為を抑制し、また直腸運動を促進することと一致している。苦しみによる刺激は消化物を腸管から排出し、血流やエネルギーが消化のために用いられるのを抑制して、認識している脅威に対応するためにそれを脳や筋肉に優先的に配分する。

恐怖は適応的に消化管を空にさせる。

膵臓ポリペプチド

膵臓ポリペプチドは、複数の組織で多様な機能を進化させた情報分子の好例である。それは神経ペプチドY、ペプチドYY、膵臓ペプチドなどのパラログで構成されている。ペプチドYYは、ふたつの活動型とひとつの活性型開裂産物からなる。

これらのリガンドには、五つの受容体（Y1R、Y2R、Y4R、Y5R、Y6R）が存在する。Y3R受容体は、薬理学的考察から存在が示唆されているが、いまだ同定されていない。Y6受容体はヒトやブタでは機能をもたないように見えるし、ラットには存在しない。また、マウスとウサギでは異なる機能を発揮しているように見える。リガンドとの親和性は、受容体によって異なる。こうしたリガンドは基本的には異なる器官によって合成され分泌される。神経ペプチドYは脳で、ペプチドYYは腸管で、膵臓ペプチドは膵臓で合成され分泌される。

神経ペプチドYは強力な食欲促進効果をもつ分子である。そのメッセンジャーRNAは食物の欠乏に反応して弓状核で産生される。また、脳室への神経ペプチドYの注入は食物摂取を刺激し、魚類、爬虫類、鳥類、哺乳類といった動物で炭水化物摂取を高める。最近の研究は、神経ペプチドYに末梢作用があると同時に中枢作用があることを示している。

動物モデルでは、ペプチドYYや膵臓ペプチドは、作用する部位によって食欲増進効果と減退効果の両方をもつことがわかってきた。受容体の違いによって起こると考えられている。たとえば、ペプチド

ＹＹと膵臓ペプチドのどちらも、末梢に作用すれば食欲減退に働く。弓状核に投与しても同様である。おそらく、膵臓ペプチドはＹ４Ｒ受容体に、ペプチドＹＹはＹ２Ｒ受容体に作用することによってそうした効果を得ていると思われる。しかし、脳室内に投与すると食物摂取を増加させる。おそらく視床下部のＹＲ５受容体経由であろう。リガンドと受容体の関係は実に複雑かつ柔軟である。

膵臓ポリペプチドは、ひとつのリガンド・受容体の組み合わせから、遺伝子重複によって生じたと思われる。神経ペプチドＹとペプチドＹＹは最初の遺伝子重複の結果生じた可能性が高い。次いで、膵臓ペプチドがペプチドＹＹの重複によって生じた。魚類は膵臓ペプチドを欠損しているが、神経ペプチドＹとペプチドＹＹのオーソログを有している。ということは、膵臓ペプチドとペプチドＹＹの分岐は、四足獣が魚類から分岐した後に起こったと推測される。興味深いことに魚類は、ペプチドＹＹの遺伝子重複を利用して、第三のリガンドであるペプチドＹを発現している。このペプチドは、魚類においては神経ペプチドＹより、ペプチドＹＹに遺伝的には近いが、哺乳類の神経ペプチドＹとペプチドＹＹとは同距離にある。すなわち、膵臓ペプチドのオーソログとは考えにくい。四足獣と魚類が分岐した後、ペプチドＹＹ遺伝子の重複が、それぞれのなかで独立して起こった可能性が高いということになる。

Ｙ１、Ｙ２、Ｙ５といった受容体はヒトの第四染色体に存在している。ヒト、マウス、ブタの受容体解析の結果に基づけば、最初の遺伝子重複によってＹ１とＹ２が発生し、他の受容体（Ｙ４、Ｙ５、Ｙ６）は、Ｙ１の重複によって生じたと考えられる。一方、Ｙ４とＹ６受容体は、ヒトの第一〇と第五染色体にそれぞれ存在している。興味深いことに、ヒトとマウスとブタの間でＹ１、Ｙ２、Ｙ５受容体はよく保存されている。一方、Ｙ４、Ｙ６受容体はそれより有意に多様である。

レプチン物語

脳腸ペプチドの最後の例はレプチンである。レプチンは脂肪組織と関連を有しているが、腸ペプチドでもある。レプチンは胃から分泌される。著者たちが知る限り、消化管の他部位からは分泌されない。一方、腸管はレプチンに対する受容体（Ob－Rb）を発現しており、レプチンは腸管から検出される。また、組み換えレプチンは、胃のような酸性でペプチダーゼが豊富にある環境下では急速に分解される。胃細胞から分泌されるレプチンは、溶解性の短受容体（Ob－Re）と結合する。それによって、レプチンは酸やペプチダーゼによる分解から保護される。胃で放出されたレプチンは、腸管に存在する溶解性の短受容体を通して作用し、食欲や栄養素の吸収を制御する。

レプチンは、これまで調べられたすべての哺乳類に存在する。そうした動物のなかには、オーストラリアの肉食獣で有袋哺乳性動物であるスミントプシスもいる。スミントプシスを外群として扱えば、レプチンのアミノ酸配列に基づいた有胎盤哺乳動物の分子系統樹は、形態学的系統関係や化石を基にした系統樹とよく一致する。霊長類や肉食獣はそれぞれひとつのグループとして存在し、げっ歯類は別のグループを構成する。クジラはウシ目であり、シロイルカ（シロクジラ）はヒツジやウシ、ブタと同じグループを構成する。アミノ酸置換割合はこれまで調べられた哺乳類の系統間で違いは見られない。

レプチンの機能は何か。それは組織や生物の年齢、状況によって異なる。とくに、インスリンやグルココルチコイド、副腎皮質刺激ホルモン放出ホルモンといった情報分子の発現によってレプチンの機能は異なる。

脂肪は食欲あるいは食物摂取と、五〇年以上前から関係づけられている。レプチンはその関係を媒介する主要なもののひとつである。そのレプチンは脂肪組織で合成、分泌され、血流に乗って循環する。

動物のノックアウトモデルが開発される以前でさえ、注意深い選択的飼育によって、ある種の遺伝子発現が正常でないげっ歯類を生み出すことはできた。肥満のモデルマウスは五〇年以上前に生み出されていたし、それは、食物摂取に重要な未知のホルモンが存在すること、そうした物質の欠乏が肥満を引き起こすことを示唆した。レプチンの存在は、ふたつの異なる肥満モデルマウスからレプチンが分離され、解析される以前から予想されていたのである。ともに肥満になる、二種類の遺伝子欠損マウスの存在が知られていた。二匹のマウスの血管が縫合され血流が混合する双体結合実験が行われた。一種類の遺伝子欠損マウスと正常マウスを双体結合させると、遺伝子欠損マウスは食物摂取量を減じ、体重が減少した。一方、二種類の遺伝子欠損マウスを双体結合させると、一方は体重を減らしたが、もう一方の体重に変化は見られなかった。この結果から、コールマン[*1]は一方のマウスはペプチドを、もう一方のマウスはそのペプチドに対する受容体を欠損していると推測した。

一九九〇年代初頭、この未知のペプチドが、脂肪組織から分泌される分子量一六キロダルトンのタンパク質であることが同定された。ギリシャ語の「レプト＝痩せた」からレプチンと命名された。すぐに受容体が同定され、視床下部腹側や弓状核に存在することもわかった。レプチンは食欲と、おそらくエネルギー代謝を通して体重を制御すると考えられており、受容体（少なくとも五つのアイソフォームを有する）を通じて作用する。最も長い受容体であるレプチン受容体Bは、これまで知られているすべての信号伝達経路を活性化できる。レプチン受容体Bは、食欲と食に関する快楽に重要な役割を担っている視床下部で高度に発現している。長い受容体が開裂した、短く可溶性の受容体も存在する。それらは、結合タンパク質、担体タンパク質あるいはその両者として機能する。

レプチン受容体欠損マウスも肥満をきたす。レプチン投与はレプチン欠損マウスには体重減少をもたらすが、レプチン受容体欠損マウスには効果がない。レプチンは血液脳関門を通過する。レプチンの中枢投与は食物摂取を減少させる。こうした食欲減退効果についてはいくつかの仮説が提案されている。そのうちのひとつに、レプチンは食の快楽認知に影響を与えるというものがある。たとえばレプチンは、脂肪組織の総計を一定範囲に保つ「リポスタット」の一部として機能するというのである。そうした機能は、脂肪組織の量に反応して食欲を制御することによって達成される。メディアは、減量を成功させる「魔法の解決策」が見つかったと、大きな興奮を巻き起こした。

生物学はしかし、それほど単純でない。レプチンを欠損していない肥満マウスにレプチンを投与しても、食欲が低下したり、体重が減少したりはしない。進化的視点から考えれば、ヒトや他の動物が過去に肥満だった経験は少ない。過剰な脂肪組織が原因の高レプチン濃度が、しばしば見られたとは考えにくい。それよりは、食物欠乏による脂肪の減少からレプチン濃度は低かったというシナリオの方が考えやすい。レプチンは末梢の脂肪蓄積量を中枢神経系へ伝える指標として機能しているのかもしれない。しかしそれは、肥満状態への反応として食物摂取を減少させる信号としてよりむしろ、低いエネルギー蓄積の指標として進化したと考える方が妥当である。

血中レプチン量は、単に体脂肪量に比例しているわけではなく、調節されてもいる。飢餓後に低下し、食物再摂取によって正常値に戻る。変化は脂肪量の変化とは無関係で、ヒトやげっ歯類では、睡眠中にレプチンの濃度が高くなる日内変動も見られる。

ある種の生理的状況は、レプチン抵抗性と関係している。レプチン抵抗性とは食欲や食物摂取低下を伴わない高血中レプチン濃度である。妊娠と肥満は示唆的例である。妊娠や肥満から生じる食欲減退に対する抵抗性は異なるメカニズムから生じる。レプチンは胎盤でも産生される。妊娠中の母体の過剰な血中レプチン濃度は、胎盤から産生されたレプチンによる部分が多い。妊娠中には、可溶性で短いレプチン受容体も多く発現する。したがって、妊娠中にレプチン量が増加したとしても、多くは可溶性で短形のレプチン受容体と結合し、不活化されている可能性が高い。妊娠中のレプチンは、したがって、食欲を減退させない。妊娠は食欲不振ではなく、過食状態に結びつく。

肥満もまた、レプチン抵抗性状態と考えられる。大量の脂肪組織は大量のレプチンを放出する。しかしこの大量のレプチンが食欲を減ずるようには見えない。血中レプチン濃度がある閾値を超えると、レプチンの食欲減退効果は見られなくなる。ひとつの可能性として、血液脳関門における活発なレプチン輸送がある。末梢血中におけるレプチン濃度がある程度以上になると、この機構が飽和し、レプチン濃度が上昇してももはや中枢神経系へのレプチンの輸送は増えなくなる。このことは、中枢作用や行動におけるレプチンの機能は、肥満などにおける高濃度レプチンではなく低濃度レプチンと関係があるというもうひとつの証拠である。

レプチンは食物摂取と脂肪組織のホメオスタシス維持にのみ働くわけではない。レプチンは、生殖に必要な最小限の脂肪蓄積信号として機能している可能性もある。実際レプチンは、生殖において重要な役割を果たしている。レプチン欠損肥満マウスは、オス、メスともに生殖能を欠く。レプチンを投与すると生殖能が回復する。レプチンの生殖能への影響は思春期の開始、男女の不妊、卵胞形成とも関係している。マウスにレプチンを投与すると、早期に性的に成熟する。血中レプチンは、思春期の少年において一時的に上昇する。レプチンは胎盤、臍帯に発現している。レプチン受容体は胎児の組織に広く分布し、胎児の発達に深く関わっている。精子もレプチンを分泌する。レプチンは脂肪のホメオスタシスを越えて多くの機能をもつ可能性が高い。

ニワトリ・レプチンの興味深い例

レプチンは古い分子である。副腎皮質刺激ホルモン放出ホルモンと同じくらい古い。レプチンのオーソログは鳥類でも、魚類でも、爬虫類でも、両生類でも見つかる。レプチンとその受容体はニワトリや七面鳥といった家禽にも見られ、同定されている。ニワトリと七面鳥のレプチンは遺伝子配列が同じである。哺乳類との相同性は八〇%を超える。ニワトリのレプチンは、マウスやラットのレプチンとの相同性が約九五%である。こうした進化的には遠いふたつの系統の生物間におけるレプチンの高い相同性は、収斂進化あるいは平行進化の故である可能性が高い。

哺乳類と同様に、ニワトリのレプチンも脂肪と強い関連を有している。脂肪組織でもレプチンは合成され放出されるが、ニワトリでのレプチンの主要な合成場は肝臓である。ニワトリでは肝臓は脂肪形成に関わっている。脂肪は鳥類のエネルギー代謝に重要な役割を演じている。肝臓はコイでも主要なレプチン合成場所となっている。レプチンの肝臓での発現は、哺乳類ではすでに失われてしまったが、古い生物に共通の特徴だったのかもしれない。

レプチンは、ニワトリでは別の方法で、哺乳類の場合と同じように作用する。ニワトリのレプチン濃度は食後に増加し、空腹によって減少する。レプチンの投与は食物摂取を減少させる。レプチンを投与された若いニワトリは性的に早期成熟する。レプチンはニワトリの卵巣にも強い影響を与える。生殖の際の栄養にも関係する。脂肪とレプチンとメスの生殖との間には、古い関係が存在するとも推測される。

レプチンの栄養機能

レプチンは生物のライフサイクルによって異なる機能を発揮する。胎児や新生児におけるレプチン機能は成人とは異なる。若い動物には、レプチンは成長を促すホルモンとして働く。たとえばレプチン受容体は、八週以降のヒト胎児では、食道から直腸に至る消化管に発現している。レプチンも同様に消化管に発現しているが、そのメッセンジャーＲＮＡは一一週に入らないと検出されない。羊水はかなりの濃度のレプチンを含むが、そうしたレプチンはおそらく胎盤由来である。胎児が羊水を飲み込み始めるのはこの頃である。したがって、メッセンジャーＲＮＡが検出される前のこの時期のレプチンは、飲み込んだ羊水に由来しているのかもしれない。こうしたデータは、レプチンが受容体を介して消化管の成長や成熟に関与している可能性を示唆する。

母乳もレプチンを含む。新生児においては、レプチン受容体は消化管にも発現する。消化管の成熟は一歳までは完成しないが、レプチンは誕生時から成人時以降も重要な役割を果たす。ところが、レプチン欠損マウスに消化管発達障害が見られることはない。消化管成熟には複数の補完的機構が存在するのかもしれないし、あるいはレプチンの役割は必須というわけではないのかもしれない。

レプチンは他の種においても栄養に関する特性を発揮する。レプチンのオーソログが南アフリカツメガエルで詳細に調べられた。レプチンの機能は、変態の段階によって異なっていた。レプチンは変態後のカエルの食欲、あるいは変態後期の食欲を制御しているように見えた。変態初期のオタマジャクシの食欲には影響を与えないが、後ろ脚や足の指の発達を早めることにより、変態速度には影響を与える。

レプチンはげっ歯類の新生児の脳において栄養に関する行動にも関わっているらしい。興味深いことに、ラットやマウスの新生児の食欲には影響を与えない。レプチン欠損マウスは生後二カ月間、身体の大きさや脂肪量において野生型マウスとの間に違いは見られないが、その後、その脂肪量は過剰な食欲のため急激に増加する。血中レプチン濃度は、げっ歯類において、生後一〜二週間で急激に上昇する。この時期は脳の発達時期に一致しており、弓状核は、視床下部他核とのネットワークを形成する。ネットワークの形成はレプチンによって刺激される。レプチン欠損マウスでは、弓状核と弓状核以外の視床下部の他の核とのネットワーク形成が上手くいかない。

つまり、レプチンの機能は組織で異なるだけでなく年齢によっても異なり、動物の発達に関わっている。発達期にレプチンが働く組織は、成人してからもレプチンが働く組織となる。消化管、視床下部、生殖腺は、そうしたレプチンの標的組織である。ただしレプチンの効果の性質は、小児期の発達状況によって異なる。

魔法の弾丸か鉛の散弾か

レプチン欠損がげっ歯類に肥満を引き起こすことが示されたとき、人類は食欲を制御する戦いに勝つ魔法の弾丸を発見したと考え、期待と熱気が充満した。同時に懐疑もあった。過去にも同じような期待と熱気に包まれた分子がありながら、そうした分子が期待に応えることはなかったからだ。確かにレプチンの解析は、ヒトの食欲と肥満に関する病理生理学的理解を増大させた。しかし、肥満した人のうち、レプチン欠損が確認できた人の数は多くはない。大半の肥満者の血中レプチン濃度は高く、受容体の欠損もない。肥満はしばしば、レプチン抵抗性を示すと考えられているが、仮説の域を出ない。レプチンの生物学は、低レプチン濃度は高濃度より進化的にはよく見られるという仮説を支持する。レプチンの信号伝達系は、低濃度（すなわち、脂肪組織量が少ない、あるいは食物摂取が少ないか、ない状況）により適応しているように見える。たとえば、血液から血液脳関門を越えて輸送されるレプチン量が肥満時の血中レプチン量で飽和するという事実は、レプチンによる摂食行動の調節が高濃度では作用しないことを示唆する。

レプチンは、食物が欠乏している状態により適応しているのかもしれない。低レプチン濃度は、動物に摂食行動を積極的に促すと同時に、食物の重要性を増加させる。動物は多くの選択に直面するが、そのすべてを選択することは通常できない。そこに優先順位が設けられる。低レプチン濃度は、摂食行動に相対的に高い優先順位を与えるのかもしれない。もちろん、食物が溢れ、それを入手するコストが低くなっている現代的環境では、こうしたトレード・オフの重要性は相対的に減少しているに違いない。ヒトは、読書やドライブをするといった他の行動をしながらでさえ、食物を食べることができるようになった。

まとめ

代謝と生理は複雑で多面的な現象である。各身体器官の間の調整は必要であり、これは根源的な概念でもある。器官間における会話は、神経と信号伝達物質を介して行われる。腸と脳の連携は摂食行動の理解に重要である。

種が進化するように、分子や生理経路も進化する。信号伝達系の組み合わせは、代謝を調整し制御するために機能する。情報分子によって作り出される驚くほど多様な機能は、さまざまな組織で異なる機能を発揮する強力な分子の存在に負うところが多い。多くの原始的分子が遺伝子複製によって生成され、信号伝達系分子とその伝達経路に関係する「ファミリー」を形成する。情報分子はさまざまな組織において多様な機能を果たしており、その効果は他の信号伝達系分子との複雑な交差によって決まる。

第8章　食欲と飽満

ヒトは食べ、栄養を得る。「ヒトは食べる」というとき、何をどのくらい、どのような頻度で食べるかには多くの要因が関連するが、食べることで栄養が補給されることだけは確かである。

生物には、その生物に特異的な栄養欲求性がある。要求する栄養素が乏しい環境下では、そうした栄養素の摂取を強化するように進化する。最も一般的には、空腹は動物が食物を摂取する動機となり、渇きは水を飲む動機となる。塩に対する欲求は多くの生物について詳細に記録されてきた。塩が欠乏すると腎臓のレニン - アンジオテンシン系が刺激され、水と塩を貯留するように働きかける。また、アルドステロンという副腎皮質ホルモンの放出が促される。アルドステロンは血液脳関門を越え、中枢のアンジオテンシン系を活性化し、それが水と塩の摂取を促す。これは、塩に対する味覚を変える。その結果、塩辛い食べ物や飲み物が欲しくなる。

塩に対する欲求は、摂食生物学における重要な諸概念のひとつであり、中枢（脳）と末梢（この場合は腎臓）の協働の例である。生理と行動が同調し、動機と行動が必要性に一致する。ひとつのペプチド（この場合アンジオテンシンである）が、末梢と中枢で補完的に働くという例でもある。情報分子の数は膨大であるが、それでも有限である。生物の複雑さからすれば、少ないとさえいえる。そうした分子は、多様な環境下にある多様な組織でさまざまな機能を果たす。それが生命の複雑さを担保する。

栄養素に対して特定の欲求が存在するという考え方は興味深い。しかし塩に対するものを除けば、証明は必ずしも容易ではない。カルシウム欠乏はカルシウムに対する欲求を生む。しかしそれはカルシウムに対するより、塩分に対する欲求として表れる。別の例としてはチアミン欠乏もある。チアミンを欠く餌で飼育されたラットは、選択肢が与えられれば、チアミン補充食物を躊躇なく選ぶ。ラットにはチアミンを感知する能力は備わっていない。ラットの行動はむしろ、チアミンを欠く餌で体調が悪くなり、別の新規の餌を食べたら回復したという経験知によるものらしい。恣意的に付けられた味であっても、チアミン欠乏ラットはチアミン欠乏食の味を覚えてこれを避け、チアミン補充食の味を好むようになる。味を入れ替えると、しばらくの間ラットは味によってチアミン欠乏食を選び続けるが、そのうちまた学習し、チアミン欠乏食を避けるようになる。

動物の食物選択は幅広い戦略によって支えられている。種によっても、栄養素によっても異なる。時間は重要な要素である。カルシウムに関する物語がしばしば正確さを欠く理由は、カルシウムの貯蔵（おもに骨で）が必要量に比較して大きいということで部分的には説明できる。短期間のカルシウム欠乏の影響は、塩や水の欠乏に比較して重症度が低い。カルシウム欠乏に対する急性反応は、貯蔵からの動員となる。カルシウム欠乏は慢性になって初めて、摂食行動に変化を及ぼす。

ヒトにおける空腹感は、塩や水の欠乏とカルシウム欠乏の中間くらいの時間単位で起こる。塩や水の欠乏に対するほど急激ではないが、カルシウム欠乏ほど遅くもない。ヒトは相対的に大型の動物である。比較的大容量のエネルギーを蓄積できる。その一方で、エネルギーが不足したときには、生理的、行動上の反応が引き起こされる。一晩寝ている間に引き起こされる空腹感は、長時間にわたる激しい身体活動で起こる空腹感とも、長期間の食糧不足による飢餓とも異なる。

食物摂取の調節を考えるには、いくつかの時間軸がある。最も短いのは、食事の開始と終了時の調節である。そこには生理的もしくはホルモンによるシグナル伝達の関与が認められる。具体的には消化管や迷走神経、脳といった器官が関与する。

食物摂取は調節される。ヒトが消化できる能力以上の食物を食べることは稀である。食べることには多様な動機が存在するため、食物摂取に関する研究は多様にならざるをえない。栄養摂取は「食べる」ことの中心にある。しかし唯一の動機というわけではない。食べることの快楽的側面も忘れてはならない。それはある種の中毒に似てなくもない。動物の摂食行動はまた、不愉快などのストレス環境によっても影響される。環境は摂食の行為そのものや嗜好までを変える。ヒトにおける摂食障害の多くは、精神的ストレスと関係していることもよく知られた事実である。

満腹感、飽満、食欲

食物摂取の調節は、食欲と満腹感という対立する（もしくは相補的な）概念に基づいている。そうした概念が、食べる期間、頻度、量、種類を規定する。腸と脳がこうした過程を制御する。脳と腸の相互作用は食物消化が始まる前から始まる。視覚、匂い、あるいは期待でさえ、腸が食物を受け取り消化する準備をする。あるいは他器官による栄養の吸収代謝の引き金を引く（第９章参照）。

満腹感と飽満は異なる。満腹感は短期間の「食べる」という行為を調節する。動物は満腹になると食べるのを止める。飽満は食べる頻度を調節する。満腹は食事を終えることに関係し、飽満は食事の回数や食事と食事の間隔の調節に関係する。

コレシストキニン（ＣＣＫ）は最初に同定された満腹ペプチドであり、小腸と脳で産生される。その受容体はふたつ存在する。一型受容体は主として腸に発現し、二型受容体は脳に発現する。コレシストキニンを末梢投与すると、投与量に応じて食事量が減少する。コレシストキニンの食欲減退効果は強力で速やかである。しかし活性は短時間で、投与後三〇分しか持続しない。たとえばアカゲザルにこれを静脈注射すると、食物摂取量の減少が見られる（図８－１）。しかし一五分後には元に戻る。アカゲザルの三時間の食物摂取量は、コレシストキニン投与群と非投与群とで異なるが、その差は最初の一五分間で生じたものである（図８－１）。

コレシストキニンは満腹感を生むが、それは飽満を意味しない。別な言葉でいえば、それは「食べる」という行為を中止させるが、食事の頻度や一日の合計食物摂取量にはほとんど影響を与えないということになる。事実、日常的にコレシストキニンを投与されたラットは、少量の食事を何回にも分けてとり、合計の摂取量は非投与ラットと変わらない。一型受容体を欠損したラットでは、一度の食事時間が長く、大量の食物を消費するといった行動が見られる。一方、食事の回数は減少した。差し引きの結果として、一日の食物摂取量の増大と肥満が見られた。コレシストキニンの投与は必ずしも体重減少を引き起こすことはないが、その欠乏は肥満を引き起こす。肥満に関するこうした非対称性はしばしば経験される。

満腹感をもたらす脳腸ペプチドは多く存在する。そのうちいくつかは、代謝基質に対して特異的である。たとえば糖タンパク質であるアポリポプロテインＡ－Ⅳは、脂質の吸収に対応して腸から分泌される。それは視床下部弓状核でも合成される。これを投与すると食物摂取量は低下する。食欲不振をもた

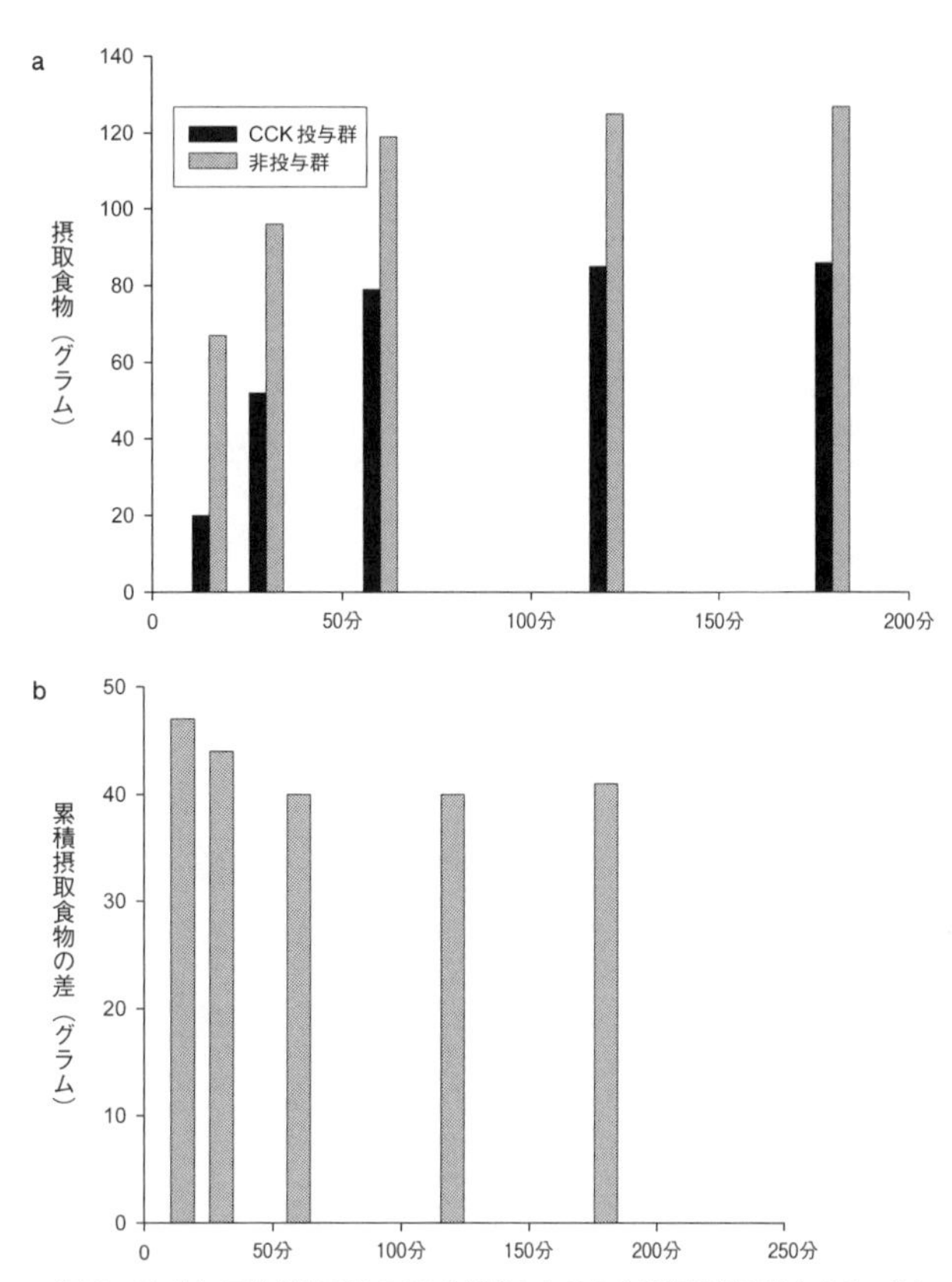

（図 8 - 1）（a）アカゲザルは CCK を静注されると食物摂取量が減少する．（b）食物摂取量は最初の15分の違いが大きい．出典 Gibbs and Smith, 1977.

らす腸ペプチドであるペプチドＹＹは、摂取カロリーに比例して分泌される。反応の強さは、第一に脂質に対してであり、次いで炭水化物、最後にタンパク質といった順になっている。

現在、食欲を増進する脳腸ペプチドとして唯一知られているのは、グレリンである。グレリンは最初、げっ歯類の胃上皮細胞から分離された。それはげっ歯類の食物摂取量を増大させ、脂質代謝を変えることによって脂肪の増加を誘導した。食物摂取に与える影響は、脳内で神経ペプチドＹ神経を活性化させることによって仲介される。

グレリンは胃と近位小腸の粘膜細胞で産生され分泌される。消化管の運動を高め、インスリン分泌を抑制し、多くの動物で食物摂取を増加させる。グレリン分泌は絶食によって増強され、食物摂取によって抑制される。グレリンの血中レベルは食事前に上昇する。摂食前のグレリン分泌の上昇は、摂食行動を促すための脳相反応もしくは先行反応として機能しているように思われる（脳相に関しては10章で議論する）。

グレリンが脳で産生されているか否かについてはよくわかっていない。げっ歯類の脳では、細胞免疫染色でグレリンはほとんど検出されてこなかった。しかしグレリンをノックアウトしたマウスの脳と野生マウスの脳との比較では、わずかながらグレリンの痕跡が検出されたという報告がある。これは、脳で少量のグレリンが産生されているか、血液脳関門を越えてグレリンが脳に輸送されている可能性を示唆する。興味深いことに、グレリンをノックアウトしたマウスは、そうでないマウスに比較して、摂食やその他の行動に違いは見られない。グレリン欠損マウスは、体外から投与されるグレリンに対して、通常のマウスと同じ反応を示す。このことは、ノックアウトマウスでもグレリンの信号伝達が正常であることを意味する。摂食行動を制御する回路は複数存在する。グレリンは摂食行動に強い影響を与えるにもかかわらず、正常の食物摂取や成長に対しては必須ではないようだ。概日変動に同期した食事への期待が、グレリン欠損マウスで損なわれるか否かを検証する実験は、著者たちの知る限り行われていない。

グレリンには、アシル化されたものとアシル化されてないものがある。アシル化されたものでは、中鎖脂肪酸は三番目のアミノ酸残基であるセリンに結合し（図8－2）、食欲中枢は活発になる。一方、非アシル化グレリンは、心血管系への作用を含む末梢で働く。ただしその機序はよくわかっていない。

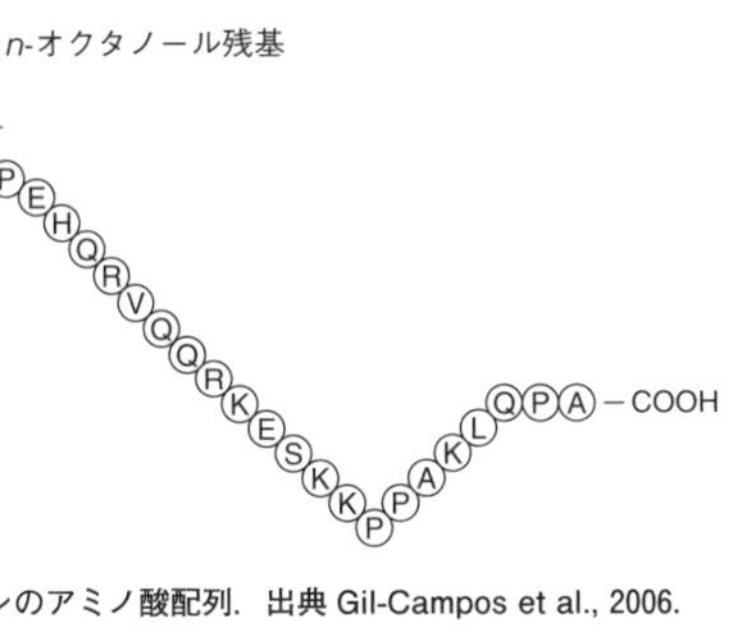

（図8－2）グレリンのアミノ酸配列．出典 Gil-Campos et al., 2006.

食欲を制御する信号

食欲を制御し、食べることへの動機を左右する回路は複数存在する。そうした回路は異なる時間軸で機能する。身体の大きさは、そうした回路の重要な制御因子となりうる。小型動物は頻繁に食べなければならない。脂肪やグリコーゲンとして貯蔵できるエネルギー量が小さいからである。大型動物はより長い間空腹に耐えることができ、短期的な食物へのニーズに対処する際により多くの選択肢をもちうる。そのことが示唆するのは、大型の動物は長期的な信号を用いるようなエネルギー調節についてより多くの機構を発達させただろう、ということである。肥満も脂肪も、そうした長期的な調節に関わる。

ラットは小型動物である。空腹後の摂食行動は、肝臓の貯蔵エネルギーに影響されているという研究結果がある。二四時間の絶食後、早朝にラットに食物が自由に与えられた。通常、ラットがあまり食事をしない時間帯である。しかし、絶食後のラットの摂食量は増加した。通常ラットにくらべて大幅に減少していた肝臓のグリコーゲン貯蔵量は、急速に正常に戻り、さらには通常のラットの貯蔵量を超えた。一方、絶食ラットにおける肝臓アデノシン三リン酸（ＡＴＰ）の貯蔵量は、もう少し長く正常値以下のままであった。摂食行動は、肝臓のアデノシン三リン酸やグリコーゲン量を反映していた。それらが低下している状態では摂食行動は増強され、回復するにつれ食事量は減少していった。

レプチンは摂食行動に強力な影響を与える。その濃度は通常、脂肪組織の総計を反映する。例外もある。たとえば非常に痩せた人では、血中レプチン濃度は脂肪量に比例しない。野生のヒヒにおけるレプチン分泌量も低い傾向にあり、体重よりむしろ年齢に関係している。もちろん、野生のヒヒは捕獲されたヒヒより痩せていることが多い。低いレプチン濃度は体重以外にも影響されているように見える。ひとつの可能性として、血中レプチン濃度が、合計の脂肪組織量に加えて脂肪組織への脂肪酸の流入量を反映しているというものがある。絶食状態に置かれた動物では、血中レプチン濃度は脂肪組織の総量から予想されるよりかなり低くなる。同様に、摂食後のレプチン濃度は総脂肪組織量から予想される濃度を超えて上昇する。

脳、食欲、そして満腹ということ

食べるという行為は意図的行動である。単純だが重要な概念に、一度にできることは限られており、選択しなくてはならないということがある。それに従えば、食べるという行為は、他の行為を選択しなかったことを意味する。行為には常に競合する動機が存在し、それに対する解決が求められる。つまり空腹や満腹は、食べることが相対的に他の動機を上回るか否かに影響を与えることになる。食べるということは、他の動機に対して相対的なものであり、他の行為が優先される場合もある。

中枢神経は行動を調整し、優先づけを行う器官であり、ハエからヒトまですべての種において摂食行動に関係している。ハエの伝達システムは単純である。ハエは食物の上に降り立つや否や、食べ始める。ハエにとって食べるということは、食物を見つけたことに対する興奮性の反射なのかもしれない。一方、ハエは胃が満たされると、抑制的信号が伝達され摂食が止まる。こうした抑制反応が消化管からの感覚神経が遮断されることで阻害されると、ハエは胃が破裂しても食べ続け、やがて死ぬことになる。哺乳類や他の脊椎動物はもう少し複雑なシステムを有している。空腹と満腹のもつ意味が、ハエと哺乳類では異なる。

空腹と満腹は、末梢器官と多くの神経系部位からの刺激の総体が関わる、複雑な知覚である（図８－３）。重要な末梢器官としては、口から胃、腸を経て肛門へ至る消化管、膵臓、肝臓、筋肉、脂肪組織が挙げられる。脳では、脳幹から皮質に至るまですべての組織が動員される。そこには確かに、摂食行動に関して鍵となる領域が存在する。脳幹の傍小脳脚核や視床下部の弓状核、前頭前野皮質などである。しかし一方で、摂食行動には脳全体が影響を与えている。直接的な塩分欲求行動でさえ、脳幹や大脳辺縁系に広く分布する神経が関わっている。哺乳類の摂食行動は、複雑で統合されたネットワークで制御されている。

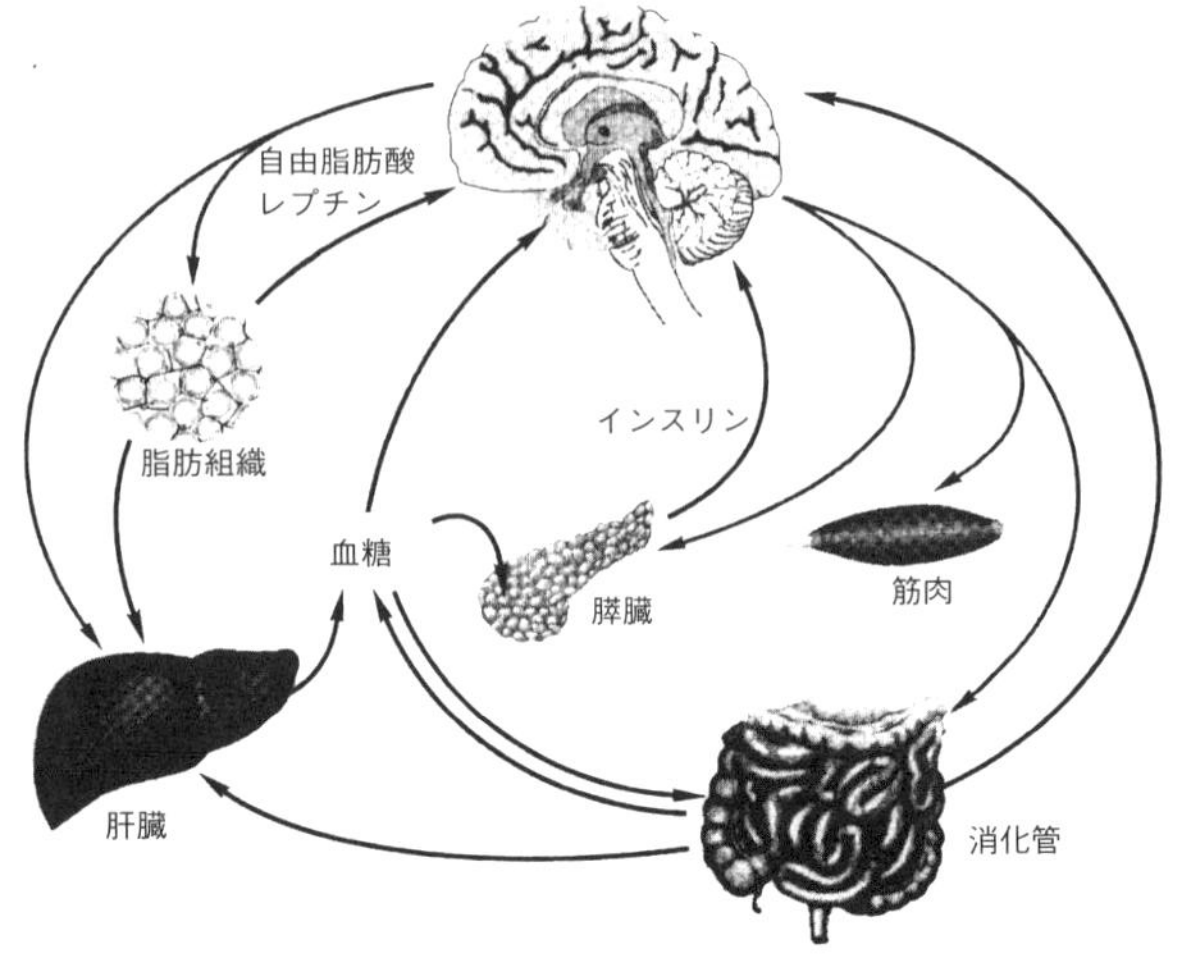

（図 8－3）生理と行動は，調節を通して協調的に働く．脳と末梢組織は，古い，保存された情報分子を介して相互に情報をやり取りする．

食に関する情報は複数の経路を介して脳に伝えられる。末梢器官からの情報は、少なくとも四つの経路を通じて脳に伝えられる。第一は直接的な神経伝達によって。第二は血液脳関門を通過するステロイドホルモンを介して。第三は、受動的に血液脳関門を通過することはできないが飽和可能で制御された分子輸送システムを通じて能動的に輸送されるペプチドホルモンや他の分子を介して。そして第四は脳室を介してである。脳室は血液脳関門の外にあるので、末梢器官からの信号をペプチドの分泌や神経インパルスを介して受け取ることができるし、血中に循環している代謝産物にも反応できる。脳室は末梢からの信号に反応し、行動や生理を制御する。

　これまでの研究結果が支持する仮説に、尾側脳幹ネットワークは、終脳への刺激がなくとも正常な摂食行動を制御することができるというものがある。ただし正常な摂食行動そのものではなく、そのような様相をなす行動の制御である場合もある。研究は、除脳ラットがさまざまな味覚物質の経口投与に適切な反応、すなわち、甘味に対しては正の快楽反応を示し、苦みに対して負の快楽反応を示すことを示した。ショ糖換算で計算した食事量は、正常ラットと除脳ラットの間で大きな違いは見られなかった。コレシストキニンを投与すると、どちらのラットでも同じように食事量が減った。一方で、除脳ラットが完全に正常な消化反応を示すことはなかった。除脳ラットは必要量に応じた摂取制御ができなかったのである。除脳ラットはまた、経験知から特定の味覚を嫌悪することもなかった。除脳ラットにおける摂食行動の制御は、当然のことながら不十分だった。正常な摂食行動には完全な脳が必要とされるということである。

脳幹の孤束核は、舌や腸からの求心性信号を統合する。情報は脳幹を通った後、海馬へと伝えられる。弓状核と室傍核は、食物摂取に関して重要な領域となっている。弓状核内のふたつの異なる種類の神経細胞は、摂食行動の制御に関して相反する重要な役割を果たす。つまり神経ペプチドYに関連する神経細胞が摂食を刺激し、プロオピオメラノコルチンに関連する神経細胞が摂食を抑制するのである。神経ペプチドY関連神経細胞は、神経ペプチドYやアグーチ関連タンパクを発現している。どちらのペプチドも食欲を増進し、ラットの中枢神経への投与は食欲亢進と結果としての肥満をもたらした。これらの神経細胞はまた、グレリン受容体を発現している。グレリンの食欲増進機能の一部はこの受容体を介した刺激によってもたらされていると考えられている。レプチンは、神経ペプチドY関連神経細胞を抑制し、プロオピオメラノコルチン関連神経細胞を刺激する。その結果、摂食行動は抑制される。興味深いことに、インスリンも、これら二種類の神経細胞に対しレプチンと同じように作用し、摂食行動を抑制しているようである。レプチンとインスリンは、細胞外経路のいくつかを同じように活性化しているように見える。

成人マウスとは対照的に、新生児マウスに投与されたレプチンは摂食を制限しない。少なくとも生後

二、三週間はそうである。これはレプチン欠損マウスも、その期間は正常マウスと体格や脂肪量に差が見られないことと一致する。その差は、生後数週間を経て徐々に生じる。レプチン受容体は新生児ラットの視床下部に発現しており、レプチンを末梢投与すると、弓状核内における神経ペプチドYやプロオピオメラノコルチンの発現を変える。すなわちレプチンの信号伝達は正常のように見える。一方、弓状核から視床下部他核への信号伝達は、誕生直後にはまだ成熟していない。この時期のラットやマウスではレプチンの分泌量が増加する。レプチンは視床下部における食欲制御の発達に重要な役割を演じている。

視床下部や弓状核と同様、脳の他の部位も食欲制御に重要である。たとえばレプチン受容体は脳全体（脳幹部を含む）に発現している。味覚刺激は脳幹から孤束核、傍小脳脚核へ至り、傍小脳脚核でふたつに分枝する。ひとつは扁桃体や分界条床核へ至り、もうひとつは視床を経由して味覚野へと至る。摂食は複雑な行動である。末梢と中枢の協調と相互作用の結果として行動がある（図8－3）。摂食に関連する神経回路は脳全体に広がっている。

そこには大脳皮質も含まれる。ヒトは何をいつ食べるか、あるいは食べないかを決める。視床下部は摂食行動の制御ではなく、動機づけをするにすぎない。肥満女性では、食事の際の前頭前皮質左背外側の活性が、非肥満女性に比較して低い。前頭前皮質の役割のひとつが、行動（とくに、すでに適切でなくなった行動）の抑制である。前頭前皮質は意思決定、とくに、食欲増進を引き起こす領域の抑制に重要だと考えられている。ヒトに液体食を与えた研究では、前頭前皮質や視床下部の活性化と、摂食を終了させる腸ペプチド（グルカゴン様ペプチドI）の血中濃度の上昇との間に関連があることがわかった。

まとめると、おもに脳幹尾部、視床下部、皮質といった領域が摂食の制御に関係しているということである。摂食行動はすべてのレベルでコードされ、ある種の階層のなかでそれが制御される。イギリスの神経学者ジョン・ヒューリングス・ジャクソン（一八三五〜一九一一）は、脳病変を有する患者の観察から、ほとんどの精神心理学的反応には脳の階層が関与すると結論づけた。たとえば、笑う能力には脳幹内運動神経の機能が必要となる。その障害は筋肉の麻痺を引き起こし、結果として笑いの消失をもたらす。一方、その場合でも、笑いたい、あるいはここでは笑うことが適切だといった判断は残る。ヒューリングス・ジャクソンの患者で見られた運動野特異的障害では、自分から笑おうとしても、顔面片側でそれが不可能であったが、そうした患者でも冗談に対しては顔面両側で笑うことができた。感情を司る下位終脳領域や、筋肉の動きを司る脳幹部が正常に機能していたからである。失われたのは運動野が支配する自発的な動きだった。機能はあらゆるレベルでコードされている。しかしそこには階層が存在し、終脳は脳幹部の機能を支配しているのである。

こうした階層は絶対ではない。大脳新皮質が脳の他領域をすべてにおいて支配するわけではない。強い感情反応は、自発的制御を凌駕する。事実、脳の各階層は半自立的であることが知られている。動作や行動の多くは、大脳皮質からの最小限の関与で起こすことができる。たとえば、皮質はいつ物を食べるかということを決定する際に重要であるが、一度食物が口のなかに入ると、それを咀嚼し飲み込むことに関して、脳幹は皮質の支配を受けることはない。そして、脳幹から終脳に信号が送られ、それによって神経系の機能が方向づけられる。たとえば、食物から得られる味覚や歯ごたえといった信号を受け取った終脳が、脳幹へ指示を出して咀嚼や嚥下を中止させ、さらにそれを吐き出させることもある。

終脳内の階層はさらに複雑である。終脳内の神経回路の構造には単純な上下関係はなく、複雑な連結とフィードバックからなる循環機構となっている。脳のさまざまな領域が相互に作用しながら、行動を引き起こす。加えて、末梢から放出されるステロイドやペプチドホルモンといった情報分子が、脳幹からの信号の介在があってもなくても、終脳に直接働きうる。単純な上下関係に基づく支配関係は、摂食行動には無縁である。

摂食行動を制御する神経回路は脳全体に分布している。信号は脳幹部から大脳辺縁系、皮質へと伝えられる。これらの神経回路は古くから存在し、ほとんどの哺乳類に見られる。こうした知見の多くはラットの実験から得られたものであるが、他の哺乳類にも適用できる。

ヒトと他の哺乳類のおそらく最も重要な違いは、大きな大脳皮質をもっていることである。ヒトの摂食行動のユニークさを調べたいと思うのであれば、そこから始めるとよい。

大脳皮質は行動を抑制する働きをすると考えられてきた。大脳辺縁系は感情や動機に関係し、脳幹は不随意運動や大脳と末梢の信号を仲介伝達する。もちろん脳は全体として機能するので、これは大まかな図式である。

ヒトの摂食行動の過去と現在を考えてみよう。過去には、外部要因が食物の入手可能性を規定していた。一方、現在では食物の入手可能性自体は、ほとんど制約要因とはならない。年中無休の店やレストランもある。食物の貯蔵技術も進んだ。それでも摂食行動を制御する要因はあるが、それはもっぱら内部から発せられる。ヒトはいつ食事をするかを自分で決める。空腹は大きな動機となるが、食事の時間を意識的に遅らせることはできる。食べることには社会的側面もある。栄養学的側面と同じくらい重要である。さらにいえば、空腹であったとしても、仕事や他の用務の関係で食べることができない場合もあるだろう。あるいは空腹でなくても食べることも。たとえば、友人や同僚との食事などがそれに相当するかもしれない。ヒトはいつ食べるかを自ら決定しているのである。

代謝モデル

末梢の生理機能は摂食行動に影響を与えるし、また摂食行動によっても影響を受ける。消化管や肝臓、脂肪組織、内分泌器官は、摂食行動を制御する信号の送受信をしている。

代謝という言葉はさまざまな文脈で使用される。本書の文脈でいえば、代謝とは「それによって生命維持のためのエネルギーを提供し、新しい物質を同化する、細胞における化学的変化」ということになる。この定義に含まれる諸概念、つまりエネルギーの提供、生命維持、同化は、それぞれ別の代謝経路、器官システム、生理状況を反映している。代謝は多くの信号（シグナル）によって制御されている。そのうちいくつかの信号は代謝自身が作り出している。代謝信号は、代謝の副産物であり、また最終産物でもある。

エネルギー代謝は本書の主要な論点である。とはいえ、エネルギー代謝が、摂食に関する生物学全般や易肥満性の代謝的側面のすべてを説明するわけではない。一方で最終的には、肥満は過剰なエネルギー貯蓄の結果でもある。そこではエネルギー代謝が大きな役割を演じている。エネルギーは、炭水化物、脂肪、タンパク質といった代謝燃料が生み出す。

複数の代謝燃料（炭水化物、脂肪、タンパク質）の酸化量を使い分ける代謝の柔軟性には、個人差がある。この個人差がエネルギーバランスの概念理解や、食欲を制御する脂肪定常説の概念を複雑にしている。食物からのエネルギーが、代謝上の要求があるにもかかわらず代謝されるのではなく蓄積されるとどうなるだろうか。これは過剰な食物摂取ということになるのだろうか。次の項では、研究者が測定した食物や摂食に関する数値が、身体が要求するものを反映しない、という考えに検討を加えていくことにしよう。

代謝と肥満

ラットでは、高脂肪食による体重増加に個体差がある。この個体差（どのラットが体重増加しやすく、どのラットがしにくいか）を理解するために、代謝のさまざまな側面が研究された。ジとフリードマン[*1]は、脂肪酸化能力の低いラットが高脂肪食を食べると、体重が容易に増加することを示した（図8-4a、b）。

これは代謝基質理論の正しさを示している。それによると、高脂肪食を食べると、脂肪酸化能力の高いラットは体内の器官、とくに肝臓に十分量のエネルギーを供給できるが、脂肪酸化能力の低いラットは脂肪をエネルギーに転換できず、脂肪をそのまま脂肪組織に蓄える。代謝燃料仮説によれば、肝臓からのある種の情報が脳に伝えられ、それによって代謝の燃料不足を脳が感知する。脂肪酸化能力が低いことによって、酸化可能な燃料が少ないと脳が感知するのである。そうした状況下では、さらなる摂食行動が誘発される。酸化される代わりに蓄積された脂肪はさらなる摂食行動を引き起こし、それがエネルギー摂取の総量を増加させ、過剰な脂肪蓄積を生む。悪循環である。

このモデルには、肥満や体重増加に関していくつかの重要な点が含まれる。ひとつは、身体は使用可能なエネルギー量の増減や、エネルギーの供給源（炭水化物、脂肪、タンパク質）が何かを大まかに感知する能力はあるが、特定のアデノシン三リン酸（ATP）がどのエネルギーに由来するのか、そのAT

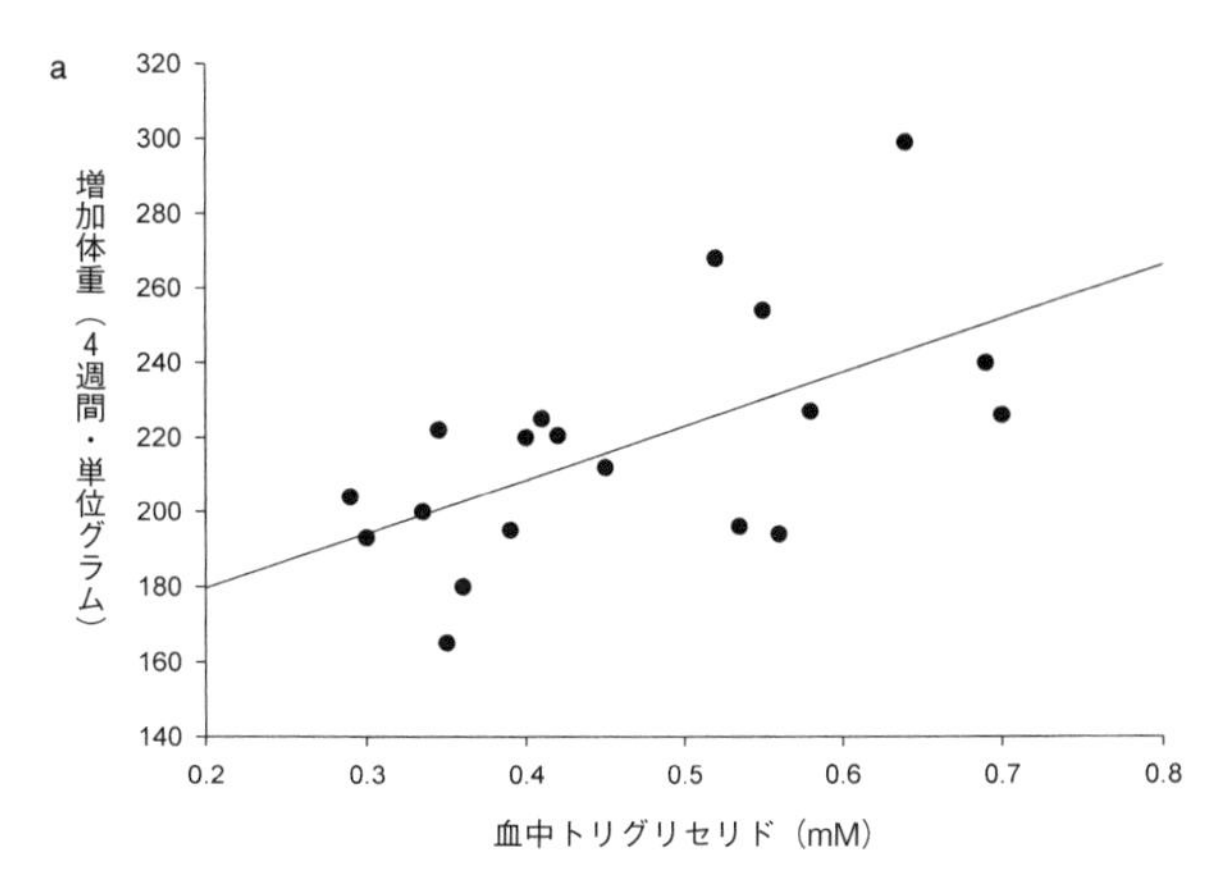

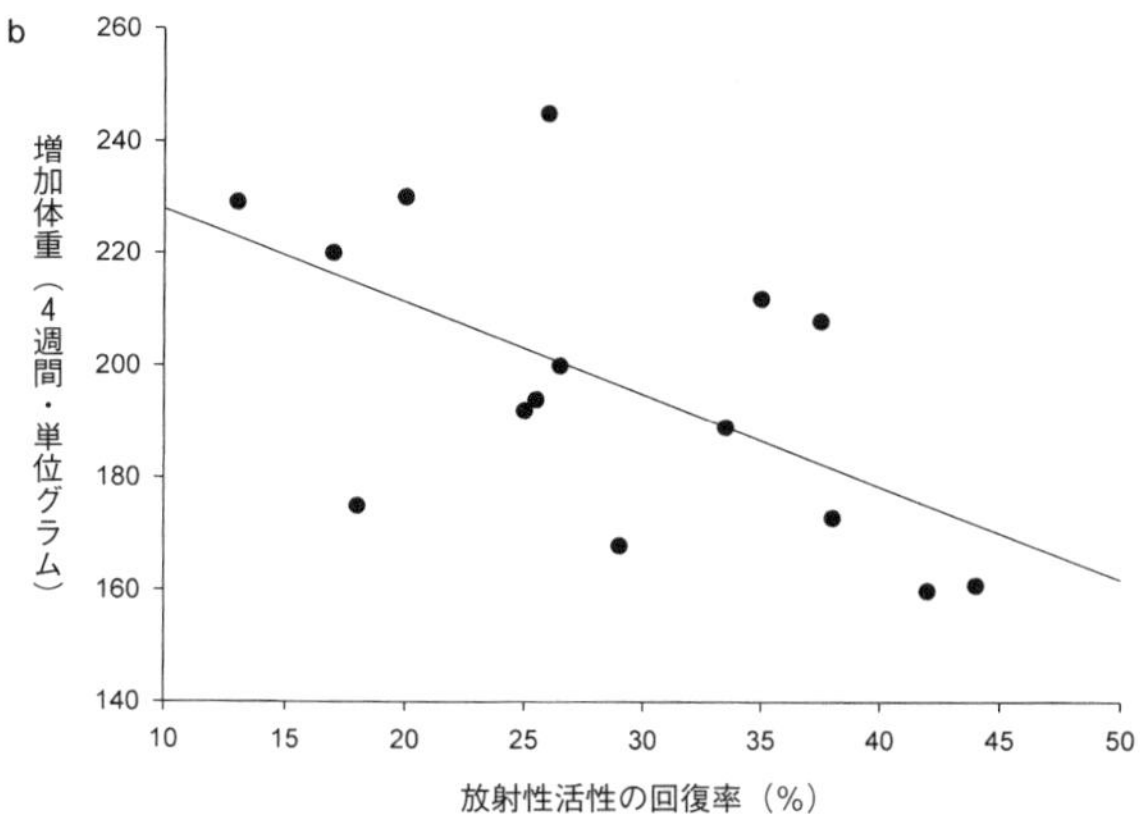

（図8－4）（a）ラットは18時間絶食状態に置かれた．高カロリー食を与えられた場合，絶食時トリグリセリドは4週間にわたって体重増加と正の相関を示した．（b）放射性ラベルをしたパルチミン酸を与えられたラットの CO_2 放射活性の回復率と高カロリー食下の4週間にわたる体重増加の間には，負の相関が見られた．これは脂肪酸化能力の低いラットはより体重増加しやすいことを示唆する．出典 Ji and Friedman, 2003.

Pが体内から動員されたエネルギーによるものか、消化した食物からもたらされたものかを区別する能力はないということである。実際、食物が豊富な状況下では、エネルギーは体内から動員するのではなく、消化した食物から得るほうに傾斜するという進化上の議論が成り立つ。体内に蓄えられたエネルギーは後で使用されるかもしれないが、短期的には食欲やエネルギー代謝への影響ははっきりしない。

別の研究では、ラットの肥満が別の角度から検討された。注目されたのは脂肪組織で産生されるレプチンだった。結果は、高脂肪食によって肥満になりやすいラットは、摂食に対するレプチン産生反応が高いことが示された。この現象は一見、通常の理解に反するように思える。というのも、外来性レプチンの投与は通常、食欲を抑制するからである。なぜ、レプチンを多く産生しているにもかかわらず食欲が増すのだろうか。肥満しやすいラットは、確かに摂食量が増えていた。

答えは、脂肪組織からのレプチン分泌がどのように制御されているかにあるのかもしれない。レプチンは一般的には脂肪組織の総量を反映する。その際のレプチンとは安定状態での血中濃度を指す。一方、血中レプチン濃度は概日変動と食事によっても影響される。一般的には夜遅くに高く、朝、起床直後に低い。食事もレプチンの血中濃度に影響を与える。急激な空腹は血中レプチン濃度を急速に低下させる。その結果、体内のレプチン量は脂肪総量から予測されるレプチン量を大きく下回る。こうした所見を説明する仮説として、脂肪組織におけるレプチンの合成と分泌は、部分的には、脂肪の異化と同化（体内の脂肪が貯蓄されている状態にあるのか、あるいは動員されている状態にあるのか）によって制御されるというものがある。体内脂肪の異化反応（消費）はレプチンの分泌低下をもたらし、同化反応（貯蓄）はレプチンの分泌増加をもたらすのである。

肥満しやすいラットとしにくいラットの比較でも、結果は一致している。前者は脂肪酸化能力が低く、高脂肪食に対するレプチンの反応性が高い。ここから導き出される結果は、脂肪酸化能力の低いラットの場合、消化した脂肪の大半は消費されることなく体内に蓄積されるということである。それが脂肪組織からのレプチン分泌を誘導し、高い血中レプチン濃度をもたらす。こう考えれば、肥満しやすいラットの背景には、脂肪酸化能力の低さがあるということになる。

さらにいえばこれは、前述のような肥満発症メカニズムにおいて、レプチンは食欲制御の中心物質ではないということを意味するのかもしれない。ただし、摂食に対するレプチンの反応が非常に高いラットにおいては、空腹時の血中レプチン濃度が大幅に下がることが考えられる。脂肪酸化能力の低さは、一方で空腹時の高トリグリセリド濃度を引き起こす（肥満しやすいラットで見られる）。空腹時に組織から放出される脂肪も、低い能力によってしか酸化されないからである。とすれば、炭水化物かタンパク質の代謝で補われない限り、アデノシン三リン酸の産生能は低いままということになる。いずれにしても、組織からの脂肪放出を促す信号が増強されるとレプチン分泌が低下し、その後食物にありつくと、過剰な食欲が引き起こされる。一方でこうした研究の結果は、アデノシン三リン酸の産生と関連して、食欲亢進や体重増加をもたらす他の代謝経路が存在することを疑わせる。

代謝の柔軟性は、ヒトの肥満しやすさを考える際に重要な要素である。脂肪と糖の酸化能力には個人差があって、多様であることもわかってきた。男女でも脂肪酸化能は異なる（第12章参照）。また人種や民族でも異なるように見える（第13章参照）。

まとめ

摂食は制御されている。物理的に食べることのできる量以上の食物を食べる動物は、ヒトを含めて多くない。動物は、何をいつ、どれくらい食べるかを決めている。

摂食は複雑な行動である。それは末梢器官と脳の間の相互作用の結果と見ることができる。摂食行動に関連する重要な神経回路は脳全体に広がっている。信号は神経やホルモンを介して伝達される。ホルモンは血液脳関門を越えるか、脳室、あるいは迷走神経を介することによって脳に伝達される。

脳には階層が存在する。機能は脳のあらゆるレベルにコードされている。皮質は辺縁系システムや脳幹を支配することもできる。こうした階層性は完全ではなく、脳は全体として働く。ある部分が他の部分を常に支配するといった構造を脳はとらない。一方で肥大した大脳皮質はヒトの摂食行動を柔軟なものにする。ヒトは、末梢や脳の他の部位からくる食欲や満腹信号を無視することもでき、それによって空腹であっても食べるのを控えたり、また空腹でないときでも食べるという行為を行ったりする。

最後になるが、代謝信号は内分泌信号と同様に、摂食行動に重要な役割を果たす。基本的には、摂食は生命維持に必要なエネルギー需要を満たす行為である。脂肪酸化能力の低さは、ラットでは摂食がもたらす肥満の危険因子である。糖と脂肪の間で酸化のスイッチを切り替える能力に関して、ヒトは多様性を有している。こうした代謝における柔軟性が逆に、現代の西洋的食事に由来する現代の肥満の原因となっている可能性も否定できない。

第9章　食べるための準備を整える

食べることは複雑な身体的協調を必要とする。食べるという行為を行うとき、ヒトがそうしたことをいちいち考えているわけではない。しかし科学者の目で「食べるという行為」を考える際には、それが非常に複雑な過程であることを理解する必要がある。食べるという行為はまた間欠的でもある。ヒトは常に食べているわけでも、また、常に食べることについて考えているわけでもない。

しかし、ある時間以上食べるという行為から離れると、キッチンから漂ってくる魅惑的な匂いに身体が反応する。身体の生理機能が、食物を受け入れる準備を始めるのである。椅子から立ち上がり、キッチンへ行き、いつ食事ができるかと確かめる。その過程で、ヒトの身体は代謝を変え、摂食に対する準備を整える。こうした期待反応は、一九世紀後半にパブロフによって最初に発見された。

パブロフ再検討

一九〇四年、イワン・ペトローヴィッチ・パブロフは消化生理に関する研究でノーベル生理学・医学賞を授賞した。授賞理由は、腸と中枢が消化過程で協働することを示したことにあった。唾液や胃酸などの分泌は、脳からの信号によって刺激を受けているというのである。脳腸ペプチドの相次ぐ発見以前にすでに、中枢神経と末梢の摂食生理の関連というコンセプトが提唱されていた。パブロフの発見を理解するうえでは、「工場」という概念が重要である。研究者は、ある課題について知りたいと思うとき、関連するが完全に同じではないさまざまな実験を行う。その過程で技術や資源が共有される。パブロフは生理学研究を行うための「工場」を建設した（図9－1）。さらにパブロフは消化管を、生命維持に必要な栄養素を獲得するために動く複雑な化学工場であると考えた（パブロフに関する詳しい評伝は、ダニエル・トードによる『パブロフの生理工場』*Pavlov's Physiology Factory*（未邦訳）参照）。

パブロフが研究を開始した頃、研究者の間では、中枢神経が消化液の分泌を促すか否かについて議論が行われていた。当時の生理学者たちの共通認識は、中枢神経は消化に関与しないというものだった。パブロフはそれに異を唱えた。「工場」における一連の実験を通して、パブロフは脳と腸の関連を示していった。それは今日「脳相反応」として知られる。

本章では、摂食における脳相反応の役割について論じ、その機能、適応における価値、選択圧に焦点を当てていく。それらがヒトの進化にも影響を与えたと考えるからである。

脳相反応

ヒトは食物を食べる。栄養を必要とするからである。一方で、栄養素は必須だが、多くは高濃度で有害となる。栄養素以外にも、食物には良いもの、悪いものを含むさまざまな要素がある。消化管の機能は、食物を安全かつ効果的に栄養素に変えることにある。

脳相反応は、食物と摂食に関する予期（期待）的、生理的調節を意味する言葉である。それは、生物が食物を摂取、消化、吸収、代謝する際に働く、中枢神経が生み出す合図のようなものである。期待は生物が食物を栄養素に変える効率を向上させ、一定時間内に消化できる食物の量が増える。それはヒトの進化の歴史のなかで利点として働いてきた。しかし、現代ではそれが肥満に対する脆弱性となりうる。単糖を多く含む食物など、ある種の食物については、ヒトの消化吸収効率は良すぎるのかもしれない。

（図 9－1）サンクトペテルブルクにあったパブロフの研究所の動物飼育場．

近年の研究結果は、摂食を終了させる生理反応にも脳相が存在することを示唆する。つまり、食物をひとかじりする時点までに、あるいはそれ以前から、食事の量や時間に影響を与える生理反応はすでに始まっているのである。

パブロフが最初に用いたのは、消化と分泌における心因作用を強調する「心因性分泌」という言葉だった。脳相反応という言葉への変更は、心因性分泌という言葉がもつ神秘主義的傾向から距離を置き、脳相には、分泌とは無関係な反応（たとえば胃の運動や熱発生）もあるという事実を示すためだった。

パブロフは最初、膵臓と胃の分泌に関する研究を行った。最初の成果は、迷走神経と膵液分泌の関係を示したことだった。胃液分泌の脳相反応を示すまでには、もう少し時間が必要だった。彼の研究チームは、外科的処置を施したイヌ（パブロフが開発した）を実験に用いた。迷走神経が正常である限り、イヌは食べ物を見て、もしくは口にして数分以内に胃液を分泌した。迷走神経を切断すると、こうした反応は消失した。反応には、脳が関わっていたのである。

パブロフの名前は多くの人にとって、唾液とイヌに関係して記憶されていることだろう。しかしパブロフにとって、唾液の分泌は胃や腸からの分泌と同じ、消化管からの分泌のひとつにすぎなかった。彼は唾液分泌が摂取する食物によって変わることをイヌで示した。たとえば、乾燥食はより多くの唾液分泌を促した。パブロフはまた、唾液分泌が期待やそれに関連づけられた合図によっても起こることを示した。ベルの音はそうした合図のひとつだった。これは有名な研究となった。

パブロフは、こうした刺激に対する反応を「条件反射」と名づけた。分泌は食べることへの期待によって促された条件反射である。彼は、消化液の分泌は、摂食そのもので起こると同時に期待によっても起こることを示した。生命に必要な栄養素を獲得し利用するために、腸と脳は緊密に協働していることを示したのである。

脳相反応の一般的な概念は、発見以来変化はない。それをインスリンの脳相反応として再発見したのはポーレイ[*1]だった。機能面では、脳相反応とは消化管が食物を消化し、栄養素を吸収するために整える準備である。パブロフの時代から変わったことといえば、脳相と考えられる分泌や反応のリストが長くなったことだろう（表9-1 巻末）。脳相反応は、物理的な運動（腸管運動）、分泌（消化酵素、ペプチドホルモン）、代謝（熱産生）に分けることができる。そうした反応は、消化や代謝、行動に影響を与える。近年の研究は、脳相反応は食物の消化、吸収、代謝を助けるだけでなく、内分泌への刺激を通じて、食欲や満腹感にも影響を与えることが示唆されている。脳相反応は、食事の開始と終わりに影響を与えている可能性が高いのである。

制御生理における期待反応の重要性

動物は予期（期待）する。行動や生理、代謝は単に反応的であるだけではない。感覚は外部環境に関連する情報を中枢へと運ぶ。中枢神経は、こうした情報を知識（経験）や本能、社会状況、栄養状態といったもののなかで解釈していく。そこに脅威はあるだろうか。あるいはチャンスは、という具合に。中枢神経は、予期されることに応じて生物にその準備をさせる。そのために末梢器官にメッセージを送り、生理的カスケードを発動する。それによって動物は、対応が必要になる以前から自らの状況を変える。

こうした予期的な期待反応は周辺環境への応答として起こることもあるし、また体内時計など、内的なリズムに則った対応として起こることもある。コルチゾールやレプチン、グレリンといったホルモンの分泌には概日変動がある。その変動によって、さまざまな時点において最適の生理状況が実現される。ムーア＝イード[*2]は生理のこうした予期的変化を示す言葉として予期的ホメオスタシスという言葉を考えた。期待反応は中枢における生理調節と、生理と行動の相互作用に関連している。他の著者らは、生理、期待的生理反応、生理と行動の相互作用などの中枢性の協調が、古典的ホメオスタシスの概念において軽視されていることを強調した。そこで提唱されたのが、アロスタシスの概念――変化することで内的生存能力を維持するプロセス――である。シュルキンによって提供されたアロスタシスの例は、変化に対応して末梢生理を制御するホルモンは、脳の動機づけの変化にも介入し、動物が変化に対応する行動を誘導するというものであった。摂食は、末梢の生理と中枢の相互作用、さらに行動と生理が生命力維持のために協同するという理解の典型例なのである。

アロスタシスあるいはアロスタティックロードの概念は、肥満が健康に与える影響の理解にも応用可能である。肥満とは過剰な脂肪組織を意味する。脂肪組織は代謝的にも内分泌的にも活性である。肥満が健康に与える影響の多くは、正常な生理反応の過剰発現によって引き起こされている。

摂食における期待反応の重要性

ヒトは「食事」によって食物を摂取する。食べているときと食べていないときが明確に区別できる。その結果、食物はヒトの体内に間欠的に取り込まれる。多くの動物もそうであるが、そうでない動物もいる。ウシのような反芻動物は、常に何らかの食物で反芻胃を満たしている。消化管が空になることはなく、栄養素は常に血流へと運ばれる。ヒト以外の霊長類は、「食事」をする代わりに、あれこれとつまみ食いすることが多い。野生界においてヒト以外の霊長類は、内部的あるいは外部的制約によって食べることが制限されることが多い。小さな新世界サルであるゴールデンライオンタマリンは、起きている間中、何かを食べている。しかし果実をたくさん実らせた木を見つけると、しばらく食べた後に食べることをやめ、社会的行動を行うこともある。ただしその時間は二、三〇分で、その後また食べ始める。摂食は、消化管から果物の種が排出された後に再開される（著者マイケル・M・パワーの観察結果）。果物が豊富な状況下では、ゴールデンライオンタマリンの果物摂取量は消化能力を上回ることもありうる。そうなると、食べるのをやめざるをえないだろう。

こんにち、ヒトはめったにそうした状況に直面しない。遠い過去には、食物を腹いっぱいに詰め込むことがヒトにとっても適応戦略だった時代もあったが、ヒトは満腹だからといって食事に手をつけないことはあまりない。あるいは、社会的に決められた時間までは食事をとらない。

こうした摂食パターンは、ヒトの進化史のかなりの部分を占める。それは消化能力を超えた摂食への単純な反応以上のものを、つまり協力して食料を集め、それを分け合うという協力的適応の側面を反映している。食事には、栄養上の価値と同時に社会的意義があるということである。食事自体が、進化の行動的適応の結果なのかもしれないとさえ思う。

食事をとる以上、私たちの内部環境は厳密には恒常的ではない。栄養欠乏（食事と食事の合間）に引き続く栄養過多（食中、食直後）といった変化に対応するために、消化管や他の器官（肝臓、腎臓、脂肪組織など）も絶えず変化している。栄養素は継続的に貯蔵庫に流入し、またそこから流出している。食事とは、内部環境の混乱をもたらすものなのである（第10章参照）。摂食を通して消化管から血液中に間欠的に流れ込む栄養素は、代謝され、適切な場所に運ばれ、貯蔵されなければならない。時間をおいて消化管の大半がからになったとき、栄養素は、今度は貯蔵庫から血流へ再放出される。栄養素の吸収、貯蔵、動員を司る分泌反応は一日のなかでも常に変化し続けている。

こうした変化には時間がかかる。脳相がそうした変化への対応を準備する。それによって動物は、食物を消化し、消化された栄養素の吸収、代謝、貯蔵を効率的に行う。また、血液酸性度や電解質の変化といった、栄養素の流入によって起こるホメオスタシスの変化に身体が対応することを容易にするのである。

脳相はときに、摂食と無関係に消化あるいは代謝に関連する分泌を引き起こす。獲物に逃げられたときや、その他の要因で摂食が妨害された場合などである。それでも期待反応の利点は、分泌液の喪失をはるかに上回るとされる。

脳相反応の証拠

脳相に関する文献は、パブロフ以来膨大な量に上っている。脳相反応はヒト以外の哺乳類にも広く見られる。脳相反応の多くは共通だが、一部は食物の風味などによって異なる。たとえば甘味に対する脳相反応は、苦味や高脂肪の食物へのそれとは異なる。食物による感覚刺激は脳相の消化反応を刺激し、唾液や胃酸、膵液の分泌を増やす。プラスチックのタッパーに入った食物を目にすることでさえ、ヒトに胃酸の分泌を引き起こす。そこに匂いや味覚の記憶が加わると、分泌はさらに増加する。

ヒトやイヌ、ラットでは、提供された食物への嗜好性と脳相による唾液、胃液の分泌は正の相関関係にあることは何度も証明されてきた。したがって、食欲は消化と代謝に直接影響する。

脳相反応は見せかけの摂食によっても起こる。見せかけの摂食とは、ヒトにおいては、嚥下をともなわない食物の咀嚼などが相当する。動物モデルでは、消化管に瘻孔(ろうこう)を設けると、モデル動物は咀嚼と嚥下はできるが、瘻孔より下部に食物は届かない。パブロフは食道に瘻孔をもつ動物を実験に用いた。食物に関する情報は口と舌からに限られる。パブロフはこの動物モデルを用いて、見せかけの摂食によって刺激された胃酸の分泌が、食物を見ることによって刺激された胃酸の分泌を上回ることを示した。多くの実験では、胃瘻の動物モデルが好まれた。胃からの刺激を考慮したいと考えたからに他ならない。どちらの場合においても、栄養素の吸収によって引き起こされる代謝の変化は、あったとしても非常に小さかった。

見せかけの摂食は多くの変化を引き起こす。それはイヌやラット、ヒトで胃酸分泌を増加させた。膵臓からのペプチド分泌も増加させ、血中インスリンや膵臓ポリペプチドの予期的増加をもたらした（図9-2a、b）。

パブロフはイヌの胃に直接食物を届けた場合、消化が不十分となることを示した。一方その際にでも、見せかけの摂食を行わせると、消化が亢進することを示した。胃瘻の処置をされた患者は、実際の食事の前に少量の食事を味わう（嚥下はしない）と、状況が良くなる。一八〇〇年代あるいは一九〇〇年代初期の臨床医はすでにそのことを知っていた。食欲は改善し体重は維持される。食道から漏れ出たとしても、咀嚼した食物を飲み込みたいといった患者もいた。こうした観察は、消化における脳の重要性を再認識させる。

脳相反応と反射的反応の違いを見る方法として、消化直後に起こる生理変化を見るという方法がある。たとえば食後のインスリン分泌は、正常体重の男性では一〇分以内に起こる（最頻値は四分後）。これは血糖値が食事によって変化する前である。脳相のインスリン反応は、栄養的価値がない甘味食物（サッカリンなど）でも誘導される。

とはいえ、すべての実験で脳相インスリン反応が確認できたわけではない。ヒトでは甘味を味わうだけでは脳相インスリン反応は惹起できない。一方、ラットでは見られる。ブドウ糖の経口摂取が、ラットの脳相インスリン反応を刺激したのである。サッカリン液を摂取したラットは容量に応じて脳相インスリン反応を引き起こした（図9-3）。しかしヒトでは、甘い味のある液体を摂取したりキャンディーをしゃぶるだけで脳相インスリン反応が起こるとは限らない。ある実験では、甘い液体を味わうだけで

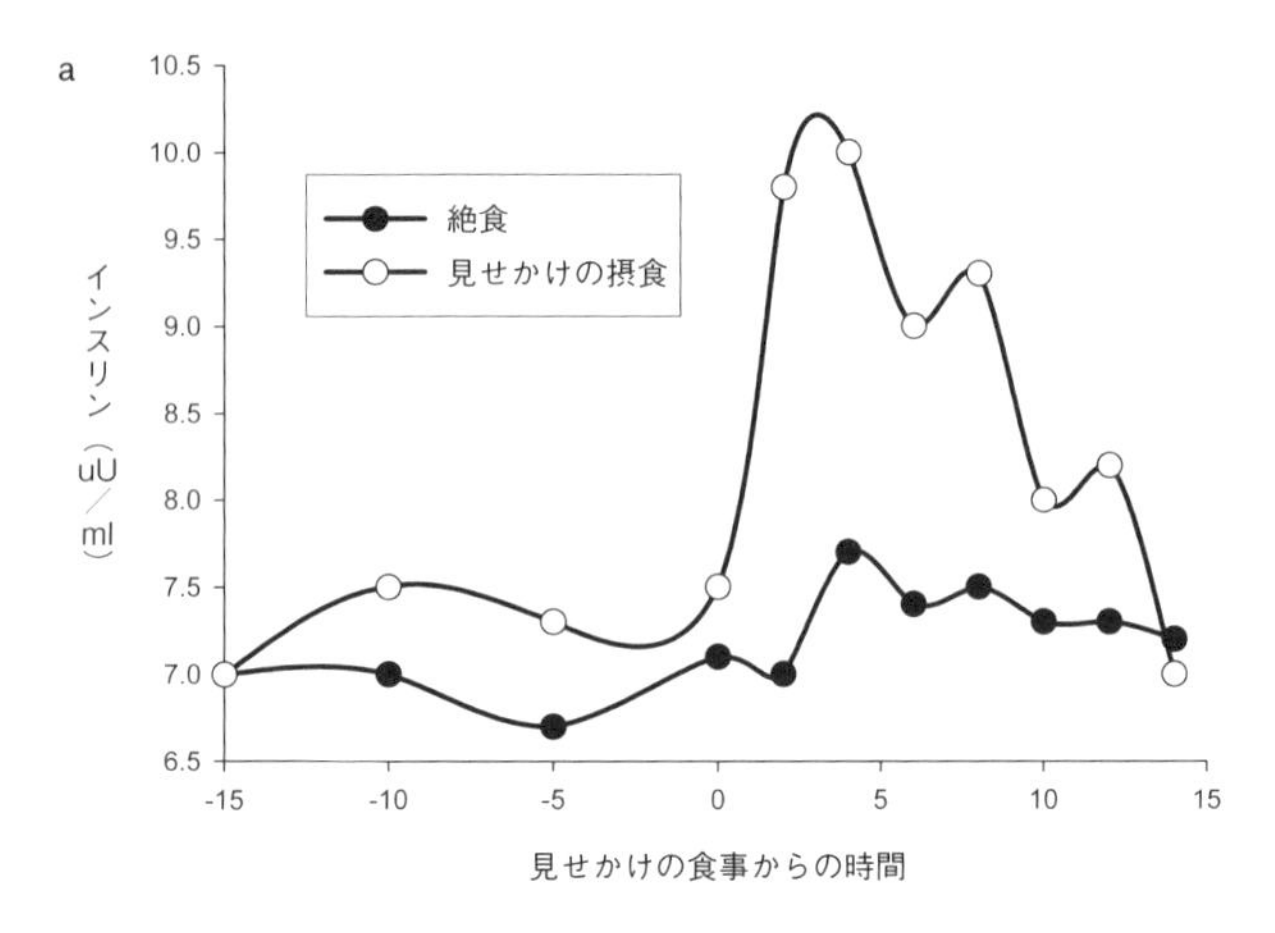

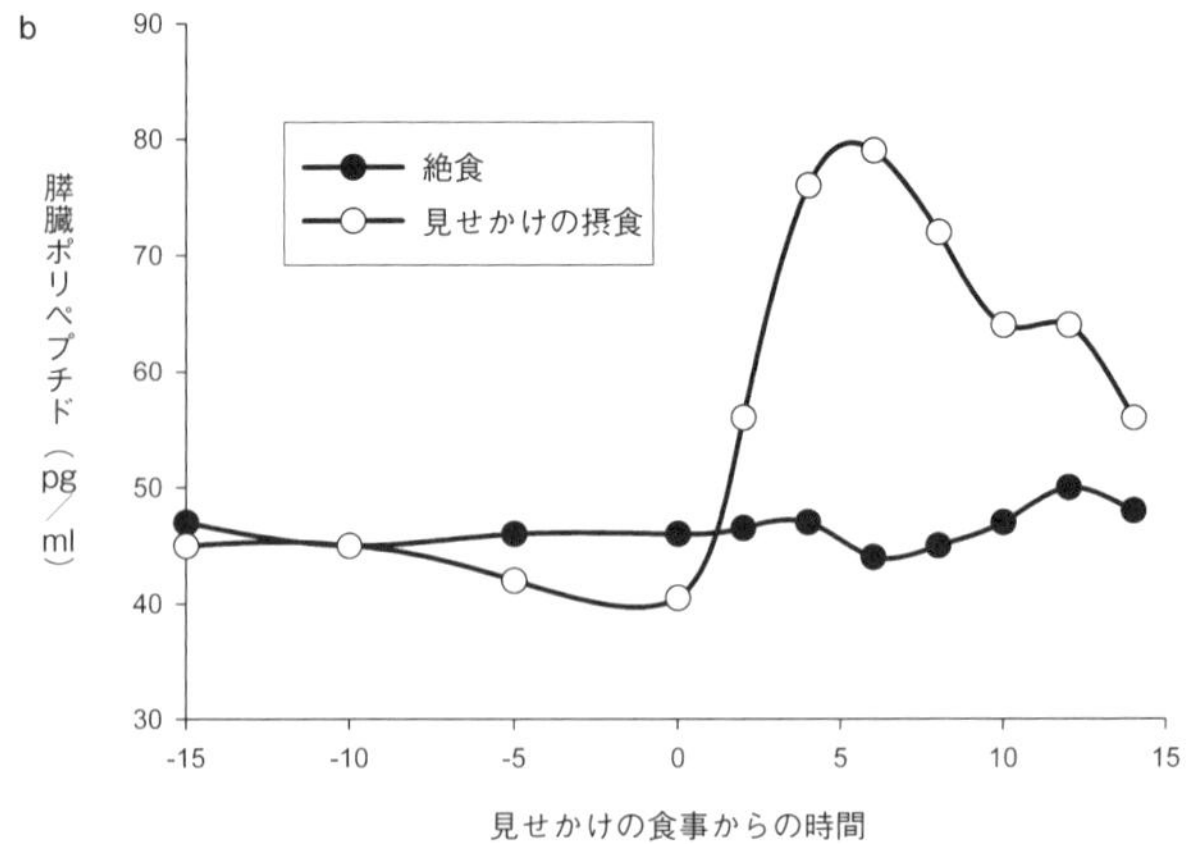

（図9－2）見せかけの食事に対するヒトの反応．(a) 脳相インスリンと (b) 膵臓ポリペプチド．

嚥下しない場合、ヒトでは脳相インスリン反応は見られなかった。一方同じ実験で、アップルパイの嚥下をともなわない見せかけの摂食はインスリンの分泌を促した。

見せかけの摂食を用いた研究の多くは、ヒトでも脳相インスリン反応が起こることを示す。ヒトでは複雑な食刺激が脳相インスリン反応を引き起こす。刺激の種類が多いほど、インスリン分泌量は高くなる。ヒトでは、味覚の刺激だけでは脳相反応には不十分なのだろう。運動神経や他の感覚器への刺激が必要なのである。甘味だけでは食事への期待が高まらないということかもしれないが、脳相反応の背後には常に期待がなくてはならない。

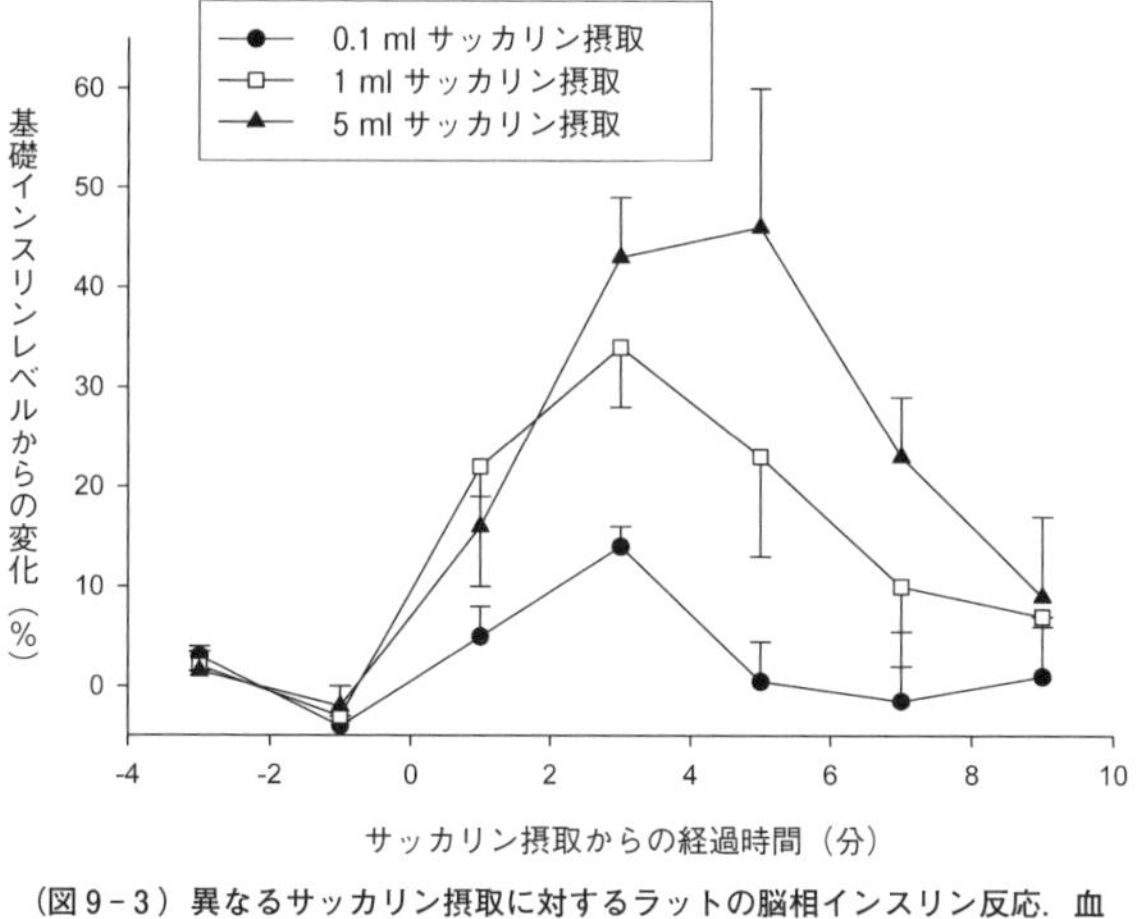

（図 9-3）異なるサッカリン摂取に対するラットの脳相インスリン反応．血中グルコース濃度は変化なし．出典 Power and Berthoud, 1985.

味覚の役割

口は「生物の手形交換所（情報センター）」である。消化管の一方の端に位置し、消化の第一段階の場となる。食物は咀嚼され、唾液と混合され、消化が始まる。同時に食物は味わわれることになる。

味覚は食欲、摂食、消化にさまざまな役割を果たす。食物は快楽的側面をもつ。それが食物への嗜好を決める。一方で味覚は期待反応にも影響を与える。味覚は、食物が消化管に入ってきたことを知らせる合図ともなる。消化された栄養素は血流に運ばれる。ヒトでは、栄養素は食事として間欠的に消化管へもたらされる。こうすることで、エネルギーの貯蔵と消費はその都度入れ替わる。食物は消化され、栄養素として吸収され、貯蔵される。具体的には、デンプンを分解するアミラーゼを含む唾液や胃酸の分泌が増加し、タンパク質分解酵素が小腸に分泌される。次いで膵臓から脂肪を消化する胆汁が分泌される。他にも、消化のための生理変化が見られる。インスリンは血糖値が上昇する前から血中に放出される。脳相が来るべき栄養を予測し、身体に間欠的な栄養素の吸収を準備させる。消化、吸収、同化といった生理過程は反応的であると同時に予期的であり、予期には味覚が重要な役割を果たす。

いわゆる基本的味覚と呼ばれるものがある。正確な数には議論の余地があり、定義によっても異なる。たとえば渋味を味覚とする文化もあるが、そうでない文化もある。ヒトは少なくとも五つの味覚を有すると考えられている。甘い、酸っぱい、塩辛い、苦い、旨いである。加えて脂肪を感じる味覚も存在する可能性がある。味覚にはふたつの主たる機能がある。消化の促進や抑制と、消化した物質の利用（代謝反応）の準備である。脳相は食事を通して体内に取り入れられた栄養素を消化し、吸収し、貯蔵する過程を準備する。一方、脳相は摂食を抑制することもある。有毒な食事への対処である。苦い物質は胃の運動を抑制する。ある種の味覚や匂いは、本能的にあるいは経験から吐き気を誘発する。こうした刺激への反応は、生理的反応や代謝に先立って見られる。

甘味は一般的に、ヒトやラットで摂食を刺激し、消化と代謝の脳相反応を刺激する。これは、その物質に栄養価があろうとなかろうと当てはまる（図9－3）。自然界では、甘味といえば高濃度の単糖を指すことが多い。熟した果実、モモ、単糖を多く含む植物を食べる動物（雑食性や果実食の動物など）にとって、甘味を感じる能力や甘味に対する嗜好は本能的である。一方、甘味を感じない動物もいる。厳密な意味で肉食動物（一部のネコ科の動物）は、甘味を感じる能力に欠けるようだ。

酸っぱさは酸と関係している。嫌悪をもたらすこともある。脳相反応は誘発されないことが多い。旨みは、グルタミン酸を高濃度に含む発酵食品、高タンパク質食物、あるいはアミノ酸を感じとる能力と関係する。グルタミン酸ソーダは、口腔内の受容体を刺激することによって旨みを感じさせる。グルタミン酸ソーダに対する味覚は、高タンパク質食物に対する嗜好と関係している。脳相の膵液分泌反応は、グルタミン酸ソーダによる口腔刺激によっても生じる。

塩辛さはナトリウムと関係している。ナトリウムの欠乏は塩への強い要求をもたらす。塩分欲求性に関しては多くの研究がある。食塩水の経口投与は、糖やグルタミン酸ソーダほどには膵臓分泌をもたらさない。

苦味は、通常は食べることを避ける因子となる。植物に見られる毒性物質（アルカロイドなど）はしばしば苦味をもたらす。苦味の感覚には個人差が大きい。苦味は胃の運動を抑制することもある。

脂肪に対する味覚は存在するか？

ヒトは脂肪を好む。食物中の脂肪は多くの経路を介して感知される。歯ごたえは、脂肪感知の第一感覚を与える。食感と呼ばれるものである。しかしヒトは、歯ごたえのみで脂肪を感知するわけではない。ラットでは嗅覚が脂肪酸感知に働く可能性が示されているが、ヒトではせいぜい、何らかの働きをしている可能性があるといった程度であろう。口腔内の化学受容体が脂肪酸を感知しているという研究結果が増えている。受容体の候補としてＣＤ36が挙げられている（脂肪酸トランスロカーゼ（ＦＡＴ）としても知られる）。これは脂肪に結合する膜通過型タンパク質であり、長鎖脂肪酸を含む脂肪を形質膜中に輸送する。この受容体は、ラットやマウスの味蕾細胞の約一六％に発現している。

最近のマウスの研究から、ＣＤ36が脂肪の味覚伝達機構として機能することがわかってきた。マウスはリノール酸（脂肪酸のひとつ）含有の食物を好む。しかし、この受容体の発現が抑制されたマウスはそうした嗜好を示さない。一方で、甘味や苦味への嗜好に関しては、通常のマウスとの間に違いが認められなかった。この受容体が脂肪と関連した嗜好に特異的に関わっている可能性がある。

脂肪への嗜好を媒介するものが何にせよ、脂肪を口に含むことは一連の脳相反応を引き起こす。胃からはリパーゼが分泌され、消化管滞留時間が調節され、膵臓からの分泌も刺激される。ただし、脳相のインスリン反応は、脂肪が口に入った刺激だけでは一般的には誘発されない。また、脳相は何を食べたかについての意識的判断にも影響されないようである。ある研究で、高脂肪と低脂肪のケーキを味覚だけでは判断できなかった若い女性が、高脂肪ケーキを嚥下せず口に含んだ後に膵臓ポリペプチドの分泌を増加させていることが明らかになった。

ある種の脂肪はヒトに脳相反応を引き起こす。オリーブオイルやリノール酸（植物油に多く含まれる必須脂肪酸）を含有する高脂肪食を味わった（嚥下はしていない）人では、血中のトリグリセリドや遊離脂肪酸濃度が上昇する。またそうした人は、強い満腹感を感じたともいう。脂肪吸収の「貯蔵仮説」というものがあるが、これは、食事から得た脂肪のかなりの量が腸管内腔や腸上皮細胞に残留し、それは次の食事の後に初めて循環し始めるという説である。味覚に関する要素が貯蔵脂肪を解放するという研究結果もある。

中枢神経の貢献

食物に対する反応は、本能的でありかつ学習によって獲得される。動物の多くは、身体に害をなす食物を避けることを容易に学ぶ。食物に関連する本能的学習である。毒を避ける行動はよく知られているし、また重要な適応でもある。

ラットは、それを食べた後に人為的に体調を悪くすることによって、甘い液体を嫌悪するよう条件づけできる。条件づけした後に甘い液体をラットに与えると、ラットはそれをあまり摂取しなかったり、拒絶反応を見せることもある。甘い液体に対する脳相インスリン反応も低下する（図9－4）。

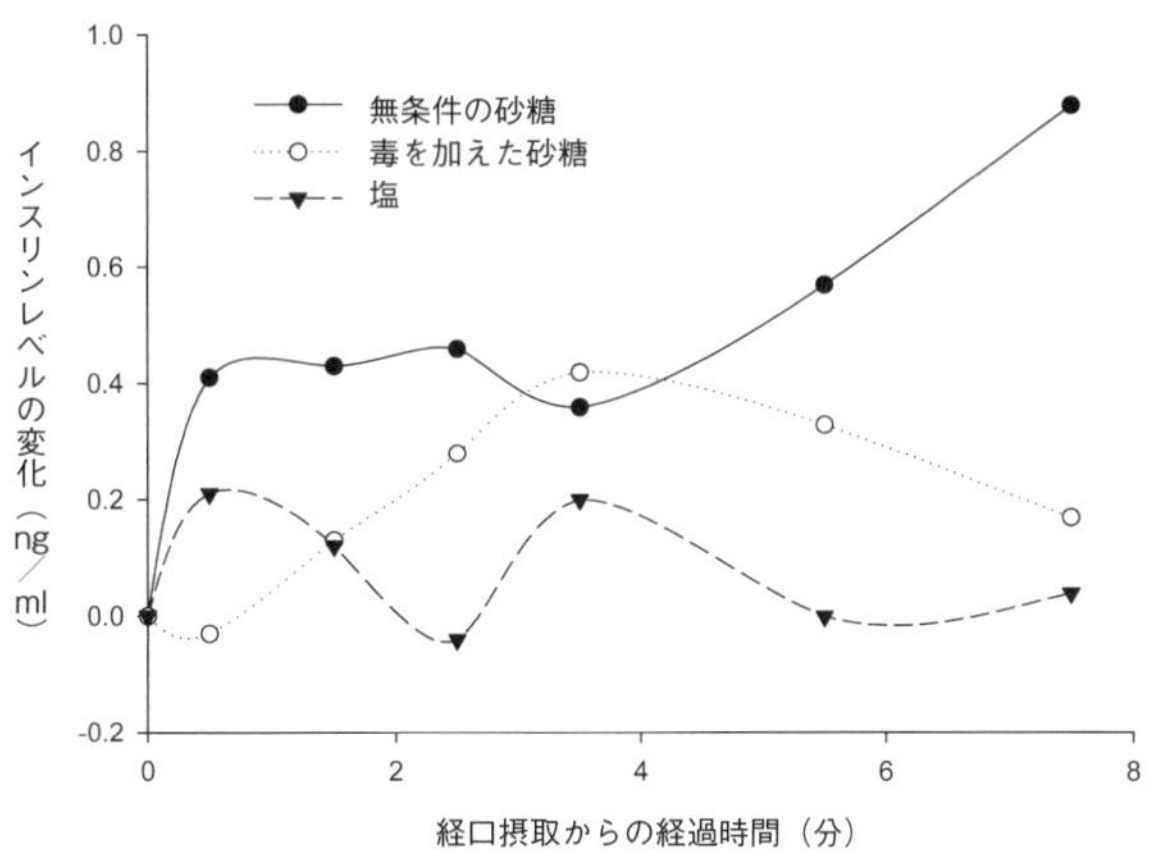

（図9－4）経口的に与えられた砂糖に対する脳相インスリン反応は，消化に不快をもたらす毒を加えた砂糖を与えられたラットでは激減する．塩に対する脳相インスリン反応はさまざまで，一定したものはない．出典 Berridge et al., 1981.

脳相反応はオペラント条件づけ〔ある行動をした結果、環境がどう変化したかを経験することによって、環境に適応するような行動を学習すること〕によっても刺激される。動物は任意の感覚刺激と食物の入手可能性を学習によって関連づけることができる。任意の刺激には、時間や音、水、視覚からの合図などが含まれる。たとえば、食物への期待に支えられた脳相インスリン分泌は、時間や音、視覚からの合図、味覚によっても条件づけることができる。毎日決まった時間に食事を与えられたラットは、その時間に合わせてインスリンを分泌するようになる。

迷走神経は脳相反応の主たる経路と考えられており、食道から大腸までを神経支配する。求心性迷走神経は食関連信号を横隔膜下で統合する。迷走神経切断は、胃酸や膵臓酵素、重炭酸塩の分泌や、脳相によるインスリン反応を低下させる。コリン作動性の抑制もまた脳相を抑制する。たとえばアトロピンの投与は、ヒトでは脳相による胃酸の分泌を抑制する。

口を通すことなく食物を直接胃に置くと、脳相反応の大半は消失する。迷走神経による神経支配を失わせるように膵臓のベータ細胞を破壊し、新なベータ細胞を移植したげっ歯類では、血糖上昇に対する反応性のインスリン分泌は保たれるが、脳相インスリン分泌は消失する。

消化管と脳は、食物への期待に対して協働する。中枢神経からの信号は末梢での反応を引き起こし、末梢反応は中枢神経へフィードバックされる。中枢神経へのフィードバックは、血液脳関門を越えるホルモンや、迷走神経刺激によって行われる。こうした一連の反応を統合し、摂食に関わる反応を制御するのは、やはり脳なのである。

脳相反応の多くは内因的なものであり、もっぱら脳幹で調節されているように見える（終脳の関与はなさそうである）。除脳したラットは学習できないが、一方で糖の経口投与による脳相のインスリン反応は正常である（図9-5）。除脳ラットは摂食に際して適切な表情を示すこともできた。グリルとカプラン[*3]は、除脳ラットが甘味に快楽的反応を示し、苦味に反対の反応を示すことを示した。

視床下部と脳幹尾部はともに、摂食の制御に関わる。脳幹は、スミスが「直接的摂食制御」と名づけたものに反応するといわれてきた。口腔、舌、胃、腸が産生する信号があり、そうした信号は、味覚や消化管へ食物が届くことによって引き起こされる。一方、終脳は「間接的摂食制御」と関係する。間接的摂食制御には、血糖の増減に関わる代謝信号も含まれる。終脳が摂食に関する学習にも関与していることはいうまでもない。

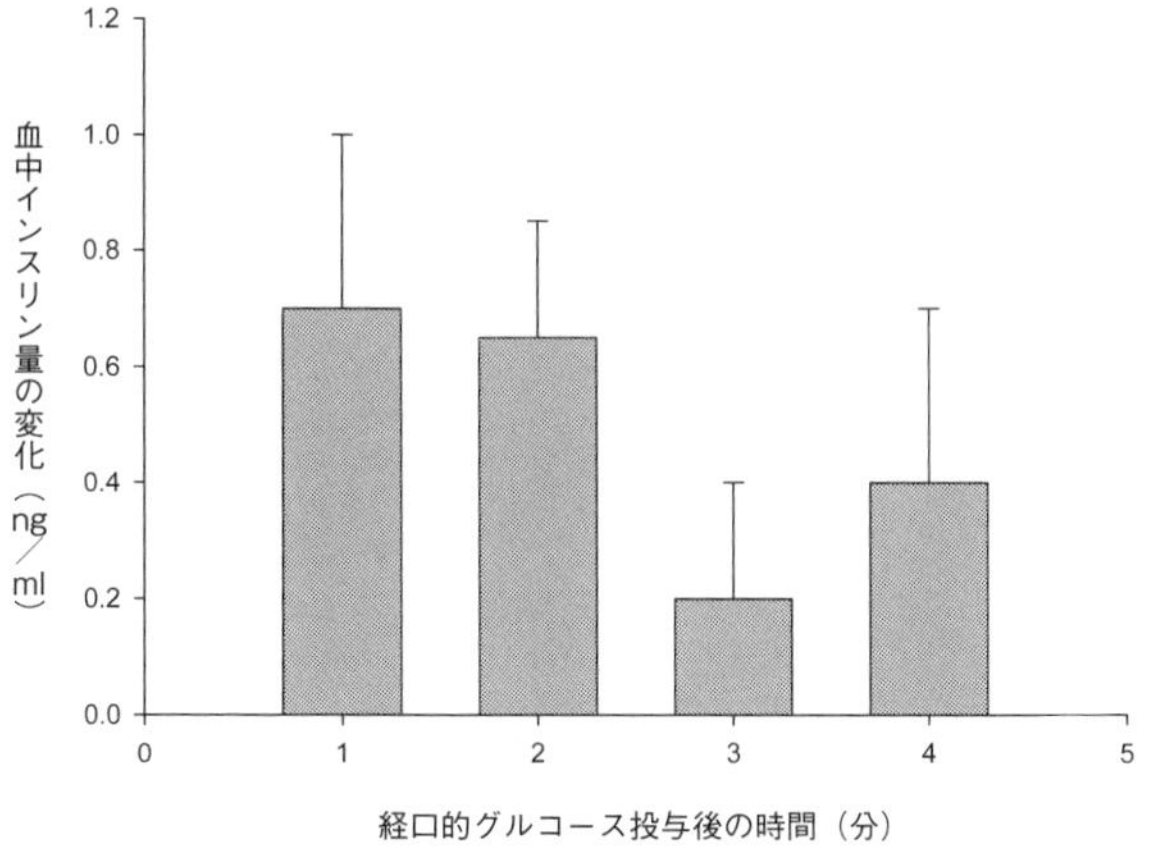

（図9－5）除脳ラットへのグルコース液の経口投与は即座の脳相インスリン反応を引き起こし，血中インスリンの増加をもたらす．出典 Flynn et at., 1986.

摂食に関する中枢制御は、神経内分泌に関しては腹側終脳ネットワークが担当し、組織的振る舞いや反射に関しては脳幹尾側ネットワークが担当している。どちらのネットワークも脳相を司る。脳相の根底に横たわる神経ネットワークと摂食制御に関してはザフラら[*4]の研究を参照されたい。

脳相インスリン反応

血糖は、期待（フィードフォワードな制御）と反応（フィードバックな制御）の両者によって調節される。血糖が閾値以上に低下すると急激な脳障害が引き起こされ、死亡することもある。一方、高血糖は、黄斑変性症や脳細胞の破壊、脳卒中後の高い死亡率に関係する。血糖を一定範囲に維持するために、数多くの機構が進化してきた。

糖は複数の貯蔵源を定期的に行き来している。

インスリンは糖代謝を制御する主要なペプチドである。それは肝臓や筋肉における糖貯蔵を増加させ（糖は、そうした場所でグリコーゲンとして蓄えられる）、脂肪分解や糖生成を低下させ、脂肪組織における脂肪酸化を増加させる。その結果として、糖を他のエネルギー貯蔵形態（グリコーゲンや脂肪）に転換し、肝臓における糖産生を抑制することによって、血糖値を低下させる。

ヒトやラットには、強固な脳相インスリン反応が存在する。食物の咀嚼や味覚情報に反応して、膵臓は素早くインスリン分泌を開始する。消化した栄養の吸収に反応して起こる本格的なインスリン分泌は、この初期のインスリン分泌に引き続いて起こる。脳相インスリン反応は、血糖値の変化に対する栄養吸収後のインスリン反応に擬似的である。

脳相インスリン反応は、それに引き続く本格的なインスリン分泌反応に比較すると強力なものとはいえないが、そこには重要な生理作用もある。自立神経節の神経伝達を抑制するトリメタファンを用いて脳相反応を抑制すると、血糖値のピークが上昇し、食後早期の血糖低下が阻害される。脳相インスリン反応の欠失は、したがって、血糖調整を阻害し、結果として高インスリン血症をもたらすことになる。食事の始まりや、食事に先立ってインスリンを投与すると、肥満や糖尿病の患者で血糖値が改善する。

肥満した人では、脳相インスリン反応が欠如しているか減弱していることが多い。減弱した脳相インスリン反応が肥満を引き起こすのか、肥満が脳相インスリン反応の低下を引き起こすのか、あるいはどちらもなのかについては、いまだ不明である。

まとめ

食欲、食物嗜好性、摂食などは、エネルギーバランスと体重の恒常性に関係する。食欲や摂食との関わりが確認されたペプチドや受容体、遺伝子の数は増え続けている。そうしたものの相互作用の研究は、ヒトがいつ何を食べ、いつ食べるのを止めるのかを決定する機序の理解に欠かせない。

期待というフィードフォワードな機構は、生理反応の制御に重要である。生理は単なる反応とは異なる。期待が引き起こす反応（期待反応）は、生理変化や代謝変化に素早く対応するための適応戦略である。脳相は、食物を消化し、吸収し、代謝するための期待反応であり、食物がもたらす感覚が代謝と連動することによって動物の摂食行動や食事量に影響を与える。脳相反応は消化効率を向上させ、その結果として引き起こされる血糖上昇を穏やかなものにする。このように、消化と代謝、そして食欲は、調和のとれた制御を受けているのである。

脳相反応は生理制御における根本的な概念であり、期待反応の典型例である。脳相には多くの情報分子の働きが必要であるが、そうした情報分子は現在も新たに発見され続けている。脳相は、適応、進化の視点から理解されなくてはならない。著者らの考えでは、それはフィードフォワードな進化圧の結果を反映している。栄養獲得率を上げよという要請と、内部環境を守れという要請とのいわば「軍拡競争」の帰結なのである。

第10章　食べるということの逆説

食物の獲得は動物の生存に欠かせない。したがって生存や生殖に必要な栄養素の消化、吸収、代謝に関連する身体構造、生理、行動には強い選択圧が働いてきた。一方で、食物が目の前にあったとしても、動物は常に食べているわけではない。とすれば、摂食を中止させる生理反応を生み出した選択圧や、適応機能とは、一体何だったのだろうか。別の言葉でいえば、食べるということの対価は何か、食物を眼前にしても食べるのを控えなければならない状況とは何なのか、ということになる。

食欲や食物摂取の制御に関する文献の多くは、食物摂取はエネルギーバランスを維持するために調節されており、その結果が体重や脂肪組織のホメオスタシスであるという。事実、ヒトを含む動物は、無制限に食物が手に入る状況にあっても、体重を比較的一定に保つという豊富な実験データがある。一方、ヒトにおける肥満の増加や、動物園や実験施設における飼育動物の肥満は、体重のホメオスタシスがしばしば攪乱され、エネルギーバランスが正に傾く傾向にあることを示す。

進化の視点からすれば、重要な問題は、どの程度、あるいはどのようにして、エネルギー収支は選択圧の対象となるのかということになる。いずれにしても、エネルギーとエネルギー収支について重要なことは、それが人間が考え出した概念だということである。動物は、自分のエネルギー収支を直接計測することはできない。それができているように見えるのは、エネルギーバランスの代理指標を測り監視するメカニズムが働いているからである。加えて多くの種において、季節によって過食や過少食の時期がある。冬眠する熊や渡り鳥は、成体に達した後の生涯の大部分を、継続的な正または負のエネルギーバランスの下で過ごす。ヒトは冬眠したり、（多くの場合）季節によって移動したりはしないが、そのエネルギーバランスの維持が進化史においてどれほど重要な適応的側面であったかは研究に値する。負のエネルギーバランスを避けるための適応は自明のことだが、一方で穏やかな正のエネルギーバランスを避けるほうの適応については、よくわかっていない。

食物摂取の調節を理解するために、時間は重要な要素である。ヒトのエネルギーバランスは食事単位でなく、日単位で考慮される必要がある。一般的にヒトは、エネルギーバランスが正になったり負になったりすることで、食べ始めたり食べ終えたりするわけではない。食事の量や頻度を規定する、短時間単位の飽満信号が存在する。どれくらいの量をどの程度の頻度で食べるかは、社会的、文化的、心理的要因からも影響を受ける。たとえばレストランにおける一人前の食事の量はアメリカとフランスで大きく異なり、アメリカでは非常に多い。平均的に、フランス人はアメリカ人より食事に使う時間が長いが、摂取カロリーは低い。

食物摂取の制限には、時間の尺度によってふたつの側面が存在する。一日で食べる総量と、数日間に食べる総量である（後者はエネルギーバランスの強い影響を受ける）。さらに食事の量と質は、エネルギーバランスや体重あるいは脂肪組織の恒常性に加えて、精神的、心理的影響を強く受ける。エネルギーバランスの正負は、間違いなく食事の選択（時間や食事の種類）に影響を与える。生理や心理もまた、食事の選択に影響を与える。事実、食事の量や時間を決める予期的生理反応、つまり脳相反応が存在する。こうした脳相反応は条件づけ可能である。経験や学習、社会的、文化的要因が脳相反応の発現に役割を果たす。

脳相反応は、消化および吸収後の代謝や生理にも関与し（第9章参照）、摂取した栄養素を吸収する準備を整える。これは鍵となる適応である。なぜなら摂食は生きるために必要なことだが、それはまたホメオスタシスに対する挑戦でもあるからだ。それは「食べることの逆説」と呼ばれる。

ホメオスタシスという考え方は、一〇〇年以上にわたって生理学の思想と研究を導いてきた。クロード・ベルナールからウォルター・キャノンに至る近代生理学においては、健康と生存には「内部環境の安定」が必要だという考え方が中心的教義となった。スティーヴン・C・ウッズ[*1]は「食べることの逆説」をこのような生理学の視点から雄弁に論じた。生物は生存のために食物を消費しなくてはならない。しかし消費は外部物質の体内への取り込みであり、内部環境の安定に対する挑戦となる。栄養素は必要であるが、身体にとって毒となることもあり、その血中濃度には上限と下限がある。栄養素の取り込みは、正と同時に負の影響をもたらす。また、細胞内液をセットポイントにまで戻すための代謝的反応を必要とする。

著者らは、ホメオスタシスの理論枠組みが最も正しいということには疑問を抱いているが、生理の機能的、適応的側面理解にそれが重要であることは否定しない。ただ、ホメオスタシスが生理調節のすべてを代表しているわけではないし、動物は生存という目的（進化的な意味では、遺伝子を次世代へ伝えると定義される）を達成するために、しばしばそれを放棄することがあるのである。安定ではなく、生存力こそが進化の重要な要素である。一方、栄養素を消化し、吸収し、代謝することが示す課題に対して、ホメオスタシスの理論枠組みは、消化と代謝の相補的適応の進化を駆動する淘汰圧への洞察を与えてくれる。それはとくに、吸収した栄養素の血流量を限界の範囲内に保つ必要に応じて消化吸収の効率を上げるような、さまざまな適応的変化の間に内在する矛盾を際立たせる。

摂食の過程はいくつかの段階に分けられる。本書の目的に基づいて、それを三段階に分類したい。(一)食物の調達、(二)摂取と消化、(三)吸収と代謝である。第一の調達段階では、食物は完全に外来のものである。動物はそれを探し、同定し、獲得する。この段階は、食欲によって駆動される。視覚や嗅覚といった感覚がきっかけを与え、連想が、唾液や胃液、他の分泌を刺激し始める。それは、次段階(摂取と消化)への移行準備となる。

摂取、消化という第二段階では、食物は消費され、内部のものとなる。ただし、完全な内部環境にはなっていない。消化管は障壁として働く。摂取した素材(食物)の血流への流入は制御されなくてはならない。この機能は重要である。吸収されない方がよい素材もある。私たちは食物を食べるが、本当に必要としているのは栄養素である。食物は摂取された後、消化されなくてはならない。食物は構成要素に分解される。栄養素は吸収され、後の使用に備えて貯蔵される。生物の食物利用効率は、こうした過程に依存する。ひとつの過程の適応的変化は、他の過程に変化の機会を与えると同時に、選択圧ともなる。

ヒトは雑食である。さまざまな栄養素を含む多種類の食物を食べる。ヒトの食物は、脂肪や炭水化物、タンパク質、その他の要素の割合において多様であり、その多様性が消化、吸収において異なる課題をもたらす。食物によって消化、吸収反応は異なる。動物、少なくともヒトやネズミといった雑食動物は、摂取食物中の構成要素を感知する機構を発達させた。それによって、消化分泌、外分泌、内分泌を準備する。ヒトの消化管は、常に一定状態にあるわけではない。消化分泌も一定ではない。摂取した食物の特性や摂食に対する期待によって変化する。脳相反応は、食べることが引き起こす分泌の相当な割合を占める。

こうした食物への期待的消化反応は、食物を栄養素に転換する速度と効率を向上させ、消化管壁からの吸収の引き金を引く。吸収効率の向上は、生物にとって利点になるが、同時に問題ももたらす。利点は明らかである。消化管は、単位時間あたりより多くの食物を処理できる。それによって、栄養素を環境から体内に素早く移転することが可能になる。それは食物の総摂取量を増大させ、食事と食事の間の時間を短くし、摂食要求を満たすため必要となる総時間を短縮できる。それによって、質の低い食物や、稀少な食物に対する要求を満たす能力を向上させる。しかし、生物が食物を素早く効率的に消化し、吸収すればするほど、内部環境のホメオスタシスに対する潜在的な破壊力は大きくなる。栄養素が血中に流れ込む衝撃を吸収し、耐えうる範囲内に濃度を維持し、最終的には細胞内液を正常範囲内に戻すために、素早く効率的な代謝が必要となる。これは、摂食の第三段階である。吸収と制御と消化した栄養素の代謝。食物との感覚的接触、あるいは食物そのものに対する期待的代謝反応は、この段階を助ける。なかでも最も注目すべきは、脳相インスリン反応である。

消化と代謝に関わる脳相反応は、協調しながら進化したように見える。素早く効率的な消化や栄養素同化の利点は、それによって引き起こされる大きなホメオスタシスの攪乱によってその効果が低減する。代謝に関わる期待的脳相反応は、そうした課題を改善するために働く。その結果、消化と吸収の効率は向上する。こうした過程における協調の正味効果は、最大の食事量、食事の頻度、食物の種類、栄養素が体内に取り込まれる効率といった摂食に関するさまざまな要因の制限因子になる。

このような摂食の諸段階には、トレードオフや相互に関連する制約が存在する。消化管の消化能力以上の食物を獲得する戦略は適応的ではない可能性が高い。代謝適応が処理できる以上の栄養を定期的に送り込むような高効率の消化戦略は、正ではなくむしろ負の選択を促すだろう。

ネズミのような小さな哺乳動物を食べるヘビとイタチの例を考えてみよう。イタチはヘビと比較して、その必要性から日々のネズミ捕獲量が多い。イタチはまた、ヘビより素早くネズミを消化する。一方ヘビは、ネズミの栄養素をイタチより効率的に体内に取り入れる。

イタチのような食物捕獲と消化の戦略をもつことは、ヘビにとっては利点がない。ヘビの代謝はイタチのような素早い栄養素の流入を必要としないし、もしもそのように急速な栄養素の流入に直面したら、ホメオスタシスの維持が困難になるに違いない。また逆に、イタチがヘビの摂食戦略を採用すれば、当然ではあるが、自らのホメオスタシスを維持できない。ヘビの相対的に緩やかな摂食戦略は、食物を成長につなげるには効率的である。イタチのスピード感ある摂食戦略は、摂取食物からより多くの割合を代謝に動員する。ふたつの戦略は非常に異なるが、どちらも生存と生殖という生物にとっての究極の課題に対して、成功した解決策となっている。

哺乳動物の生理が消化した食物の多くを代謝燃料として必要とするという事実は、脳相反応と満腹について興味深い考え方をもたらす。それは、栄養吸収の速度を増加させる脳相反応は、哺乳動物の高い代謝率が要求するものなのかもしれないが、それに貢献もしているかもしれないということである。哺乳動物の摂食戦略には、必要な「非効率」があるかもしれない。つまり、ホメオスタシスを維持するために、消化した栄養素のある割合を消散させるといったことである。摂食がもたらす熱発生（代謝と体温の上昇）は、部分的には、グルコースや脂肪酸を血中から代謝的に除去することによってホメオスタシスを維持するための適応なのかもしれない。熱発生も脳相反応をもつように見える。短期のさまざまな満腹信号は、食事のサイズを制限することによって同じ究極の目的――栄養素の流入によって引き起こされる内部環境の攪乱を改善する――のために働くようにも見える。

満腹信号は、短期的なホメオスタシス維持といった目的とは別に、どの程度、長期のエネルギーバランスを反映しているのだろうか。興味深いことに、摂取された果糖（フルクトース）は同カロリーのグルコースより摂取の際のインスリン反応が弱い。もちろん果糖の細胞への吸収は、インスリン依存性ではなく、グルコース輸送体4ではなくグルコース輸送体5に依存する。しかしもし、インスリンが満腹に重要な役割を演じるならば、高果糖のコーンシロップで味付けしたような食物は、潜在的には、（単位）カロリーに対して低い満腹感しか示さなくなるだろう。そうした食物は、一定の人々の体重増加に大きな役割を演じていると考えられている。たとえば、食事を制限している（健康や体重のために、ある種の食物を制限している）と自己報告する女性は、朝食に高果糖飲料を与えられた日には、同じカロリーのグルコース飲料を与えられた日より高い飢餓スコアを示すし、好きなだけ食べてよいといわれた場合、より多くの脂肪を消費する。食事制限をしていない人では、そうした違いは見られなかった。果糖に対する反応は、人によって異なる。

食欲における脳相反応の役割

脳相反応は、食欲や満腹感に何らかの役割を果たしているといわれてきた。味の良い食事はそうでない食事に比較して、より強固な脳相反応を引き起こす。脳相反応を抑制すると、動物でもヒトでも食事量が減少する。これは脳相反応の短期的効果の例であり、ホメオスタシスを維持するための防御反応の

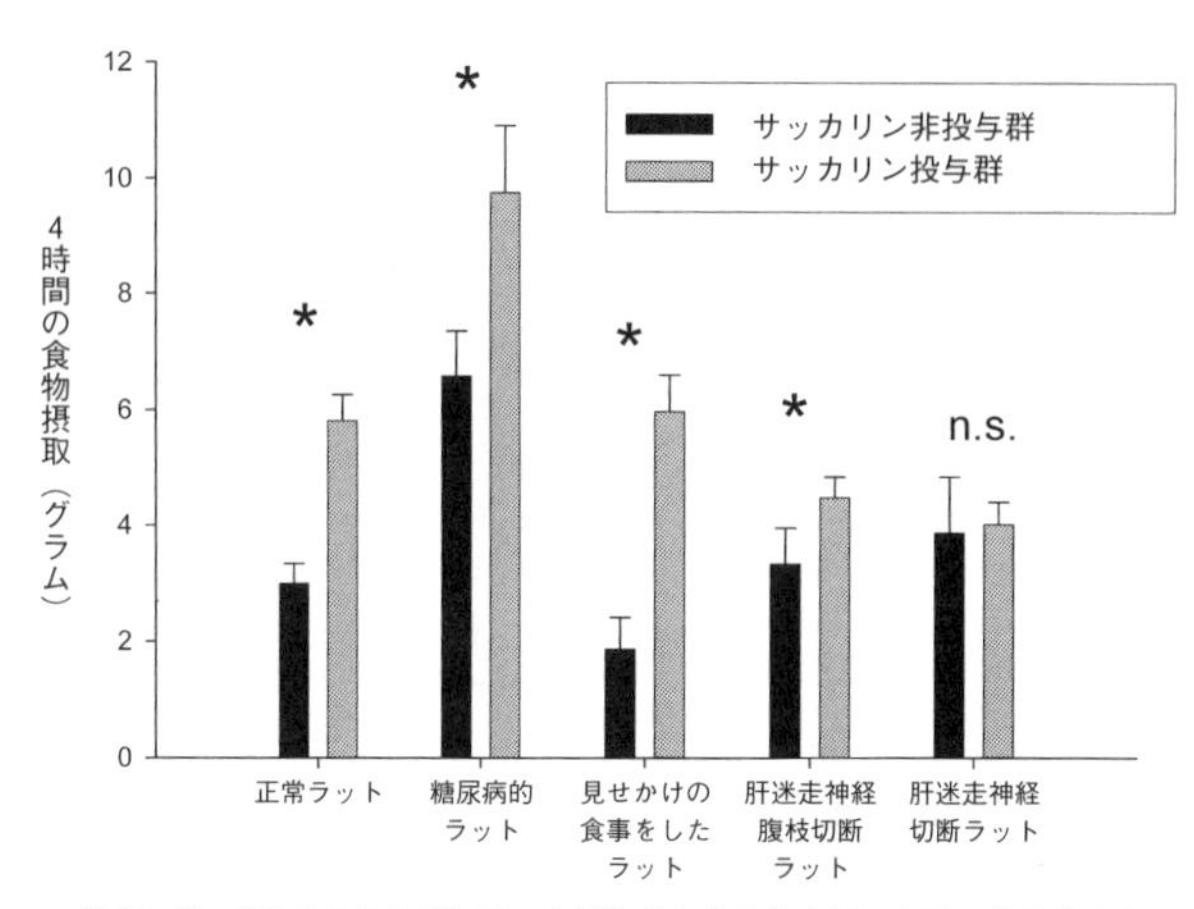

（図10-1）食物を与える前にサッカリンを与えられたラットは，より多くの食物を摂取した．ただし肝迷走神経を切断されたラットは除く．*＝p＜.05.
出典 Tordoff and Friedman, 1989.

例である。脳相反応は消化を刺激し、栄養の吸収を促すことによって、結果としてより多くの食物摂取を可能にするように見える。

脳相反応は摂食の動機づけに関与し、日々の食事量の決定にもっと直接的に関わるといわれてきた。たとえば脳相インスリン分泌は代謝エネルギーを蓄積の方向へ傾くのを助け、摂取された栄養素を生物が受け取る準備をさせる。帰結のひとつは、食欲に関する燃料酸化理論によれば、肝臓が酸化に使える燃料の減少であり、これが食欲増進を助ける。サッカリン摂取はラットにおいて、それに引き続く食物摂取の亢進をもたらす。こうした反応は肝迷走神経の切断によって消失する（図10－1）。

これまでに食欲増進性が確認されている腸ペプチドは、グレリンだけである。それは胃や腸から分泌され、血中へ流れ込む。外来性グレリンは、ヒトやラットの食物摂取を急速に増加させる。食欲増進において、グレリンは神経ペプチドYと同じくらい効果的だ。ラットでは、飢餓は血中のグレリン濃度を増加させ、摂食

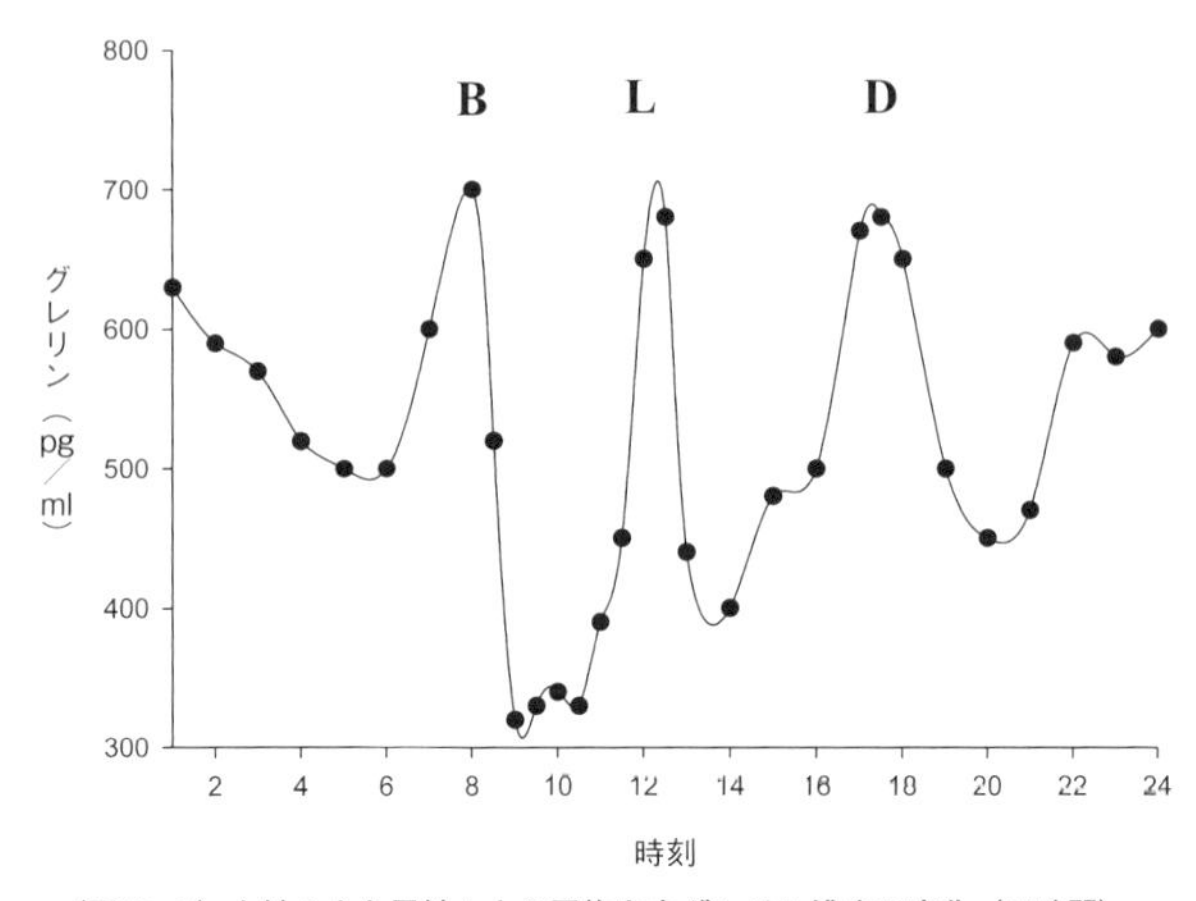

（図10-2）女性9人と男性1人の平均血中グレリン濃度の変化（24時間）．参加者はいつ食事が提供されるか予め知っている．B＝朝食8時，L＝昼食12時，D＝夕食17時半．出典 Cummings et al., 2001.

は血中グレリンを減少させる。グレリンは摂食開始時に作用するとされてきた。

決まった時間に食事を提供されるボランティアを対象とした実験では、血中グレリン濃度は食直後に低下し、その後ゆっくりと上昇し、そして次の食事直前に急激に上昇することがわかった（図10-2）。血中グレリン濃度は、血中インスリン濃度とほぼ逆相関するが、レプチン血中濃度の概日変動と連動して、その変動はより大きい。グレリンとレプチンは、朝食直後に最低値を示す。その後レプチンは食事のたびに若干低下はするが、日中を通して緩やかに上昇し、睡眠中の中間時点でほぼ頂点に達する。グレリンも、各食事直前に明白な上昇と食後に劇的な減少を示すことを除けば、レプチンと同様のパターンを示す（図10-2）。食事は決まった時間に提供され、そのことを被験者は知っている。したがってこうした事実は、食事前のグレリン分泌の上昇が、食事を開始する時に起こる脳相反応である可能性を示す。

ボランティアを対象とした実際の、あるいは見せかけの摂食に関する研究では、食前の血中グレリン濃度はどちらも同じように上昇し、摂食後は低下した。その低下は、実際に食事を摂取した場合は持続し、見せかけの食事の場合は六〇分後に上昇を始めた。このようにグレリンの分泌には、食事前の期待と、摂食開始にともなう低下の両者に対して脳相反応が存在するように見える。

グレリン分泌における脳相の存在を証明するものは、餌を自由に食べさせたラットと、決まった時間に与えたラットの実験から得られた。前者では、グレリン分泌のピークは日没直前に来た。一方、後者では、グレリン分泌のピーク値はより高く、夜明けから四時間後（この時間に食事をすることを習慣づけられている）にやって来た。

こうした結果は、一日に三回の食事をとる習慣のある男女それぞれ三名、合計六名が、三二時間絶食した後の血中グレリン濃度とも一致していた。血中グレリン濃度は朝八時頃、昼一二時から一三時頃、そして夕方の一七時から一九時にかけて上昇した。上昇に引き続いて、対象者はその間食事をしていないにもかかわらず、血中グレリン濃度は減少した（図10－3）。

ラットとヒトにおけるこうした結果は、食欲が概日変動に則して訓練される可能性を示唆する。それは食事に対する期待によって引き起こされるが、期待が満たされなかった場合、体は「非摂食状態」へ引き戻される。読者も、空腹だが食事をとることができないという経験をしたことがあるだろう。数時間の空腹の後に、その空腹感は消失することを覚えているだろうか。においや視覚は空腹感を強く刺激するが、そうした刺激がなければ、食物を摂取していないにもかかわらず、ヒトはもはや空腹を感じない。こうした事実は、エネルギー収支だけが空腹や食物摂取の唯一の決定要因でないことに一致している。

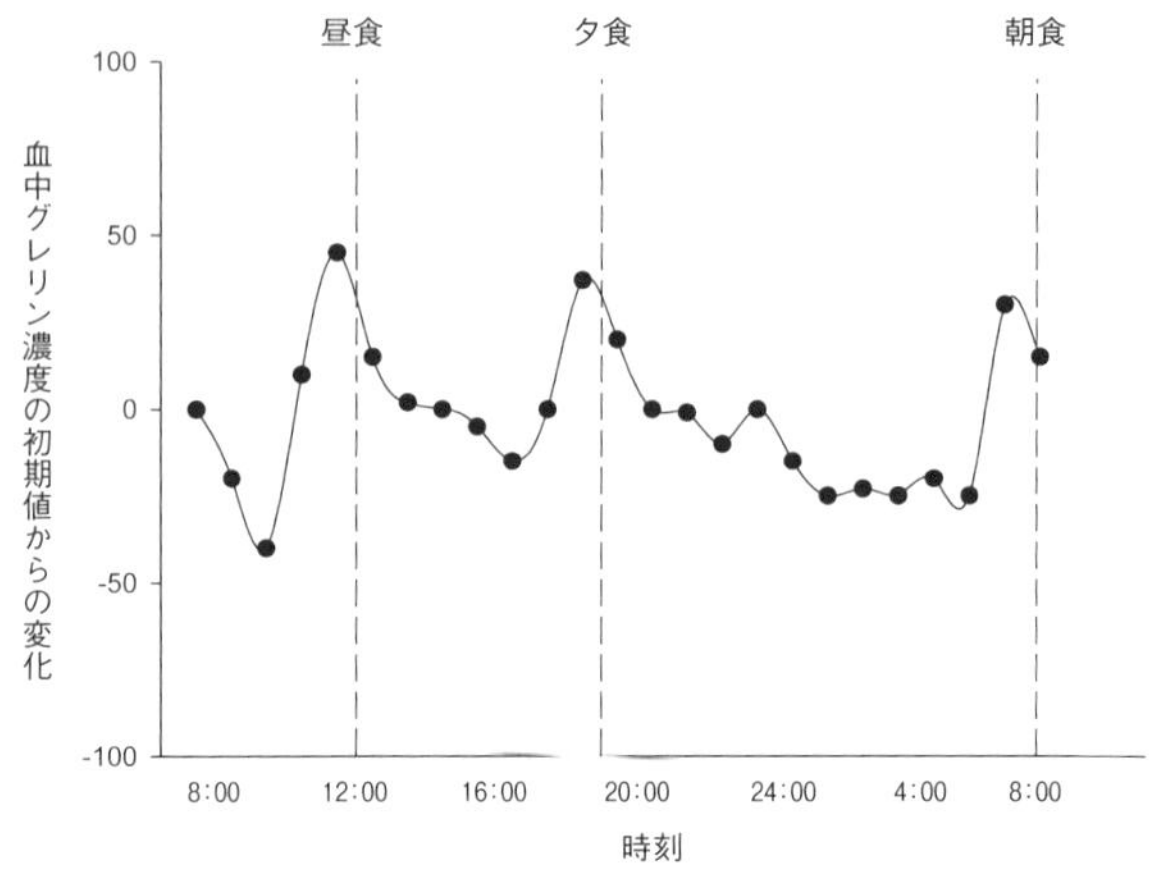

（図10-3）女性3人と男性3人はまず，朝食，昼食，夕食をそれぞれ8時，12時半，18時半に食べる習慣をつける．その後32時間絶食をする（絶食開始時刻は深夜）．血液は8時から20分毎にカテーテルで25時間採取される．血中グレリン濃度は，食事が与えられなかったとしても食事が期待される時刻の前に上昇し，その後低下する．出典 Natalucci et al., 2005.

満腹における脳相反応の役割

レプチンは食物摂取を調節するとされてきた。レプチンは脂肪組織から分泌され、その血中濃度は脂肪総量に強く比例する。レプチンは視床下部や弓状核内の神経に作用する。神経ペプチドYと反対の作用を有し、インスリンやコルチコトロピン放出ホルモンと協働して、食物摂取を抑制するように見える。レプチンとインスリンは摂食の快楽的側面に、中枢的にもまた味覚的にも影響を及ぼすと考えられている。レプチンは甘味の感覚を、レプチン受容体を介して甘味受容体細胞に作用することで和らげる。マウスではレプチンが増加すると、甘味を感じにくくなる。

レプチンは胃粘膜で合成され、食事の最中に分泌される。迷走神経刺激は胃粘膜からのレプチン分泌を促す。しかしそれが血中レプチン濃度の上昇を引き起こすことはない。それは、胃粘膜からのレプチン分泌が胃液分泌の脳相段階で起こること、パラ分泌的に働くことを示唆する。また、レプチン受容体は胃を支配する求心性迷走神経中に存在し、レプチンが求心性迷走神経の刺激物質であることを示唆する。レプチンをラットの頸静脈ではなく腹腔動脈に注入したところ、ショ糖溶液の摂取を有意に減少させた。この反応は迷走神経の切断によって消失した。

胃粘膜から分泌されるレプチンの一部は、胃酸によって不活化されることなく腸へ到達し、そこで脂肪や炭水化物、タンパク質の吸収調整に働く。機能型レプチン受容体はヒトでは十二指腸や回腸に発現している。レプチンは、D-ガラクトースの吸収を抑制し、小さなペプチドの腸での吸収を亢進させる。それはまた、コレシストキニン分泌を刺激する。レプチンとコレシストキニンは、正のフィードバック機構を形成していると考えられている。血中コレシストキニンは胃粘膜からのレプチンの分泌を刺激する。ラットの十二指腸へのレプチンの注入は、摂食効果に匹敵する血中コレシストキニンの上昇をもたらした。レプチンとコレシストキニンは求心性迷走神経を活性化し、相乗的に機能する。腹腔内へのレプチンとコレシストキニンの投与は、ショ糖溶液の摂取を相乗的に減少させた。

コレシストキニンは、食事量に直接影響を与える。ラットにコレシストキニンを投与すると、食事時間の短縮が見られたが、一日あたりの食事回数は増加した。その結果、コレシストキニンを投与されたラットも対照ラットも、食物総摂取量に差は見られなかった。コレシストキニン受容体Aを発現していないラットでは、食事時間は長くなり、食物摂取量も増加した。一日あたりの食事回数は減少したが、食物摂取量は増加し、最終的には肥満となった。

コレシストキニンはさまざまな機能を有する情報分子のよい例である。コレシストキニンは神経伝達物質であり、腸ペプチドでもある。ひとつの遺伝子にコードされているが、翻訳後や細胞外でのプロセスによって、さまざまな形状の分子となる。さまざまな形状の分子にさまざまな親和性で結合する二種類のコレシストキニン受容体が存在する。満腹に関する役割に加えて、腸管コレシストキニンは、腸の運動、胃を空にすること、膵酵素の分泌、胆汁放出などを調整している。中枢のコレシストキニンは、不安や性行動、学習や記憶にも関係している。

長期的なエネルギーバランスに対する役割に加えて、レプチンは、短期の満腹信号にも直接的、間接的に働きかける。レプチンとコレシストキニンは相乗的に働き、短期的、長期的に食物摂取の減少に貢献する。

情報分子の多様な機能

レプチンは制御生理学における鍵概念の例であり、本書もその重要性を強調してきた。生理学的に重要なペプチドやステロイド、情報分子が、さまざまな組織において複数の機能を果たしていることも、ますます明らかになってきている。その作用と調節は組織や文脈特異的に働く。たとえばレプチンは胎盤で分泌され、胎児の発達に重要な役割を果たすように見える。レプチンは生殖腺でも働き、とくに女性における性的成熟や出生力と関係する。レプチンはエネルギーバランスを司るホルモンとして働く一方、生殖ホルモンとしても働いているのである。

グレリンは古い調節分子である。哺乳類におけるその構造は、昔のままの姿をよくとどめている。グレリンはニワトリや魚、ウシガエルにも存在している。グレリンは成長ホルモン分泌促進因子受容体への結合を介して、成長ホルモンの分泌を促進する。血中グレリンにはアシル化された型と、非アシル化のふたつの型が存在する。非アシル化グレリンは成長ホルモン分泌促進因子受容体を活性化させることはないが、ブドウ糖の恒常性を保つ働きや脂肪の生成や分解、細胞のアポトーシス、さらには循環器に働く。それは、いまだ発見されてはいないが、別の受容体が存在する可能性を示唆する。グレリンは、一一七の残基を有する分泌性ペプチド前駆体の翻訳後開裂によって生成される。一方、同じ分泌性ペプチド前駆体の異なる翻訳後開裂によって生成されるホルモンがオベスタチンである。他の研究者は追試に成功してないが、チャンら[*2]の研究結果によれば、オベスタチンは食物摂取を抑制するらしい。グレリンの前駆体をコードする遺伝子は、少なくとも二種類の異なるペプチドホルモンを産生している。二種類の異なるホルモンの作用は正反対である。こうした事実は、翻訳後プロセスの重要性を示唆する。

進化は、既存の生物多様性の上でしか働くことができない。レプチンやグレリンのような古くからの調節分子は、長い時間にわたって多様な機能をもつように適応し、選択されてきた。そうした例は他にもある。こうした分子は、自らの生存に対する内的、あるいは外的挑戦に対して情報をやり取りし、末梢器官と中枢神経間の反応を調節する情報分子として機能する。進化の視点からすれば、こうした情報分子が組織ごとに異なる機能や作用機序を発揮するのは当然とも思える。

食欲と飽満、そしてエネルギー収支

一回の食事量と食事の頻度は、エネルギー摂取に大きな影響を与える。しかし、エネルギーバランスの調節が、食欲や飽満に関する信号機能のすべてかどうかに関しては不明な点が多い。食べる動機と、食べることをやめる動機は、必ずしもエネルギーや他の栄養素の摂取と関係しない（少なくとも短期的に）。

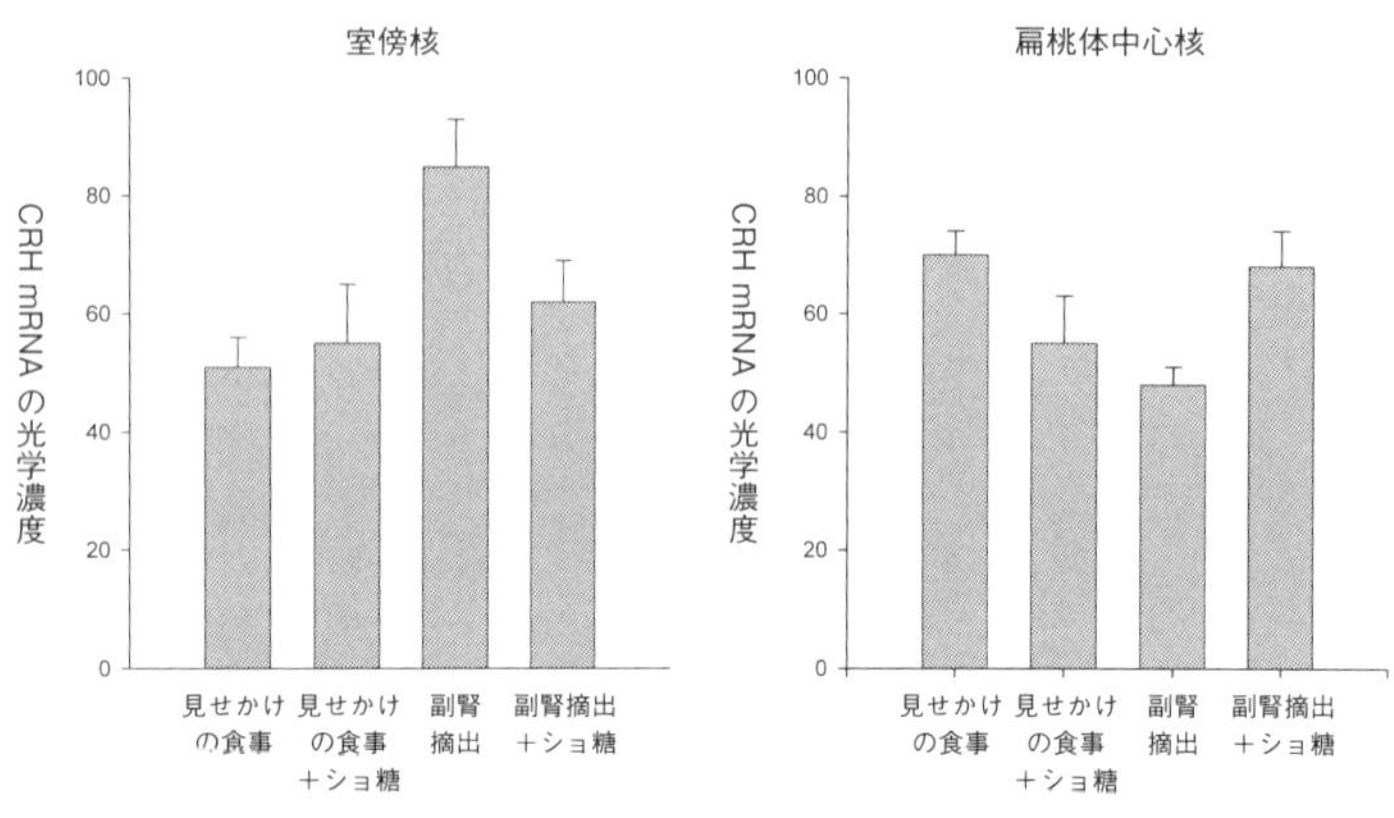

（図10-4）除副腎ラットは，下垂体内の室傍核における副腎皮質刺激ホルモン放出ホルモン（CRH）基礎量が高く，扁桃体中心核での CRH 基礎量が低い．出典 Dallman et al., 2005.

食物の種類によって、生理的結果も代謝も異なる。ある種の食べ物を食べる動機、または食べるのをやめる動機は、エネルギーの収支を保つこと以上に、代謝や代謝がもたらす結果に影響されている可能性がある。

たとえばダルマンら[*3]は、彼らが「コンフォート型食物」と呼ぶ高脂肪食や高糖分食を摂取することが、インスリンやグルココルチコイドの分泌増加を引き起こし、それが側坐核の快楽関連領域を刺激すると主張している。コンフォート型食物を食べたいという動機は、ストレスの多い環境下に置かれたラットやヒトで認められる。こうした行動は、部分的には、自己治療の一形態ではないかとされている。つまり、栄養の摂取というより治療的なものとしての摂食であり、コンフォート型食物は、覚醒を進めるホルモン信号を和らげる一手段となる。ヒトでは、男性より女性でより強く現れることが知られている。

ストレスが多い環境下では、脳内の副腎皮質刺激ホルモン放出ホルモンの分泌が増える。副腎摘出はそのホルモンの動態を変え、視床室傍核での副腎皮質刺激ホルモ

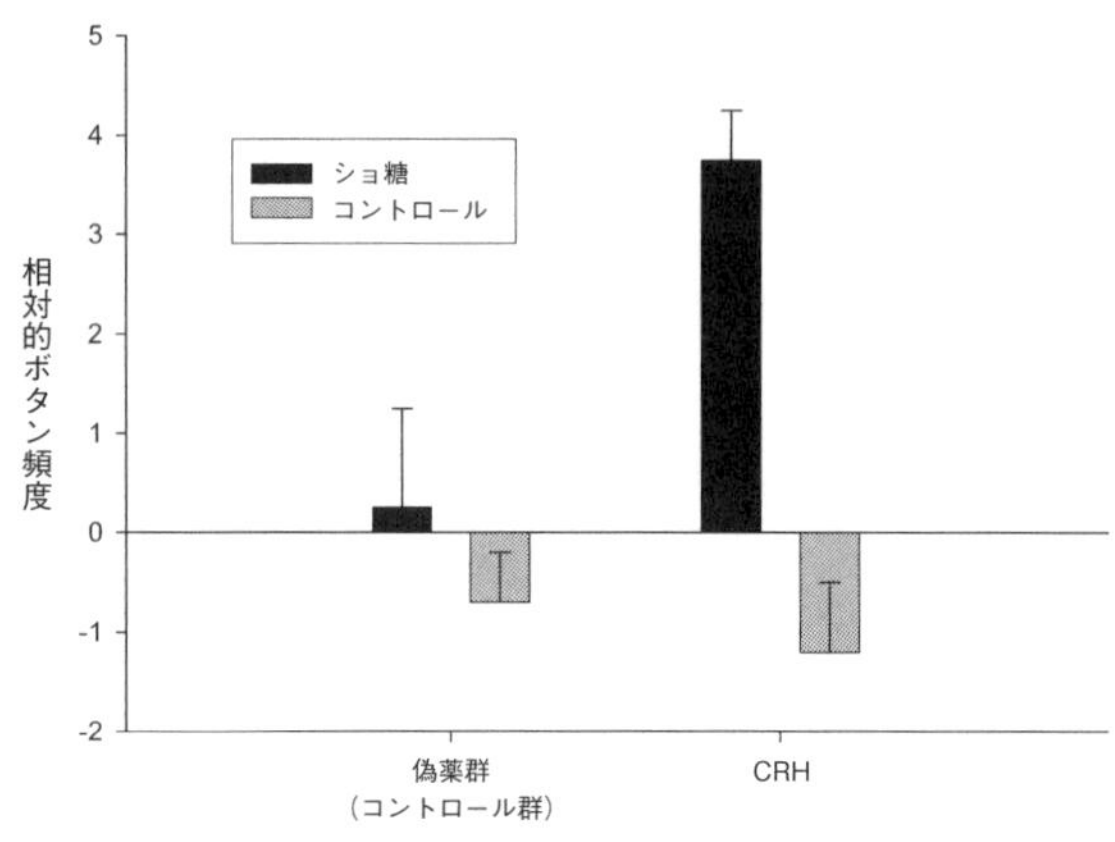

（図10−5）側座核に副腎皮質刺激ホルモン放出ホルモン（CRH）を投与したラットは，ショ糖が与えられるという聴覚刺激により反応的である．ラットはショ糖と書かれたボタンを押す頻度を上げ，コントロールと書かれたボタンを押す回数を減らした．相対的なボタン頻度は，聴覚刺激を与えた2.5分間にボタンを押した回数から，刺激前2.5分間にボタンを押した回数を引いたものである．出典 Pecina et al., 2006.

ン放出ホルモンの増加と、扁桃体中心核での低下をもたらす。興味深いことに、ショ糖の摂取は、副腎摘出ラットでは脳における副腎皮質刺激ホルモン放出ホルモンのレベルを正常化した（図10−4）。別の研究では、音が鳴った後にバーを押すとショ糖の錠剤を入手できるよう訓練されたラットが、副腎皮質刺激ホルモン放出ホルモンの側坐核への投与によって、音に反応してバーを押す回数が増えることが示された（図10−5）。これは、副腎皮質刺激ホルモン放出ホルモンが外部からの合図に対する感度を上げ、ラットが反応する動機が強化された結果と解釈できる。そうした事実は、ラットが神経系副腎皮質刺激ホルモン放出ホルモンの増加に対して、ショ糖への欲求を高めることで応えているとも解釈できる。ショ糖の性質がそうさせるのであり、つまりそれは、人工的に増加された中枢の副腎皮質刺激ホルモン放出ホルモンによる覚醒を和らげるための、ラットの自己治療的反応と考えられるのである。

加えていえば、同じような末梢での内分泌があっても、その結果としての行動には個人差がある。たとえば、朝食とともに高果糖飲料を飲むことは、同カロリーの高ブドウ糖含有飲料を飲んだ場合に比較して、血糖やインスリンの上昇が穏やかである。摂取に引き続く血中レプチンの上昇と血中グレリンの低下も、果糖飲料ではやはり穏やかとなる。こうした結果は、果糖による満腹感がブドウ糖に比較して低いという事実と一致する。内分泌反応は、食事制限の有無で異なることはない。にもかかわらず、食事制限群においてのみ、高果糖飲料を摂取した日の飢餓スコアが高く、翌日の脂肪摂取量も高かった。

エネルギーバランスと体重は制御されている。しかしどちらも同じように制御されているわけではなく、体重の減少（負のエネルギー収支）は、体重増加（正のエネルギー収支）に比べ、より忌避されている。それは進化の理にかなっている。進化の歴史のなかで、食物摂取は内的要因よりむしろ外要因によって規定されてきた。かつて食物供給には、大きな変動があった。食物が豊富な時に食物を貯蓄する基本的な方法は、体脂肪としての貯蔵だった。このようにヒトのエネルギー収支は、穏やかにではあるが正のエネルギー収支を志向し、余剰となったエネルギーを体脂肪のかたちで蓄積するよう進化してきたと考えられる。

こうした非対称性は、食欲や食物摂取においても見られる。食物摂取刺激には、複数の機構が関係している。神経ペプチドYやアグーチ関連ペプチドは、強い食欲促進効果を有している。しかし、これらのペプチドが欠損したマウスが食欲不振に陥るわけではないし、飢餓には、非欠損マウス（対照マウス）同様、過食で反応する。一方、レプチン欠損は過食と肥満を誘発する。レプチンと神経ペプチドYの両者を欠損したマウスは、レプチンだけを欠損したマウスと比較して、過食や肥満の程度は緩やかである。しかし対照マウスと比較すれば、過食や肥満傾向にある。

まとめ

生理や代謝は、生物の生存と生殖に関係する。現実世界では、動物は常に、緊急的課題に対して優先順位を与える。喫緊の課題に優先順位をつけ、それを解決することは、中枢神経の主要な機能である。中枢神経の他の機能としては、期待に対する反応を調節することがある。中枢神経は生理的調節に深く関わっている。

満腹感の主要な働きは、食事を終えることにある。一方、食事を終えることはエネルギーバランスに間接的にしか関与しない。脳相反応は、食事の量や食事時間——消化と代謝の効率化が関係する——を増やし、一回の食事あたりの食物摂取量を増加させる。一方で脳相反応は食事を終えるための内分泌カスケードの引き金を引く。食事を終えることには、複数の理由が存在する。ホメオスタシスの維持は、考慮すべき重要な事象である。血中のグルコースやアミノ酸、インスリン濃度の上昇は食欲を減退させる。

単純で、あまり考慮されてこなかった事柄に、動物は生きていくために多くの機能を有しているという事実がある。強い動機や、冗長ともいえる神経回路が摂食行動を強化する。食物が利用可能な状態で摂食を中止するには、同じく強固なメカニズムの存在が欠かせない。さもなければ、動物は必要性とは無関係に、常に食べ続けることになる。動物には多くの制約がある。時間は、そうした制約のなかでも普遍的なものである。動物は生きるためや生殖に必要なさまざまな活動に時間を振り分ける必要がある。他の活動のために食べることを中断するということは、どの程度適応的価値を有しているのだろうか。

あるいは最近のヒトの肥満の拡大は、過去にエネルギーを摂取するために必要だった時間が、同じ熱量のエネルギーを獲得するために現在必要な時間を大幅に上回っていたという事実とどの程度関連を有しているのだろうか。食事量を調整するための進化とエネルギー収支を調整するための進化は、独立の事象である。この事実こそ、肥満の病因を理解する上で重要な意味をもつと思われる。

第11章　脂肪の生物学

脂肪はヒトの身体に必須である。脂肪は、栄養上の機能、ホルモンとしての機能、さらに構造的機能さえ有している。たとえば、ミエリン（神経軸索を覆い、神経信号のスピードを速める働きをする）は八〇％が脂肪でできている。ある種の脂肪酸は適切な脳の発達に必須であり、事実、脳は脂肪に満ちた組織である。それによって脳はエネルギー的に高価なものになっており、したがってヒトは質の良い食事を求める。捕食者の多くは、まず、獲物の肝臓や脳といったエネルギー密度の高い組織から食べていく。獲物が多い時期など、第一捕食者は、そうした組織のみを食べ、残りの部分は腐肉食動物に残されることもある。

脂肪は、生きている組織において多くの機能を営む。細胞膜はリン脂質、糖脂質、ステロイドで構成されている。コレステロールを基盤としたエストロゲンやテストステロン、グルココルチコイドといったステロイドホルモンは、生命維持に必須である。脂肪がなければヒトは生きていくことができない。

右の例は、脂肪が常に悪いわけではないことを改めて示す。本書では、おもに栄養や代謝に関連するホルモンの側面から脂肪について考察しているが、脂肪の主要な貯蔵庫は脂肪組織であり、肥満に関係しているのはこの脂肪組織なのである。脂肪組織は体内で栄養と代謝に関する機能を担っており、ホルモンの機能にも関係している。

肥満は脂肪組織の過剰であり、過剰体重のことではない。肥満の健康への影響を理解するためには、脂肪組織の適応的機能を調べる必要がある。適度であれば、食事中の脂肪も身体中の脂肪も、良いものである。しかしこの「良い」が過剰になると、不適応が起こる。ある閾値を超えて働き始めた正常な生理機能は、病気の要因となる。これが「アロスタティックロード」に他ならない。本章では、脂肪組織の機能と、その脂肪組織の過剰が健康被害をもたらす理由のいくつかについて調べていくこととする。

脂肪組織

脂肪組織は脂肪細胞で構成される緩やかな結合組織である。脂肪細胞は薄い細胞質に囲まれたひとつの脂肪滴を内部に有する。それは皮下（皮下脂肪）や内臓のまわり（内臓脂肪）、また筋肉内にも存在している。脂肪組織は、貯蔵エネルギーの源や熱喪失の断熱材として、または身体内の臓器を保護するクッションとしても機能している。成人の脂肪の大半は白色脂肪であるが、新生児は褐色脂肪も有する。多数のミトコンドリアを有する褐色脂肪は、体温調節に重要な脱共役タンパク質反応を通して、相当量の非震え型熱エネルギーを放出できる。一般的にいえば、褐色脂肪はヒト成人では最小限しか存在しない。しかし他の哺乳類、とくに小さな哺乳類では、褐色脂肪は生涯を通して重要であり続ける。褐色脂肪はとくに低温適応動物に多く、同量の肝臓組織の六〇倍近い熱を産生する能力をもつ。一方、白色脂肪組織は、エネルギーの受動的貯蔵庫ではないが、代謝的に活発というわけでもない。それは内分泌、免疫、代謝に関する機能を有する。脂肪組織はエネルギー代謝にとっても重要である。

白色脂肪組織は体重のかなりの割合を占めうる。健康な女性では体重の二〇％、あるいはそれ以上を白色脂肪組織が占める。脂肪組織は、トリグリセリドとして蓄えられる脂肪酸の供給源でもある。エネルギー摂取がエネルギー支出を上回ったとき、脂質が脂肪細胞に貯蔵される。エネルギー摂取が不足した時には、代謝を動かす燃料として、脂肪細胞から脂肪酸が放出される。

脂肪は炭水化物やタンパク質に比較して、一グラムあたり二倍以上のエネルギーを有している。エネルギー貯蔵において、脂肪が効率的であることの理由である。標準的な体重のヒトでは、一カ月分以上のエネルギーを脂肪は蓄えている。

脂肪組織のエネルギー貯蔵能力は、多くの適応的利点を有する。予想不可能な食糧供給の影響から組織を守る働きをする。また、食事と食事の間により長く行動することを可能にする。脂肪を蓄える能力は行動の自由を増し、動物が採用する潜在的な食物獲得戦略の幅を広げる。脂肪貯蔵を増加させるという私たちの祖先の能力は、多面的な適応機能を担っていたのである。

とはいえ、脂肪組織はエネルギーを貯蔵するだけでない。脂肪は最も効率的なエネルギー貯蔵媒体であるが、一方でそれは毒でもある。細胞や器官内に蓄積する脂肪滴は脂肪肝などの病的状態を引き起こす。脂肪の毒性を防ぐために、脂肪は酸化されるか封印されなくてはならない。脂質酸化は多くのエネルギーを産生放出する。脂肪は生物にとって確かにエネルギーの源なのである。しかしヒトにおいてこんにち、酸化される以上の脂肪が摂取されるようになった。代謝には限界があり、動物がエネルギーを処理できる速さにも限界がある。脂肪組織のもうひとつの基本的機能は、脂肪が有する細胞毒性を防ぐために過剰な脂肪を隔離することである。

脂肪細胞は脂肪の蓄積に特化した細胞である。脂肪は優先的に脂肪組織に蓄積される。筋肉や肝臓、心臓などには少しの脂肪があるだけとなる。ただしそうした組織に存在する脂肪は病気の原因となる。脂肪細胞はそのエネルギー値について有益になるように脂肪を蓄積し、いつか、どこかで必要となるエネルギー需要に備えているのである。脂肪細胞はまた、過剰な脂肪による代謝障害を予防するためにも脂肪を蓄積する。

すなわち、脂肪組織は他の組織を保護するための貯蔵庫として機能し、またある時点で蓄えられたエネルギーが後で使用されるプロセスに介在する。これらは重要な適応反応である。しかし脂肪組織は単なる受動的器官ではない。積極的に代謝を調節する。事実、脂肪組織は脂肪細胞以上のものからなる。線維芽細胞やマスト細胞、マクロファージ、白血球といった多くの非脂肪細胞が脂肪組織から見つかっている。脂肪細胞も非脂肪細胞もともに、ペプチドやステロイド、免疫分子を産生し制御し分泌している。脂肪の生物学は、脂肪がこれまで考えられていたよりはるかに複雑で統合的に機能していることを示している。脂肪組織は、生理学的に積極的な調節機能を担っているのである。

肥満の病理に関連するのは、脂肪組織の代謝的に活発な機能である。脂肪組織が内分泌器官や免疫器官であるという考え方は、なぜ過剰な脂肪組織がヒトの生理や代謝に重要な影響を与えるかということに対する洞察を与えてくれる。もし肝臓や副腎の大きさが倍になったら、どのようなことが起こるだろうか。何らかの健康障害が起こるに違いない。肥満は、人類の祖先が経験したことのある機能的範囲を超えた脂肪増加と同義である。増加した脂肪から分泌されるホルモンやペプチドは、他の器官との間にアンバランスを生む。いくつかの点において、肥満がもたらす代謝障害は、過剰に肥大した他の内分泌器官によって引き起こされる障害と同じものなのである。

内分泌系

内分泌系は当初、副腎、生殖腺、膵臓、副甲状腺、松果腺、脳下垂体、胸腺、甲状腺の八つからなり、その第一の目的は内分泌ホルモンの合成と血液中への分泌と考えられていた。血液へ分泌されたホルモンは標的器官に到達し、そこで受容体に結合し、信号を伝達する。しかし内分泌器官の概念は、生理や代謝、身体の器官についての理解が深まるにつれて大きく変化した。内分泌器官は信号伝達がその主要な機能であるという点を除けば、特異な器官ではない。信号伝達でないものを主要機能にもつ器官にも、内分泌機能を有する器官はある。たとえば一九八三年、フォルスマンら[*1]は、「右心耳は内分泌器官である」というタイトルの論文を発表した。以降、内分泌ホルモンを産生し分泌する組織のリストは、ほぼ全身の器官に及ぶほど長くなっている。古い内分泌器官の考え方は、多くの器官が内分泌器官として働くという生物学的事実によって変化を強いられている。第7章で議論した「消化」がよい例である。また、心臓、皮膚、脂肪組織なども内分泌器官として機能する。

内分泌ホルモンの初期の概念は、「遠隔作用」であった。別の言葉でいえば、血中に分泌されたホルモンは遠くの標的器官に運ばれ、そこで効果を発揮するということである。この概念もまた変化を強いられた。多くのホルモンは遠くでも働くが、産生された現場やその近傍でも機能するのである。こんにち、分泌されるホルモンには、内分泌、パラ分泌、自己分泌といった種類があることが知られている。内分泌とは別の組織に働くことを、自己分泌とは自らの組織に、パラ分泌とは近傍組織に働くことを意味する。内分泌器官の概念も、理解が進むとともに複雑になってきているのである。

脂肪組織と内分泌機能

脂肪組織は以前考えられていたよりずっと代謝的に活性な組織であることがわかってきた。代謝的に不活性なエネルギー貯蔵庫、という脂肪組織についての初期の理解は、生理活性や内分泌機能において積極的な役割を果たしているという認識にとって代わられている。脂肪組織はエネルギーを貯蓄する組織であると同時に、全身の生理に関与する内分泌組織でもある。脂肪組織は、ホルモンやホルモンを制御する酵素を産生し、貯蔵し、分泌する。こうした分子はステロイドホルモンの局所的、および全身的濃度に影響を与える。

脂肪組織は、三つの異なる方法で内分泌腺として機能する。まずは、ステロイドホルモンの形成前物質を貯蔵し、放出することによって。こうしたホルモンの多くは、脂肪組織中で前駆体から産生されたり、また不活化されたりする。脂肪組織は、ステロイドホルモンの代謝に関与する多くの酵素を発現する（表11−1 巻末）。たとえばエストロンは、脂肪組織のなかでエストラジオールに転換される。すべてではないにしても、閉経後の女性の血中エストラジオールの大半は脂肪組織から供給される。脂肪組織は、コルチゾンをコルチゾールに転換する脱水素酵素や、コルチゾールをテトラヒドロコルチゾールに転換する還元酵素を産生している。このように、脂肪組織はグルココルチコイドの局所濃度を調節し、その代謝に貢献しているのである。

脂肪組織は多くの活性ペプチドやサイトカインを産生し、分泌している。こうしたペプチドは、アディポカインと呼ばれる。アディポカインのリストは長くなり続けている。以下では、脂肪組織が産生する情報分子のうち、最も解明が進んでいるいくつかについて、その機能と制御について見ていく。

ステロイドホルモンとしてのビタミン

ビタミンDは、内分泌器官や内分泌ホルモンの定義が柔軟に考えられる必要があることを示す好例である。何よりもまず、その名前にもかかわらず、ビタミンDは大半の動物にとっては栄養素ではない。ビタミンD_3（植物ではビタミンD_2に相当）は、紫外線B波（UVB）への暴露によって皮膚で産生されるステロイドホルモンである。例外としては、そうした光合成的能力を失ってしまい、肉食のみに依存するようになったネコ科の動物や北極グマなどがいる。ヒトを含む霊長類は、皮膚に強固なビタミンD_3の光合成的システムを有している。一週間に数日、一日あたり一〇分から一五分の手や顔への太陽光の日射があれば、十分量の産生が可能となる。少なくとも夏季であればそうだ。冬季には、オゾン層や他分子による吸収のために、大気を透過する紫外線量は高緯度地域で大きく低下する。アメリカのボストンでは、一〇月下旬から二月にかけて大気を通過することができる紫外線B波はほとんどない。ビタミンD産生は三〇度を超える高緯度では季節によって大きく変動する。北極圏ではとくに低くなる。南半球におけるオゾン層の破壊は、南極におけるビタミンD産生可能期間を増加させた。

ビタミンD自体は、動物型であれ植物型であれ、生物学的活性はそれほど高くはない。活性の高いホルモンになるためには、二段階のヒドロキシル化を必要とする。第一段階は肝臓で起こり、カルシフェジオールとなる。この段階は制御されることなく起こる。血中のカルシフェジオールは活性が低い貯蔵型で、ビタミンD供給の最もよい指標となる。ビタミンDの活性が最も高い代謝産物は、カルシトリオールである。これは、カルシフェジオールのヒドロキシル化を通して、おもに腎臓で産生される。その主要な生理機能は、消化管や腎臓、骨で働くことにより、イオン化されたカルシウムやリンの血中レベルを調節することにある。消化管はカルシウムやリンを吸収し、腎臓はカルシウムやリンを排泄し、骨はカルシウムやリンの出し入れに関与する。

カルシトリオールは皮膚、肝臓、腎臓からの代謝産物である。腎臓で産生されるそれはパラ分泌としても自己分泌としても機能する。近年、カルシフェジオールのヒドロキシル化によってカルシトリオールが皮膚でも産生されることが示された。つまりビタミンDは皮膚を離れ、血中に入り、肝臓でヒドロキシル化されてカルシフェジオールになり、次にその一部が皮膚に戻り、さらなるヒドロキシル化を受けて活性型であるカルシトリオールになる。それは皮膚では、細胞の分化や成熟を調整するために、近傍器官で働くパラ分泌の様式、あるいは自己器官に作用する自己分泌の様式で作用する。

ビタミンDと脂肪組織

脂肪組織はビタミンDの代謝産物や、他の脂肪溶解分子の貯蔵庫としても機能している。これが、ビタミンD欠乏症発症に長い時間がかかる理由であり、赤道から離れた地域に暮らす人々が、食事中のビタミンDが少ない冬にもかかわらず十分量のビタミンDを確保できる理由のひとつである。夏季における太陽への強い暴露は、数カ月分のビタミンDをつくり、その代謝物を体脂肪に蓄える。この機構は新生児の健康にも重要なものとなっている。新生児は、子宮内で供給された何カ月分かのビタミンDを脂肪組織に蓄えて生まれてくる。したがって、母乳がビタミンDを欠いているにもかかわらず、母乳保育だけで何カ月にもわたってビタミンD欠乏を回避できる。もちろん、新生児が十分強い太陽光（あるいは、他の紫外線B波）に暴露されれば、内因性の光合成は十分量のビタミンDを産生する。ヒトは進化の過程で、太陽光を通してビタミンDを産生してきた。ヒトが母乳中にビタミンDやその代謝物を含むように進化しなかった理由のひとつでもあろう。新生児の太陽への暴露は通常は十分以上なものである。人類の過去において、ビタミンD欠乏症や、くる病は、ほとんど見られなかった。ビタミンD欠乏症は近代以降の疾病なのである。

肥満は脂肪組織の過剰である。肥満は同時に、血中の低いカルシフェジオール濃度とも関係しており、それはビタミンD欠乏症のリスクを増大させる。食事と太陽への暴露だけでこの関連を説明することはできない。脂肪組織の大きな塊は、過剰なビタミンDや他の脂溶性ビタミンを脂肪組織に貯蓄し隔離してしまう。肥満者のビタミンDは脂肪組織への流入に傾く傾向があり、その結果、血中のビタミンDが低下する。

このように肥満とビタミンD欠乏には関連が見られる。ビタミンDが肥満に影響を与えているという証拠はあるだろうか。カルシウム不足は、ヒトでも動物でも体重増加や脂肪蓄積と関係している。ビタミンDの代謝は部分的にカルシウム摂取量によって調整されている。多くの研究が、ビタミンDと肥満の関連を示唆している。脂肪組織内の脂質代謝はカルシトリオールによって調節されている。たとえば、カルシウム不足によるカルシトリオールの増加は、脂肪組織における脂肪蓄積を増加させるように見える。逆に、カルシウム摂取量の増加は血中カルシトリオールを低下させ、脂質生成を抑制する。それによって脂肪の蓄積は減少する。

ステロイドホルモンと脂肪

ステロイドと脂肪には強い関連がある。ステロイドはコレステロールから生成されるが、コレステロールは脂肪である。ステロイドは脂溶性であり、血中から脂肪組織中へ広がっていくことができる。エストロゲンやプロゲステロン、テストステロン、グルココルチコイドといったステロイドホルモンを含むステロイドは、脂質中に存在が確認されている。これらは脂肪組織に貯蔵され、他の生理カスケードによって引き金が引かれると、そこから放出される。脂肪組織は、生理的引き金によってステロイドを保持したり放出したりする貯蔵庫であり、その源である。しかし単なるステロイドの貯蔵庫ではなく、代謝的に活性でもある。ステロイドは脂肪細胞が合成する酵素の働きによって、脂肪組織のなかで産生され、また不活化される。脂肪組織はステロイドの重要な調節装置なのである。

過剰な脂肪組織はステロイド代謝の調節異常を生む。血中ステロイドレベルは、高くても低くても肥満に関係することを示す証拠がいくつかある。

グルココルチコイドもまた脂肪組織量に影響される。コルチゾールの局所濃度、あるいは全身濃度はともに、グルココルチコイドの代謝や、コルチゾールとコルチコステロンの間の転換によって影響を受ける（表11－1）。肥満は、副腎でのグルココルチコイドの産生増加、およびグルココルチコイドの高い代謝クリアランス（これは、血中コルチコイドの濃度を正常化する）の両者によって影響を受ける。肥満の人では、酵素11β－ヒドロキシステロイドデヒドロゲナーゼ1（HSD1）の活性が肝臓で減少し、5αリダクターゼによってコルチゾールの不活化が増強される一方で、11β－ヒドロキシステロイドデヒドロゲナーゼ1活性は、脂肪組織で増強される。

性ホルモンもまた、脂肪組織の影響を受ける。脂肪組織中のアロマターゼ（酵素）はアンドロゲン（男性ホルモン）をエストロゲン（女性ホルモン）に転換する。肥満の男性、とくに中心性肥満の男性は、エストロゲン値が高く、アンドロゲン値が低い。肥満男性における脂肪組織の増加は、血中エストロゲンの増加とテストステロン（男性ホルモンの一種）の減少に直接貢献する。

皮肉にも、肥満した女性は高アンドロゲンとなりやすい。女性における高アンドロゲン血症は多嚢胞性卵巣症候群を引き起こす。これは肥満と強く関係している。肥満は、女性に性ホルモンのアンバランスを引き起こす。高インスリン血症は、ステロイドの代謝と転換に影響を及ぼす性ホルモン結合グロブリンの効果と卵巣におけるアンドロゲンの分泌を通して、女性にアンドロゲンの過剰をもたらす。

レプチン

脂肪組織は多くのペプチドも産生する。存在が確認されたアディポカイン（脂肪組織によって産生されるペプチド）のリストはすでに長く、また、長くなり続けている。たとえば脂肪組織は、数多くのインターロイキンを産生する。以降の節では、レプチン、腫瘍壊死因子、アディポネクチン、神経ペプチドYという四つのアディポカインについて述べていく。まずはレプチンから始めよう。

レプチンは最初に発見されたアディポカインではない。しかし多くの点で標準的なアディポカインとなっている。それは主として脂肪細胞から分泌される。一六七個のアミノ酸で構成されるペプチドで、サイトカインと構造上の類似点を有する。一般的に、レプチンの分泌は脂肪総量に比例する。しかしレプチンの合成と分泌は多くの要因で調節されている。インスリン、グルココルチコイド、エストロゲンなどは、レプチンの分泌を増加させる。アンドロゲン、自由脂肪酸、成長ホルモンはレプチンの分泌を低下させる。レプチンの分泌は脂肪の種類と場所によっても変化する。皮下脂肪は内臓脂肪よりレプチンの分泌作用が高い。

レプチンは体内で多様な機能を果たしているが、主要な機能は、身体に蓄えられたエネルギー量や肥満信号を脳に伝えることにある。レプチン、インスリン、神経ペプチドY、コルチゾール、副腎皮質刺激ホルモン放出ホルモンは、すべて中枢で作用し、食欲と食物摂取に関して、ときに相反的に、ときに協調的に働く。こうした情報分子はエネルギー代謝、エネルギー貯蓄量、そして温度や社会的要因、生殖、病気、概日変動といったエネルギー要求を左右する要因への認識と、エネルギー収支を調節する行動とを関連づけながら、末梢での生理と中枢での動機づけを調節する。こうした分子は、食事における快楽や、摂食の意思、食事を探すための動機、そして最終的には長期間にわたって消費される食物量に影響を与える。

レプチンは他にも発達や生殖機能の調節を行う（第7章参照）。免疫機能でも重要な役割を果たす。レプチンは、脂肪組織での調節機能に加えて、多様な組織で多様な役割を果たしている。

レプチンと妊娠

レプチンは妊婦の栄養状態（脂肪量）とも関連を有しているので、妊娠しやすさや妊娠の維持に関する重要な代謝シグナルでありうると考えられている。低レプチン濃度は、ヒトでは妊娠の中断を示唆する。レプチンは、糖尿病や子癇（しかん）前症といった合併症を併発した妊婦で高値を示す。証拠はまだないが、

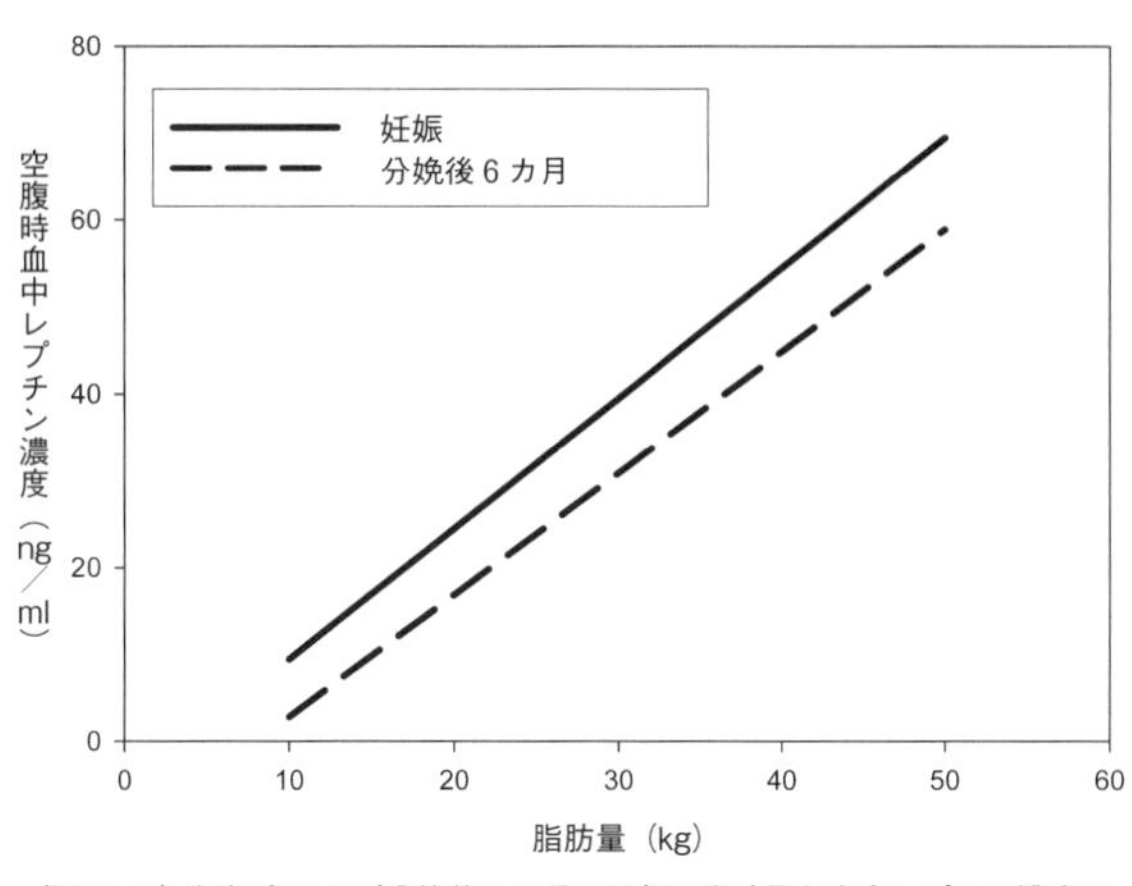

（図11-1）妊娠中および分娩後6カ月の母親の脂肪量と血中レプチン濃度の関係．出典 Butte et al., 2001.

レプチンは、女性が妊娠に対して十分に準備ができていることを示す指標のひとつ（主要なものではないとしても）かもしれないという研究結果はある。

レプチンは胎盤で産生される。胎盤重量と胎盤中のレプチン発現量は比例する。ヒトでは、妊婦の血中レプチン濃度は妊娠中期に最も高く、その後減少する。妊娠期はレプチン抵抗性をともなう高レプチン血症状態であるとみなされている。抵抗性とはすなわち、妊婦のレプチンが食欲を抑制しないことを意味する。母親の血中レプチン濃度は、分娩時に胎盤レプチンの消失によって急激に低下するが、それでも妊娠中の脂肪量に比例している。図11－1は、妊娠期間中と出産後六カ月の、脂肪量と空腹時血中レプチン濃度との関係を描いたものである。線は並行で、それは脂肪量が血中レプチン濃度に恒常的な影響を与えていることを示す。一方で図は、妊娠中の数値が高いことも示している。胎盤中のレプチンの存在によるものと思われる。

レプチンはインスリンやインスリン様成長因子とも関係している。ヒトではレプチンは胎児の大きさの予想値であるようにも見える。月齢に比較して大きな児は高レプチン値を示す。逆に月齢に比較して小さな児は低レプチン値を示す。ヒトでは、臍帯血レプチン濃度は胎児の身長や頭囲と相関する。一部は児の脂肪組織で産生されるが、胎児のレプチンの大半は胎盤に起源をもつ。興味深いことに、母親の血中レプチン濃度は、男児の母親に比較して、女児の母親で高い傾向にある。

レプチン受容体は胎盤に見つかる。胎盤は、短い、可溶性のレプチン受容体を分泌する。これは、妊娠中の母親の血中レプチン濃度が食欲を抑制しない理由の一部を説明するかもしれない。ヒトにおけるデータは不足しているが、げっ歯類では、レプチン受容体は脂肪細胞に加えて胎児組織の多く（たとえば、毛包、軟骨、骨、肺、膵島細胞、腎臓、睾丸など）に発現している。レプチンは胎盤や胎児組織に、内分泌的、パラ分泌的および自己分泌的に働き、胎児の成長や発達に重要な働きをするとされている。成長や発達の信号であり、指標である可能性が高い。レプチン受容体は、ヒヒでは胎児の肺細胞に発現しており、肺の成熟に重要な役割を演じる。それはまた、消化管にも見つかっている。

腫瘍壊死因子

腫瘍壊死因子もサイトカインである。レプチン同様、その発現は内臓脂肪に比較して、皮下脂肪で高い。腫瘍壊死因子は、局所的にも全身的にも働く。脂肪組織では、アディポネクチンやインターロイキン−6といった、他のアディポカインを制御する。遊離脂肪酸やグルコースの取り込みや貯蔵に必要な遺伝子、あるいは脂肪の産生に必要な遺伝子発現を抑制する。

腫瘍壊死因子はまた、肝臓でグルコースの取り込みと代謝を行い、脂肪酸の酸化を抑制し、コレステロールや脂肪酸の合成を増加させ、代謝過程に重要な遺伝子の制御を行う。腫瘍壊死因子は、インスリン受容体の基質であるセリンのリン酸化を促進するセリンキナーゼを活性化させる。これはインスリンの信号伝達の減少をもたらす。

アディポネクチン

アディポネクチンは血中に最も多く存在するアディポカインである。その濃度はレプチンの一〇〇〇倍にも達する。アディポネクチンは脂肪組織から分泌される他の多くの因子と違い、肥満によって血中濃度が低下する。低アディポネクチン血症はインスリン抵抗性と関係しており、高アディポネクチン血症はⅡ型糖尿病に対して防御的に働く。アディポネクチン活性の主要な標的は肝臓で、肝臓のインスリン感受性を増強する。

アディポネクチンは複合体を形成し、高分子量分子が活性な物質となる。アディポネクチンの情報伝達に影響を与える重要な翻訳後修飾がある。アディポネクチンのヒドロキシル化やグリコシル化であり、アディポネクチンが高分子量化する上で必要な過程である。ある種の代謝が必要とされる。たとえば、翻訳後修飾が起こらないファージが産生するアディポネクチンは、翻訳後修飾が起こる哺乳類の細胞が産生したアディポネクチンほど効果を発揮しない。これは、生物のシステムの複雑性を表しているともいえる。

血中アディポネクチンの濃度は、男性に比較して女性で高い。一方逆説的だが、アディポネクチンはエストロゲンによって抑制されているようにも見える。母親の血中濃度は、妊娠中に低下する。妊娠中のエストロゲンが影響しているのかもしれない。母親の血中アディポネクチン濃度は、授乳期間中にさらに低下する。これはプロラクチンの抑制効果が原因だと考えられる。興味深いことに、アディポネクチンの血中濃度は、メスのマウスに比較してオスのマウスで低いが、メッセンジャーRNAの合成はオスもメスも同じである。翻訳後修飾が、こうした性差をもたらしている可能性がある。

アディポネクチンは重要なアディポカインのひとつで、慎重に研究されるべき対象である。エネルギー代謝を含む代謝に重要な影響を与える。アディポネクチンが与える代謝における影響の男女差は、肥満がもたらす疾病リスクを理解するためにも重要かもしれない。

神経ペプチドY

神経ペプチドYは中枢で食欲を調節する、重要な食欲増進分子である。多くの神経ペプチドと同様に、末梢に作用し、膵臓や脂肪組織に存在している。受容体Y2と同様に、脂肪組織に発現し、そこから分泌される。

寒冷に暴露されたり、攻撃にさらされたりしたマウスでは、腹部脂肪の神経ペプチドYやその受容体Y2の発現が増加する。それら分子の活性化は血管新生を促進する。さらには、こうしたマウスに高脂肪、高糖分の食事が与えられた場合、神経ペプチドYやその受容体Y2の活性化は、内臓脂肪の増加をもたらす（図11－2）。寒冷や争いといったストレスは、高脂肪で糖分に満ちた、いわゆる「コンフォート型食物」（二三八頁）への嗜好となって表れる。まるで神経ペプチドYは、高脂肪高糖分の食事を食べる動機と、そうした食事がストレスの原因と相まって内臓脂肪を増加させることの、両者に関係しているように見える。高脂肪高糖分の食事だけでは、内臓脂肪の増加は見られない場合もある。しかしストレスがあるところに高脂肪高糖分の食事が加わると、内臓脂肪は増加する（図11－2）。

アディポカイン分泌における神経ペプチドYの影響は不明である。研究は相反する結果を示している。コスら[*2]は、神経ペプチドYでの治療が、腹部皮下脂肪組織からのレプチン分泌を試験管内で減少させることを発見したがアディポネクチンや腫瘍壊死因子への影響は見られなかった。一方でクオら[*3]は、神経ペプチドYが、内臓脂肪内前脂肪細胞から分泌されるレプチンとレジスチンの分泌を増加させることを発見した。その能力はインスリンと同等であった（図11－3）。これは情報分子が組織特異的にもたらす効果と、皮下脂肪と内臓脂肪の違いの、さらなる例である。

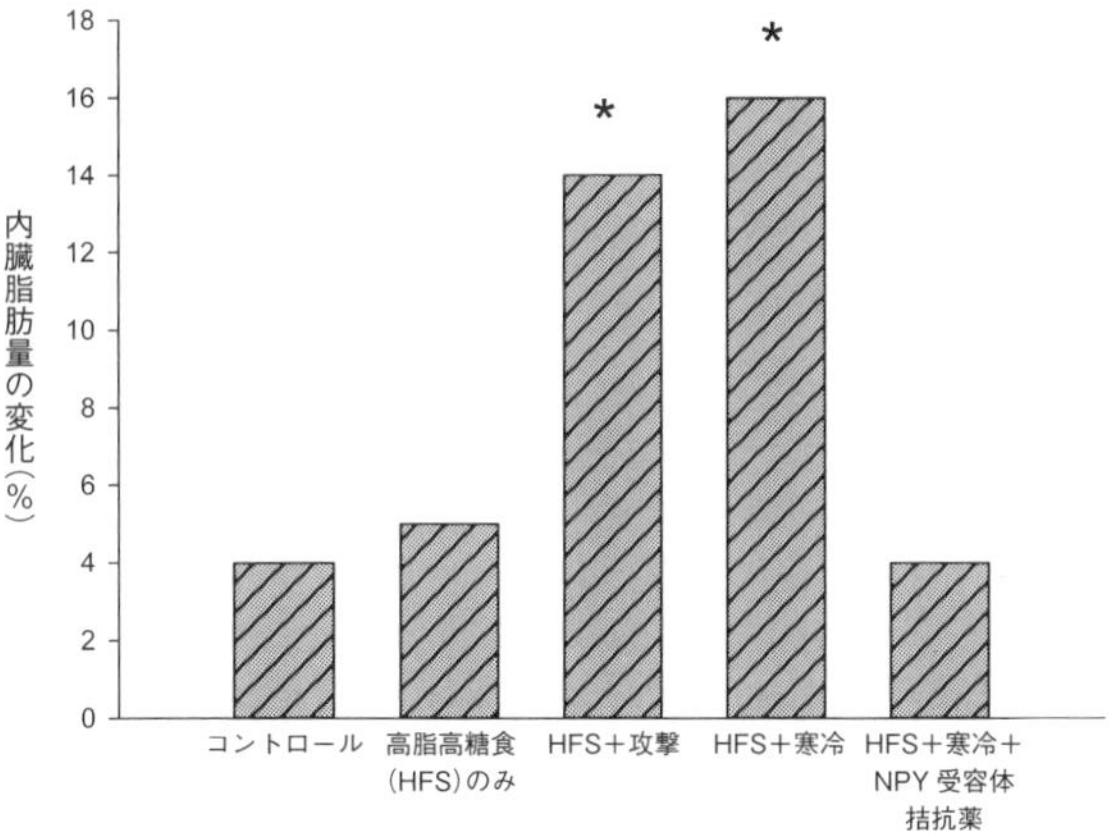

（図11－2）寒冷や攻撃にさらされた後，高脂肪，高糖分食を与えられたマウスは内臓脂肪量が増加する．出典 Kuo et al., 2007.

肥満と炎症

肥満は慢性で軽度の炎症状態と関連づけられている。脂肪組織は免疫機能をもつ細胞を有しており、炎症に関連する数多くのペプチドやサイトカインを分泌している。肥満は通常、こうした分子の血中濃度を上げる。大半のアディポカインが炎症性分子である一方で、アディポネ

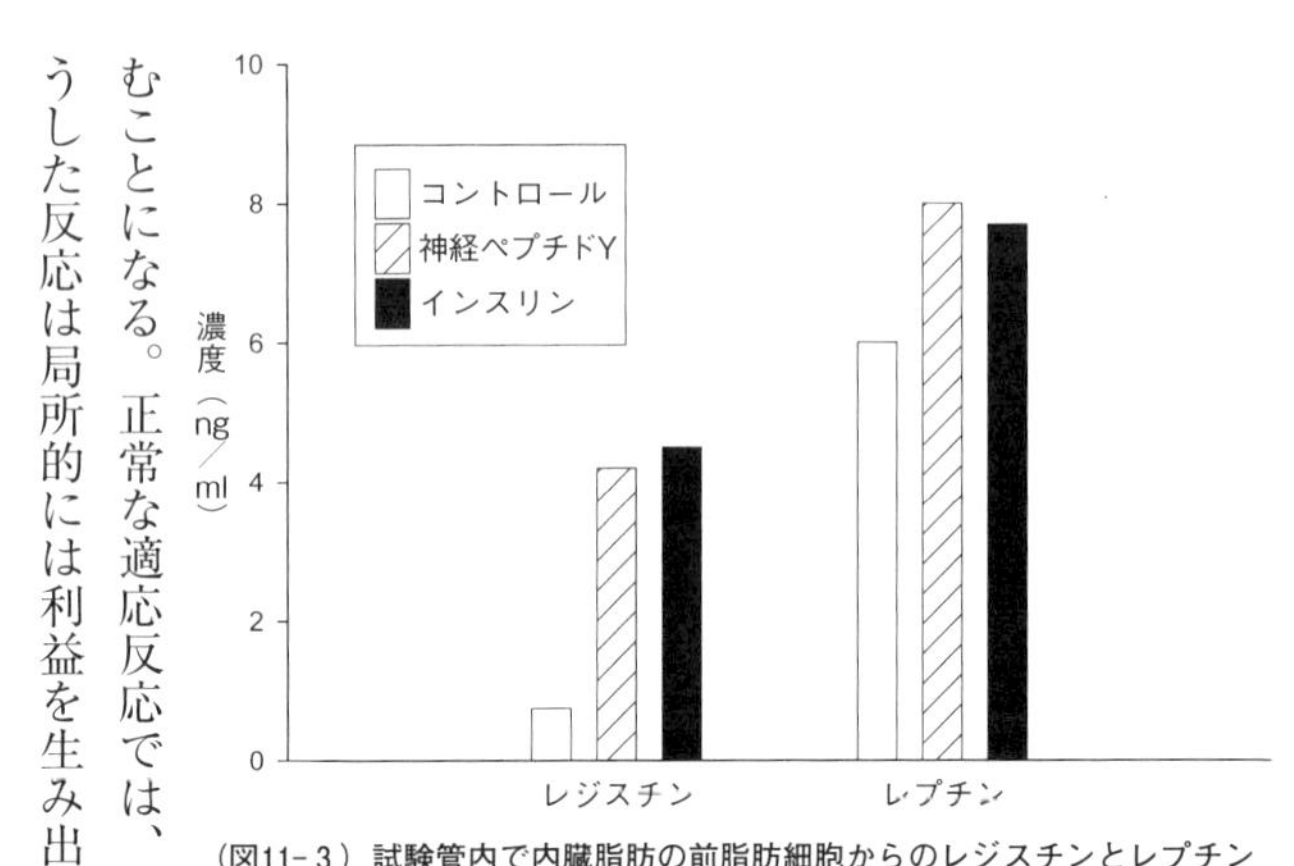

（図11-3）試験管内で内臓脂肪の前脂肪細胞からのレジスチンとレプチン分泌の刺激は神経ペプチドYとインスリンで同程度となっている.

クチンは抗炎症作用を有するように見える。アディポネクチンは肥満によって低下する。

マクロファージは脂肪組織中で、脂肪細胞間に塊をつくるように集積する。脂肪組織からの分泌の大半はマクロファージによってもたらされる。マクロファージで産生されるサイトカインや他の炎症性分子は、脂肪組織の過剰がもたらす合併症を引き起こす。インスリン抵抗性は、とくに肥満による炎症と関連している。

脂肪過剰による炎症には、低酸素が一定の役割を果たしているかもしれない。脂肪量が増加するにしたがって、血管新生（神経ペプチドYが関与する）が促され、それによって脂肪細胞への血流が担保される。それでも大きな脂肪の塊においては、脂肪細胞やマクロファージの一部への血流が不足する。したがって組織は、依然として低酸素に苦しむことになる。正常な適応反応では、低酸素への反応として、炎症性サイトカインの分泌が始まる。こうした反応は局所的には利益を生み出すが、全身的には障害をもたらすことが多い。

中心性肥満と末梢性肥満

「脂肪はみなそれぞれ」。腹部に過剰な脂肪組織が蓄積される中心性肥満（りんご型肥満）、は、男女ともに糖尿病や高血圧、異脂質症、心循環器系疾患の高いリスク要因である。中心性肥満は五〇歳を超える男女のインスリン抵抗性の最も強い指標となる。身体下部の肥満は、中心性肥満に比較して不健康に寄与する部分は少ない。大腿部の皮下に過剰な脂肪を蓄積している末梢性肥満（洋ナシ型肥満）の男女は、中心性肥満と比較すると、メタボリック症候群の割合が低く、肥満合併症の危険性も、腹部肥満と比較して低い。

洋ナシ型肥満が疾病に対する防御的効果を発揮するというデータもある。高いウエスト・ヒップ比に関連づけられる疾病リスクは、太いウエストもしくは細いヒップまたは大腿部から生じる。動脈硬化は、体幹の脂肪量に比例して悪化する。しかし末梢脂肪の増加はそれに対して多少防御的に働く。

身体下部の皮下脂肪の蓄積が腹部脂肪の蓄積に比較してより健康的であるにしても、過剰な脂肪組織はやはり健康にとって負の影響をもたらす。健全な肥満者は、それ以外の肥満者より疾病リスクが低いかもしれない。しかしそれでも、肥満していない人に比較すると疾病リスクは高いということである。

腹部脂肪は主として内臓脂肪と皮下脂肪に分けられる。その割合は男女で異なる。また、人種や民族によっても異なる。健康への影響も異なる。過剰な皮下腹部脂肪はグルコース調節がうまくいっていないことを示唆する一方で、内臓脂肪は疾病リスクを上昇させる。

内臓脂肪は腹腔内に蓄積する。男性の場合、内臓脂肪は死亡率を上げる要因である。過剰な内臓脂肪は、肥満に起因する代謝や健康障害のリスク要因となる。一方、肥満した男女の約二〇％は、肥満にもかかわらず健康である。こうした人々は通常、内臓脂肪の割合が低い。体重が正常にもかかわらず健康障害を示す人もいる。こうした人では、ボディマス指数から予想される脂肪量より実際の脂肪量が多く、また、内臓脂肪の割合が高い。高齢者において内臓脂肪の高い割合は、体重が正常範囲だとしても、インスリン抵抗性や脂質代謝異常症、高血圧といった代謝異常のリスク要因となる。

内臓脂肪が不健康の原因になることに関しては、ふたつの仮説がある。ひとつは、レプチン、インターロイキン、腫瘍壊死因子、アディポネクチンといったアディポカインの内臓脂肪からの分泌は、皮下脂肪からの分泌とは異なるという説である。そうした分泌の違いが疾病リスクの違いをもたらすという。いくつかのアディポカインの分泌に関しては、両者の違い（たとえば、内臓脂肪からはレプチンの分泌が低い）が示されているが、健康影響に関しては有用なデータが少ない。もうひとつの仮説は、内臓脂肪から放出される多くの遊離脂肪酸が直接門脈へ運ばれるという事実に基づいている。つまり大量の内臓脂肪は、肝臓が、全身の遊離脂肪酸量から予想されるより大量の遊離脂肪酸に暴露される状態を生み出す。男女とも、内臓脂肪の増加によって、内臓脂肪組織は肝臓へ多くの遊離脂肪酸を送ることになる。肝臓脂肪はグルコース調節機能の不備や遊離脂肪酸濃度の上昇と関係する。内臓脂肪は肝臓のインスリン抵抗性でも重要な役割を果たしているのかもしれない。一方、全身性のインスリン抵抗性に対する内臓脂肪の重要性に関しては疑問を呈する人もいる。というのも、内臓脂肪は全身性の遊離脂肪酸のごく小さな割合にしか影響を与えないからである。

内臓脂肪は、コルチゾールの産生と代謝の調節異常を引き起こす。コルチゾールの過剰分泌を引き起こすクッシング症候群は内臓脂肪の増加をもたらす。反対に腹部肥満の女性（クッシング症候群ではない）は、正常体重の女性や臀大腿部肥満の女性と比較して、副腎皮質刺激ホルモン放出ホルモン負荷試験に鋭敏に反応する。コルチゾールとその代謝物の尿中排泄は、過剰な内臓脂肪を有する女性で増加する。

内臓肥満には人種による違いがありそうだ。アジア人は、白人や黒人と比較してボディマス指数あたりの脂肪割合、また内臓脂肪の割合が高い。

肥満した閉経後のアフリカ系アメリカ人女性は、閉経後の白人女性と比較して、ボディマス指数あたりの内臓脂肪の割合が低い。一方で、皮下脂肪の割合は高い。若いアフリカ系アメリカ人男女の内臓脂肪量も平均すると白人に比較して少ない。しかし全体の脂肪量は多い傾向にある。興味深いことに、白人と黒人ではメタボリック症候群に対する感受性が異なる。白人は、高トリグリセリド血症などの脂質異常症を発症しやすい。一方、黒人ではグルコース代謝に異常を認めやすい。

まとめ

脂肪は複雑な組織である。脂肪組織は脂肪細胞を含むが、一方で他の細胞からもなる。脂肪組織は複数の機能を有している。脂肪を蓄えることは、そうした機能のひとつにすぎない。脂肪組織はステロイドホルモンの調節にも重要な役割を果たしている。脂肪組織から放出される因子は、内分泌機能と免疫機能を有している。そうした因子の多くは、炎症を引き起こす方向に働く。肥満の本体はおそらく、脂肪から放出される因子によって引き起こされる慢性で軽度の炎症である。大半のアディポカインの血中濃度は肥満で上昇する。一方抗炎症作用を有し、インスリン効果増強作用を有するアディポカインであるアディポネクチンは肥満で低下する。

肥満の合併症の一部は、おそらくアロスタティックロードの帰結である。正常な機能が長期間にわたって過剰に働いた結果、システムが悪化し、破綻するのである。肥満は、脂肪組織と他の代謝システムとのバランスの崩壊を引き起こす。

すべての脂肪が同じ疾病リスクを有しているわけではない。内臓脂肪は皮下脂肪より健康への負の影響が強い。下肢脂肪はメタボリック症候群の症状を改善するという報告もある。集団によって肥満による健康リスクが違うことの理由の一部は、脂肪蓄積部位が集団によって異なることによって説明できるかもしれない。

第12章　脂肪と生殖

男女にはさまざまな違いがある。これは、脂肪や脂肪の代謝にも当てはまる。男女ともに肥満に感受性であったとしても、脂肪の蓄え方は異なる。また、脂肪蓄積によって引き起こされる健康被害も異なる。男女では、脂肪蓄積の分布、脂肪代謝、燃料としての脂肪の活用法、脂肪の過剰や欠乏が引き起こす健康問題も異なる。こうした違いの多くは、生殖に関わるコストの違い、すなわち進化における適応の違いを反映している可能性が高い。生殖は女性にとって男性より栄養学的にコストの高い行為である。女性の懐胎や授乳に比較すれば、男性の生殖努力は小さく矮小でさえある。

本章では、男女間の脂肪蓄積や代謝の違いを検証し、そうした違いが肥満のタイプや発生頻度に与える違いを検証する。検証は進化生物学的視点から行う。ヒトを肥満になりやすくさせる性質の多くは、過去の適応力に由来するという仮説を立てた。他の特性は選択圧としては中立だった可能性が高い。それらが過去、肥満を引き起こした頻度は低いと考えられるし、したがってそれらは遺伝的浮動を通して蓄積されたと思われるからである。著者らは現代の肥満が、現代的環境に対する生理的不適応を引き起こす進化的適応反応として説明されると考えている。さらに、肥満における男女の違いは、それぞれの性の生物学的違いによる淘汰圧の違いを反映していると考えている。

脂肪、レプチン、生殖

生殖は、適応進化における鍵となる出来事であり、その成功は進化の基本的決定要因である。生殖を行わなくても、遺伝子を伝えることは、たとえば、親戚の生殖適応度を上げることによっても可能となる。しかし、生殖可能年齢まで生き残る子孫を生むことが直接的な成功への道であることに変わりはない。

生殖は哺乳類のメスにとって、人生のなかで最もエネルギーを集約的に必要とし、栄養を要求する出来事である。妊娠と授乳のコストは、オスが生殖に関連して必要とする栄養学的コストをはるかに凌駕する。栄養学的に見て適切な時期に妊娠と授乳が行われるよう調整する能力は、適応のひとつである。これは、メスの身体的状況が悪いときに妊娠を避けることを助ける。エネルギーや他の栄養素を、生存が困難な胎児に費やすこと、そうした支出が母親の健康を著しく損ない（その極端な例が妊婦の死亡である）、将来における生殖の可能性を損なうことは不適応である。

ヒトを含む哺乳類のメスが、自身の栄養状態を見て生殖を調節するという研究結果は数多く出ている。それがどのように実施されているかについては検証中であるが、ヒトのように寿命の長い種には、生殖の調節にもさまざまな方法が存在する。生殖が成功するか否かは、生殖機能や頻度、生殖可能期間といった事柄に影響を与える多くの因子に依存する。

脂肪の蓄積はおそらく、ヒト属の若い女性の生殖成功にとって決定的に重要であった。ヒトが生殖に関して季節性を有するという証拠はない。ヒトの初期の祖先の生殖調節においては、季節や年次の変数よりむしろ食物の利用可能性の方が重要だった。こんにち、その多くは悲嘆の原因となっているが、ヒトの女性は下肢に脂肪を蓄える能力を有する。脂肪組織やレプチンは女性の出生力と関連し、代謝や内分泌を介した間接的相互作用を介して出生力に影響を与える。

著者らは、肥満が過去に適応的だったとか、現在に適応しているとか、そうしたことを述べているわけではない。肥満は男女にかかわらず、生殖力を低下させる。過去において、肥満それ自体が生殖の成功を促したとは考えにくい。そうではなく、現在の肥満は、現代的環境において継続的な体重増加を促す一連の適応的な行動が原因であると考える方が妥当である。肥満それ自体は適応的戦略ではない。しかしそれが、ヒトを肥満しやすくする代謝的適応である可能性は依然として残る。

脂肪過多における性差

男女では脂肪量、体重あたりの脂肪割合、脂肪分布が異なる。生後早期、あるいは出産と同時に始まり思春期に増強されるこうした違いは、代謝や内分泌の違いに由来している。それが性差による肥満の健康リスクの違いを生む。

女性は男性より脂肪蓄積の割合が高い。ボディマス指数で補正した後でも、また人種や文化にかかわらず、そうである。事実、正常範囲の体重の女性の平均体脂肪割合は、肥満に分類される男性の体脂肪割合にほぼ等しい（図12－1）。さらにいえば、体格差にかかわらず、女性は男性より多くの脂肪を有することもある。

男性と女性では、脂肪が蓄積される場所についても違いがある（図12－1、12－2）。女性は臀部や大腿部に多くの脂肪を蓄える。一方男性は、腹部に脂肪を蓄えることが多い。男性が腹部肥満になりやすい理由のひとつである。こうした違いは出生時、あるいは胎生期から見られる。思春期前の少女は、思春期前の少年より多くの脂肪を下肢や下腹部にもつ。もちろん程度の差はある（図12－1、12－2）。

男女間のこうした脂肪分布の違いは、肥満に関連した健康リスクにも影響を与える。腹囲は肥満合併症の重要な危険指標である。男女の腹囲はそれぞれ、内臓脂肪、皮下脂肪量と相関しており、腹部脂肪組織を反映している。しかし、その関係性は男女で異なる。腹部皮下脂肪に対する腹囲の回帰直線は男女で平行であるが、数値には差がある。同じ腹囲であれば、女性は男性より平均で一・八キログラムも多くの腹部皮下脂肪を有する。対照的に、男性は内臓脂肪に対して測定した腹囲の傾きが、閉経前の女性より有意に高い。

年齢と更年期の状況もまた、腹囲と内臓脂肪の相関における重要な因子となる。高齢の男女は、若い男女に比較して内臓脂肪と腹囲の相関が高くなる。年齢で調整すると、どの年齢で比較しても男性の方の相関が高い。四〇歳の女性の相関は、二五歳の男性の相関に等しい。また閉経後の女性は閉経前の女性より高い相関関係にあり、その値は高齢男性に一致する。閉経後の女性の肥満による合併症は、男性のそれによく似る。そうした所見は、テストステロンやエストロゲンが、脂肪分布やそれが健康に与える影響に関係しているということを示唆するものとなっている（以降で詳述）。

中心性肥満 対 末梢性肥満

中心性肥満は、Ⅱ型糖尿病や高血圧、脂質異常症、心循環器疾患などの共存症の危険因子である（第

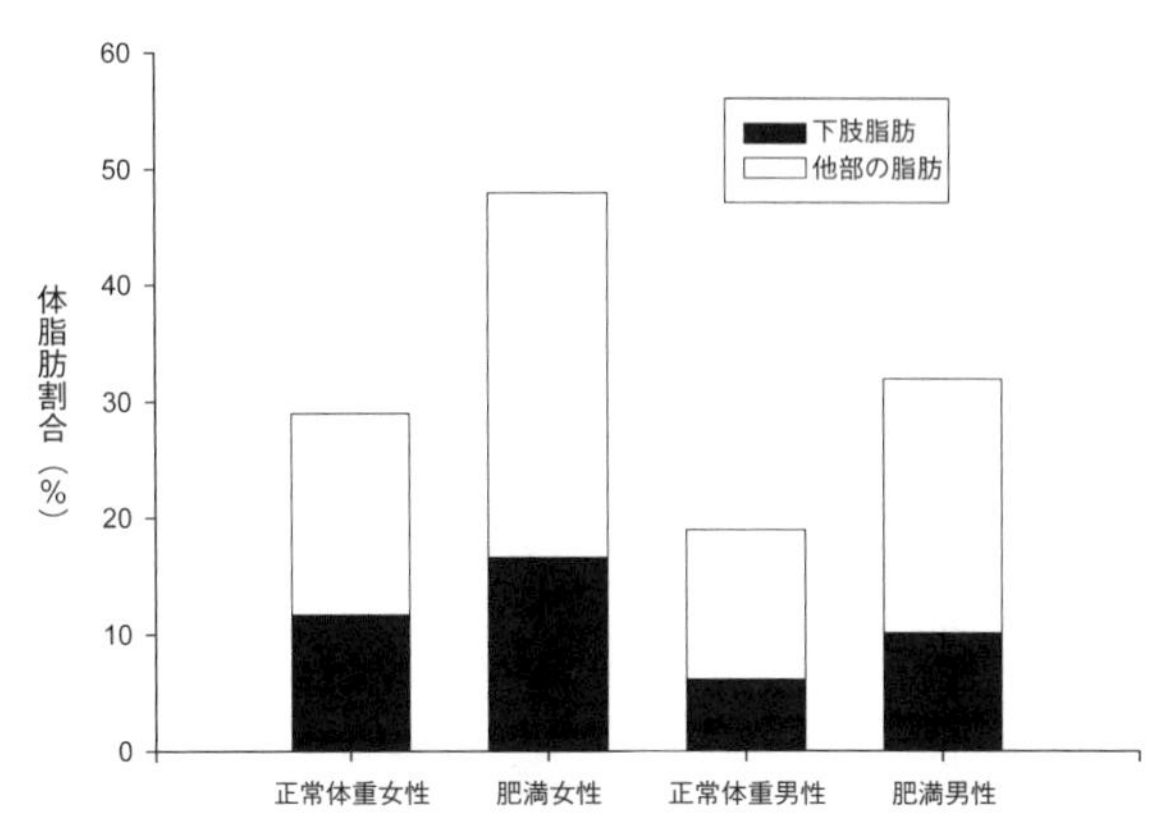

（図12-1）女性は，すべてのBMIで男性より体脂肪割合が高く，なかでも下肢の脂肪割合が高い．正常体重 BMI<25kg/m2. 肥満体重 BMI>30kg/m2. 出典 Nielson et al., 2004.

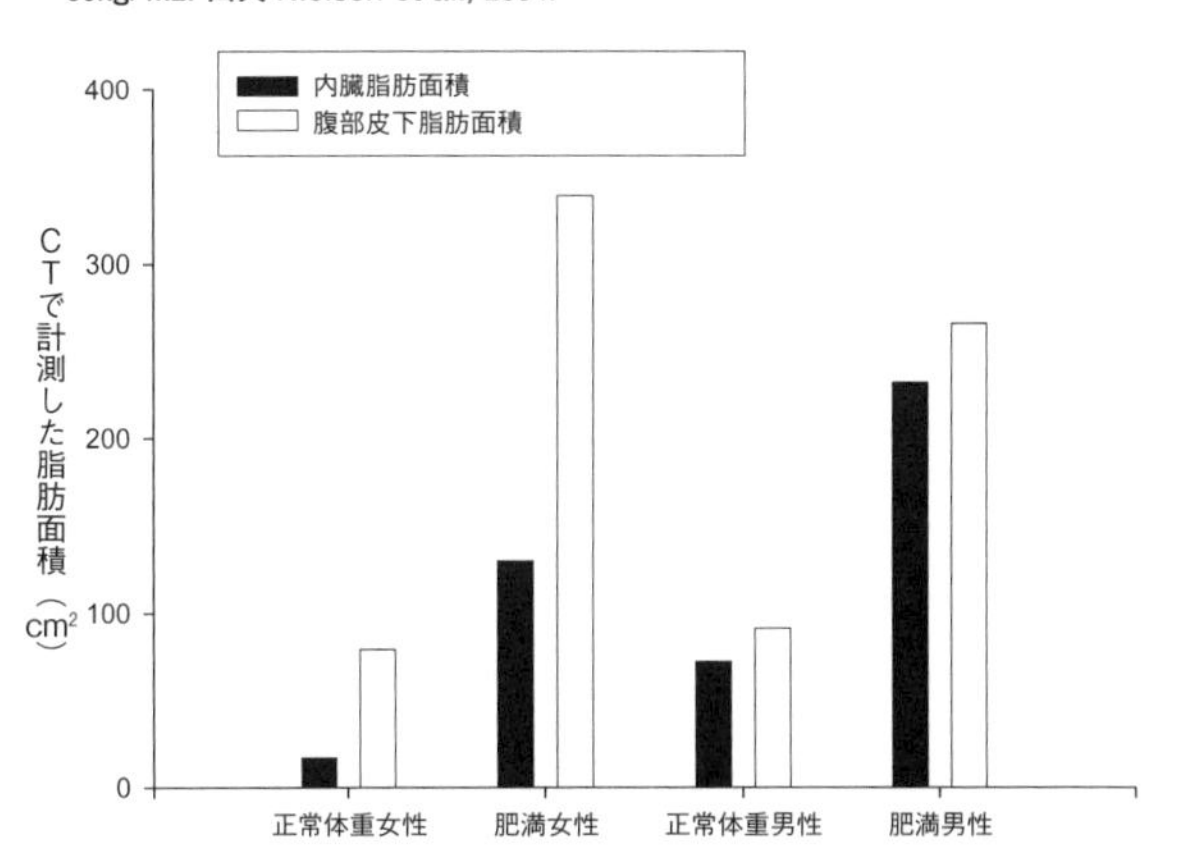

（図12-2）腹部脂肪に関して，女性は男性より皮下脂肪の割合が高い．一方，男性は内臓脂肪の割合が高い．正常体重 BMI<25kg/m2. 肥満体重 BMI>30kg/m2. 出典 Nielson et al., 2004.

11章参照)。一方、下肢脂肪は比較的健康な代謝と関連する。下肢脂肪組織の正常範囲内での増大は、代謝に良い影響を与えるといった研究結果もある。

興味深いことに、男性は内臓脂肪の割合が高いだけでなく、内臓脂肪の回転率も高い。男性は女性にくらべて、内臓脂肪における脂肪酸の生成と分解の割合が高い。アドレナリンは、男性では内臓脂肪酸の放出を増大させるが、女性ではそうした働きはない。これは男性が内臓脂肪を蓄えやすいことを意味する。一方、内臓脂肪の健康への影響は男女で異なる。内臓脂肪量は中年白人男性における死亡リスクの指標となっている。

内臓脂肪はコルチゾールの産生と代謝に負の影響を与える。副腎におけるコルチゾールの過剰分泌を引き起こすクッシング症候群は、肥満、とくに内臓脂肪の増加をもたらす。逆にクッシング症候群ではないが内臓脂肪の多い女性は、正常体重の女性や臀大腿部肥満の女性と比較して、副腎皮質刺激ホルモン放出ホルモンへの反応が鋭敏である。コルチゾールとその代謝物の尿中への排出は内臓脂肪の多い女性で高い。

性ホルモンが脂肪蓄積と代謝へ与える影響

当然のことながら、性ホルモンは脂肪の生物学における性差の存在に重要な役割を演じている。生殖腺ホルモンは脂肪組織の代謝に影響を与え、その結果、脂肪の分布やそれが引き起こす健康上の影響に重要な役割を果たしているように見える。テストステロン(男性ホルモン)はリポタンパク質リパーゼ活性を抑制し、脂肪分解に働く。すると、脂肪組織における中性脂肪の割合は低下する。若い健康な男性で血中テストステロン濃度が低下すると、皮下脂肪割合の増加をともなった脂肪総量の増加が見られる。逆に、血中のテストステロン濃度が上昇すると、脂肪総量は減少する。エストロゲン（女性ホルモン）は、女性のみならず男性においても、脂肪組織の調節に多様な役割を演じている。エストラジオール（女性ホルモン）は脂肪組織に直接影響を与え、中枢への働きかけによって食物摂取、エネルギー支出を左右する。アンドロゲンは前脂肪細胞の分化と増殖を阻害する。エストラジオールは、実験室内では、男女にかかわらず前脂肪細胞の増殖を強化する。その効果は女性において強い。

エストラジオールは皮下脂肪の蓄積を促す。エストロゲンの減少は、女性においては体重と内臓脂肪割合の増加をもたらす。閉経後の女性は閉経前の女性に比較して、同じ脂肪量または腹囲であれば、内臓脂肪の割合が高くなる。エストラジオール補充療法を受けた女性は、リポタンパク質リパーゼ活性が低くなる。エストロゲンは女性の脂肪分布を決定する重要な因子である。

脂肪組織は、アンドロゲン（男性ホルモン）およびエストロゲン受容体を発現している。内臓脂肪における両者の受容体発現量は、皮下脂肪組織より高い。これは男女ともに当てはまる。エストロゲン受容体は脂肪組織中に発現している。皮下脂肪では、エストラジオールはその受容体を通して、アドレナリン受容体の発現を促す。それによって脂肪分解能は低下する。一方、内臓脂肪内のアドレナリン受容体の発現量には影響しないように見える。閉経前の女性では皮下脂肪内のアドレナリン受容体の密度は高く、エピネフリン反応性の脂肪分解能は低い。

レプチンとインスリン

こんにちまでに知られているなかで、肥満の指標となる血中ホルモンはレプチンとインスリンだけである。血中のレプチンとインスリンの濃度は、基本的に脂肪量に比例する。レプチンもインスリンも血液脳関門を越え、食欲を中枢で調整し、食物摂取を制御し、おそらくエネルギー代謝を増す。食物摂取と生殖の両者の調節に関する脂肪定常モデルには、概念的あるいは経験的困難が存在するが、脂肪組織の変化は確かに摂食や生殖と関係している。

レプチンとインスリンは、重要な点で異なる。血中のレプチンとインスリンの濃度は、脂肪蓄積の場所の違いを反映しているように見える。レプチン濃度は皮下脂肪をより反映し、インスリンは内臓脂肪を反映している。逆に、内臓脂肪は皮下脂肪と比較して、よりインスリンに影響を受ける。内臓脂肪と皮下脂肪割合の男女差のために、レプチンは一般的に女性の脂肪総量の指標、インスリンは男性の総脂肪量の指標となる。

インスリンは脂肪組織では産生されないが、脂肪に影響を与え、その機能は脂肪の存在によって影響を受ける。脂肪の増加は、それが、ボディマス指数で表されようが、ウエスト・ヒップ比で表されようが、腹囲あるいは体脂肪の実際の計測で表されようが、末梢におけるインスリンの効果を低下させる。ただし男女でその程度は異なる。女性は男性に比較して多くの脂肪を有しているにもかかわらず、インスリンの感受性が体脂肪総量によって受ける影響は少ない。また体脂肪の増加がインスリンの感受性低下に与える影響も男性より少ない。内臓脂肪と皮下脂肪はインスリンに対し異なる反応を示す。インスリンの産生にも、代謝にも、さらにアディポカインの分泌に関しても同様である。過剰な内臓脂肪はインスリンへの抵抗性を生み出す。男女による脂肪分布の違いは代謝や内分泌における違いを生み、健康にも異なる影響を与える。

男性と女性では脳内でのインスリンやレプチンへの反応が異なる。男性は脳内インスリンにより敏感で、女性は脳内レプチンにより鋭敏である。インスリンの鼻腔投与は、とくに男性で脂肪減少を介した体重減少を引き起こすが、女性では細胞外水分の貯留による体重増加をもたらす。鼻腔内インスリン投与は、男性で飢餓感覚を減じるが、女性にそうした効果は認められない。同様の結果はラットでも得られている。オスのラットは脳内インスリンに感受性で、メスのラットは脳内レプチンにより感受性であった。

こうした違いは、性ホルモンの効果の違いに由来する。外来性のエストロゲンを投与されたオスのラットは、そうでないラットに比較して、脳内レプチンの効果が強く発揮される。一方、エストロゲンは脳内インスリン投与後、食物摂取量が減少する。正常なオスや卵巣切除されたメスのラットでは、脳内へのインスリンの効果を低減させる。正常なメスや外来性のエストロゲンを投与されたオスのラットでは、そうした効果は認められない。興味深いことに、去勢されたオスラットでは、外来性エストロゲンが投与されない限り、脳内インスリンは食物摂取に影響を与えない。それはテストステロンが脳内インスリンに直接作用していることを示している証拠なのかもしれない。

血中レプチン濃度は生まれる前から男女で異なる。母親の血中レプチン濃度は、胎児が女児である母親で妊娠中から高くなる。女性は男性より、血中レプチン濃度が出生時点でも高く、違いは一生続く。この違いは、単に男女の脂肪組織の総量を反映しているわけではない（図12－3）。女性は、同じ脂肪量の男性に比較して血中レプチン濃度が高いということである。

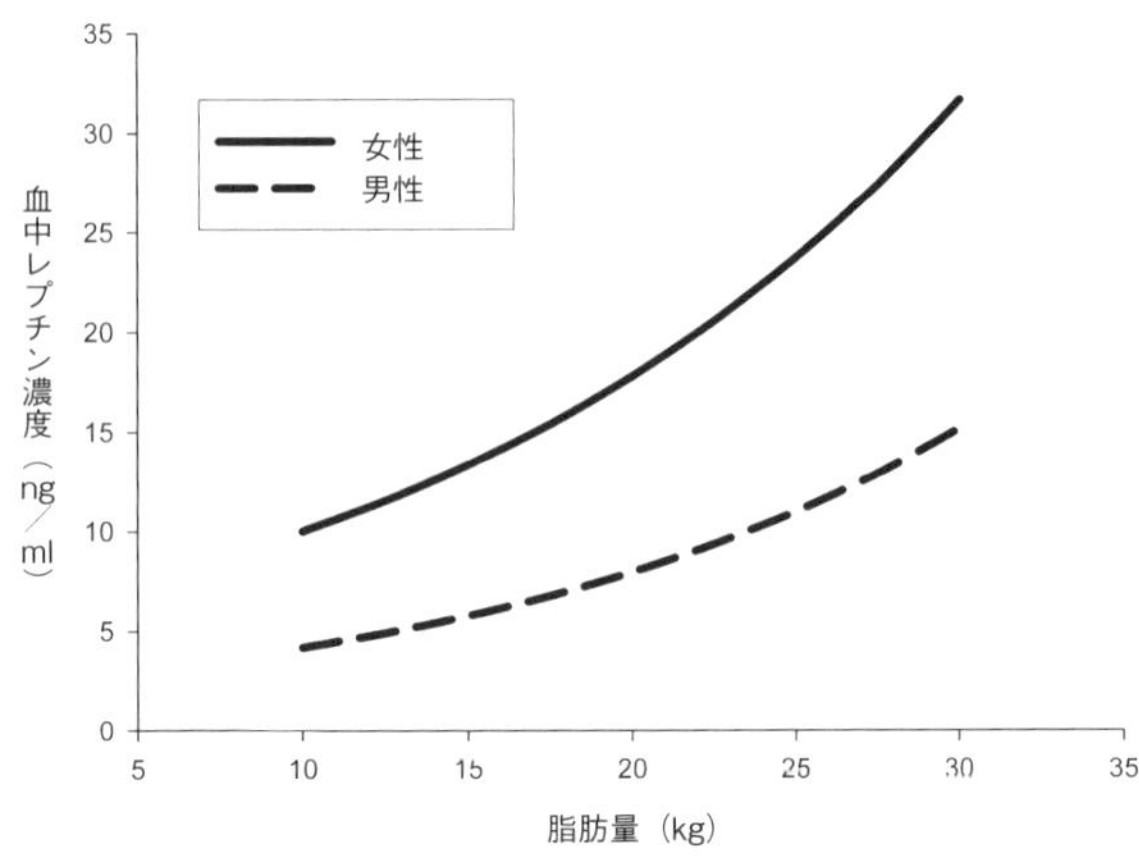

（図12-３）血中レプチン濃度は体脂肪量の増加につれて，指数関数的に増加する．女性の血中レプチン濃度は，同じ体脂肪量であれば男性より高い．出典 Saad et al., 1997.

脂肪の代謝

女性と男性の脂肪代謝は異なる。女性は男性より脂肪を蓄積しやすい。興味深いことに、女性は労作時に、男性より脂肪をエネルギー源として活用しているように見える。

休息時、女性では男性より、血中遊離脂肪酸の再エステル化が早く進む。女性は男性より超低比重リポタンパク-トリグリセリド産生が高いが、血中濃度には差がない。これは、女性において血中遊離脂肪酸の再エステル化がより速く進むことへの傍証にもなっている。またこれによって、血中遊離脂肪酸の脂肪組織への再取り込みは加速する。すなわち、女性は生理的により脂肪を蓄積しやすい方向へ適応してきたといえるかもしれない。

遊離脂肪酸の取り込みと遊離の割合は、性差と同様、脂肪組織の種類にも依存する。そしてこれが、脂肪蓄積の男女差となる。女性は下肢への脂肪蓄積が起こりやすい。腹部脂肪組織からの脂肪酸遊離は、男性より女性で起こりやすいが、臀部や大腿部からの遊離はその反対となる。脂肪酸の取り込みは臀部や大腿部と比較して、男女ともに腹部脂肪組織で高くなる。ただし女性では腹部脂肪の大半は皮下脂肪として取り込まれ、男性では、その大半が内臓脂肪となる。こうした事実は、女性が男性に比較して、皮下に脂肪を蓄えやすいこと、臀大腿部に脂肪を蓄積しやすいといった所見と一致する。

持続的労働のように、エネルギー支出が一定時間継続して増加する場合、女性は男性に比較して、多くの脂肪を酸化する。男性は、ブドウ糖やアミノ酸の代謝を増加させることによって対応する。違いはエストロゲンの存在に由来する。男性に外来性エストロゲンを投与すると、持続的労作時の炭水化物やアミノ酸の代謝が低下し、逆に、脂肪の酸化が増大する。女性は持続的労作といった環境下では生理的により脂肪を燃料として使用する傾向にあり、一方男性はブドウ糖やタンパク質に依存する傾向にあるということになる。こうした違いも性ホルモンに由来する。

持続的労作の際、女性は脂肪の酸化を増加させるにもかかわらず、男性の方が労作時の脂肪減少が大きい。この不思議な結果は、十分に解明されているとはいえない。どの程度社会的、あるいは心理的要因が影響を及ぼすかについてもまだ明らかになっていない。こんにちまでの研究で、減量のための運動をしている時に、男性が女性よりも強く動機づけられているとか、献身的に運動に取り組むとかといった事実を示す証拠はない。女性の脂肪代謝は持続的労作を行うと、脂肪の消費を促すが、そうした労作が終わるとすぐに脂肪を蓄積する方向へ向かうということかもしれない。

ヒトの祖先は、生き残るため、そして生殖を成功させるために多くのエネルギーを使ってきた。持続的労作を行っている間の脂肪代謝の男女による違いは、おそらく過去の進化的淘汰圧の違いに由来する。男性の代謝は、過去の選択圧の結果を反映していると考えられる。女性が男性ほど肉体的に過酷な労働をしてこなかったといっているわけではない。ただもっと重要なことは、女性は妊娠と授乳の期間に多くのエネルギーを消費するという点で男性と異なるということである。妊娠と授乳は女性にとって、エネルギー的に最もコストのかかる出来事だった。それだけに、女性の代謝に大きな影響を与えてきたと考えられる。

生殖における脂肪の利点

妊娠や授乳期間中といった大きなエネルギーを必要とする時期に、脂肪を蓄える優れた能力をもつことや、代謝の燃料として脂肪を用いることができることにはいくつかの利点がある。脂肪代謝の亢進はブドウ糖の節約につながる。妊娠期間中、胎児や胎盤でのブドウ糖要求は、母親の脳で必要とされるブドウ糖との間で上手く調整されなくてはならない。母親の筋肉や末梢の器官に燃料を提供するための脂肪の酸化亢進は、こうした競合を減少させるのに役立つ。

出産後、新生児は母乳を通して栄養を受け取る。母親からの栄養は胎盤ではなく消化管を通して配分される。これはまた、ブドウ糖の節約を可能にし、過去に蓄積したエネルギーを、現在の生殖上の必要のために使用することを可能にする。妊娠期間中、食欲は亢進し、エネルギー支出は低下する。妊娠初期の過剰なエネルギーは脂肪として蓄積され、授乳期間を通して利用される。

ヒト以外の多くの哺乳類は、この戦略を極限まで利用する。たとえば、メスのアメリカグマは、妊娠前の秋に大量の脂肪を蓄え、妊娠期間中の冬には冬眠するために洞窟にこもる。アメリカグマは冬眠中に出産する。アメリカグマでは、妊娠の大半と初期の授乳はメスが絶食している期間に起こる。

クマの生理は、この戦略によく適応したものとなっている。短い妊娠の後に生まれる子グマは極端に小さく未発達である。二〇〇ポンドを超すメスのアメリカグマから生まれる新生児は一ポンドにも満たない。短い妊娠期間は母親にとって利点が多い。母グマは絶食しているため、外部からのブドウ糖供給はない。妊娠期間中、母グマの脳（もちろん、冬眠でブドウ糖要求性は低下しているが）は、ブドウ糖をめぐって胎児と競合する。短い妊娠期間は、ブドウ糖をめぐるこうした競合期間を短縮し、高脂肪、高タンパク質の母乳への切り替えを早期に可能にする。母親は、過去に摂取したエネルギーを利用して、自らのブドウ糖需要を満たし、子グマへのエネルギーの供給を脂肪といったかたちで可能にする。不思議なのは、母グマは冬眠絶食期間中に、どのように水分バランスを保っているのかということである。母乳は高脂肪であるが固体より多くの水分を含む。以下のようなことがわかってきた。冬眠期間中、母グマは子グマのすべての排泄物を摂取する。これは、水と窒素の再利用という点で極めて効率がよい。そしてそれは、蓄えた脂肪によって維持されるのである。

冬眠しないクマも同様の生殖戦略を活用している。子グマは短い妊娠期間後に小さく生まれ、高脂肪、高タンパク質の母乳で育てられる。それはパンダにもあてはまる。冬眠絶食期間中の妊娠や授乳を支援する適応は、もはや冬眠しなくなった種においてさえ維持されている。パンダも、冬眠をしていた祖先の血を引き継いでいるのである。

ヒトはクマではない。妊娠および授乳期間中に母親が絶食することはないし、また、可能でもない。しかしヒトの母親も、生殖期間中、とくに授乳中に利用することのできる栄養素を蓄える能力をもつ。ヒトは大きな動物である。大型動物は、収入投資型ではなく資本投資型の生殖戦略を採用する。小さな動物は一般的に、生殖を支えるに十分量のエネルギーを蓄えることができない。彼らは授乳期間中に必要となる栄養需要に対して、食物摂取で対応しなくてはならない。クマは大型動物であるということ、脂肪を蓄えるということ、冬眠をするということでそれに対応している。ヒトは食物摂取とエネルギー支出を変えることによって、授乳期間中のコストに対応する一方で、授乳期間中のエネルギーコストの一部には、過去の食物摂取の際に蓄えられたエネルギーを利用しているのである。

これは、エネルギーについてだけでなく、栄養素に関してもいえる。母親は多量のカルシウムを胎児、そして出産後の児に与える。それによって児は、骨成長を図る。妊娠期間中、母親は消化管からのカルシウムの吸収を増加させるよう代謝を変える。尿からの排泄は減少し、腎臓での貯留が亢進する。一方、妊娠期間中の内分泌系は、カルシウムの骨への沈着を亢進させるよう働く。

授乳期間中の内分泌系は、前記とは反対の方向へ働く。授乳期間中、女性は骨の塩分（その多くはカルシウムである）を喪失する。一般的に女性は授乳期間中に、三〜一〇％ものカルシウムを骨から失う。こうした喪失は部分的には、妊娠期間中に蓄積した骨のカルシウムで賄われる。また、月経が再開すると急速に補填される。興味深いことに、食事中のカルシウムはほとんどこうしたカルシウム代謝に影響を与えない。高カルシウム食は、妊娠期間中に骨カルシウム量を増加させるが、授乳期間中のカルシウム補助食品は、同期間の骨からのカルシウム喪失に影響を与えることはない。そうした補助的カルシウムは尿からのカルシウム排泄を増加させるだけである。

このようにヒトの女性は、ある程度まで、身体に蓄えた過去の食事の遺産に依存することで、授乳期間という児への栄養が最大となる時期に対応している。男性はそうした淘汰圧とは無関係である。男女で栄養を蓄え、使う局面で状況が異なるのも当然である。男性には、骨塩分密度の周期的変化は見られない。また、男性は生殖を成功に導くために大量の脂肪を蓄え、活用する必要もないのである。

太った赤ん坊

妊娠期間中に女性の脂肪代謝に影響を与える、もうひとつの適応がある。ヒトの新生児は、哺乳類の新生児のなかでも最も脂肪に富む（図12－4）。唯一ズキンアザラシの赤子だけが、出生児体脂肪率でヒトの赤子を上回る。ズキンアザラシは、授乳期間中の、短いがしかし集約的な母親の努力の極端な例を見せてくれる。ズキンアザラシの場合、授乳期間はわずか四日しかない。母乳には五六から六〇%の脂肪分が含まれており、ズキンアザラシの赤子は、その四日間に体重が二倍に増加する。増加した体重の大半は脂肪による。母親は四日間の授乳の後に赤子の元を去り、赤子は蓄えた脂肪を使ってその後の絶食期間中も成長する。ズキンアザラシの出生時のこうした高い体脂肪割合は、前記のような生殖戦略への適応の一部なのである。

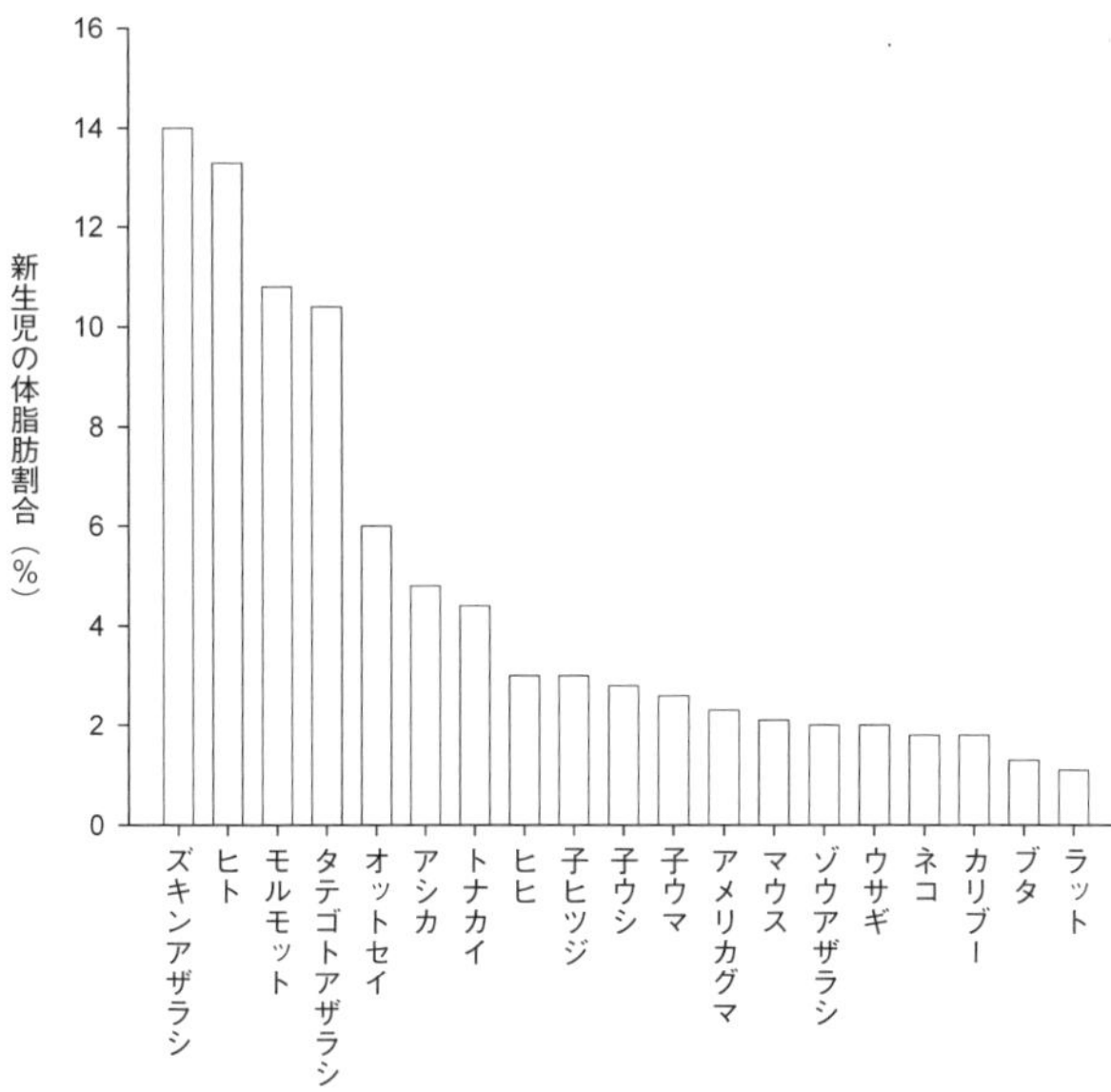

（図12－4）ヒトの赤子は哺乳類のなかで最も脂肪に富んだもののひとつである．体脂肪割合はアザラシの赤子に匹敵する．出典 Kuzawa, 1998.

なぜ、ヒトの赤子はそれほど多くの脂肪をもって生まれてくるのだろうか。ヒトの授乳期間は長い。狩猟採集社会では通常、三年かそれ以上も続く。授乳の頻度も高い。ヒトの赤子が食物なしで長期間一人で残されることはない。ヒトの母乳は薄く、三から四%の脂肪と一%未満のタンパク質を含むにすぎない。母から児へ一日に手渡される栄養素は、他の哺乳類と比較すると少ない。薄いミルクを頻繁に大量に児に与えながら、長い期間授乳（通常妊娠期間より長い）するという行為は、霊長類でもヒトに特有である。霊長類の赤子が豊富な体脂肪とともに生まれてくる進化適応的利点は見あたらないし、大半の霊長類はそうではない。ヒトの赤子が例外なのである。

それはヒトの巨大な脳の成長を担保し、それを維持するための適応なのかもしれない。脳の代謝は、ヒトのエネルギー需要の大きな部分を占める。これはとくに児についていえる。赤子では、エネルギー支出の五〇%以上が脳代謝のために使用されている。ヒトの赤子の脳のエネルギーコストは、チンパンジーの赤子と比較して三倍か、それ以上に上る。ヒトの赤子の高い体脂肪割合は、脳が要求するエネルギー需要に対する貯蔵庫として進化してきたのかもしれない。ヒトの妊娠第三期で起こる大量の胎児脂肪の蓄積は、脳の急速な成長が始まる時期と一致している。ヒトの新生児は、出生後、大きな脳の成長とその維持に必要なエネルギー需要を支えるために、例外的に体脂肪が豊富な方向へ進化したと考えられるのである。

ヒトの脳の成長の大半が出生後に起こることについては、進化的な諸理由がある。成人女性が効率的に歩き、走り、運動することを可能にするために、恥骨や産道上には解剖学的な制約がある。そうした制約は極端に頭部の大きな赤ん坊が生まれてくることを制限している。ヒトの赤子の脳の成長の大半が子宮内で起こるとすれば、女性が出産の途中で亡くなることになる。あるいはそうした大きな頭をもつ赤子の出産に適した大きさの産道を持ったとすれば、そうした女性は成人になることができなかったに違いない。そうした大きな産道を有する動物は天敵の格好の餌食になって絶滅していったはずである。

ヒトの赤子が豊富な体脂肪をもって生まれてくることには、別の利点もある。新生児は感染症に対するリスクが高い。新生児の免疫系は未熟である。多くの病気が摂食や消化を妨害する。世界的に見れば下痢は新生児死亡の第一原因である。脂肪組織に蓄えられた大量の脂肪は、新生児においても成人においても、病気に防御的に働く。それはヒトの赤子だけでなく、チンパンジーなどの赤子にもいえる。だとして、過去にヒトの赤子が高い疾病リスクを負っていたことを疑わせる証拠はあるのだろうか。

母乳中には児の免疫システムを助ける免疫機能分子が存在する。母乳の機能のひとつは、新生児の免疫を高め、児を感染リスクから守ることである。事実、授乳最初の数日間、哺乳類の母親は免疫グロブリンを含む初乳を産生する。母乳には、それ以外にも、新生児を感染症から守るための分子が含まれている。たとえば、母乳中の消化できないオリゴ糖は囮（おとり）として機能する。細菌は細胞膜上に存在するオリゴ糖に付着する。それによって母乳中の細菌は消化管内を通り過ぎ、便として排出される。

ヒトの母乳は栄養学的には、チンパンジーやゴリラの母乳と違いはないが、チンパンジーやゴリラの母乳には含まれない免疫分子を多く含む。ヒトの母乳は、現在まで知られているなかで、最も分泌性免疫グロブリンAが多く含まれている。出産後一週間を経過した母乳でさえ、アカゲザルの初乳より多くの分泌性免疫グロブリンを含む。ヒトの母乳はさらに、多種類のオリゴ糖、高濃度のラクトフェリン（鉄に結合し、効果的に細菌を飢餓に追い込む物質）を含む。これらは、ヒトの母乳が高い抗病原体作用と免疫機能を有していることを示す。

人類の過去のなかで、ヒトは高密度の病原体にさらされて暮らしてきた。熱帯雨林を歩き回るチンパンジーやゴリラは何百万もの微生物と接触するが、そうした微生物の大半は病気を引き起こすことはない。事実、何百万もの微生物にヒトは毎日暴露されている。しかし、大半は健康に悪影響を及ぼすことはない。わずかな割合の微生物だけが、ある特定の種に対して病原性を発揮する。ヒトだけが、その暮らしぶり（それが私たち人類を成功した種としている要因であるかもしれないが）によって、病原体への暴露を増加させているのである。ヒトは定住し、密集して暮らしている。それによって、ヒトはおたがいに毎日数多くの接触をする。結果として、病原体はヒトが暮らす環境中に集積することになる。トイレを使用するという習慣や、下水道の発明はヒトの健康に大きな影響をもたらしたが、そうした改善は、少なくとも進化的時間のなかでは極めて最近の出来事でしかない。事実、農耕が始まった当初、し尿や糞便は最初の肥料だった。それが感染症のリスクを増大させた。ヒトの祖先の数が増加し、世界中に広がり（これによって未知の感染症との遭遇が起こった）、長い期間同じ土地に暮らし始めるようになり（これによって微生物が密集した）、家畜を飼うようになるにつれ（家畜は新たな病原体の供給源ともなった）、ヒトの祖先の感染症に対するリスクは高まった。ヒトの母乳は、そうした変化に対応して進化してきた。こうした感染症リスクの増大が、脂肪の多い新生児を選択する淘汰圧になったと考えられる。

母親の脂肪は新生児の体脂肪率と相関する。脂肪の多い赤子を生むことには進化適応上の利点がある。少なくとも、過去にひとつの利点はあった。ヒトの女性の脂肪蓄積に対する選択有利性の一部には、脂肪に満ちた赤子を出産することを可能にするという選択圧があったと考えられる。

脂肪は女性の生殖とも密接に関わっている。体脂肪が多いことと女性の生殖の成功との関連は出生時にまで遡る。出生時における女児の高いポンデラル指数（身長と体重から算出される体格指数のひとつで、体重／身長の三乗）は、高いエストラジオール濃度および成人期の身体活動によるエストラジオール抑制への抵抗性と関連を有している。つまり、出生時における一定量の脂肪は成人期の卵巣機能と関連しているのである。こうしたデータは、過去において、痩せた女児を出産した女性は、その女児が成人した時の低い出生力によって、相対的に淘汰された可能性を示唆する。母親の脂肪量が赤子の脂肪量と相関するということは、母親の脂肪量と女児の将来的な出生力との間にはある種の関連が存在するということである。

初潮年齢、生殖力、妊娠の結果と脂肪の間にも関連が見られる。脂肪とレプチンは、詳細なメカニズムは不明だが、出産に重要な役割を演じているし、栄養不良による不妊とも関係している。レプチンは男女ともに生殖において必要で、レプチン欠損（レプチンの受容体機能不全も含む）は不妊の原因となる。レプチン欠損動物（受容体機能は正常）に外来性レプチンを投与すると、不妊は改善する。生殖には最低限度のレプチンからの信号が必須である。しかしそれは、レプチンの直接的作用なのか、他の代謝や内分泌を介した間接的作用なのかは不明である。

女性の生殖と脂肪はさまざまな経路を介して関連している。その一部に、レプチンを介する経路がある。痩せた女性の出生力は潜在的に低い。出産時に痩せていることは低い卵巣機能、思春期では初潮の遅れ、成人では月経周期の不規則性や欠如と関連する。脂肪は女性の生殖適応戦略に重要な役割を演じているのである。

脂肪、レプチン、思春期

脂肪を多く有する少女ほど早い年齢で思春期を迎える。ただし少女における脂肪と初潮年齢の関係はそれほど単純ではない。フリスチやレヴェル[*1]が指摘したような、出産可能であるための脂肪量に閾値があるとは考えにくい。エネルギーバランスは、ある条件下では出産可能性に対し同じように重要な因子となりうる。別な言葉でいえば、脂肪を獲得したり喪失したりする軌跡が重要だということなのかもしれない。一方、脂肪とレプチンは確かに思春期にある種の影響を及ぼす。

思春期や出産にレプチンが関与しているという考え方は、レプチン欠損マウスは、オスであれメスであれ、肥満になるだけでなく不妊であるという事実から論理的に導き出される結果である。レプチンを外から投与すると、体重の減少と、生殖能力の回復がもたらされる。またレプチンは思春期を通じた、大人への移行にも重要である。たとえば、マウスにレプチンを投与すると、早期に性的成熟が見られる。食事制限下のメスラットは、性的成熟が遅れる。外来性レプチンはこの遅れを解消する。オスのアカゲザルでは思春期の直前に、夜間のレプチン分泌や、インスリン様成長因子の分泌が増加する。この事実は、レプチンかインスリン様成長因子、あるいはその両者が思春期から成人への移行に関与しているという仮説を支持する。

脂肪とレプチンと女性の生殖との関連は、米国や他の先進国で近年報告される初潮年齢の低下にも表れているかもしれない。米国での初潮年齢は、継続的に低年齢化している。そしてその傾向は少女の体重増加や肥満の増加と一致している。高いボディマス指数をもつ少女は初潮が早くなる傾向にある。血中レプチン濃度は、青年期の少女ではボディマス指数と相関している。高いボディマス指数を有する現代の少女たちが高い血中レプチン濃度を有していると仮定するのは合理的であり、それが初潮年齢の低下をもたらしたと考えることもまた合理的仮説となる。事実、血中レプチン濃度と初潮開始年齢の間には逆相関関係も見られる。これらは、レプチンの濃度が一定の閾値を超えることが思春期に重要であることを示唆する。一方、初潮開始の時期（早い、普通、遅い）と血中レプチン濃度に関しては多くの結果が報告されているが、すべての研究結果がレプチンと初潮開始時期の間に有意な相関を認めているわけでもない。実験や観察の結果は、レプチンが思春期の開始に関係することを示すが、レプチンは思春期開始を決定する唯一の因子ではなさそうだ。

事実、思春期の少女における血中のレプチンやインスリン様成長因子濃度の変化については、遺伝的要因が存在するという研究結果もある。双子の研究によれば、遺伝の影響は、血中インスリン様成長因子で五四～七七％、血中レプチンで三八～七三％で、血中インスリン様成長因子で血中レプチンよりやや高い傾向を示すことが報告されている。血中レプチン濃度が大きな幅を有すること、双子の間でも血中レプチン濃度にかなりの違いがあることなどは、レプチンが環境の影響を受けやすいという仮説を支持する。

血中レプチン濃度は、青年期の少女では年齢とともに高くなる。青年期の少年では思春期を通じて低下する。一方男女ともに、レプチンには脂肪量との強い相関が見られる。レプチンと脂肪の関係における男女差は、思春期に始まる。

血中の可溶性レプチン受容体は、血中レプチンの結合タンパク質である。生後数年間は、血中可溶性レプチン受容体は高い濃度を保つ。以降それは、思春期まで緩やかに低下していき、思春期初期にほぼ定常状態に達する。血中可溶性レプチン受容体に結合していない自由性レプチンの割合は、レプチン自身の産生というより、成長や性的成熟と高い相関が見られる。これは、情報分子によって駆動される生物学的現象の複雑性や柔軟性のよい例でもある。

初潮の時期は、遺伝子と環境の複雑な相互作用によって決定される。強い遺伝的要因がある一方、出生時体重や出生初期の生活環境にも大きな影響を受ける。タムら[*2]は二〇〇六年に、出生時に高身長で痩せている（体重の少ない）女児は早い時期に初潮が始まる傾向があることを示した。しかしそれは、八歳時のボディマス指数で修正される。高いボディマス指数の少女は初潮が早い。つまり、初潮開始の早い少女は、出生時に高身長で痩せていたか、八歳時点で大きなボディマス指数を有する少女ということになる。初潮が遅い少女はその逆である。八歳時点におけるボディマス指数は、初潮開始時期の最も強い予測因子であり、出生時の体格がそれに次ぐ。しかし、そうした要因でさえ、初潮開始年齢を説明する割合はたかだか一二％ほどにすぎない。

肥満と出産

最低限度の脂肪やレプチンは出産のために必要だが、肥満が妊娠のしやすさを強めるわけではない。事実は反対である。肥満の人は、男性であれ女性であれ、妊性が低くなる。肥満は妊娠に至るまでの時間を長くさせるという研究結果もある。肥満の女性では、一定期間中の妊娠確率が一八％も低くなるという。肥満は女性の生殖障害リスクを増大させる。そうした障害には、無排卵症の原因となるアンドロゲン過多症も含まれる。

肥満はまた男性の生殖にも影響を与える。肥満は勃起不全を引き起こす。その機序は、肥満が高血圧や心循環器系の障害を引き起こす機序と同じだと考えられている。精子の密度や、一回の射精あたりの精子の総数は、ボディマス指標が二五を超えた若い男性で低いことが知られている。肥満はまた、精子の運動にも負の影響を与える。肥満男性における精子の異形成は、脂肪組織におけるアンドロゲンからエストロゲンへのアロマターゼ転換によるアンドロゲン減少症とエストロゲン過多症に由来する。

肥満、妊娠、出産の結果

肥満した女性は、妊娠合併症発症のリスクが高くなり、母子ともに病気を発症するリスクが増大する。肥満した妊婦は高血圧や妊娠中毒症、妊娠糖尿病、尿路感染のリスクが増大する。妊娠と出産にかかわる合併症によって帝王切開で出産する確率が高くなる。妊婦の肥満は、麻酔にも影響を与える。肥満した女性は、帝王切開による出産後も、感染症などの合併症や創傷治癒遅延に苦しみやすい。

肥満した女性は出産の結果が思わしくないといった危険性も増加する。そうしたなかには、死産や、神経管欠損といった、さまざまな先天異常も含まれる。一万回の出産を追跡している現在進行中の研究では、ボディマス指数が三〇を超える肥満の母親は、七つの先天性欠損に対してリスク要因であり、唯一腹壁破裂に対しては防御的であった（表12－1）。体重過多については、三つの先天欠損に対してリスク要因であり、腹壁破裂に対してのみ防御的であった。母親の痩せ（ＢＭＩが一八・五未満）は、口唇・口蓋裂のリスク要因であった。研究結果は、肥満した母親から生まれた児は、二分脊椎症の発症確率が二倍高くなるという他の研究の結果ともよく一致していた。他の先天性欠損のリスクはそこまで高くはなかった。一方、腹壁破裂（消化管が腹腔外に存在すること）は、低年齢女性の妊娠や出生時の低体重と

（表12－1）母親の肥満と7つの先天欠損．オッズ比＞1はリスク大．オッズ比＜1はリスク小．出典 Waller et al., 2007.

	BMI＞30以上のオッズ比	95%信頼区間
二分脊椎	2.10	1.63－2.71
心欠損	1.40	1.24－1.59
肛門閉鎖症	1.46	1.10－1.95
2，3度の尿道下裂	1.33	1.03－1.72
四肢短縮等	1.36	1.05－1.77
横隔膜ヘルニア	1.42	1.03－1.98
さい帯ヘルニア	1.63	1.07－2.47
胃壁破裂	0.19	0.10－0.34

の関連が知られている。

母親の肥満と先天異常の間の機能的関連は、依然として不明である。血糖値の不十分な管理が先天異常を引き起こすことは知られている。ブドウ糖は高濃度では催奇形物質である。糖尿病や肥満が先天異常を引き起こす機構は、したがって、共通の土台を持っているのかもしれない。一方、妊娠糖尿病の是正は母親の肥満関連先天異常のリスクを軽減したが解消はしなかった。この結果は、肥満が引き起こす他の代謝異常も、ある種の役割を演じていることを示唆するものとなっている。

本書に最も関連することとしては、母親の肥満と巨大児との関連があるかもしれない。米国では、母親の体重と新生児の体重はともに増加を続けている（図12－5、図12－6）。母親の肥満は、巨大児の強い危険因子である。因果関係には数多くの機序が関与している。母親の肥満は不十分な血糖管理と関連しており、それは妊娠糖尿病を引き起こす。妊娠糖尿病は、大きな、過剰に太った新生児の原因となる。事実、糖尿病の母親から生まれた児の過剰な体重は、脂肪の割合が不均衡に多い。

巨大児は、母親と児、両者の健康リスクを増大させる。帝王切開は、児が大きくなればなるほど増加する。巨大児は、成人しても肥満や糖尿病のリスクが高くなる。脂肪が多い児には進化的利点があるにもかかわらず、一方で児の肥満はこうしたリスクを与える。太った児は両刃の剣なのであ

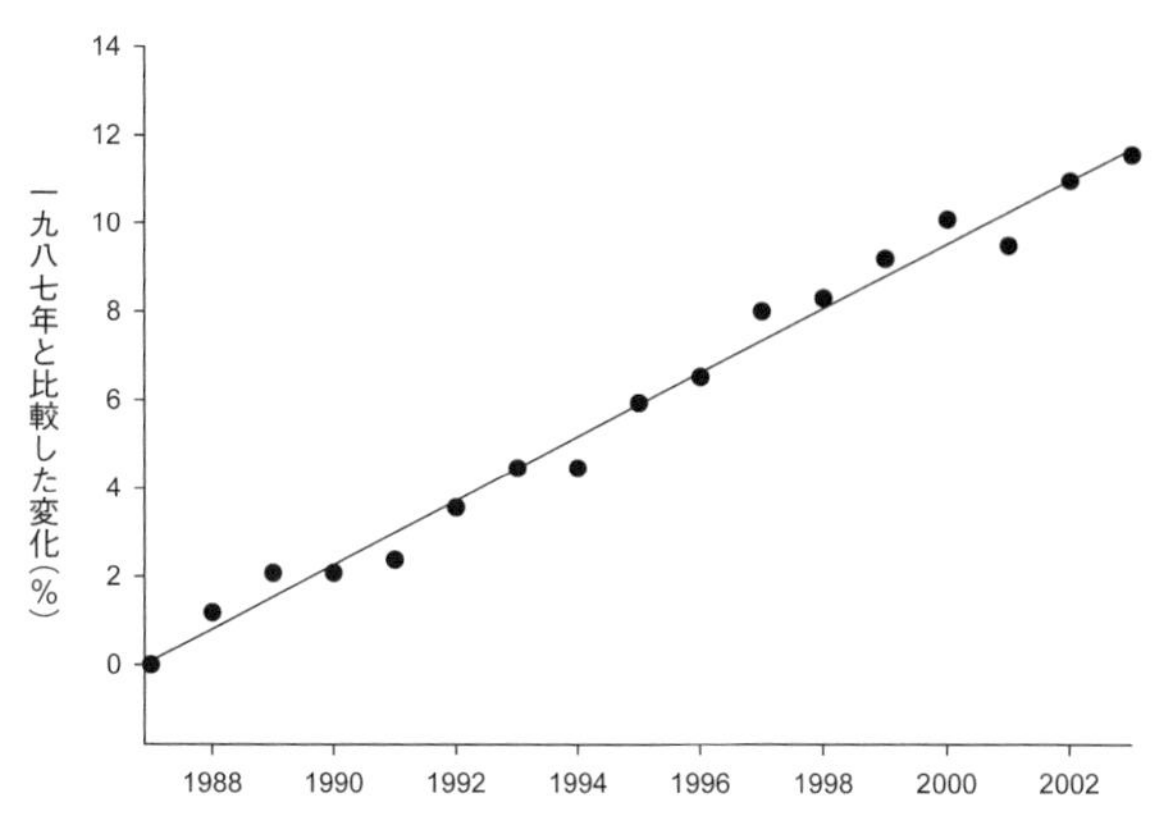

（図12-5）オハイオ州クリーヴランドのメトロ・ヘルス・メディカルセンターでは，出産時の母親の体重が増え続けている．2003年の平均体重は1987年と比較して約12% 増加した．出典 Catalano et al., 2007.

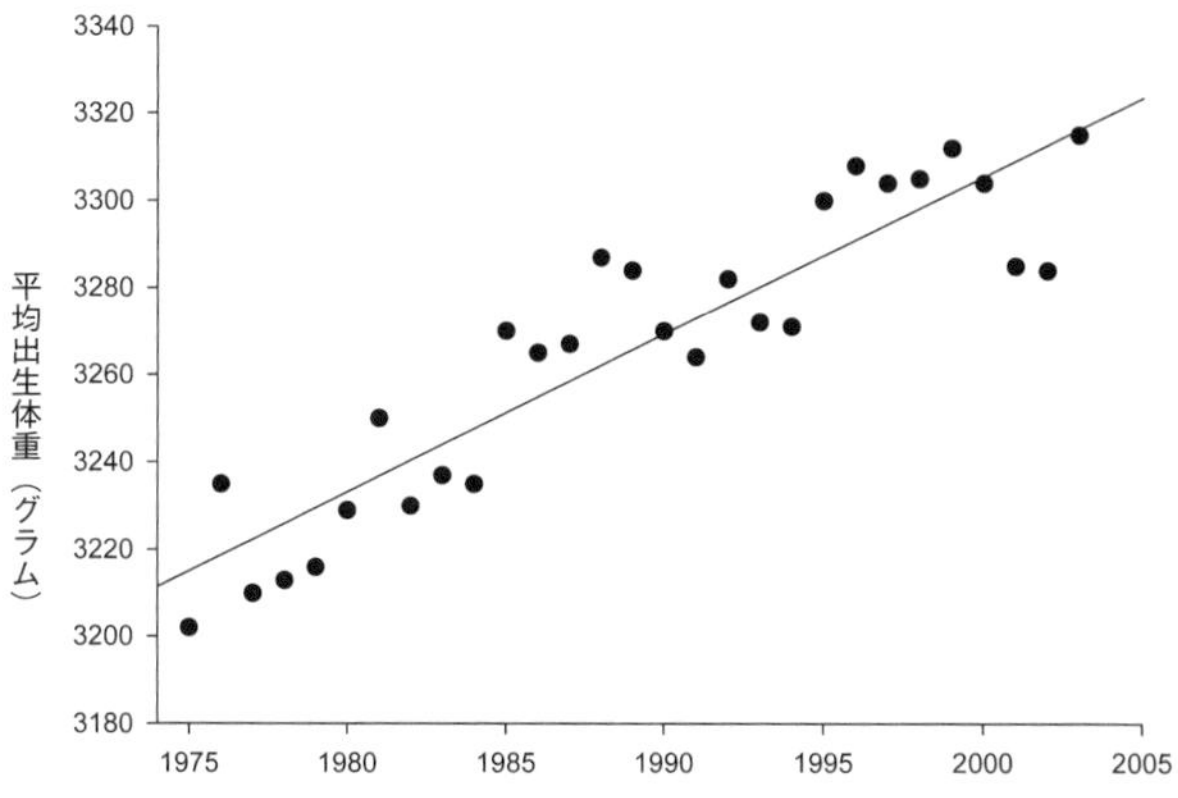

（図12-6）メトロ・ヘルス・メディカルセンターでは，児の出生時平均体重も増えている．出典 Catalano et al., 2007.

る。良いことであっても、過ぎたるは及ばざるがごとしなのであろう。

まとめ

多くの研究者が、肥満は、人類の過去の状況——すなわち食物を確保するのに身体的努力を要し、食物不足が一般的であった——への進化的、あるいは適応的反応と、エネルギー密度の高い食事が大量にしかも容易に入手可能となった現代的状態とのミスマッチの結果だと考えている。そのような議論の多くが、ヒトの肥満化傾向の背景にある進化の推進力として、飢餓時における生存に焦点を当てている。

著者らはそれに反論はしないが、議論の余地は多い。詳細な検討をすると、過去の飢餓はヒトの肥満化傾向への選択圧としては不十分であることがわかる。進化的成功は生殖における成功に左右されるが、生殖における成功は単に生き残ること以上のことである。著者らの主張は、深刻ではないが恒常的な食の不確実性は、女性の妊娠と生殖に影響を与え、女性が脂肪を蓄えることを適応上有利としたということである。

脂肪と生殖は、女性においては密接に関連している。脂肪の恒常性に関与する分子であるレプチンは、妊娠と胎児の成長や発達に直接影響を与える。一方、レプチンの効果は、濃度非対称的であるようにも見える。低レプチン濃度時には、生殖力を低下させる強い効果を見せるが、高レプチン濃度の生殖に与える影響ははっきりとはわかってはいない。それは進化というものが、状況が許せば正のエネルギーバランスを指向する遺伝子を選択した、あるいは少なくともそうした傾向に反する遺伝子は選択しなかったということを含意しているようにも見える。

下半身および皮下に脂肪を蓄積しやすいという女性の脂肪蓄積パターンは、内臓脂肪を多く蓄える傾向にある男性よりも、より健康的であると考えられる。それは女性の疾病の低さの理由のひとつなのかもしれない。同じ内臓脂肪量を有していても、女性では肝臓の遊離脂肪酸への暴露は低い。脂肪を蓄積することの健康上の対価は、女性では低く、少なくとも過去においては、妊娠に関して有利であったに違いない。妊娠の対価は、脂肪の代謝を駆動する適応力を提供してきた可能性さえある。加えて、脂肪の多い女児を生む能力——それはより脂肪の多い子供をもつ能力でもあるのだが（もちろん、ここでいう「脂肪の多い児」というのは、今日の文脈ではなく、過去の文脈においてである）——は、出産において、とくに初潮が早いとか、卵巣機能が強固であるとかといった点で有利であった可能性が高い。それは、生殖可能期間の延長を意味する（第13章参照）。ヒトの大きな脳の出現は、巨大な脳のエネルギーコストを支えるために、より脂肪の多い赤子を選択する結果を引き起こした。太った赤子は感染症に対する抵抗性も高い。脂肪はヒトの生殖が成功するための重要な要因である可能性が高いということになる。

脂肪は生殖に影響を与える。一定のレベルの脂肪は女性の妊娠や新生児の健康に必須である。著者らは女性の肥満が適応的だといっているわけではない。事実、妊婦の肥満は生殖に関する多くの問題を引き起こす。肥満は、男性にとっても女性にとっても生殖の成功を低くする。肥満は決して適応的なものではない。しかしそれは、現代的環境で過剰に、あるいは不適切に発現された過去の適応的性質の誇張からもたらされたものなのかもしれない。ヒトは進化的歴史のなかで、太った母子を選択してきた。脂肪のあり方における性差は、生殖をめぐるさまざまなこと——妊娠や授乳、初潮年齢など——に対する潜在的な有利性を有する女性と、そうした適応的選択圧と無縁な男性の間の違いということを考えれば、理解可能である。事実、男性の過剰な体脂肪は、勃起不全や低い妊性、持久運動の際の利用可能な脂肪酸の減少をもたらす。大量の脂肪蓄積は、狩猟採集を行っていたヒトの父祖にとって、生存においても、生殖においても決して有利なものではなかっただろう。

男性は中心性肥満になりやすい。身体中部に蓄積した脂肪は消費されにくく、内臓脂肪の蓄積には適応的利点を認めにくい。著者らは、この中心性肥満が、ヒトの肥満に対する遺伝的浮動を反映しているのではないかと考えている。過去の環境下では、内臓脂肪を蓄積できるほど長期間にわたってエネルギー摂取が消費を上回るというバランスを維持できた人は、極めて少数だったに違いない。

男女における脂肪蓄積の異なるパターンと、ヒトがどのようにエネルギー需要を満たすかという違いは、生殖に関わるコストが男女で著しく異なることに起因している。女性にとって脂肪は出産を成功に導くことと関係していた。女性によく見られる下肢の過剰な脂肪は、生殖の成功に対する適応が大きく表れすぎたということである。現代的環境は、過去の適応がその機能を逸脱し、病気に至ることを許容するものとなっている。

第13章　肥満の遺伝とエピジェネティクス

現在の肥満の流行は、遺伝子変化の結果というにはあまりに急激である。しかし同じ環境下で肥満と痩身の人が同時に存在するという事実は、肥満や痩身に遺伝的な要因が関与するという事実を暗示する。肥満を引き起こす遺伝子の特定への努力は、ときに混乱をもたらすが興味深い事実をもたらす。

養子縁組による親子や双子を対象にした研究は肥満に遺伝的要因が関与することを示しており、それによるとボディマス指数や脂肪割合、脂肪分布に遺伝が関与する割合は約六〇％であるという。肥満に関して、養子は養父母より血縁関係にある両親の影響を大きく受ける。一卵性双生児の相同性は高いが、二卵性双生児が双子でない兄弟姉妹より高い相同性を有する事実はない。

肥満に遺伝が関与していることは疑いないが、その背景ははっきりとわかっていない。肥満に関する単一遺伝子多型は、ヒトや他の動物でも知られているが、ヒトに肥満を引き起こす単一遺伝子変異の割合は極めて低いことも知られている。レプチンの欠損を引き起こす変異の存在は確認されており、当然だがそれは過食につながる。メラノコルチン4受容体の機能不全を引き起こす変異は過食と関連することが知られている。こうした変異に関する研究は肥満へ至る道への理解や、そうした失調に苦しむ個人の治療の助けになる。しかし、ヒトの肥満の大部分は単一遺伝子モデルにあてはまらない。一般的にヒトの肥満は、環境と多数の遺伝子との長期にわたる相互作用の結果として起こると考える方が妥当である。

加えていえば、肥満の健康被害は個人によって異なる。肥満に対する認識や受容にも社会文化的な違いがある。肥満が引き起こす合併症に関しても個人差は大きい。また、人種や民族による差も大きい。脂肪の分布、ボディマス指数も人種で異なる。たとえばヨーロッパ人は、メタボリック症候群へのなりやすさが、アジア人やアフリカ人とは異なるように見える。

肥満になりやすい遺伝的傾向は、食物が豊富で入手しやすい現代環境においては不適応と見なしうる。しかし、脂肪蓄積に影響した遺伝的多型が、過去においてどのような適応上の帰結をもたらしたのか、あるいはもたらさなかったのかについては不明な点が多い。脂肪蓄積や脂肪の分布に関しては個人差が大きいと先にも述べた。こうした違いの一部は、個人の出身地域（それが遺伝子の違いを反映してもいるのだが）とも関連する。たとえばインド亜大陸出身者は、ボディマス指数にかかわらず白人やサハラ以南アフリカ人より多くの脂肪をもち、さらに中心性肥満の傾向が強い。現代社会において肥満傾向をもたらしたり、体重過多による不健康をもたらすヒトの遺伝的多型の数々は、過去においては選択的に不可視になっていたか、むしろ助長されていたのではないか、というのが著者らの仮説である。過去においては、偶然の飽食に際してエネルギーを蓄えることの利点は、稀に肥満になることによってもたらされる健康被害を上回るものだったに違いない。しかし現代的環境が、そうした状況を変えた。

本章では、遺伝と肥満の関係について見ていく。脂肪の蓄積や代謝の人種間における違いにも言及する。ひとつの例としてピマ・インディアンを取り上げる。人は配偶者として似通った体格の人を選択する傾向にある。そうした傾向が、肥満や痩身に影響を与えている可能性も否定できない。最後に、脂肪の酸化に緯度が与える影響についても見ていくこととする。

古い遺伝学

遺伝と進化は生物理解に必須である。遺伝物質に関する最も基本的な概念は、一八〇〇年代半ばから後半にかけて発見された。しかしその重要性が認識されたのはずっと後になってからだった。一八六五年、グレゴール・ヨハン・メンデルはマメの特性遺伝に関する研究を発表した。一八六九年、スイスの生物学者ヨハネス・フリードリッヒ・ミーシェルは、白血球の核からリン酸豊富な分子を分離し、それをヌクレインと命名した。同年生まれのフィーバス・レヴィーンは、その研究生活の大半を糖の構造解析に費やした。彼はミーシェルの発見したヌクレインがアデニン、グアニン、チミン、シトシンと、デオキシリボースおよびリン酸でできていることを発見した。それによってヌクレインは、デオキシリボ核酸（DNA）と呼ばれることになった。近代遺伝学は一九〇〇年代のメンデルの研究結果の再発見から始まった。当時はタンパク質が遺伝物質の運び手と考えられていた。しかし一九四四年、オズワルド・アベリーは同僚のコリン・マクラウド、マクリーン・マッカーシーとともに、タンパク質ではなく、DNAが遺伝を司る物質であることを示した。これは一九五二年に、アルフレッド・ハーシー、マーサ・チェイスらによる放射性物質を用いたファージの実験によって証明された。ファージとは細菌に感染するウイルスのことである。翌年、DNAの構造がジェームズ・ワトソンとフランシス・クリックによって決定された。構造決定にはロザリン・フランクリンとモーリス・ウイルキンスが撮影したエックス線写真が用いられた。

遺伝の基本法則が発見されてから生化学的構造が決定されるまでに、およそ一〇〇年の歳月がかかった。しかしそれ以前から、数理遺伝学は大きく進歩していた。担い手はロナルド・フィッシャーやシューアル・ライト、J・B・S・ホールデンなどであった。彼ら三人は集団遺伝学という学問を開拓し、進化の総合説に道を拓いた。遺伝子という概念にとっては、実際の構造や機構が有効である必要はない。統計学者・生物学者による数学的な仕事の重要性は、自然選択に何ができ何ができなかったかを示すモデルをつくることにあった。シューアル・ライトの場合は、それは遺伝的浮動に関するモデルであった。彼らや他の集団遺伝学の初期の研究者らの仕事によって、ダーウィンの理論とメンデルの法則は統合されていった。それまで、遺伝とダーウィン主義者がいうところの緩やかな変化という概念は、相容れないものと考えられていたのである。

進化の総合説では、遺伝子はDNAの一部であるとされた。DNAはRNAに転写され、RNAはタンパク質の構成要素であるアミノ酸に翻訳される。DNAのなかには、遺伝子の始めと終わりを指定する文字列が存在し、遺伝子を活性化する機構や、活性化された遺伝子のスイッチが切れる機構が存在する。それは、生命の複雑で込み入った働きを記述するものとしては、恐ろしく単純で、エレガントなシステムであった。

新しい遺伝学

急展開を重ねた五〇年間の遺伝学は、その後複雑さを増していった。遺伝子が特定の生成物をコードするDNAの一部であるという考え方は、厳密にいえば正しくないということも明らかになってきた。

もちろん、初期概念のうち今でも通用するものは多い。しかし、ひとつの遺伝子がひとつ以上の生成物を産生することも今ではよく知られている。また、DNAの同じ領域が、ひとつ以上の遺伝子の一部となっている場合もある。遺伝子の中間地点あたりに見られる停止コドン（RNAへの転写を中止させる配列）は、必ずしも常にRNAへの転写を止めるものではないこともわかってきた。さらにいえば、翻訳後修飾は多くの遺伝子産物の機能を決定する上で鍵となることもわかってきたのである。たとえばレプチン受容体の長型と短型は同じ遺伝子によって産生されているが、翻訳後の開裂によって長型から短型が産生される。しかしこのふたつの分子は全く異なる働きをする。

ヒトゲノムは二万から二万五〇〇〇個の遺伝子を有している。その数は想定されていた数よりはるかに少なかった。遺伝子産物の翻訳後修飾が機能的分子の数を増やす働きをしていたのである。通常、遺伝子が機能タンパク質を産生することはない。むしろプレプロ・タンパク質（翻訳後に切断などされて活性化するタンパク質の前々駆体をいう）が翻訳後修飾のひとつである開裂によって、いくつかの機能タンパク質になるのである。そうした開裂以外にも翻訳後修飾はあり、そうした修飾によってペプチドの機能が調節されている。

たとえば食欲増進ペプチドであるグレリンは一一七個のアミノ酸をコードするプレプロ・グレリンの産物であるが、グレリン自身は二七か二八個のアミノ酸しかもたない。ラットでは二七個のアミノ酸を有するグレリンが優位であるが、ヒトでは二八個のアミノ酸をもつグレリンが優位となっている。どちらのグレリンも生物学的に活性である。さらにプレプロ・グレリンは、グレリンを産生する開裂とは別の遺伝子開裂によってオベスタチンを産生する。オベスタチンはグレリンと反対の食欲抑制作用を有しているようだが、確かではない。最終的にグレリンが神経ペプチドYを介して食欲増進機能を発揮するためには、第三位のセリンの中鎖脂肪酸によるアシル化が必要となる。アシル化されていないグレリンは末梢である種の生理作用を発揮するが、それは食欲とは関係ない。つまり、プレプロ・グレリンの産生増加は、さまざまな生理的効果や代謝作用をもたらす。食欲増進効果はそうした効果のひとつにすぎない。さらに、アシル化されたグレリンの増加はプレプロ・グレリンの転写に変化がなくても達成できる。

他にも、遺伝子産物の産生や機能を制御する魅力的なメカニズムがある。ある種の遺伝子はDNAのなかに停止コドンをもつ。ある条件下で、それはRNAへの転写停止のサインとなる。そうなるとメッセンジャーRNAは分解され、再利用されることになる。ペプチドは産生されない。しかし停止コドンが無視されることもある。転写は継続され、ペプチドは産生され続ける。

マイクロRNAという、二〇から二二個の塩基からなり、ある種のタンパク質（アルゴノート）と相互作用をしたり、メッセンジャーRNAに結合し、そこからの翻訳やその分解を制御したりするRNAの存在も知られている。ある種のマイクロRNAとアルゴノートの複合体は、3'非翻訳領域にある相補的配列で特定のメッセンジャーRNAと結合する。3'非翻訳領域は、メッセンジャーRNAの翻訳や分解に重要な複合体が形成される場所である。増殖中の細胞中では、こうしたマイクロRNAとタンパク質の複合体は、一般的に、メッセンジャーRNAの翻訳を抑制し、その分解を促進しているように見える。一方、細胞周期の停止期間には、こうした複合体がメッセンジャーRNAの翻訳促進のための役割を果たすこともある。マイクロRNAとタンパク質複合体の制御効果は、細胞周期の間に抑制から活性型へと変わりうる。

転写調節領域というものがある。その領域は、遺伝子の転写促進にも、あるいは抑制にも働く。こうした領域は遺伝子の非翻訳領域の近く、あるいは非翻訳領域内に発見されることが多いが、制御対象の遺伝子から数千塩基離れた場所にあることもある。転写因子は、遺伝子の非翻訳領域に結合し、転写を制御する。

遺伝学と代謝の基礎となる概念は、実際上、同一の概念に収斂していっている。「制御」という言葉は遺伝学におけるキーワードとなった。メッセンジャーRNAのアミノ酸への翻訳が制御されるように、DNAのメッセンジャーRNAへの転写も制御されている。遺伝子産物は多くの場合、代謝されて初めて機能を発揮する。ペプチドは機能的になる前に、しばしば、アシル化やメチル化、グリコシル化、リン酸化を必要とする。複合体でのみ機能するペプチドもある。例えば、アディポネクチンは、それ自身で高分子量の複合体を作る。

科学者は、遺伝子を制御する遺伝子があることを、随分前から知っていた。こうした遺伝子がおそらく最も重要であることが明らかになってきた。細胞内や全身の代謝に用いられるペプチドをコードするDNAは、全体からすれば小さな割合でしかない。ヒトDNAのわずか数パーセントだけが、タンパク質をコードしている。タンパク質をコードする遺伝子の多くは、また、強く保存されてもいる。たとえば、マウスとヒトは全く異なる動物である。しかし、タンパク質をつくるヒト遺伝子の九九％はマウスにホモログ（同様の遺伝子）をもつ。つまり、マウスとヒトは、同じ基本的材料でできているのである。

進化は、タンパク質をコードする遺伝子に対してより、制御性に働く遺伝子により強力に働いてきたように見える。ゲノムの大半は非翻訳性であることも知られていた。それらは、ガラクタDNAとも呼ばれ、ほとんど、あるいは何も機能をもたないと考えられてきた。こうした見解が今、変わりつつある。たとえば、DNAの反復配列は、それ自身は転写されないにもかかわらず、しばしば遺伝子の転写に影響するように見える。

選択は、遺伝子の機能のどの段階にも働きかけうる。ペプチド構造にも、転写を決定する制御因子にも、遺伝子産物が翻訳後に代謝される過程にもである。遺伝子の働きはいくつかの点で、それが生み出した生物同様、複雑で、相互作用的で、制御的であるということを、私たちは学びつつある。別の見方をすれば、生物そのものから細胞、そしてゲノムに至るまで、生物組織のすべての段階に代謝があるということになる。

一塩基多型

突然変異には多くの種類がある。最も単純なものが、遺伝子内でCTCがCACになるような、一塩基の変異である。これをスニップ（一塩基変異）という。前記の場合でいえば、CTCはグルタミン酸をコードするが、CACはバリンを産生する。したがってこうした一塩基変異があれば、アミノ酸の翻訳を介して、集団間にふたつの異なるタンパク質多型がもたらされることになる。ヘモグロビン内で見られるこうした変異は、鎌状赤血球貧血病を引き起こす原因になる。

もちろん、アミノ酸置換をともなわない変異もある。たとえば、CTCがCTTに置き換わるような変異である。どちらもグルタミン酸を産生する。こうした変異は、沈黙の変異ともいわれる。その変異が遺伝子産物を変えることがないからである。しかし新たな証拠は、そうした沈黙の変異でさえ、遺伝子のタンパク質産生に影響を与えるということを示す。アミノ酸が集合していく速度が変化し、それによってタンパク質の三次構造が変わる可能性が示唆されているのである。タンパク質の三次構造は、その機能にとって重要となりうる。

　肥満に関係する一塩基変異を見つけるための努力がなされている。結果は、しばしば混乱したものとなっているが、興味深いものも多い。たとえばプレプロ・グレリン遺伝子には多くの一塩基変異が見つかっている。しかし、今のところそうした変異のどれも肥満、あるいはメタボリック症候群との関係が証明されていない。ある一塩基変異が肥満への脆弱性を示すことがあったとしても、大半の肥満は、複数の遺伝子と環境の相互作用によって引き起こされると思われる。

　深く理解すればするほど、生物学的複雑性は増していくように見える。ヒトの肥満や肥満の合併症に対する脆弱性の個体差を含む生物の驚くべき多様性と複雑さは、こうした複雑さがあって初めて可能になるのである。

子宮内での代謝プログラミング

　ヒトは特性や特質を子孫に引き継ぐ。生物学的側面についてのそれは、遺伝子を介して行われる。文化や思想については社会化を通じて行う。近年の説得力ある研究によれば、胎児期や乳児期に与えられる栄養によって、子どもは生まれる前からすでに、成人後の代謝に影響を受けている。こうした初期の栄養状態は、肥満や糖尿病、心血管系疾患になるリスクと深い関係がある。

　これは、代謝や病理が、ある時期の栄養状態を反映することを意味する。ある時期というのは決まっていて、その時期における介入は形態や生理、行動に影響を与えるが、その時期以外の介入はあまり効果がない。これを臨界期仮説という。たとえば性ホルモンは、適切な時期に働けば、長期間にわたる脳の形態変化を誘導することが知られている。それは適切な性行動の形成にも必須である。この時期に生殖腺摘出によって男性ホルモンに暴露されなかったオスのラットは、成体になっても男性ホルモンへの適切な反応を示すことができない。一方、性腺摘出がその時期以降に行われた場合、オスのラットは外来性の性ホルモンに反応する。臨界期に男性ホルモンに暴露されたメスのラットは男性化することも知られている。人生早期の経験は、長期間にわたる生理や行動に決定的な影響を与えるのである。

貧困、栄養、心疾患

一九七〇年代のノルウェイで、アンダース・フォースダール[*1]は地域による心疾患死亡割合の違いを調べた。そして、違いが調査時点での生活の違いに起因しているだけではなく、生後早期の生活にも遠因があることを示した。発症割合は乳児死亡とも高い相関を示した。フォースダールは、人生早期の貧困は、その後生活が改善した場合、人生後期の心疾患のリスク要因になると仮定したのである。原因は、人生の初期と後期のミスマッチである。バーカーとオズモンド[*2]は一九八六年、その仮説を支持する研究結果をイングランドとウェールズのデータから示した。一九二一〜二五年の乳児死亡率が、一九六八〜七八年の虚血性心疾患による死亡率と強い正の相関を示したのである。

バーカーはさらに研究を進め、出生時や一歳時での体重が心疾患発症と高い相関を有することを示した。その時期に低体重だった児の集団は、心疾患で死亡する割合が有意に高いというのである。この結果は現在、貧困が心疾患の発症増加をもたらすという理解から、人生早期の栄養不良と、その後の人生での栄養状態の改善が原因であろうという理解に変わってきた。栄養状態が全人生を通じて良好とはいえない低所得国の人の間で、心疾患による高い死亡率は見られない。他の原因による死亡率は高いが、心疾患については持たざる者の病ではなく、持てる者の病なのである。

バーカーは当初、人生早期の栄養不良は成長や発達と関連し、それが心疾患のリスクを増大させると考えた。しかしその仮説はバーカー自身によって拡張され、人生早期に将来の疾病リスクを規定するプログラミングが起こるといったものへと変わっていった。さらにバーカーらは、少女における思春期の成長と、彼女たちの娘が乳がんを発症するリスクが関連していることを示した。代謝のさまざまな側面や疾病発症リスク、それらは胎児期、あるいは人生の早期にすでに決定されているように見える。

エピジェネティックな要因

生物には、環境が発達に強い影響を与える時期、すなわち臨界期が存在する。たとえば孵化したワニの性別は、遺伝子によってではなく性形成期に卵が育てられた温度によって決まる。肥満に関連する遺伝子にも、エピジェネティクスやゲノム刷り込みがある可能性が高い。臨界期における遺伝子の制御は、後の人生全般にわたって影響を与える。ヒトの多様性には遺伝子の異なる制御機構が貢献している。そうした制御には遺伝的および環境的要因の両者が関与する。発達関連遺伝子発現の多様性は、脂肪の総量や分布の違いに影響されるという結果もある。

エピジェネティクスという考え方は決して新しいものではない。C・H・ウォディントンが一九四二年に、発生学と遺伝学を結びつける言葉として「エピジェネティクス」という言葉をつくり出し、遺伝子と環境が相互作用することによって表現型が変化することを記述しようとした。当時遺伝子は、まだ理論上の産物でしかなかった。現代のエピジェネティクスは基本的には、ＤＮＡの構造変化なしにＤＮＡの発現を制御する事象（メチル化など）を指す。ホリデイ[*3]はそれを以下のように定義した。「複雑な生物体の発達期における、遺伝子の働きに対する時間的、空間的調節機構を研究する学問分野」。発達は細胞間の相互作用に関係する。また細胞が置かれている環境は生物体の性質を決める上で決定的な要因となる。

エピジェネティクスの概念は、組織によって遺伝子の活性化が異なることを考えるとわかりやすい。ヒトは、すべての細胞で同じ潜在的能力を受け継ぐ（同じ塩基配列をもつ）。その意味で、心臓の細胞と腎臓や脳、生殖腺の細胞が異なることはない。しかし遺伝子の発現や働きは組織によって異なる。心臓で発現した遺伝子が生殖腺では発現しないことも稀ではない。その逆もある。その機構のひとつとしてメチル化の関与がある。メチル化は遺伝子の不活化をもたらす。

こうした変化は細胞分裂を越えて娘細胞へ引き継がれ世代を越える。たとえばホソバウンランという植物は、エピジェネティクスによって花の付き方を左右対称から放射相称へと変化させる。この変化は二五〇年以上も前にカール・フォン・リンネによって記載されている。この現象はダーウィンを含む生物学者を魅了した。表現型の変化は、劣性遺伝様式によって次世代へ引き継がれる。ダーウィンはキンギョソウの花でこうした変化が見られることを発見していた。しかし、彼自身はメンデルの法則を知らなかったため、正しい考察に至ることはできなかった。こんにち、この変化はＬｃｙｃ遺伝子のメチル化によって引き起こされることが知られている。ＤＮＡの塩基配列に変化はない。したがって、将来の脱メチル化によって、こうした花は従来の表現型に戻ることがあるかもしれない。

情報分子は生物の生理に影響を与える。ただし限界もある。ヒトは海洋哺乳類のような脂肪層をまとうことはないだろう。水生類人猿説という仮説の存在にもかかわらず、ヒトの脂肪組織が断熱効果を発揮する証拠はない。一方、脂肪蓄積の程度や分布は個人によって異なる。遺伝的要因に加えて肥満、とくに中心性肥満に対するリスク要因には、出生時体重や母親のボディマス指数、妊娠中の体重増加などがある。在胎月齢に比較して小さな児も大きな児も、肥満を発症しやすく、またⅡ型糖尿病などの肥満関連疾患発症のリスクも高くなる。

栄養状態、ボディマス指数、妊娠中の体重増加、血糖といった子宮内環境に影響を与える母親側の要因は、児の生理や代謝にも影響を与える。これはある意味で、獲得形質が母から子へ引き継がれることを意味する。母親の肥満や糖代謝不全は、子宮内での児発達の阻害因子となる。児は出生時点において、ある種の「路線」を与えられているのである。こうした子宮内で与えられた「路線」と幼少期環境の間の相互作用は、個人のその後の代謝や健康を規定する。肥満した母親の娘は肥満となり、それはさらにその娘に引き継がれ、関連疾患の連鎖が続くことになる。

子宮内での影響は当初、低体重児、在胎月齢に比較して小さな児を対象に研究が進んだ。こうした児は、肥満や脂質異常症、糖尿病、心血管系疾患といったいわゆるメタボリック症候群のハイリスク集団である。在胎月齢に比較して小さかった児が、幼少期に急速な成長を遂げた（追いつき成長）場合、そうした危険性はより高くなることもわかってきた。倹約遺伝子の概念が提唱された理由のひとつでもある。単純化すれば、母親は、胎盤を通して児へ環境情報を伝えているということになる。母親の栄養不良は、低栄養摂取に対するある種の適応反応を児に引き起こす。これは、胎児が出産まで過酷な環境を生き抜くために進化した反応とされてきた。加えてそれは乳児が、食糧の乏しい環境を生き抜くための生理的適応ともいわれてきた。一方誕生後を見れば、多くの子どもでそうした欠乏は見られなくなる。

プログラムされた生理と、その後のエネルギー摂取にミスマッチが生ずる。

出生時における過体重は低体重同様、将来の肥満要因になる。ある時点以降、大きいことは、母子の両者にとって良いこととはいえない。母親の肥満が胎児の生理形成に及ぼす影響には、母親の糖とコルチゾールの代謝異常を介して伝わるものがある。こうした状況は、病気発症のリスクを増大させる。たとえば、高濃度の糖は身体に毒として働くことがある。胎児における時期尚早なインスリン分泌の実質的増加は、人生の後半における膵臓の疲弊をもたらす可能性がある。アロスタティックロードの一例である。

ヒトの体重増加にエピジェネティックな影響を与えるものに、環境毒素もある。人類は、環境中に多くの化学物質を放出している。その多くは生物学的活性を有している。内分泌攪乱物質である。自然のホルモンの働きを擬態したり、阻害したりすることによって効果を発揮する。エストロゲンに似た効果をもつものも多い。これらは代謝や食欲、あるいは肥満に関係する他の要因にも影響を及ぼす。多くの研究は、動物に毒性をもたらすことのない濃度（したがって、安全だと考えられる濃度）でさえ、こうした化学物質が体重増加をもたらすことを報告している。

倹約遺伝子

初期のバーカー仮説から発展した思考は、プログラムされた生理上の変化を予測的な適応に結びつけた。倹約遺伝子仮説は、胎児の代謝と生理は複数の発達経路をとりうると仮定する。それは遺伝子によって導かれるが、環境によっても影響される。倹約遺伝子仮説は、現在の状況は将来の状況の最もよい指標になることを示唆する。生後早期の栄養状態は、成人期の栄養状態の最もよい指標となる。生後早期の栄養は、出産前には胎盤や子宮環境、生後は母乳を介して与えられる。生後早期の栄養状態が貧しい場合、生理と代謝がそうした栄養状態に合うように形成されてしまう。その後栄養環境が劇的に改善すると、事前にプログラムされた代謝は、その環境に適応できなくなる。倹約という現象は、豊富に資源が存在する状況下で、持続的体重増加や結果としての肥満をもたらすことになる。

新生児に倹約をもたらすというバーカー仮説（それは母親の低栄養や子宮内の成長制限を原因として起こる）は、開発途上国における肥満の増加を説明する合理的仮説を提供する。飢餓や低栄養が人類にとって過去のものになる一方で、栄養転換は高カロリー食を一般的なものにした。胎児や生後早期の栄養状態と、成人期の栄養のミスマッチが持続的な体重の増加に寄与しているというのである。

一方で倹約遺伝子仮説は、肥満がなぜ裕福な国で増加を続けているのか、その理由を説明しない。しかし肥満は出生体重が重い場合も軽い場合もその両極端で増加していることからすれば、子宮内プログラムという考え方は、依然として有効である。大きな新生児も、小さな新生児同様、肥満になりやすい。事実、在胎月齢に比較して大きな、あるいは小さな児はともに、出生時の脂肪割合が高い。これは出生時体重が正常範囲内であったとしても脂肪割合が高いという点で、糖尿病の母親から生まれた子どもにも当てはまる。成人肥満とそれに関連する疾患の危険因子として、出生時の体重にかかわらず、脂肪割合が高いということが挙げられる。

子宮内プログラムの機構

子宮内の出来事は、胎児のその後の発達過程を規定する。そこにはいくつかの機構が存在する。母親の栄養状態は胎盤形成や胚発達に影響を与える。器官形成期に胚を取り巻く環境は、心臓や腎臓、膵臓といった器官の細胞機能や数に影響を与える。妊娠後期の子宮内環境は胎児の代謝、セットポイント（設定値）に影響を与える可能性も指摘されている。出産後にも、初期の栄養やその他の環境は、成長や発達に影響を与える。それによって、細胞の成長や分化も異なったものになる。

栄養は遺伝子発現に影響を与える。近年の研究により、食物には、代謝燃料や組織合成の原材料という以上の役割があることがわかってきた。食物のあるものは、信号伝達物質として機能する。食物が遺伝的形質に影響を与えることもある。葉酸やビタミンB_{12}、コリン、ベタインといった栄養補充剤は、妊娠中のラットに与えることによって、生まれてくる子の毛の色を変える。それは遺伝子トランスポゾンの転移によって起こる。こうした効果は、ＤＮＡのメチル化によってもたらされている可能性が高い。そうした栄養素はメチルの提供者である。

倹約遺伝子仮説への批判

環境がその後のあり方をプログラムするという考え方に批判的な研究者も存在するが、そうした研究者も、子宮内や生後早期の環境は表現型の違いを生み出すという考え方を受け入れている。確かに理論的な欠点もある。しかし妊娠期間中の環境が、その後の生涯の代謝や生理に強い影響を与えるという基本的な考え方は十分説得的に実証されている。

しかし、倹約遺伝子そのものが存在するか否かは依然として疑問である。そうした遺伝子の候補はまだ見つかっていない。スピークマン[*4]は、ときおり起こる飢饉が脂肪蓄積を促す淘汰圧をもたらしたという仮説に疑問を呈する。彼は成人肥満に焦点を当てて分析を行った。過去における脂肪分布の微妙な違いには、適応上の意味はほとんどなかった可能性がある。

子宮内の環境がその後を決定する、あるいは倹約遺伝子の存在やその表現型が出生前の環境によって選択されるという仮説は、適応主義的考え方を極端に推し進めたものである。環境中で、ある状態が長期間一定で安定していることは多くはない。もちろん、長期間の食物欠乏がときおり起こり、それが選択圧となった可能性は否定できない。しかし子宮での代謝プログラミングが、新生児、そして成人に食糧欠乏状態への準備をさせるという仮説は、子宮内環境が生理や代謝システムを特定の経路の上に設定するという基本的な考え方にとって必要というわけではない。必要なのは、子宮内の環境（子宮内成長の制限を促すような環境）は、それに見合う代謝を行うための生理や形態の変化（ネフロン数や膵臓β細胞の機能）をもたらす可能性があり、その変化は、動物が人生後期で出会うあらゆる状況に対する代謝反応を決定するという考えである。

当然のことながら、ヒトが生殖可能になるには、それ以前に必要な成長や発達の非生殖的段階を通過しなければならない。成人前にヒトはまず、青年や若者、乳児、新生児、胎児といった段階を経る。栄養が乏しい子宮内環境下で、胎児が新生児になるために必要な代謝調節機能は、人生の後半期に、肥満や他の病気になりやすい傾向をもたらすのかもしれない。しかしそれは死産で生まれることを考えれば、依然として適応的である。

ヒトの赤子は太っている。出生児における高い体脂肪量は、出生後の劇的で急速な脳の成長を支えるための重要な適応の結果だった可能性がある。子宮内発育不全児でさえ、他の霊長類の赤子と比較すれば、多くの脂肪を有する。この事実は興味深い。ヒト胎児は出産までに十分量の脂肪を蓄えるために、その代謝を駆動させているようにさえ見える。したがって、脂肪蓄積を促すための代謝は、出産後の欠乏に対応したものである必要はない。新生児が十分量の脂肪をもって生まれてくるために必要な反応にすぎない。一方、こうした適応的代謝をやり直すことはできない。豊富な食糧の存在下では、そうした代謝がミスマッチとなり、過剰な脂肪蓄積となって表れるのである。

胎児期の栄養が過剰（妊娠糖尿病など）であった場合、新生児は巨大児となる傾向にある。大きさの違いの大半は脂肪に由来する。この事実も、ヒト胎児の生理が脂肪を蓄積する方向へ進化してきたことを示唆する。低栄養下で胎児が脂肪を蓄えようとする反応は多分に適応的である。ヒトの過去において、低体重児は巨大児よりはるかに多かったはずである。胎児の栄養が通常の成長に必要な水準以上であった場合、それは脂肪へと変わる。これが長期にわたる生理や代謝に影響を与える。すなわち、現代の環境下においてヒトが肥満しやすい傾向には、脂肪を多く有する児に有利になるような選択圧に由来する面がある。そのような解釈を提案したい。

ヒトの多様性

すべての人が現代の肥満しやすい環境への対応に苦慮しているわけではない。また肥満が及ぼす健康影響に苦しんでいるわけでもない。肥満しやすい現代的環境や、肥満そのものに対するヒトの反応には、大きな多様性が存在する。一方そうした多様性にはある種の傾向が認められることも事実である。疫学研究は肥満や肥満関連疾患の発症には人種や民族差が見られることを示す。アメリカ先住民やヒスパニック、アフリカ系アメリカ人は、ヨーロッパ系アメリカ人に比較して肥満やⅡ型糖尿病になりやすい。

人種や民族と遺伝の議論を複雑にしているのは、人種と民族について絶対的定義がないことである。人種の概念は、生物学的である一方社会的でもある。ふたつの見方の間には、ほとんど一致点はない。疫学的研究に用いられる「人種」という区分は、そうしたふたつの概念の混合物である。

ヒトゲノムプロジェクトや近年のヒトゲノム多様性に関する研究は、ヒトの間に、共通性と個のユニークさが同時に存在することを示す。こんにち、六〇億人〔現在地球上の人口は七〇億人を超えている〕が地球上に生存しているが、人間は、ゲノムの多様性の一部によって表現されているにすぎない。つまり、どのような新生児も、少なくともいくつかの遺伝的側面においてはユニークな存在ということになる。同時に、無作為抽出した人の間の平均的な遺伝差異は、ヒトという種よりその絶対数が少ない他の多くの種と比較しても小さい。これは、現代人が極めて近い過去（おそらく一〇万年以内）に、小さな創始者集団から派生したことを反映している可能性が高い。

ヒトは地理的起源によって分類可能である。進化学的時間でいう近年までは、ヒトが生まれた場所から遠くへ旅することはほとんどなかった。地理的に近い地域に暮らす人は似た遺伝子を有する傾向にある。一方こうした地理的集団内の遺伝的多様性は一般的に、集団間の遺伝的多様性より大きい。膨大な数の多型マーカーを用いると、複数の大陸出身者の間の遺伝子パターンには一定の様式があることが示される。アフリカ人の遺伝子は一般的に最も多様である。アフリカ人とアフリカ人以外の間の遺伝的距離は最も遠い。そして遺伝子系統樹の根は、アフリカ人の集団に最も近くなる。すべての研究の結果は、ヒトの祖先集団はアフリカに起源をもち、アフリカに暮らしていた集団のなかの小さな集団が、アフリカを飛び出し世界に広がり、アフリカ以外の地を占拠していったことを示唆する。五万年から六万年ほど前のことだった。集団としての現在のヒトは比較的近年の産物といえるのかもしれない。

人種と祖先（起源）にはつながりがあるが、個人を説明するものとしては、祖先はより微妙で複雑である。たとえば、一〇七人のサハラ以南アフリカ人と六七人の東アジア人、八一人のヨーロッパ人を一〇〇種類の遺伝子多型を用いて分類したとする。それぞれの個人は一〇〇％の正確性で三つの集団に分類された。しかし、それぞれの個人が相当する集団に分類される確率は一〇〇％ではなかった。ヒトは、地理的分布を同じくする集団と祖先を共有するが、他の集団とも遺伝子の一部を共有しているのである。加えて、二六三人の南アジア人のサンプルが解析に加えられた。彼らはひとつの集団には分類されなかった。その分布はヨーロッパ人と東アジア人の間に広がっていた。東アジア人の集団に分類される者もいれば、ヨーロッパ人の集団に分類される者もいたが、多くは両集団の間に分類された。これは東アジアとヨーロッパからインド亜大陸に流入したヒトの移動の歴史を考えれば理解できる。

個人間の遺伝的相違は祖先に由来する。人種や民族は祖先に関する不完全だがひとつの指標である。ヒトの遺伝的多様性を人種や民族によって集積していけば、それは将来研究するに足る有益な情報を提供するだろう。集団間の違いを遺伝的差異に短絡的に結びつけることに正当な根拠はない。現時点で人種と民族は、最も高い評価を与えたとしても、祖先に由来する遺伝子や、文化、環境、社会経済的要因の弱い代理指標という範囲を越えない。

体脂肪分布と代謝

男性はより内臓に脂肪を蓄える傾向にある。この傾向は重要であり、すべての人種に当てはまるように見える。一方、人種によってその割合は異なる。アフリカ系アメリカ人男性は、ヨーロッパ系アメリカ人男性より内臓脂肪量が少ない。アフリカ系アメリカ人女性は他人種の女性より皮下脂肪の割合が高い。アジア系アメリカ人の脂肪分布を、ヨーロッパ系アメリカ人のそれと比較した研究がある。その結果は、アジア系アメリカ人は身長が低く、体重が少なく、ボディマス指数も低い傾向示した。しかし低いボディマス指数にもかかわらず、体脂肪率には、両者の間に違いは見られなかった。また体脂肪に占める内臓脂肪の割合は両者とも男性で九%から約一〇%と違いはなかった。一方アジア系アメリカ人女性では、ヨーロッパ系アメリカ人女性より内臓脂肪の割合が高いこともわかった（五・一%対三・四%）。

米国における老年女性（平均年齢六五歳）を対象とした調査では、フィリピン人女性はアフリカ系アメリカ人と比較して低いボディマス指数を示した。にもかかわらず、より多くの内臓脂肪を有していた。一方フィリピン人女性とヨーロッパ系アメリカ人の間にボディマス指数の違いは見られなかった。フィリピン人女性はまた、Ⅱ型糖尿病の発症率が高かった。アフリカ系アメリカ人女性は、皮下脂肪が最も多く、皮下脂肪に対する内臓脂肪の比率が最も低いこともわかった。

アジア人は西洋的食環境下では、Ⅱ型糖尿病をより発症しやすい。アジア系アメリカ人のⅡ型糖尿病の発症率は、本国よりアメリカでより高い。同様の傾向はヒスパニックでも見られたし、また、メキシコに住む先住民とアメリカに住む先住民の間にも見られる。ヒスパニックとは民族的呼称で、単一の人種を指す言葉ではない。アメリカに住むヒスパニックの多くはアメリカ先住民を祖先にもつ。その祖先は、約一万年前にベーリング海を越えてアメリカ大陸へ渡ったアジア人である。アジア人、ヒスパニック、そしてアメリカ先住民の肥満やⅡ型糖尿病の発症しやすさには、共通の遺伝的背景があるのかもしれない。

ピマ・インディアン

米国に暮らすピマ・インディアンの肥満とⅡ型糖尿病の発病率は極めて高く、世界最高の部類に入る。その高い発症率は、米国での一般的な増加に先立って見られた。

ピマ・インディアンは、肥満やⅡ型糖尿病を発症しやすいように見えるが、それは、高エネルギー密度の食事や身体活動の低下という環境下で初めて明らかになった。西洋化した食事、低下した身体活動といった変化が、米国でのピマ・インディアンの高い肥満やⅡ型糖尿病の発症率をもたらした。メキシコに暮らすピマ・インディアンは痩せており、糖尿病の発症頻度も低い（図13－1）。彼らはまた、米国に暮らすピマ・インディアンに比べて身体活動が活発である（図13－2）。

膵臓ポリペプチド〔三六個のアミノ酸でできた分子量四二〇〇のポリペプチドで、膵臓のランゲルハンス島で作られる他、消化管などでもつくられる。脳に満腹感を伝える働きがあり、食物の吸収を穏やかにする〕は、ピマ・インディアンの肥満や糖尿病の発症に影響を与えているようだ。絶食中の血中膵臓ポリペプチドは腹囲と関連が見られる。一方、食後の血中膵臓ポリペプチドはそれと負の相関を示す。ペプチドYYやその受容体の一塩基多型は、男性のピマ・インディアンに限った話ではあるが、肥満を誘発する。

他の遺伝子多型は、ピマ・インディアンの肥満に対する脆弱性が多様であることを示唆する。そうし

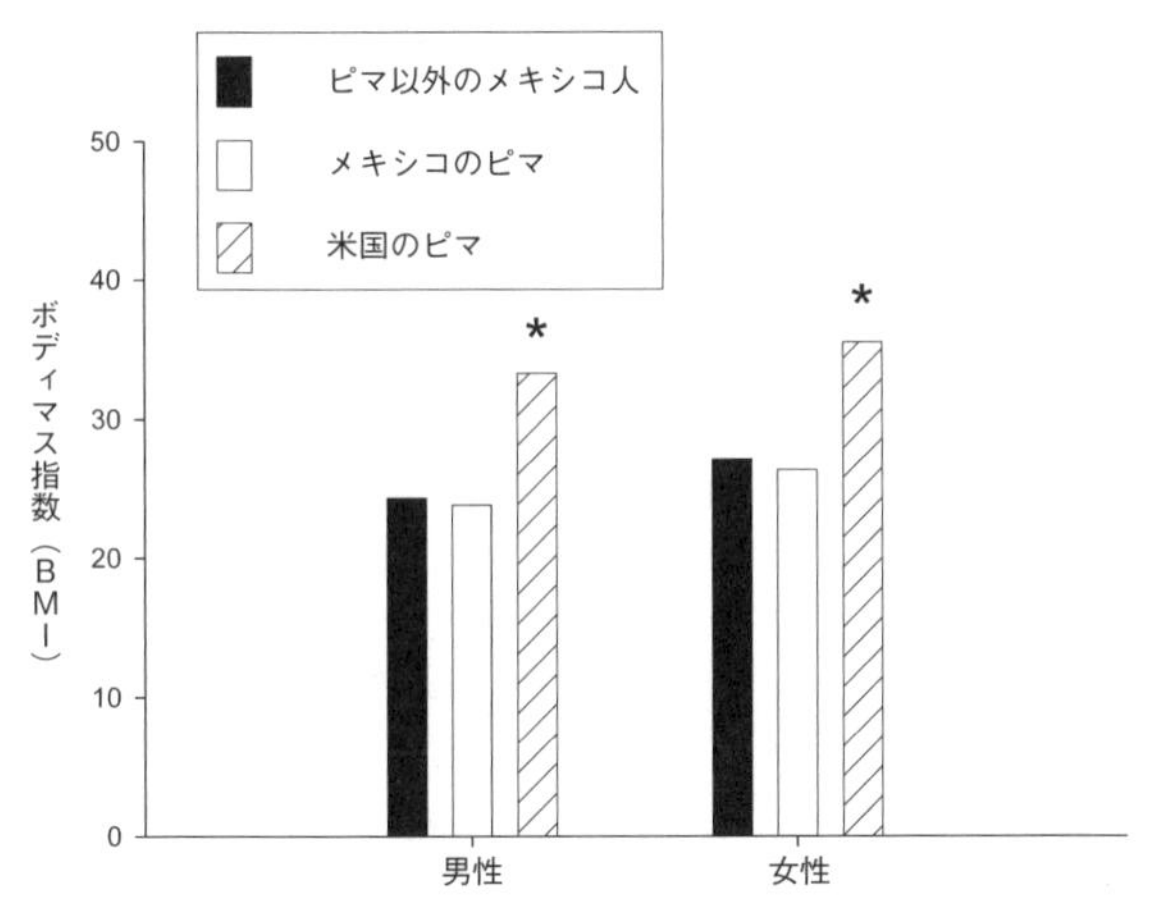

（図13-1）メキシコに住む人はピマであろうとなかろうと，米国のピマと比較して BMI が低い．メキシコ居住者の間では，ピマとピマ以外の人々に違いはない．*＝p＜.05. 出典 Schulz et al., 2006.

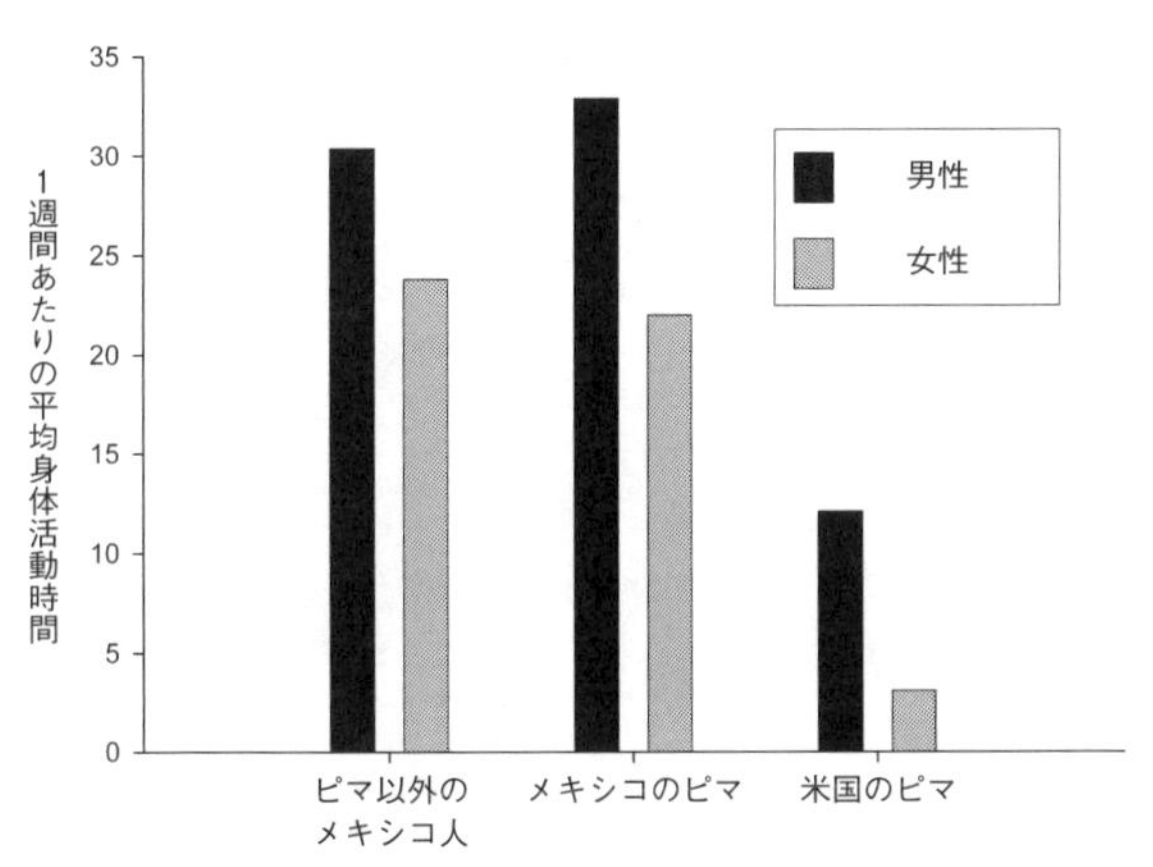

（図13-2）メキシコ居住のピマは，ピマ以外の人々と比較しても身体活動時間に違いはなく，それは米国のピマより多い．Schulz et al., 2006.

た遺伝子多型には、炭水化物の酸化を抑え、肥満に抑制的に働く脂肪酸合成酵素のアミノ酸置換をともなう突然変異や、メラノコルチン受容体の変異も含まれる。加えて、ピマ・インディアンの一〇%に見られるヒトRhoグアニンヌクレオチド交換因子Ⅱ遺伝子がⅡ型糖尿病の発症に関与している可能性も示唆された。あるいは、Ⅱ型糖尿病を発症しなかったとしても、その存在はインスリン抵抗性を示すことが明らかになってきた。

もちろん、遺伝子の研究からは単に、ピマ・インディアンが肥満に対するある種の脆弱性を有しているということがわかるだけだ。彼らに見られる肥満は、彼らが有する遺伝的要因と古くからの生活習慣の変化がもたらす相互作用の結果である。また、ここでいう肥満に対する脆弱性とは、子宮内プログラムが、脂肪を蓄積しやすい子どもを産む方向へ働くという正のフィードバックの結果でもある。

同類婚と肥満の流行

現代における肥満の流行は、遺伝子とエピジェネティクス、双方のプロセスによって自ずから強化されうるという研究結果がある。母体の状況による胎児の代謝プログラミング、つまりエピジェネティックな機構は、本質的には「特性」のラマルク的移譲である。肥満には、直接的な遺伝的要因も関与している。ボディマス指数には、遺伝的要因が存在することが示されている。ボディマス指数に関する同類婚の指摘もある。ヒトは、ボディマス指数の似ている人と結婚し、子どもをもつ傾向がある。

一方、こうした現象を計測するのに、ボディマス指数は必ずしも最適な指標ではないという意見もある。体型の方がよい指標かもしれない。もちろん体型とボディマス指数は相関が高いが、体型が交配に影響を与え、結果として肥満しやすさに影響を与えるという仮説の利点は、体型は、社会経済状況や現代という環境に影響されにくいということであろう。この仮説は、じつは正しいのかもしれない。太い腕をもつ男女は、それが脂肪によるものであろうとなかろうと、同じ特徴を有する相手と結婚する傾向にある。

個人が自分と似た体型の人を好むということは、肥満のリスクが二峰性あるいは多峰性になることを示唆する。それは部分的に、肥満になりやすい人と肥満になりにくい人の両者が存在することの説明となる。スピークマンら[*5]は、同類婚が理論的には肥満の頻度を数世代で二倍にするというモデルを発表した。もちろん、同類婚が強く遺伝的特性に依存するということは事実である。

緯度と食事中の脂肪

代謝燃料として脂肪を使う能力は個人によって異なるが、大半は人種や民族の違いによって説明可能である。一般的にヨーロッパ人は他の人々と比較して脂肪酸化能力に富む。一方、アフリカ系アメリカ人女性は白人女性に比較して、代謝における柔軟性が乏しい。白人女性は高脂肪食に対応して脂肪を多く酸化させる。アフリカ系アメリカ人女性と比較するとその能力は高い。また、イヌイットや他の高緯度居住者が、脂肪酸化や、過剰な脂肪蓄積がもたらす結果においてヨーロッパ人ともアジア人とも異なるという事実も非常に興味深い。イヌイットの肥満割合は、ボディマス指数を指標にすると、極めて高い。しかしそれぞれのボディマス指数で比較すると、イヌイットの血圧や血中脂肪量はヨーロッパ人と比較して低い。これは、ボディマス指数に比較してメタボリック症候群になりやすいアジア人（ヨーロッパ人と比較して）とは逆の傾向で、傾向に人種差があることを示唆する結果となっている。高緯度住民の環境適応は赤道直下に暮らす人々と異なるのかもしれない。

こうした事実は、ある種の仮説をもたらす。つまり、高緯度になればなるほど、そこで得られる獲物は脂肪が多い。アジアやヨーロッパにおける高緯度、とくに北極圏に暮らす動物は脂肪に富む。それに比較すれば、サハラ以南の動物は痩せている。季節性を考慮すると、その特徴はより明らかとなる。赤道から離れたところに暮らす動物の多くは、食糧が乏しくなる冬の前に、冬期のエネルギー消費を賄うために多くの脂肪を蓄える。哺乳類も鳥類もそうである。また高緯度の冬は植物も乏しい。赤道から離れれば離れるほど、炭水化物が少なく、脂肪が多いという状況に遭遇する。そうした状況は夏期には和らぐ。

とすれば、代謝に関して柔軟であるという能力や、脂肪と炭水化物の代謝の切り替え能力が高いという特徴は、高緯度に暮らしたヒトの祖先にとってより適応的であった可能性が高い。もちろん、脂肪はすべてのヒトにとって重要であるが、高緯度居住者ではとくに重要だった可能性が高い。脂肪酸化を増大させる能力、すなわち高脂肪食を代謝する能力は、緯度によって異なる。これがアフリカ系アメリカ人とヨーロッパ系アメリカ人の違いであり、アフリカ系アメリカ人の間における肥満増加の理由と思われる。

まとめ

生物学の知識は信じられない速さで拡大している。遺伝子研究はその最先端である。研究者は、ヒトからゼブラ・フィッシュ、さらには植物の根に寄生する微生物まで、全遺伝子の解読を行っている。ヒト以外の霊長類では、チンパンジー、オランウータン、アカゲザル、マーモセットの全遺伝子解読が完了した。ヒヒやリスザル、ショウガラゴ〔西アフリカのセネガルから中央アフリカ、ケニア、タンザニアに至るまでアフリカ大陸に広く分布している夜行性のサル。その容姿と鳴き声からブッシュベイビーとも呼ばれる〕、メガネザルの全遺伝子も数年以内には解読されるだろう。こうした知識の拡大は、遺伝子の働きに関する私たちの認識を、複雑だが現実的なものとする。

ヒトは、さまざまな特徴について多様性を有している。これは肥満に関しても当てはまる。現代的環境下において、ヒトは肥満に対して脆弱である。一方で、多くの人が痩せたままでいることも事実である。遺伝的多様性は確かに、こんにちのヒトの肥満を説明する要因のひとつである。しかし遺伝的要因も単純ではない。肥満に関連する一塩基多型の探索には価値がある。しかしそれには何百、何千といった候補が存在する。ひとつひとつは、それだけでは肥満の発症にほとんど貢献することはない。

現在の遺伝学は、ヒトの遺伝が一方では単純であり、一方では複雑であることを教えてくれる。遺伝子による生命の基本的構造は、種を越えて驚くほどよく似たものとなっている。そうした遺伝子の制御は複雑である。それに加えて、エピジェネティックな機構もある。それはときに種を越えて、ときには種のなかで、そしてときには個体内の細胞間で見られる生物学的表現型の多様性に貢献している。生後直後の環境は、成人以降の代謝や生理に影響を与える。

ピマ・インディアンは、遺伝要因と環境因子の重要性についての格好の例を提供する。活発な身体活動を行い、伝統的な生活様式を続けるピマ・インディアンは、身体的に不活発なピマ・インディアンと全く異なる。

結　論——現代生活における危機を生き延びる

現代は生物学にとって興奮に満ちた時代だ。人類の知識は幾何級数的に増加しており、生命の核心である難解な分子機構を、新たな科学技術が垣間見せてくれる。学べば学ぶほど、生命の多様性、柔軟性、その適応性に驚くことになる。

本書では、ヒトの肥満に関する幅広い生物学に触れてきた。著者らのアプローチは相対的であり、進化に土台を置いたものとなっている。分子レベルから生物、社会まで、さまざまなレベルの解析を統合するよう試みた。そうしたなかで、肥満という主題を、古代の情報分子の多様な機能やヒト進化の独自性を含む幅広い視点から追ってきた。哺乳類あるいは脊椎動物に共通の生物学、あるいはヒトに特異的な生物学的特性に検証を加えてきた。

検証にあたってはシステムズ・アプローチ〔システム的な思考によるアプローチ。システムの分析・評価・最適化などの手法を駆使しながら複雑な問題の解決を探る方法論〕に重きを置いた。それが生物の行動や生態を理解する最も良い方法であると信じているからである。分子生物学は、生命機能について驚くべき情報を提供してくれる。一方で脳腸ペプチドは脳や腸がなければ機能しない。そうしたペプチドはまた、肝臓や腎臓、脂肪組織といった有機体全体をつくり上げる器官とともに存在しなければ意味をなさない。

最終的には、生物それ自体が問題なのである。

分子生物学には大きな価値がある。また生命体や神経回路に対する深い探索や洞察も重要である。著者らはその上で、全体としての生理機構を理解しようと努めてきた。目標は、人間をひとつの有機体としてその生理機構を理解することである。その際に著者らは進化の視点、比較の視点をもつように努めた。というのも、ヒトの生理機構がなぜ機能するのかだけでなく、なぜそのようになったのかを理解するためには、その視点が欠かせないと考えるからである。

情報分子と進化

すべての生命は共通祖先を有している。生命が共通の分子的基盤をもつことからもそれは明らかである。生命は有機体内外から情報を伝え、分配し、処理する能力を必要とする。著者らは、さまざまな分子が動物の生理機構や代謝、行動をどのように制御するかを検討してきた。情報分子は毎年新たなものが発見されており、本書で取り上げた以上の情報分子の存在が知られてきている。とはいえその数は有限であり、情報分子の多くは古く（最初の多細胞生物が出現した時期）から存在していたか、存在していた分子に由来する。進化は、未来に対して進むものではなく、すでに存在するものの上に更新されていく。そうした意味で、進化は過去の「総体」ということができる。

本書で取り上げた特殊な分子の機能を学ぶことに加えて、著者らは、読者諸氏が情報分子を理解する上で基礎となる概念を本書を通じて統合できたのではないかと考えている。進化の過程で、こうした分子は組織ごとに、またその段階ごとに、具体的な状況に応じて、異なる機能をもつように分化してきた。

事実進化は、分子がその本来の機能に加えて、多様な機能を果たすことを後押ししてきたが、結果として本来の機能についての知識は、何百万年もの変化のなかで失われるかもしれない。もちろん、こうした分子は相互に影響を及ぼし合う。情報分子は個別的視点ではなく、複数のインプットとアウトプットが交錯する相互的作用といった視点から検討される必要がある。

分子機能のひとつの側面を調べることが、生産的でないといっているわけではない。科学の多くは、現象を理解するために焦点を絞り、変数を制限することでなされてきた。しかし、どの分子もシステムも単独では存在しえないことも確かである。形態と機能の完全な理解は還元的方法を包括的アプローチに統合することでしか得られないと、著者らは考えている。

本書のなかでは多くの例を挙げた。レプチンは本書のテーマに関連した最もよい例だと思う。満腹信号を送るレプチンは肥満と直接関係する。一方それは、発育や生殖に関係するホルモンとしても機能する。鍵となるのは、生殖に関連した機能だと考えられる。進化の視点からいえば、レプチンの機能は食物が豊富な時に食べることを抑制することよりもむしろ、痩せている時期の出産を抑制することの方に重点があったと思われる。レプチンに対する狭義の理解は、いくつかの点においては有用かもしれないが、適応や進化の視点からの総合的理解を妨げるものになる可能性もある。

肥満と進化

身体の大きさや肥満になりやすさには、ある種の遺伝的要素が介在する。それは多くの研究で示されてきた。同時に、現代の肥満人口の急増が、世界規模での遺伝的変異によるものでないことも事実である。ヒトの遺伝子プールは、それほど急激には変化しない。種としては、ヒトは常に肥満に脆弱だった可能性がある。外部環境が肥満を抑制していたため、過去には肥満は稀だった。しかし現代的環境は、そうした外部の制約要因を緩め、あるいは体重を増加させる要因を加えることによって、肥満を誘発しやすい環境をつくり出した。一方、肥満を誘発しやすい環境と相互に作用している生物機構は、適応の産物であり、選択的には中立な特性だったと思われる。結論のひとつは、現代という世界には、肥満に至る数多くの道が存在するということだ。しかし、そうした環境でさえ痩せている人がいる。これはヒトという種の多様性を表す。

現代的環境下で肥満に対するヒトの感受性を増加させた適応や進化には、三つの鍵となる変化があると著者らは考える。ひとつはヒトがもつ大きな脳であり、ひとつは新生児の脂肪量の増加であり、ひとつは妊婦の脂肪量の増加である。新生児と妊婦の脂肪量の増加は、出生後に脳が成長する時期をもつ児を産むための選択の結果として起こった可能性が高い。別の言葉でいえば、大きな脳はヒトが脂肪を蓄積することへの選択圧となったし、脂肪を蓄積する能力が過去には不可能だったレベルを超えて発揮されることを可能にするような環境を、その大きな脳がつくり出したのである。

食事中の脂肪および身体中の脂肪の重要性は、他の霊長類と比較して、ヒトにおいて高いように思える。こうした栄養上の変化は、脳の大型化という進化上の画期的出来事と関連づけられると著者らは考えている。大きな脳は、ヒトに他の動物と異なる認識能力を提供する。大きな脳が、成功した適応の例であることは間違いないが、一方でそれは代謝や栄養面での対価を要求する。大きくなった脳は、食物を獲得する能力や高エネルギー食物を得る能力を向上させ、摂取エネルギー量を増やした。脳も栄養を必要とする以上、それは大きくなった脳の需要をまかなうものとなる。古くは、外部環境がヒトの脂肪消費能力や高エルギー食物の脂肪蓄積への転換を抑制してきた。カロリーは乏しく、カロリーを得るために多くのエネルギーが消費された。正のエネルギーバランスを達成することは容易ではなく、そうした状況になったとしても、それは稀なことだった。こうした環境は、ヒト祖先が脂肪を蓄える能力を向上させるような進化を促した。少なくとも女性や乳幼児では、そうだったに違いない。

母親の脂肪は多くの哺乳類で観察される生殖戦略のひとつであるが、ヒトの赤子の脂肪の多さは他の哺乳類に比較して突出している。匹敵するのは海洋哺乳類だけである。もちろん脂肪蓄積の目的は、ヒトと海洋哺乳類の赤子では異なる。ヒトの赤子の脂肪分布は、寒さに対する防御としてはそれほど効果的ではない。一方、成人のヒトの褐色脂肪細胞の量は、寒冷への暴露によって異なる。寒冷への暴露が多くなるとその量は増加する。褐色脂肪細胞は、震えによる熱産生でない方法で熱を産生する。しかし、成人のヒトにおける褐色脂肪細胞の量は限られている。すなわち、ヒトの脂肪蓄積は寒さへの適応ではなさそうだということになる。

ヒトの赤子は脂肪をたくさん蓄えた状態で生まれてくる。その点で、他の霊長類の赤子と大きく異なる。誕生前に脂肪を蓄える適応的意味は明らかではないが、それが出生後の脳の急激な成長と関係しているという仮説には合理性がある。大きな脳が支払う代謝上の対価が、身体内にエネルギーを蓄える方向への選択圧になった。加えて、脳は特定の脂肪酸への要求が高い。多くは食事から供給されるが、赤子の場合、子宮内で母親から受け取った脂肪が供給源となる。母乳の栄養的価値は他の動物と比較して変わりはない。したがって、脳が要求する栄養の少なくとも一部は、母乳以外で満たされなくてはならない。それが子宮内での脂肪の蓄積というかたちをとった可能性は高い。

脂肪量の多い赤子にはまた別の適応的利点もあった。脂肪は病気の時に有利となる。病気はしばしば摂食や消化に支障をきたす。下痢や胃腸炎を思い浮かべるかもしれない。大きな身体は、飢餓にあってもそれに対応できる時間を延ばす。ヒトが種として大きな体格をもつに至った理由のひとつと考えられている。一方でヒトの赤子は、成人と比較すると小さい。彼らが飢餓に耐えられる時間もそれに比例して短くなる。新生児が有する大量の脂肪は、そうした飢餓や腸管疾患に対応したものとも考えられる。ヒトの母乳は、他の霊長類の母乳と比較して栄養的に大きな違いはない。ただ抗菌活性については違いがある。ヒトの母乳は高濃度の免疫グロブリンやオリゴ糖、他の抗菌分子を、これまでに調査されたどの動物より多く含んでいる。進化の長い時間のなかで、ヒトの新生児が病原体にさらされる危険性が増大したことを示唆している。これは病気のリスクが新生児における脂肪蓄積の選択圧になったという仮説を支持する傍証ともなる。

感染症のリスクは、人類が高密度で生活するようになったこと、新しい環境へ進出し新たな病原体に出会うことになったこと、野生動物の家畜化や定住によって生じた排泄物の集積（寄生虫への暴露機会の増加）といったことの現実的帰結といえる。事実、ひとたび農耕が始まると、ヒトの病原体への暴露は一気に増えた。最初の肥料がヒトや家畜の排泄物だったことは間違いない。それは病原体と食物を結びつけた。ヒトの種としての成功は、一方で病原体暴露リスクを増加させる環境を生み出した。少なくとも近代の下水道やトイレが整備されるまではそうだった。

さまざまな意味で、ヒトの肥満は脳のせいだということができる。少なくとも進化的にはそういえる。価値はあるもののコストの高い大きな脳をつくり、維持することが、ヒトの嗜好を決定づけてきた。一方、技術や知識によって食物へのアクセスが向上し、生きるための身体活動が少なくて済むようになった今、そのような嗜好が私たちを肥満しやすくさせている。そうした嗜好は、食料がしばしば不足し、それを入手するには天敵に襲われるなどのリスクが生じ、しかも多大なエネルギー消費をともなった時代に、その起源をさかのぼれるが、それはヒトの進化の過程における生き残り戦略の一部だったのだろう。加えて、ヒトの種としての成功と知性によって生み出された社会的、文化的制度は、ヒトに病原体への高い暴露をもたらした。そうした環境で「多少の余剰」をもつことは、食物が不安定で消化管疾患の機会が増加するなかでは適応戦略のひとつだった。要するに、大きな脳への適応が、肥満になりやすい生理と行動への選択をともなったということである。ヒトの脳は、ヒトに環境改変能力を与えた。そうした環境において、肥満への脆弱性が明らかになった。

ヒトの脳が、こうしたことを理解する能力をヒトに与えたことも確かである。それによってヒトは肥満への脆弱性が高まる危険性に検討を加え、改善のために働きかけることができるのである。

議論の組み立て

なぜ肥満の増加を憂慮すべきなのだろうか。ヒトの肥満に関する正当な関心は、肥満がもたらす健康上の被害のためである。健康への影響がなければ、肥満に関する意見はもっと多様なものとなるに違いない。事実、体重や脂肪に関する社会的見解は、たとえば米国の歴史を通じて大きく変化した。一九〇〇年以前には、平均体重より重いということは豊かさを意味した。また、病気の際に予備的体力を提供するものと考えられていた。一九〇〇年代初頭には、そこに道徳的価値が入り始めた。肥満は大食と自己抑制の欠如の結果だと考える人が増えたのである。「恰幅がいい」という表現は、称賛から徐々に不名誉に変わっていった。痩せていること、体重を減らすことに対する社会的圧力が見られるようになってきた。

そうした見解は、一九〇〇年代初頭のふたつの出来事によって強化された。一九一二年に保険契約者を対象に行われた研究は、体重と健康の間には関連があり、平均以上の体重の人の死亡率が高いという結論を導いた。肥満は健康への予備力を与えるという考え方から、肥満は健康に悪影響を及ぼすという考え方に変わっていったのである。もうひとつの出来事は第一次世界大戦だった。米国では、海外派兵部隊に支給する糧秣を確保するため、国内に配給制度を敷いた。その際に作成されたポスターやスローガンが、痩せていることは愛国的で、太っていることは利己的だということを暗示したのである。

映画産業やテレビは、魅力的な肉体に対する規範に貢献した。映画スター、とくに女優は常に痩せている。多くの女性が流行を追って、不健康なまでの痩身を指向した。そうした事実は、肥満が公衆衛生上の大きな脅威だと考える人々と、肥満に対する否定的な見方は美に対する社会的規範を基にした偏見や偏りを反映していると考える人々の間に深刻な緊張を生んだ。

著者らは研究者である。健全な科学に基づく研究を通して集められたデータに価値を置く。そうしたデータは、さまざまな角度から検証することができる。しかし、どの角度を取るかで結果に影響が生じることもまた事実である。推論の結果は常にそれを支える前提を考慮して初めて意味のあるものとなる。そうした前提を繰り返し見直し、疑い、試すことは、とくに科学者にとっては重要である。

ヒトの体格や体型は変化している。種としてヒトを見た場合、現在のヒトはかつてないほど太っており、その傾向は今も続いている。少なくとも当分の間、この傾向は続くと考えられる。一方いくつかのデータは、肥満割合が米国では定常に達し、減少し始めたことを示唆する。これは成人にも子どもにも当てはまる。身体活動の増加と食料消費の減少が影響しているのかもしれないが、変化の理由は明らかでない。一方で肥満に脆弱な人口が飽和に達したという意見にも、うなずける。

本書の第一の目的は、現代の肥満の起源を探索することである。著者らは、肥満の健康問題や、肥満に対する社会・文化的関心といったことよりむしろ、ヒトの肥満そのものを理解することに焦点を当ててきた。肥満者は日々の生活で多くの課題や困難に直面する。そうした問題の多くは構造的に対応できるもので、ただちに体重の減少を要求するものではない。一方で、肥満は健康問題に直結する。そうしたことも研究されるべきであろう。本書の主眼は、ヒトの肥満に対する脆弱性はどこから来たかを理解しようとすることにある。ヒトの肥満の背後に横たわる進化生物学の解明は社会や個人が肥満にどう対応するかを決める助けになると、著者らは信じている。

肥満、健康、そして生活様式

健康にリスクをもたらす環境には多くの側面がある。肥満はそうしたリスクのひとつでしかない。喫煙、薬物乱用、栄養不良、運動不足は、肥満とは無関係に健康のリスク要因となる。一方、ボディマス指数が高い、あるいは脂肪割合が高くても、代謝的には健康な人もいる。

健康な肥満者は存在するのだろうか。少なくとも、短期から中期的には、健康な肥満者がいても不思議はない。一方、脂肪組織は代謝的に活発である。脂肪量の実質的増加が、内分泌や免疫機能に何らかの影響を与えることは確かであろう。副腎や甲状腺の大きさが二倍になったら、それは健康上の大きなリスクになるように、脂肪組織の急激な増加は、長期的にはヒトの生理機構への影響を通して何らかの健康問題を惹起する可能性が高い。その結果、性ホルモンや他のステロイド、活性ペプチド、サイトカイン、免疫分子も影響を受ける（第11章参照）。体内情報分子の下方制御は、多くの器官に生理的制約をもたらす。すなわち肥満は、代謝系に何らかの影響を与えることになるのである。

生活様式は、ボディマス指数とメタボリック症候群へのリスク要因とも関連する。デンマークへ移住したイヌイットは、グリーンランドのイヌイットと比較して、肥満と心循環器疾患の相関が異なる。デンマークに暮らすイヌイットは、よりデンマーク人に似た傾向を示す。

身体活動も、ボディマス指数と病気リスクの関連に影響を与える。五〇歳から七一歳の成人に対する追跡調査で、中程度以上の身体活動がすべての死亡率を減少させることが示された。男性では、身体活動は大半の年齢において死亡率を減少させた。六〇歳以上の二六〇三名を対象に米国で一二年間にわたって行われた研究は、体脂肪量にかかわらず、身体活動によって寿命が延長することを示した。心循環器系の訓練は、体脂肪の量にかかわらず六〇歳以上の寿命を延長させた。事実、肥満だが運動をしている人の死亡リスクは、正常体重だが運動をしていない人のそれを下回る。運動をしていない人でボディマス指数が三五を超える人は、最も高い死亡率を示した。他の研究も、中程度肥満の人でも適度な運動をしていれば、死亡リスクが上昇することはないという結果を示す。運動は激しいものである必要はない。三〇分の散歩、ゴルフ、ダンスあるいは水泳も健康に良い影響を与える。

身体活動は細胞レベル、じつに染色体レベルで老化とも関係しているように思われる。双子の研究では、白血球のテロメアの長さが余暇の身体活動と正の相関があることを示した。運動をよくする人のテロメア長は、一〇歳若い運動しない人のそれと等しかった。

運動は身体に良い。心循環器系の健全さは、すべての健康の決定要因ともなる。運動不足は、健康を損ねる多くの代謝問題を引き起こす。そこには肥満も含まれる。第13章で紹介したピマ・インディアンの研究は、こうした議論を出発点に引き戻す。身体活動の活発なピマ・インディアンは肥満でなく、身体活動の低いインディアンは肥満である。

身体活動と進化

現代のヒトの肥満をめぐる問題には多くの視点が存在する。本書は、そのうち進化の視点を強調する。そして、ヒトはなぜ肥満に脆弱で、それはどのようなメカニズムによるのかを探索してきた。あるいはヒトの生物としての特性が、ヒトがつくり出した環境とどのように相互作用を及ぼしているかを検証した。進化の視点は、ヒトが現代という環境下でいかに肥満の原因となる要素を多くつくり出してきたかを教えてくれる。種としてのヒトが、高エネルギー食物に価値を置き、身体活動を減らすような発明をありがたがるのは、直感的にも進化的にも合理的である。何百万年もの間、ヒトの祖先にとって最も困難だったのは、限られた食物でエネルギーバランスを維持することだった。過去の大半において、そのバランスはほぼ均衡していた。それを変えたのが人類の技術だった。身体活動に見合う、またはそれ以上の食物摂取をヒトが指向するのは当然だろう。それは過去には稀にしか実現されなかった。しかし、こうした生来的要求は、こんにちでは技術によって満たされており、そのことがもたらす帰結に私たちは直面している。いかに技術が進歩し、ヒトが賢くなったとしても、過去と決別することはできない。

肥満は病気だろうか。肥満は生理システムの破綻なのだろうか。特殊な肥満ではそれは正しい。しかし現代社会の肥満の大半はそれとは異なる。多くの肥満研究者は、肥満の問題をエネルギー恒常性の問題としてとらえている。これは正しい。しかし一方で、「現代社会では」という言葉を付け加えることを忘れてはいけない。環境のいかんにかかわらず、エネルギーの恒常性を維持すべきだということは、進化の現実の否定となる。進化したシステムが常に広く機能するというのは、間違いである。ヒトは、活動する種として進化してきた。身体活動は何百万年にわたってヒトの生活の一部だった。現代になって、怠け者でいられるという贅沢がヒトに与えられただけである。しかしヒトの生理機構は、活動的な身体のために適応してきた。エネルギー支出が極端に低くても、ヒトの食物摂取調整機能が効果的に機能すると考えるのは、ナイーブすぎるかもしれない。

進化の視点は、身体活動をより必要とする環境を用意すべきだということを強く示唆する。激しく、急性で、短期間の身体活動ではなく、スポーツやダンスの枠内で楽しめる活動として。しかしそうした活動にもリスクはある。また、歳をとるとともにそうした活動を維持することは困難になる。これまでの研究や進化の視点は、適度で持続可能な運動はヒトの身体にとって最もよく適応してきた活動であることを示しており、健康維持には最も望ましい。身体活動にもっと時間とエネルギーを割くことができれば、食物摂取に関する問題は小さくなるに違いない。

ホメオスタシス、アロスタシス、期待的制御

食欲の制御はホメオスタシス（恒常性）の一環だと考えられている。身体エネルギーの恒常性の結果というかたちを除けば、おそらく体重の恒常性と呼べるようなものは存在しない。しかし大半の人にとって、体重の変化は脂肪量の変化と同義である。したがって体重の恒常性は、エネルギーバランスと一般的には同義となる。妊娠期でない成年動物は、比較的短期間におけるエネルギーバランスを均衡させ

るために、摂食と活動を調節するというデータがある。しかし過去数十年間の人類には当てはまらない。これは恒常性維持機能の失敗を意味するのだろうか。あるいは正常範囲内の出来事だが、現代社会とヒトが進化してきた過去の社会との劇的な違いに起因する不適応にすぎないのだろうか。それを治療すれば肥満者を痩身に戻せるという潜在的な病理はあるのだろうか。肥満への脆弱性は、進化してきた生物としてのヒトと現代環境の間のミスマッチの結果なのだろうか。

ホメオスタシスの視点をもつことは、制御生理の理解に役立つ。しかしこれはすべての生理反応に見られるわけではない。生体には多くの非恒常的生理機構が存在している。動物は通常、安定することではなく、生存力を保つことで進化上の成功を実現してきた。多くの生物学的側面において、生存力を保つとは、一定レベルでの安定性の維持を示す。たとえば、血清中のイオン化されたカルシウムは極めて狭い範囲のなかで維持されている。高すぎたり低すぎたりすれば、死に至ることさえある。しかし他の部分では、動物はホメオスタシスを、少なくとも一時的には犠牲にせざるをえないことも多々ある。ホメオスタシスとは、変化に対する抵抗（すなわち安定）を通して生存力を高めることである。一方アロスタシスとは、変化を通して生存力を高める戦略を意味する。アロスタシスは、制御生理を検討する際に、ホメオスタシスとは異なる枠組みを提供してくれる。

適応的な生理変化は生きるために必要である。それはまた、対価を必要とする。この考え方はアロスタティックロードと呼ばれてきた。正常な生理機構は、通常の範囲を超えた負荷がかかると、何らかの不都合（ときに病気）を引き起こす。脂肪組織は、内分泌の調節に関わっている。過剰な脂肪組織は、正常な調節機構からの逸脱を生む。

薬理学と進化の視点

警告的なことを記して、本書の締めくくりとしたい。薬による肥満の対処法を開発するという希望は、魅力的で、極めて人間的なものである。しかし著者らは本書の読者がそうしたアプローチに対して健全な疑いをもつことを望む。それは、そうしたアプローチが不可能だからでなく、複雑に進化してきた生物システムを考えれば、そうしたアプローチが、思いがけない健康被害や代償的な代謝反応の引き金を引く可能性があると考えるからである。生物は、生来的に雑然としたものである。そうした雑然さが、進化の活力でもある。

生物の総体的な生理を理解することなく、代謝経路だけ研究することには危険がともなう。たとえば、分泌型アトラクチンは、活性化されたTリンパ球に発現する分子として最初に発見された。一方で、膜(貫通)型アトラクチンが代謝に影響を与えるという発見は、アトラクチンが肥満の薬物療法の際に細胞外ターゲットとなりうる可能性を示した。しかし、アトラクチンの突然変異は若年型の神経変性と関連していることもわかってきた。アトラクチンの機能活性に関する私たちの知識は発展し続けている。アトラクチンの機能に改変を加えることは、代謝率の変化以上のさまざまな作用を及ぼす可能性がある。

レプチンが多面的機能をもつ古い情報分子であるという事実は、レプチンの薬理学的な利益を追求したい人々を躊躇させるに違いない。レプチンが多くの機能を有することはよく知られた事実であるし、さらに多くの機能が発見されつつある。レプチンの作用に基盤を置いた治療は、組織や、他の信号経路や、年齢によって異なる代謝や生理機能に、さまざまな影響をもたらすだろう。意図しない結果が見られたとしても不思議はない。そのうちのいくつかは、私たちが想像もしないようなものかもしれない。

こうしたことは、情報分子を標的にした他の治療法にもいえる。

肥満に関連する健康状態を見る際に、生物への視点を欠くことには、いくつもの危険が存在する。本書では、肥満は多くの場合において、現代社会への適応的で自然な反応であるということを議論してきた。その反応が適応的であるのは、過去においては外的要因が、食物摂取に上限を、エネルギー消費に下限をもたらしていたからである。肥満関連疾患の多くは、少なくとも部分的には、増えた脂肪組織への生理的適応であり、そのことが引き起こす代謝や免疫、内分泌機能への影響の結果なのである。こうした反応を反転させ、病気を防ぐには、包括的アプローチが必要となる。一方で、こんにち見られる多くの治療アプローチは、そうはなっていない。単に血圧や血糖を正常範囲に戻すことによって、全身が健康になると考えているようにも見える。こうしたアプローチは、意図しない結果をもたらす可能性がある。たとえば、空腹時の血糖を劇的に正常範囲内に下げることによってⅡ型糖尿病治療を行う薬の治験は、心臓発作と脳梗塞の発症率増加によって中止となった。

身体は環境に適応する。ある検査値が大幅に正常範囲を外れている場合、生理や代謝の他の側面が変化に順応し、それに影響を与え、その変化を駆動することがあっても不思議はない。患者の生理や代謝を考慮せず、数値だけを正常範囲内に戻そうとする介入は、代謝の長いカスケードを通して、患者の健康に重大な影響を及ぼす可能性がある。空腹時の高血糖は長期的に見れば健康に対する脅威である。しかしそれは、もしかすると、他の身体組織の不調和に対する反応の結果として表れたのかもしれない。また、さまざまな病理に対して身体機能を維持するための身体反応なのかもしれない。そうした状況下で血糖値を急激に下げることは、システム全体にとっての危機を引き起こす可能性がある。長期にわたって血糖値が高い患者の血糖値を正常範囲にまで下げることが、適切な生理的対応といえない場合があっても不思議ではない。

現代社会における肥満対策は、多層的かつ統合的である必要がある。人類はさまざまな理由で肥満に対して脆弱になっている。肥満に至る道はひとつではない。それはつまり、肥満の回避も何かひとつによって達成できるわけではないことを意味する。ひとつの解決策が、すべてに通じるという状況は過去にも現在にも存在しない。食べるという行為、嗜好、身体活動の重要性といったことに関連する複雑な生物学やヒトの行動を機能的観点からだけではなく進化の視点から理解することは、現代社会と現代人の行動を変革し、肥満による健康上・経済上の負担を軽減するために必要な、統合的なアプローチへ至る道なのである。

訳者あとがき

夏の暑い日だった。いつもボストンへ行った際に行うように、ハーヴァード大学生協書籍部で本を渉猟していた時、出会ったのが本書である。感染症と肥満（肥満の本態は体脂肪の過剰蓄積である）を含めた非感染性疾患（心血管疾患やがん、糖尿病、肥満などの総称で、全世界の死亡原因の約三分の二を占める。開発途上国でも増加が著しく、今後一〇年で倍増すると予想されている）との関係や、ヒトの進化と現代環境の齟齬が引き起こす健康問題に関心を抱き始めていた頃だった。その最も大きな問題が、「ヒトが太り続けている」ことではないかと考えていた。

研究調査で、さまざまな国に出かける。先進国もあれば、開発途上国もある。しかし先進国、開発途上国を問わず、どの国、どの社会でも、人々は太り続けていた。それは、あたかも感染症が広がるかのようでさえあった。なかでも、子どもの肥満の増加は公衆衛生を専門とする私の注意を引いた。アメリカ、イギリス、ドイツ、中国、バングラデシュ、インドネシア、ザンビア、ネパール、メキシコで出会う子どもは、一〇年前、二〇年前と比較して大きくなっている気がした。不健康な食事習慣が脂肪蓄積（肥満）の原因であり、それは子ども時代から始まるという。米国の子どもの野菜消費量は過去三〇年で半減した。その上、現在の野菜摂取の半量はフライドポテトだという調査結果もある。確かにそれが肥満の主要な原因であることは間違いない。しかし、原因はそれだけなのだろうか、あるいは不健康な食事を指向させるものは何かということは、長く私の疑問であった。そのために、肥満に関する本を読んだこともあったが、研究者としての私の興味や関心を満足させるものはなかった。

帰りの飛行機のなかでは、何冊かの本を積み上げ、順次、飛ばし読みしていった。それに飽きると、うたた寝をし、映画を見た。そんななかで、本書にある次のような言葉が目に止まった。

「多くの研究者が、肥満の原因には過去の成功した進化的適応があると考えてきた。近年の肥満の流行は、現代的環境にはもはや不適切となった過去の適応とのミスマッチが原因であるという考え方である。［中略］ヒトは食料獲得のために激しい労働をしなくてはならない種として進化してきた。しかし現代は、自宅の玄関までピザが配達される」。こうしたミスマッチが現代における肥満の増加をもたらした。過去の課題への対処の成功が新たな課題をもたらしたというのである。

「簡単にいえば、進化的過去は私たちに贈り物もしたし、困難を背負わせもした」。

私が所属する研究室では「健康とか病気は、生物学的あるいは文化的、社会的資源を有するヒトが、周囲の環境へいかに適応したかの尺度である」という定義を置いて、ヒトの健康問題の研究を行っている。その関心の中心に、本書の言葉がすっと入ってきた。

環境とは、常に変化し続けるものである。とすれば、どのような適応であれ、過去の適応は現在の不適応をもたらす。そして逆説的かもしれないが、過去の適応が上手くいけばいくほど、将来の不適応は大きくなる。そうした不適応が引き起こす問題にどのように対処していけばよいかということが、私の研究の大きな主題である。一般的にいえば、ある程度までの環境との齟齬には、生物は適応可能である。ヒトは大きな脳をもつことによって、その適応可能範囲を広げてきた。その能力が、ヒトが地球上のあらゆる環境へ進出することを可能にした。しかし、環境との齟齬が大きくなれば、当然、適応という名の道具箱にある道具は不足する。さらにいえば、ヒトは環境を改変する能力が突出しているが故に、自らが改変した環境への不適応は、他の生物と比較しても大きくなる。その時、どこかでヒトは、進化の過去を背負った生物としての自分に向き合う必要がある。この難しい課題について考えていた矢先に本書に出会った。それが、翻訳を考えるきっかけとなった。

一方、ヒトが太りやすくなったことには、別の側面もある。それまでは、肥満は摂取カロリーが消費カロリーを上回るという単純な事実に起因する生物学的帰結であると考えていた。しかし、本書によれば、そこには、大きな脳を有するヒトとしての生存戦略があるという。ヒトの赤子は、哺乳類のなかで最も脂肪に富む。体脂肪の割合でヒトの赤子を超える哺乳動物は、これまで知られているなかではズキンアザラシしかいない。それは、栄養要求性の極めて高い、不経済な組織であるヒトの大きな脳を支えるための淘汰の結果だというのである。そして脂肪に富む赤子を産むためには、母親自身が脂肪に富むことが最もよい進化的適応となったと。その結果、ヒトは太りやすい方向へと進化した。過去、それが顕在化しなかったのは、食物が不十分だったなどの外的制約が働いた結果であった。近代社会は、その外的制約を取り除く方向へ社会を改変してきた。その結果、人々は太りやすくなった。あるいは太るということが目に見えるかたちで表出してきた。さらにいえばそれは、「獲得形質の継承」とラマルクがいうかたちで母から子へ伝えられる。とすれば、私たちは何を考えるべきか。

脂肪がすべて悪いわけではない。それは、脂肪がヒトの大きな脳を支えるために重要な働きをしていることからもわかる。痩せていることは、多くの場合、太っていることよりもっと、ヒトの健康に悪影響を及ぼす。重要なのは、過度の肥満には、進化的にも、生存戦略上も、利点がないことを知ることであり、それに対処することなのである。

ヒトは太り続けてきた。一方で、世界を見れば、適正な体重を維持している人もいる。それは、過剰体重と肥満を合わせた割合が九割に迫る社会でさえ、そうである。そこには、この問題に対する何かのヒントがあるかもしれない。

本書は *The Evolution of Obesity* by Michael L. Power and Jay Schulkin (Johns Hopkins University Press, 2009) の翻訳である。『ニューヨーカー』といった一般誌から『ニューイングランド・ジャーナル・オブ・メディシン』や『ランセット』といった世界の医学をリードする専門誌まで、幅広い媒体に書評が掲載された。

原書の造りはやや専門書的である。これを日本語縦組みで踏襲すると、一般読者には読みにくくなることが危惧された。そこで、原著者らの了解を得た上で、若干の変更を加えた。参照文献は各章ごとにまとめ、本文の流れに即した順番に並べてある。とくに本文中に明示のある文献については本文中に＊と番号を付し、参照文献一覧にある該当文献に同じ記号を付した。表のうち大きなものは巻末に移動した。なお、本文中の〔 〕内に記されているのは訳者による注である。

翻訳は難航した。著者らのときに難解な思想を過不足なく伝えるために、幾度も原稿を見直し、本文を校正した。翻訳に関して不十分な点があるとすれば、それはすべて訳者に帰する。

最後になるが、次の方々に謝辞を述べたい。研究室秘書の前田香代氏、近藤亜希子氏。研究室のメンバー、あるいはメンバーだった江口克之氏、和田崇之氏、中野正之氏、市川智生氏、久保嘉直氏、蔡国喜氏、張卓氏、高山義浩氏、吉田志緒美氏、山本香織氏、有馬弘晃氏、塗饒萍氏（中国）、スエタ・コイララ氏（ネパール）、エザン・クンナ氏（スーダン）、アキンティジェ・シンバ・カリオペ氏（ルワンダ）。かつて大学院生として在籍し今も折に触れ研究の話をする猪飼桂氏、高橋宗康氏、水本憲治氏。ここにすべての名前を挙げることはできないが文学的関心を共有したり、絵画や音楽からインスピレーションを与えたりしてくれる研究者の皆さん。医学部学生の右田敏起氏、二宮直樹君、小高充弘君、小出桜子君。二宮直樹君とは本書翻訳中にメキシコへフィールド調査にも出かけた。脳腫瘍のために永眠した菊田龍氏（享年二七）。本書を彼に捧げる。

みすず書房の中川美佐子氏。中川さんとの本作りは三冊目となる。いつも感謝！　現長崎大学学長の片峰茂先生と漕艇部前部長の丹羽正美先生。最後に、最近年老いてきた父母、そして大地と敬子へ。

山本　太郎

二〇一七年六月一六日

岩手県陸前高田市、防潮堤の見える高台のホテルにて

索引

ア行

カ行

サ行

タ行

ナ行

ハ行

マ行

ヤ行

ラ行

参照文献

〔各章ごとに本文の記述の順番に従って並べた．ただし繰り返しは避けた．＊印に数字は本文中にとくに明示のある文献であるが，数字の順番が前後している場合がある〕

はじめに

Bondeson J. 2000. *The Two-Headed Boy, and Other Medical Marvels.* Cornell University Press.

Kuzawa CW. 1998. Adipose tissue in human infancy and childhood: an evolutionary perspective. Yrbk Phys Anthropol 41: 177-209.

Flegal KM, et al., 2007. Cause-specific excess deaths associated with underweight, overweight, and obesity. JAMA 298: 2028-2037.

Stubbs RJ, Tolkamp BJ. 2006. Control of energy balance in relation to energy intake and energy expenditure in animals and man. Br J Nutr 95: 657-676.

Kershaw EE, Flier JS. 2004. Adipose tissue as an endocrine organ. JCEM 89: 2548-2556.

Fain JN. 2006. Release of interleukins and other inflammatory cytokines by human adipose tissue is enhanced in obesity and primarily due to the nonfat cells. Vitamins and Hormones 74: 443-477

Young WS, et al., 1996. Deficiency in mouse oxytocin prevents milk ejection, but not fertility and parturition. J Neuroendocrinol 8: 847-853.

Russell JA, Leng G. 1998. Sex, parturition, and motherhood without oxytocin? J Endocrinol 157: 343-359.

Muglia LJ. 2000. Genetic analysis of fetal development and parturition control in the mouse. Pediatr Res 47: 437-443.

Neel JV. 1962. Diabetes mellitus: a “thrifty” genotype rendered detrimental by“progress”? Am J Hum Genet 14: 353-362.

Scott EM, Grant PJ. 2006. Neel revisited: the adipocyte, seasonality, and type 2 diabetes. Diabetologia 49: 1462-1466

Bernard C. 1865. An Introduction to the Study of Experimental Medicine. Dover Publications, 1957.

Cannon WB. 1932. *The Wisdom of the Body.* Norton.〔『からだの知恵』舘鄰・舘澄江訳（講談社 1981）〕

Richter CP. 1953. Experimentally produced reactions to food poisoning in wild and domesticated rats. Ann NY Acad Sci 56: 225-239.

Wingfield JC. 2004. Allostatic load and life cycles. In *Allostasis, Homeostasis, and the Costs of Adaptation,* Schulkin J（ed.）, 302-342. Cambridge University Press.

Sterling P, Eyer J. 1988. Allostasis: a new paradigm to explain arousal pathology. In *Handbook of Life Stress, Cognition, and Health,* Fisher S, Reason J（eds.）John Wiley.

Schulkin J. 2003. *Rethinking Homeostasis: Allostatic Regulation in Physiology and Pathophysiology.* MIT Press.

Power ML. 2004. Viability as opposed to stability. In *Allostasis, Homeostasis, and the Costs of Adaptation,* Schulkin J（ed.）343-364. Cambridge University Press.

McEwen BS. 2000. Allostasis and allostatic load: implications for neuropsychopharmacology. Neuropsychopharmacology 22: 108-124.

Williams GW, Nesse RM. 1991. The dawn of Darwinian medicine. Quart Rev of Biol 66: 1-22

Trevathan WR, et al., 1999. *Evolutionary Medicine.* Oxford University Press.

Trevathan WR, et al., 2007. *Evolutionary Medicine and Health*. Oxford University Press.
Gluckman P, Hanson M. 2006. *Mismatch: Why Our World No Longer Fits Our Bodies*. Oxford University Press.
McEwen BS, Stellar E. 1993. Stress and the individual: mechanisms leading to disease. Arch Int Med 153: 2093-2101.
McEwen BS. 2005. Stressed or stressed out: what is the difference? J Psychiatry Neurosci 30: 315-318.

第1章

Freedman DS, et al., 2002. Trends and correlates of class 3 obesity in the United States from 1990 through 2000. JAMA 288: 1758-1761.
Ogden CL, et al., 2004. Mean body weight, height, and body mass index, United States, 1960-2002. Advance Data from Vital and Health Statistics 347: 1-18. www.cdc.gov/nchs/data/ad/ad347.pdf.
Norgan NG, Ferro-Luzzi A. 1982. Weight-height indices as estimators of fatness in men. Human Nutr-Clin Nutr 36: 363-372.
Norgan NG. 1990. Body mass index and body energy stores in developing countries. Euro J Clin Nutr 44: 79-84.
Gallagher D, et al., 2000. Healthy percentage body fat ranges: an approach for developing guidelines based on body mass index. Am J Clin Nutr 72: 694-70.
Ogden CL, et al., 2006. Prevalence of overweight and obesity in the United States, 1999-2004. JAMA 295: 1549-1555.
Araneta MRG, et al., 2002. Type 2 diabetes and metabolic syndrome in Filipina-American women: a high-risk nonobese population. Diabetes Care 25: 494-499.
Yajnik CS. 2004. Early life origins of insulin resistance and type 2 diabetes in India and other Asian countries. J Nutr 134: 205-210.
Iacobellis G, Sharma AM. 2007. Obesity and the heart: redefinition of the relationship. Obesity Rev 8: 35-39.
*1 Flegal KM. 2006 Commentary: the epidemic of obesity — what's in a name? Int J Epidemiol 35: 72-74.
*2 Campos P, et al., 2006. The epidemiology of overweight and obesity: public health crisis or moral panic? Int J Epidemiol 35: 55-59.
Kim S, Popkin BM. 2006. Current perspectives on obesity and health: black and white, or shades of grey? Int J Epidemiol 35: 69-71.
Stein CJ, Colditz GA. 2004. The epidemic of obesity. JCEM 89: 2522-2525.
Bungum TH, et al., 2003. The relationship of body mass index, health costs and job absenteeism. Am J Health Behav 27: 456-462.
Ezzati M, et al., 2006. Trends in national and state-level obesity in the USA after correction for self-report bias: analysis of health surveys. J R Soc Med 99: 250-257.
Hedley AA, et al., 2004. Prevalence of overweight and obesity among US Children, Adolescents, and Adults, 1999-2002. JAMA 291: 2847-50.
Moore TR. 2004. Adolescent and adult obesity in women: a tidal wave just beginning. Clin Obstet Gynecol 47: 884-9.
National Academy of Sciences. 2006. Assessing fitness for military enlistment: physical, medical, and mental health standards. Committee on Youth Population and Military Recruitment: Physical, Medical, and Mental Health Standards, National Research Council.
Department of Health. 2006. Forecasting obesity to 2010. Accessed at www.dh.gov.uk/en/

Publicationsandstatistics/Publications/PublicationsStatistics/DH_4138630.
Bray GA, Gray D. 1988. Obesity. Part 1. Pathogenesis. West J Med 149: 429-441.
Roth J, et al, 2004a. The obesity pandemic: where have we been and where are we going? Obesity Res 12: 88S-101S.
Roth J, et al., 2004b. Paradigm shifts in obesity research and treatment: roundtable discussion. Obesity Res 12: 145S-148S.
Yan LL, et al., 2006. Midlife body mass index and hospitalization and mortality in older age. JAMA 295: 190-198.
van Dam RM, et al., 2006. The relationship between overweight in adolescence and premature death in women. Ann Intern Med 145: 91-97.
Dannenberg AL, et al., 2004. Economic and environmental costs of obesity: the impact on airlines. Am J Prev Med 27: 264.
Chan VO, et al., 2006. Intramuscular injections into the buttocks: are they truly intramuscular? Eur J Radiol 58: 480-484.
Uppot RN, et al., 2007. Impact of obesity on Medical imaging and image-guided intervention. AJR 188: 433-440.
Trifiletti LB, et al., 2006. Tipping the scales: obese children and child safety seats. Pediatr 117: 1197-1202.
Mock CN, et al., 2002. The relationship between body weight and risk of death and serious injury in motor vehicle crashes. Accid Anal Prev 34: 221-228.
Zhu S, et al., 2006. Obesity and risk for death due to motor vehicle crashes. Am J Pub Health 96: 734-739.
Xiang H, et al., 2005. Obesity and risk of nonfatal unintentional injuries. Am J Prev Med 29: 41-45.
Samaras K, et al., 1997. Genetic factors determine the amount and distribution of fat in women after the menopause. J Clin Epidemiol Metab 82: 781-785.
Rice T, et al., Familial aggregation of body mass index and subcutaneous fat measures in the longitudinal Quebec family study. Genet Epidemiol 16: 316-334.
Hsu F-C, et al., 2005. Heritability of body composition measured by DXA in the Diabetes Heart Study. Obesity Res 13: 312-319.
Speiser PW, et al., 2005. Consensus statement: childhood obesity. JCEM 90: 1871-1887.
Reed DR, et al., 2008. Reduced body weight is a common effect of gene knockout in mice. BMC Genetics 9: 4.
Peters JC, et al., 2002. From instinct to intellect: the challenge of maintaining healthy weight in the modern world. Obesity Rev 3: 69-74.
Chakravarthy MV, Booth FW. 2004. Eating, exercise, and “thrifty” genotypes: connecting the dots toward an evolutionary understanding of modern chronic diseases. J Appl Physiol 96: 3-10.
O'Keefe JH, Cordain L. 2004. Cardiovascular disease resulting from a diet and lifestyle at odds with our Paleolithic genome: how to become a 21st-century hunter-gatherer. Mayo Clin Proc 79: 101-108.
Prentice AM, et al., 2005. Insights from the developing world: thrifty genotypes and thrifty phenotypes. Proc Nutr Soc 64: 153-161.
Eaton SB, Eaton SB. 2003. An evolutionary perspective on human physical activity: implications for health. Comp Biochem Physiol Pt A Mol Integr Physiol 136: 153-159.
Barker DJP. 1991. *Fetal and Infant Origins of Adult Disease*. BMJ.
Barker DJP. 1998. *Mothers, Babies, and Health in Later Life*. Churchill Livingstone.
Hales CH, Barker DJP. 2001. The thrifty phenotype hypothesis. Brit Med Bull 60: 51-67.
Ramsay JE, et al., 2002. Maternal obesity is associated with dysregulation of metabolic, vascular, and

infl ammatory pathways. JCEM 87: 4231-4237.
Lu GC, et al. 2001. The effect of the increasing prevalence of maternal obesity on perinatal morbidity. Am J Obstet Gynecol 185: 845-849. 4
Beall MH, et al., 2004. Adult obesity as a consequence of in utero programming. Clin Obstet Gynecol 47: 957-966.
Parsons TJ et al., 2001. Fetal and early life growth and body mass index from birth to early adulthood in 1958 British cohort: longitudinal study. BMJ 323: 1331-1335.
Prentice A, Jebb S. 2004. Energy intake/physical activity interactions in the homeostasis of body weight regulation. Nutr Rev 62: S98-S104.
Drewnowski A, Darmon N. 2005. The economics of obesity: dietary energy density and energy cost. Am J Clin Nutr 82: 265S-273S.
Subar AF, et al., 1998. Dietary sources of nutrients among US children, 1989-1991. Pediatrics 102 (4 Pt 1): 913-923.
Isganaitis E, Lustig RH. 2005. Fast food, central nervous system insulin resistance, and obesity. Arterioscler Thromb Vasc Biol 25: 2451-2462.
Sallis JF, Glanz K. 2006. The role of built environments in physical activity, eating, and obesity in childhood. The Future of Children 16: 89-108.
Speakman JR. 2007. A nonadaptive scenario explaining the genetic predisposition to obesity: the "predation release" hypothesis. Cell Metab 6: 5-12.

第2章

Glazko GV, et al., 2005. Molecular dating: ape bones agree with chicken entrails. Trends Gen 21: 89-92.
Dart RA. 1925. *Australopithecus africanus*: the man-ape of South Africa. Nature115: 195-199.
Leakey MD, Roe DA (eds.) 1994. Olduvai Gorge. Vol. 5, *Excavations in Beds III, IV, and the Masek Beds, 1968-1971*. Cambridge University Press.
Johanson D, White T. 1979. A Systematic Assessment of Early African Hominids. Science 202: 321-330.
Hay RL, Leakey MD. 1982. Fossil footprints of Laetoli. Sci Am Feb.: 50-57.
White TD, et al., 1994. Australopithecus ramidus, a new species of early hominid from Ethiopia. Nature 371: 306-312.
Senut B, et al., 2001. First hominid from the Miocene (Lukeino Formation, Kenya). Comptes Rendus de l'Academie des Sciences, Series IIA—Earth and Planetary Sci 332, 2: 137-144.
Brunet M, et al. 2002. A new hominid from the upper Miocene of Chad, Central Africa. Nature 418: 145-151.
Glazko GV, Nei M. 2003. Estimation of divergence times for major lineages of primate species. Mol Biol Evol 20: 424-434
Hobolth A, et al., 2007. Genomic relationships and speciation times of human, chimpanzee, and gorilla inferred from a coalescent hidden Markov model. PLoS Genetics 3: 294-304.
Wood B, Richmond BG. 2000. Human evolution: taxonomy and paleobiology. J of Anat 197: 19-60.
McHenry HM, Coffi ng K. 2000. *Australopithecus* to *Homo:* transformations in body and mind. Ann Rev Anthropol 29: 125-146.
Spoor F, et al., 2007. Implications of new early Homo fossils from Ileret, east of Lake Turkana, Kenya. Nature 448: 688-691.
Wood B, Collard M. 1999. The human genus. Science 284: 65-71.
Ruff CB, et al., 1997. Body mass and encephalization in Pleistocene *Homo*. Nature 387: 173-176.

Kleiber M. 1932. *The Fire of Life*. Huntington, Robert E. Krieger.
Blaxter K. 1989. *Energy Metabolism in Animals and Man*. Cambridge University Press.
Schmidt-Nielsen K. 1994. *Animal Physiology: Adaptation and Environment*. Cambridge University Press.
Parra R. 1978. Comparison of foregut and hindgut fermentation in herbivores. In *Ecology of Arboreal Folivores*, Montgomery GG (ed.), 205–229. Smithsonian Institution Press.
Oftedal OT. 1993. The adaptation of milk secretion to the constraints of fasting in bears, seals, and baleen whales. J of Dairy Sci 76: 3234–3246.
Ellison PT. 2003. Energetics and reproductive effort. Am J Hum Biol 15 (3): 342–351.
Laden G, Wrangham R. 2005. The rise of hominids as an adaptive shift in fallback foods: plant underground storage organs (USOs) and australpith origins. J Hum Evol 49: 482–498.
Milton K. 1988. Foraging behavior and the evolution of primate cognition. In *Machiavellian Intelligence*, Whiten A and Byrne R (eds.), 285–305. Oxford University Press.
McNab BK, Brown JH. 2002. *The Physiological Ecology of Vertebrates*. Cornell University Press.
Dierenfeld ES, et al., 1982. Utilization of bamboo by the giant panda. J Nutr 12: 636–641.
Shipman P, Walker A. 1989. The costs of becoming a predator. Am Anthropol 88: 26–43.
*2 Milton K. 1999a. Nutritional characteristics of wild Primate foods: do the natural diets of our closest living relatives have lessons for us? Nutrition 15: 488–498.
Bunn HT. 2001. Hunting, power scavenging, and butchering by Hadza foragers and by Plio-Pleistocene *Homo*. In *Meat-Eating and Human Evolution*, Stanford CB and Bunn HT (eds.) 199–218. Oxford University Press.
Foley RA. 2001. The evolutionary consequences of increased carnivory in hominids. In *Meat-Eating and Human Evolution*. Oxford University Press.
Bunn HT. 1981. Archeological evidence for meat-eating by Plio-Pleistocene hominids from Koobi-Fora and Olduvai Gorge. Nature 291: 574–577.
Goodall J. 1986. *The Chimpanzees of Gombe*. Harvard University Press.
Strum SC. 1975. Primate predation: interim report on the development of a tradition in a troop of olive baboons. Science 187: 755–757.
Strum SC. 2001. *Almost Human: a Journey into the World of Baboons*. University of Chicago Press.
Stanford CB. 2001. The ape's gift: meat-eating, meat-sharing, and human evolution. In *Tree of Origin*, de Waal FBM (ed.) Harvard University Press.
Plummer TW, Stanford CB. 2000. Analysis of a bone assemblage made by chimpanzees at Gombe National Park, Tanzania. J Hum Evol 39 (3): 345–365.
Pobiner BL, et al., 2007. Taphonomic analysis of skeletal remains from chimpanzee hunts at Ngogo, Kibale National Park, Uganda. J Hum Evol 52: 614–636.
Foley RA, Lee PC. 1991. Ecology and energetics of encephalization in hominid evolution. Phil Trans Royal Soc Ser B 334: 223–232.
Wrangham RW, et al., 1999. The raw and the stolen: cooking and the ecology of human origins. Curr Anthropol 40: 567–594.
*1 Stiner MC. 1993. Modern human origins: faunal perspectives. Ann Rev Anthropol 22: 55–82.
Stiner MC. 2002. Carnivory, coevolution, and the geographic spread of the genus *Homo*. J Archaeological Res 10: 1–63.
Leonard, WR, Robertson, ML. 1992. Nutritional requirements and human evolution: a bioenergetics model. Am J Hum Biol 4: 179–195.
Leonard, WR, Robertson, ML. 1994. Evolutionary perspectives on human nutrition: the influence of brain and body size on diet and metabolism. Am J Hum Biol 6: 77–88.

Milton K. 1987. Primate diets and gut morphology: implications for hominid evolution. In *Food and Evolution*, Harris M, Ross EB (eds.) 93-115. Temple University Press.

Milton K, Demment MW. 1988. Digestion and passage kinetics of chimpanzees fed high and low fiber diets and comparison with human data. J Nutr 118: 1082-1088.

Janson CH, Terborgh JW. 1979. Age, sex, and individual specialization in foraging behavior of the brown capuchin (*Cebus apella*). Am J Phys Anthro 50: 452.

Laden G, Wrangham R. 2005. The rise of hominids as an adaptive shift in fallback foods: plant underground storage organs (USOs) and australpith origins. J Hum Evol 49: 482-498.

Wrangham RW, Conklin-Brittain NL. 2003. The biological signifi cance of cooking in human evolution. Comp Biochem Physiol Pt A 136: 35-46.

*3 Wrangham RW. 2001. Out of the *Pan*, into the fire: from ape to human. In *Tree of Origin*, de Waal FBM (ed.) Harvard University Press.

Perry GH, et al., 2007. Diet and the evolution of human amylase gene copy number variation. Nat Genet 39: 1256-1260.

Ludwig DS. 2000. Dietary glycemic index and obesity. J Nutr 130 (suppl): 280S-283S.

Brand-Miller JC, et al, 2002. Glycemic index and obesity. Am J Clin Nutr 76 (suppl): 281S-285S.

Thomas DE, et al., 2007. Low glycaemic index or low glycaemic load diets for overweight and obesity. Cochrane Database Syst Rev 3: CD005105.

*4 Aiello LC, Wheeler P. 1995. The expensive-tissue hypothesis: the brain and the digestive system in human and primate evolution. Curr Anthropol 46: 126-170.

Johnson, MS, et al., 2001a. Effects of concurrent pregnancy and lactation in *Mus musculus*. J Exp Bio 204: 1947-1956.

Johnson, MS, et al., 2001b. Inter-relationships between resting metabolic rate, life-history traits and morphology in *Mus musculus*. J Exp Bio 204: 1937-1946.

Johnson MS, et al., 2001c. Lactation in the laboratory mouse *Mus musculus*. J Exp Bio 204: 1925-1935.

Martin RD. 1981. Relative brain size and basal metabolic rate in terrestrial vertebrates. Nature 293: 57-60.

Keskitalo K, et al., 2007. Sweet taste preferences are partly genetically determined: identification of a trait locus on chromosome 16. Am J Clin Nutr 86: 55-63.

第3章

Janson CH, Terborgh JW. 1979. Age, sex, and individual specialization in foraging behavior of the brown capuchin (*Cebus apella*). Am J Phys Anthro 50: 452.

Terborgh J. 1984. *Five New World Primates*. Princeton University Press.

Jones M. 2007. *Feast: Why Humans Share Food*. Oxford University Press.

Goodall J. 1986. *The Chimpanzees of Gombe*. Harvard University Press.

Stanford CB. 2001. The ape's gift. In *Tree of Origin*, de Waal FBM (ed.) Harvard University Press.

Gilby IC, et al., 2007. Economic profitability of social pre-dation among wild chimpanzees. Anim Behav 4-10.

Teleki G. 1973. *The Predatory Behavior of Wild Chimpanzees*. Bucknell University Press.

Mitani JC, Watts DP. 1999. Demographic influences on the hunting behavior of chimpanzees. Am J Phys Anthropol 109: 439-454.

Watts DP, Mitani JC. 2002. Hunting behavior of Chimpanzees at Ngogo, Kibale National Park, Uganda. Int J Primatol 23: 1-28.

Gilby IC, et al., 2006. Ecological and social influences on the hunting behavior of wild chimpanzees, *Pan troglodytes schweinfurthii*. Anim Behav 72: 169-180.

Gilby IC. 2006. Meat sharing among the Gombe chimpanzees: harassment and reciprocal exchange. Anim Behav 71: 953-963.
Waga IC, et al., 2006. Spontaneous tool use by wild capuchin monkeys (*Cebus libidinosus*) in the Cerrado. Folia Primatol 77: 337-344.
Hall KRL, Schaller GB. 1964. Tool-using behavior of the California sea otter. J Mammalogy 45: 287-298.
Millikan GC, Bowman RI. 1967. Observations of Galapagos tool-using finches in captivity. Living Bird 6: 23-41.
Tebbich S, et al., 2002. The ecology of tool use in the woodpecker finch (*Cactospiza pallida*). Ecology Letters 5: 656-664.
*1 Beck BB. 1980. *Animal Tool Behavior: The Use and Manufacture of Tools*. Garland Press.
Thouless CR, et al., 1989. Egyptian vultures *Neophron percnopterus* and ostrich *Struthio camelus* eggs: the origin of stone-throwing behavior. Ibis 131: 9-15.
Dunbar RIM. 1998. The social brain hypothesis. Evol Anthropol 6: 178-190.
Wimmer R, et al., 2002. Direct evidence for the Homo-Panclade. Chromosome Res 10: 55-61.
Glazko GV, Nei M. 2003. Estimation of divergence times for major lineages of primate species. Mol Biol Evol 20: 424-434.
Won Y-J, Hey J. 2005. Divergence population genetics of chimpanzees. Molecular Biol Evol 22: 297-307.
Hohmann G, Fruth B. 1993. Field observations on meat sharing among bonobos (*Pan paniscus*). Folia Primatologica, 60: 225-229.
White FJ, Wood KD. 2007. Female feeding priority in bonobos, *Pan paniscus*, and the question of female dominance. Am J of Primatol 69: 837-850.
Wrangham RW, Peterson D. 1996. *Demonic Males: Apes and the Origins of Human Violence*. Houghton Mifflin.
Mitani JC. 2006. Demographic influences on the behavior of chimpanzees. Primates 47: 6-13.
de Waal FBM, Lanting F. 1997. *Bonobo: The Forgotten Ape*. University of California Press.
Gerloff U, et al., 1999. Intracommunity relationships, dispersal patterns, and paternity success in a wild living community of bonobos (*Pan paniscus*) determined from DNA analysis of faecal samples. Proc Biol Soc 266: 1189-1195.
Melis AP, et al., 2006. Engineering cooperation in chimpanzees: tolerance constraints on cooperation. Anim Behav 72: 275-286.
Hare B, et al., 2007. Tolerance Allows Bonobos to Outperform Chimpanzees on a Cooperative Task. Current Biol 17: 619-623.
Wallace B, et al., 2007. Heritability of ultimate game responder behavior. PNAS 104: 15631-15634.
Hart D, Sussman RW. 2005. *Man the Hunted: Primates, Predators, and Human Evolution*. Basic Books.〔『ヒトは食べられて進化した』伊藤伸子訳（化学同人 2007）〕
Zuberbuhler K, Jenny D. 2002. Leopard predation and primate evolution. J Hum Evol 43: 873-886.
*2 Speakman JR. 2007. A nonadaptive scenario explaining the genetic predisposition to obesity: the "predation release" hypothesis. Cell Metab 6: 5-12.
*3 Rosati A, at al., 2007. The evolutionary origins of human patience: temporal preferences in chimpanzees, bonobos, and human adults. Curr Biol 17: 1663-1668.
Weedman K. 2005. Gender and stone tools: an ethnographic study of the Konso and Gmao hideworkers of southern Ethiopia. In *Gender and Hide Production*, Frink L, Weedman K (eds.), 175-196. AltaMira Press.
Leakey MD, Roe DA (eds.) 1994. Olduvai Gorge. Vol. 5, Excavations in Beds III, IV, and the Masek

Beds, 1968-1971. Cambridge University Press.

第4章

Gluckman P, Hanson M. 2006. *Mismatch: Why Our World No Longer Fits Our Bodies*. Oxford University Press.

Williams GW, Nesse RM. 1991. The dawn of Darwinian medicine. Quart Rev of Biol 66: 1-22.

LeGrande EK, Brown CC. 2002. Darwinian medicine: applications of evolutionary biology for veterinarians. Can Vet J 43: 556-559.

Kluger MJ, Rothenburg BA. 1979. Fever and reduced iron: their interaction as a host defense response to bacterial infection. Science 203: 374-376.

McEwen BS. 1998. Stress, adaptation, and disease: allostasis and allostatic load. Ann NY Acad Sci 840: 33-44.

Schulkin J. 2003. *Rethinking Homeostasis*. MIT Press.

McEwen BS. 2007. Physiology and neurobiology of stress and adaptation: central role of the brain. Physiol Rev 87: 873-904.

Trevathan WR, et al., 1999. *Evolutionary Medicine*. Oxford University Press.

Trevathan WR, et al., 2007. *Evolutionary Medicine and Health*. Oxford University Press.

Bernard C. 1865. *An Introduction to the Study of Experimental Medicine*. Dover Publications, 1957.

*1 Cannon WB. 1935. Stresses and strains of homeostasis. Am J Med Sci 189: 1-14.

Wingfield JC. 2004. Allostatic load and life cycles. In *Allostasis, Homeostasis, and the Costs of Adaptation*, Schulkin J (ed.), 302-342. Cambridge University Press.

*2 Mrosovsky N. 1990. *Rheostasis: The Physiology of Change*. Oxford University Press.

*3 Bauman DE, Currie WB. 1980. Partitioning of nutrients during pregnancy and lactation: a review of mechanisms involving homeostasis and homeorrhesis. J Dairy Sci 1514-1529.

*4 Moore-Ede MC. 1986. Physiology of the circadian timing system: predictive versus reactive homeostasis. Am J Physiol 250: R737-752.

*5 Sterling P, Eyer J. 1988. Allostasis: a new paradigm to explain arousal pathology. In *Handbook of Life Stress, Cognition, and Health*, Fisher S, Reason J (eds.) John Wiley.

McEwen BS. 1998. Stress, adaptation, and disease: allostasis and allostatic load. Ann NY Acad Sci 840: 33-44.

Schulkin J. 1999. Corticotropin-releasing hormone signals adversity in both the placenta and the brain: regulation by glucocorticoids and allostatic overload. J Endocrinol 161: 349-356.

Power ML. 2004. Viability as opposed to stability. In *Allostasis, Homeostasis, and the Costs of Adaptation*, Schulkin J (ed.) 343-364. Cambridge University Press.

*6 McEwen BS. 1998. Stress, adaptation, and disease: allostasis and allostatic load. Ann NY Acad Sci 840: 33-44.

McEwen BS. 2000. Allostasis and allostatic load: implications for neuropsychopharmacology. Neuropsychopharmacology 22: 108-124.

McEwen BS. 2005. Stressed or stressed out: what is the difference? J Psychiatry Neurosci 30: 315-318.

Eaton SB, Konner, M. 1985. A consideration of its nature and current implications. N Eng J Med 312: 283-289.

Zhang Y, et al., 1994. Positional cloning of the mouse Obese gene and its human analog. Nature 372: 425-531.

Kershaw EE, Flier JS. 2004. Adipose tissue as an endocrine organ. JCEM 89: 2548-2556.

Schulkin J. 1991. *Sodium Hunger*. Cambridge University Press.

Fitzsimons JT. 1998. Angiotensin, thirst, and sodium appetite. Physiol Rev 78: 583–686.
Eaton SB, Nelson DA. Calcium in evolutionary perspective. 1991. Am J Clin Nutr 54 Suppl 1: 281S–287S.
Shi H, et al., 2001. Effects of dietary calcium on adipocyte lipid metabolism and body weight regulation in energy-restricted aP2-agouti transgenic mice. FASEB J 15: 291–293.
Zemel MB. 2002. Regulation of adiposity and obesity risk by dietary calcium: mechanisms and implications. J Am Coll Nutr 21: 146S–151S.
Sun X, Zemel MB. 2004. Role of uncoupling protein 2 (UCP2) expression and 1alpha, 25-dihydroxyvitamin D3 in modulating adipocyte apoptosis. FASEB J 18: 1430–1432.
Sun X, Zemel MB. 2007. Calcium and 1, 25-dihydroxyvitamin D3 regulation of adipokine expression. Obesity 15 (2): 340–348.
Morris KL, Zemel MB. 2005. 1, 25-dihydroxyvitamin D3 modulation of adipocyte glucocorticoid function. Obesity Res 13: 670–677.
Coimbra-Filho AF, Mittermeier RA. 1977. Tree-gouging, exudate-eating, and the "short-tusked" condition in *Callithrix* and *Cebuella*. In *The Biology and Conservation of the Callitrichidae*, D. G. Kleiman (ed.) 105–115. Smithsonian Institution Press.
McGrew WC, et al., 1986. An artificial "gum-tree" for marmosets (*Callithrix j. jacchus*). Zoo Biology 5: 45–50.
Kelly K. 1993. Environmental enrichment for captive wildlife through the simulation of gum feeding. Animal Welfare Information Center Newsletter 4 (3): 1–2, 5–10. www.nal.usda.gov/awic/newsletters/v4n3/4n3.htm.
Hanover LM, White JS. 1993. Manufacturing, composition, and applications of fructose. Am J Clin Nutr 58 (suppl): 724S–732S.
Place AR. 1992. Comparative aspects of lipid digestion and absorption: physiological correlates of wax ester digestion. Am J Physiol Regul Integr Comp Physiol 263: R464–R471.
Friedmann H. 1955. *The Honeyguides. United States National Museum, Bulletin 208*. Smithsonian Institution.
Dean WRJ, MacDonald IAW. 1981. A review of African birds feeding in association with mammals. Ostrich 52: 135–155.
Short L, Horne J. 2002. *Toucans, Barbets, and Honeyguides*. Oxford University Press.
Berridge KC. 1996. Food reward: brain substrates of wanting and liking. Neurosci Biobehav Rev 20: 1–25.
Nesse RM, Berridge KC. 1997. Psycoactive drug use in evolutionary perspective. Science 278: 63–66.
Leonard, WR, Robertson, ML. 1994. Evolutionary perspectives on human nutrition: the influence of brain and body size on diet and metabolism. Am J Hum Biol 6: 77–88.
Aiello LC, Wheeler P. 1995. The expensive-tissue hypothesis: the brain and the digestive system in human and primate evolution. Curr Anthropol 46: 126–170.
Cordain L, et al., 2001. Fatty acid composition and energy density of foods available to African hominids. World Rev Nutr Diet 90: 144–161.
Robson SL. 2004. Breast milk, diet, and large human brains. Curr Anthropol 45: 419–425.
Leonard, WR, et al., 2003. Metabolic correlates of hominid brain evolution. Comp Biochem Physiol A 135: 5–15.
*7 Martin RD. 1981. Relative brain size and basal metabolic rate in terrestrial vertebrates. Nature 293: 57–60
*7 Martin RD. 1983. *Human Brain Evolution in an Ecological Context*. American Museum of Natural History.

Martin RD. 1996. Scaling of the mammalian brain: the maternal energy hypothesis. News in Physiol Sciences 11: 149-156.

Foley RA, Lee PC. 1991. Ecology and energetics of encephalization in hominid evolution. Phil Trans Royal Soc Ser B 334: 223-232.

Aiello LC, et al., 2001. In defense of the expensive tissue hypothesis. In *Evolutionary Anatomy of the Primate Cerebral Cortex*. Falk D, Gibson KR (eds.) 57-78. Cambridge University Press.

Stiner MC. 2002. Carnivory, coevolution, and the geographic spread of the genus *Homo*. J Archaeological Res 10: 1-63.

Decsi T, Koletzko B. 1994. Polyunsaturated fatty acids in infant nutrition. Acta Paediatr Suppl 83 (395): 31-37.

Kothapalli KSD, et al., 2007. Differential cerebral cortex transcriptomes of baboon neonates consuming moderate and high docosahexaenoic acid formulas. PLoS One 2 (4): e370.

Kothapalli KSD, et al., 2006. Comprehensive differential transcriptome analysis of cerebral cortex of baboon neonates consuming arachidonic acid and moderate and high docosahexaenoic acid formulas. FASEB J 20: A1347.

Brenna JT. 2002. Efficiency of conversion of α-linolenic acid to long chain n-3 fatty acids in man. Curr Opinion in Clin Nutr and Metabolic Care 5: 127-132.

Farquharson J, et al., 1992. Infant cerebral cortex phospholipid fatty acid composition and diet. Lancet 340: 810-813.

Martin RD. 1981. Relative brain size and basal metabolic rate in terrestrial vertebrates. Nature 293: 57-60.

German J, Dillard C. 2006. Composition, structure and absorption of milk lipids: a source of energy, fat-soluble nutrients and bioactive molecules. Critical Rev Food Sci Nutr 46: 57-92.

*8 Milligan LA. 2008. Nonhuman primate milk composition: relationship to phylogeny, ontogeny and, ecology. PhD diss., University of Arizona.

Milligan LA, et al., 2008. Fatty acid composition of wild anthropoid primate milks. Comp Biochem Physiol Pt B 149: 74-82.

第5章

Cordain L, et al., 2002. The paradoxical nature of hunter-gatherer diets: meat-based, yet non-atherogenic. Eur J Clin Nutr 56: S42-S52.

Cordain L, et al., 2002. Fatty acid analysis of wild ruminant tissues: evolutionary implications for reducing diet related chronic disease. Eur J Clin Nutr 56: 181-191.

Prentice AM. 2005. The emerging epidemic of obesity in developing countries. Int J Epidemiol 1-7.

Brown PJ, Condit-Bentley VK. 1998. Culture, evolution, and obesity. In *Handbook of Obesity*, Bray G, et al. (eds.) 143-155. Marcel Dekker.

Oddy DJ. 1970. Food in nineteenth-century England: nutrition in the first urban society. Proc of the Nutr Soc 29: 150-157.

Pryer J. 1993. Body mass index and work-disabling morbidity: results from a Bangladeshi case study. Eur J Clin Nutr 47: 653-7.

Bungum TH, et al., 2003. The relationship of body mass index, health costs and job absenteeism. Am J Health Behav 27: 456-462.

Geier AB, et al., 2007. The relationship between relative weight and school attendance among elementary schoolchildren. Obesity 15: 2157-2161.

Schulze MB, et al. 2004. Sugar-sweetened beverages, weight gain, and incidence of type 2 diabetes in young and middle-aged women. JAMA 292: 927-934.

Fowler SP, et al, 2005. Diet soft drink consumption is associated with increased incidence of overweight and obesity in the San Antonio heart study. ADA Annual Meeting 1058-P.
Tordoff MG, Friedman, MI. 1989. Drinking saccharin increases food intake and preference—IV. Cephalic phase and metabolic factors. Appetite 12: 37-56.
Powley TL, Berthoud H-R. 1985. Diet and cephalic-phase insulin responses. Am J Clin Nutr 42: 991-1002.
Hanover LM, White JS. 1993. Manufacturing, composition, and applications of fructose. Am J Clin Nutr 58 (suppl): 724S-732S.
Bray GA, et al., 2004. Consumption of high-fructose corn syrup in beverages may play a role in the epidemic of obesity. Am J Clin Nutr 79: 537-543.
Havel PJ. 2005. Dietary fructose: implications for dysregulation of energy homeostasis and lipid/ carbohydrate metabolism. Nutr Rev 63: 133-157.
Lê K-A, Tappy L. 2006. Metabolic effects of fructose. Curr Opin Clin Nutr Metab Care 9: 469-475.
Teff KL, et al., 2004. Dietary fructose reduces circulating insulin and leptin, attenuates postprandial suppression of ghrelin, and increases triglycerides in women. JCEM 89: 2963-2972.
Monro JA, Shaw M. 2008. Glycemic impact, glycemic glucose equivalents, glycemic index, and glycemic load: definitions, distinctions, and implications. Am J Clin Nutr 87 (suppl): 237S-243S.
Flint A, et al., 2006. Glycemic and insulinemic responses as determinants of appetite in humans. Am J Clin Nutr 84: 1365-1373.
Howlett J, Ashwell M. 2008. Glycemic response and health: summary of a workshop. Am J Clin Nutr 87 (suppl): 212S-216S.
Waterland RA, Jirtle RL. 2003. Transposable elements: targets for early nutritional effects on epigenetic gene regulation. Molecular and Cellular Biol 23: 5293-5300.
Poitout V. 2003. The ins and outs of fatty acids on the pancreatic cell. Trends Endocrinol Metab 14: 201-203.
Patel MS, Srinivasan M. 2002. Metabolic programming: causes and consequences. J Biol Chem 277: 1629-1632.
Lee AT, et al., 1995. A role for DNA mutations in diabetes associated teratogenesis in transgenic embryos. Diabetes 44: 20-24.
Bowman, SA, et al., 2004. Effects of fast food consumption on energy intake and diet quality among children in a national household survey. J Pediatrics 113: 112-118.
Bowman SA, Vinyard BT. 2004. Fast food consumers vs. non-fast food consumers: a comparison of their energy intakes, diet quality, and overweight status. J Am College Nutr 23: 163-168.
Rolls BJ, Roe LS, Meengs JS. 2006. Reductions in portion size and energy density of foods are addictive and lead to sustained decreases in energy intake. Am J Clin Nutr 83: 11-17.
Rozin P. 2005. The meaning of food in our lives: a cross-cultural perspective on eating and well-being. J Nutr Educ Behav 37: S107-S112.
Lamonte MJ, Blair SN. 2006. Physical activity, cardiorespiratory fitness, and adiposity: contributions to disease risk. Curr Opin Clin Nutr Metab Care 9: 540-546.
Brownson RC, et al., 2001. Environmental and policy determinants of physical activity in the United States. Am J Pub Health 91: 1995-2003.
Gordon-Larsen P, et al., 2006. Inequality in the built environment underlies key health disparities in physical activity and obesity. Pediatr 117: 417-424.
Sallis JF, Glanz K. 2006. The role of built environments in physical activity, eating, and obesity in childhood. The Future of Children 16: 89-108.
Zhu X, Barch Lee C. 2008. Walkability and safety around elementary schools: economic and ethnic

disparities. Am J Prev Med 34: 282–290.
Babey SH, et al., 2008. Physical activity among adolescents: when do parks matter? Am J Prev Med 34: 345–348.
Miles R. 2008. Neighborhood disorder, perceived safety, and readiness to encourage use of local playgrounds. Am J Prev Med 34: 275–281.
Papas MA, Alberg AJ, Ewing R, Helzlsouer KJ, Gary TL, Klassen AC. 2007. The built environment and obesity. Epidemiol Rev 29: 129–143.
Jetter KM, Cassady DL. 2005. The availability and cost of healthier food items. University of California Agricultural Issues Center, AIC Issues Brief 29: 1–6.
Heindel JJ. 2003. Endocrine disruptors and the obesity epidemic. Toxicology Sci 76: 247–249.
Baillie-Hamilton PF. 2002. Chemical toxins: a hypothesis to explain the obesity epidemic. J Alt Comp Med 8: 185–192.
Crews D, McLachlan JA. 2006. Epigenetics, evolution, endocrine disruption, health, and disease. Endocrinology 147 (suppl): S4–S10.
Boulus Z, Rossenwasser AM. 2004. A chronobiological perspective on allostasis and its application to shift work. In *Allostasis, Homeostasis, and the Costs of Adaptation*, Schulkin J (ed.) Cambridge University Press.
Spiegel D, Sephton S. 2002. Re: night shift work, light at night, and risk of breast cancer. J Nat Cancer Institute 94: 530.
Straif K, et al., 2007 Carcinogenicity of shift-work, painting, and fire-fighting. Lancet Oncol 8: 1065–1066.
Resnick HE, et al., 2003. Diabetes and sleep disturbances. Diabetes Care 26: 702–709.
Nilsson PM, et al., 2004. Incidence of diabetes in middle-aged men is related to sleep disturbances. Diabetes Care 27: 2464–2469.
Mallon L, et al., 2005. High incidence of diabetes in men with sleep complaints or short sleep duration. Diabetes Care 28: 2762–2767.
Ayas NT, et al., 2003. A prospective study of self-reported sleep duration and incident diabetes in women. Diabetes Care 26: 380–384.
Kripke D, et al., 1979. Short and long sleep and sleeping pills. Is increased mortality associated? Arch Gen Psychiatry 36: 103–116.
Gallup Organization (eds.) 1995. Sleep in America. www.stanford.edu/~dement/95poll.html.
National Center for Health Statistics. 2005. Quick stats: percentage of adults who reported an average of 6 hours of sleep per 24-hour period, by sex and age group—United States, 1985 and 2004. JAMA 294: 2692.
Spiegel K, et al., 2005. Sleep loss: a novel risk factor for insulin resistance and type 2 diabetes. J Appl Physiol 99: 2008–2019.
Knutson KL, et al., 2007. The metabolic consequences of sleep deprivation. Sleep Med Rev 11: 163–178.
Schmid SM, et al., 2007. Sleep loss alters basal metabolic hormone secretion and modulates the dynamic counter regulatory response to hypoglycemia. JCEM 92: 3044–3051.
Yaggi HK, et al., 2006. Sleep duration as a risk factor for the development of type 2 diabetes. Diabetes Care 29: 657–661.
Rechtschaffen A, et al., 1983. Physiological correlates of prolonged sleep deprivation in rats. Science 221: 182–184.
Irwin M, et al., 1999. Effects of sleep and sleep deprivation on catecholamine and interleukin-2 levels in humans: clinical implications. JCEM 84: 1979–1985.

Spiegel K, et al., 2004. Leptin levels are dependent on sleep duration: relationships with sympathovagal balance, carbohydrate regulation, cortisol, and thyrotropin. JCEM 89: 5762-5771.
Taheri S, et al., 2004. Short sleep duration is associated with reduced leptin, elevated ghrelin, and increased body mass index. PLoS Medicine / Public Library of Science 1: e62.
Gunderson EP, et al., 2008. Association of fewer hours of sleep at 6 months postpartum with substantial weight retention at 1 year postpartum. Am J Epidemiol 167: 178-187.
Stunkard AJ, et al., 1955. The night-eating syndrome: a pattern of food intake among certain obese patients. Am J Med 19: 78-86.
Birketvedt GS, et al., 1999. Hypothalamic-pituitaryadrenal axis in the night eating syndrome. Am J Endocrinol Metab 282: E366-E369.
Allison KC, et al., 2005. Neuroendocrine profi les associated with energy intake, sleep, and stress in the night eating syndrome. JCEM 90: 6214-6217.
Lourenço AEP, et al., 2008. Nutrition transition in Amazonia: obesity and socioeconomic change in the Suruí Indians from Brazil. Am J Hum Bio 00: 000-000.
Hossain P, et al., 2007. Obesity and diabetes in the developing world: a growing challenge. N Eng J Med 356: 213-215.
Monteiro CA, et al., 2004. The burden of disease from undernutrition and overnutrition in countries undergoing rapid nutrition transition: a view from Brazil. Am J Pub Health 94: 433-434.
Popkin BM. 2002. An overview on the nutrition transition and its health implications: the Bellagio meeting. Public Health Nutr 5: 93-103.
Popkin BM. 2001. The nutrition transition and obesity in the developing world. J Nutr 131: 871S-873S.
*1 Drewnowski A. 2000. Nutrition transition and global dietary trends. Nutr 16: 486-487.
Bowman SA. 2007. Low economic status is associated with suboptional intakes of nutritious foods by adults in the national health and nutrition examination survey 1999-2002. Nutr Res 27: 515-523.
Drewnowski A. 2007. The real contribution of added sugars and fats to obesity. Epidemiol Rev 29: 160-171.
Wild S, et al., 2004. Global prevalence of diabetes: estimates for the year 2000 and projections for 2030. Diabetes Care 27: 1047-1053.
Hossain P, et al., 2007. Obesity and diabetes in the developing world: a growing challenge. N Eng J Med 356: 213-215.
*2 Brotanek JM, et al., 2007. Iron deficiency in early childhood in the United States: risk factors and racial/ethnic disparities. Pediatr 120: 568-575.
Nead KG, et al., 2004. Overweight children and adolescents: a risk group for iron deficiency. Pediatrics 114: 104-108.
Mojtabai R. 2004. Body mass index and serum folate in childbearing women. Eur J Epidemiol 19: 1029-1036.
Ray JG, et al., 2005. Greater maternal weight and the ongoing risk of neural tube defects after folic acid flour fortify cation. Obstet Gynecol 105: 261-265.
Christakis NA, Fowler JH. 2007. The spread of obesity in a large social network over 32 years. N Eng J Med 357: 370-379.
Dibaise JK, et al., 2008. Gut microbiota and its possible relationship with obesity. Mayo Clin Proc 83: 460-469.
Ley RE, et al., 2006. Microbial ecology: human gut microbes associated with obesity. Nature 444: 1022-1023.
Turnbaugh PJ, et al., 2006. An obesity-associated gut microbiome with increased capacity for energy harvest. Nature 444: 1027-1031.

Vasilakopoulou A, le Roux CW. 2007. Could a virus contribute to weight gain? Int J Obes 31: 1350-1356.

Dhurandhar NV, et al., 2000. Adiposity in animals due to a human virus. Int J Obes 24: 989-996.

Dhurandhar NV, et al., 2002. Human adenovirus Ad-36 promotes weight gain in male rhesus and marmoset monkeys. J Nutr132: 3155-3160.

第6章

*1 Feynman RP. 1964. *Feynman lectures on physics. Vol. 1. Reading*, Addison-Wesley.〔『ファインマン物理学 I 力学』坪井忠二訳（岩波書店 1967)〕

Helmholtz, H von. 1847. *Über die Erhaltung der Kraft, eine physikalische Abhandlung*. G. Reimer, 1847.

Einstein A. 1905. Does the inertia of a body depend upon its energy content? Ann D Phys 17: 891.

Blaxter K. 1989. *Energy Metabolism in Animals and Man*. Cambridge University Press.

Schmidt-Nielsen K. 1994. *Animal Physiology: Adaptation and Environment*. Cambridge University Press.

*2 Kleiber M. 1932. *The Fire of Life*. Huntington, Robert E. Krieger.〔『生命の火』亀高正夫，堀口雅昭訳（養賢堂 1985)〕

*3 Król E., Speakman JR. 2003. Limits to sustained energy intake VI. Energetics in laboratory mice in thermoneutrality. J Exp Biol 206: 4255-4266.

Brody S. 1945. *Bioenergetics and Growth*. Hafner.

McNab BK, Brown JH. 2002. *The Physiological Ecology of Vertebrates: A View from Energetics*. Cornell University Press.

Power ML. 1991. Digestive function, energy intake, and the response to dietary gum in captive callitrichids. Ph.D. diss., University of California. 235.

Thompson SD, et al., 1994. Energy metabolism and thermoregulation in the golden lion tamarin (*Leontopithecus rosalia*). Folia Primatol 63: 131-143.

Aschoff J, Pohl H 1970. Rhythmic variations in energy metabolism. Federation Proceedings 29: 1541-1552.

Power ML, et al., 2003. Resting energy metabolism of Goeldi's monkey (*Callimico goeldii*) is similar to that of other callitrichids. Am J Primatol 60: 57-67.

Kenagy GJ, Vleck D. 1982. Daily temporal organization of metabolism in small mammals: adaptation and diversity. In *Vertebrate Circadian Systems*, Aschoff J, Dann S, Groos GA (eds.) Springer Verlag.

Speakman JR, et al., 2001. Effect of variation in food quality on lactating mice *Mus musculus*. J Exp Bio 204: 1957-1965.

Hambly C, Speakman JR. 2005. Contribution of different mechanisms to compensation for energy restriction in the mouse. Obesity Res 13: 1548-1557.

Johnson, MS, et al., 2001a. Effects of concurrent pregnancy and lactation in *Mus musculus*. J Exp Bio 204: 1947-1956.

Johnson, MS, et al., 2001b. Inter-relationships between resting metabolic rate, life-history traits and morphology in *Mus musculus*. J Exp Bio 204: 1937-1946.

Leonard, WR, et al., 2003. Metabolic correlates of hominid brain evolution. Comp Biochem Physiol A 135: 5-15.

Speakman JR, et al., 2003. Resting and daily energy expenditures of free-living field voles are positively correlated but reflect extrinsic rather than intrinsic effects. PNAS 100: 14057-14062.

Blaxter K. 1989. *Energy Metabolism in Animals and Man*. Cambridge University Press.

Maynard LA, et al, 1979. *Animal Nutrition. 7th ed.* McGraw-Hill.

Power ML, et al., 1999. The role of calcium in health and disease. Am J Obstet Gynecol 181: 1560-1569.

Schmidt-Nielsen K. *Animal Physiology: Adaptation and Environment.* 1994. Cambridge University Press.

Kershaw EE, Flier JS. 2004. Adipose tissue as an endocrine organ. JCEM 89: 2548-2556.

Friedman MI, Stricker EM. 1976. Evidence for hepatic involvement in control of *ad libitum* food intake in rats. Psychol Rev 83: 409-43.

第7章

Schweitzer MH, et al., 2007. Analyses of soft tissue from *Tyrannosaurus rex* suggest the presence of protein. Science 316: 277-280.

Perry GH, et al., 2007. Diet and the evolution of human amylase gene copy number variation. Nat Genet 39: 1256-1260.

Vale W, et al., 1981. Characterization of a 41-residue ovine hypothalamic peptide that stimulates secretion of corticotropin and β-endorphin. Science 78: 1394-1397.

Dallman MF, et al., 2005. Chronic stress and comfort foods: self-medication and abdominal obesity. Brain, Behavior, and Immunity 19: 275-280.

Power ML, Schulkin J. 2006. Functions of corticotropin-releasing hormone in anthropoid primates: from brain to placenta. Am J Hum Biol 18: 431-447.

Seasholtz AF, et al., 2002. Corticotropin-releasing hormonebinding protein: biochemistry and function from fishes to mammals. J Endocrinol 175: 89-97.

Stenzel-Poore MP, et al., 1992. Characterization of the genomic corticotropin-releasing factor (CRF) gene from *Xenopus laevis:* two members of the CRF family exist in amphibians. Mol Endocrinol 6: 1716-1724.

Denver RJ. 1999. Evolution of the corticotropin-releasing hormone signaling system and its role in stress-induced phenotypic plasticity. Ann NY Acad Sci 897: 46-53.

Okawara Y, et al., 1988 Cloning and sequence analysis of cDNA for corticotropin-releasing factor precursor from the teleost fish *Catostomus commersoni.* PNAS 85: 8439-8443.

Montecucchi PC, Henschen A. 1981. Amino acid composition and sequence analysis of sauvagine, a new active peptide from the skin of *Phyllomedusa sauvagei.* Int J Pept Protein Res. 18: 113-120.

Lewis K, et al., 2001. Identifi cation of urocortin III, an additional member of the corticotropin-releasing factor (CRF) family with high affinity for the CRF2 receptor. PNAS USA 98: 7570-7575.

Arai M, et al., 2001. Characterization of three corticotropinreleasing factor receptors in catfish: a novel third receptor is predominantly expressed in pituitary and urophysis. Endocrinology 142: 446-454.

Huising MO, et al. 2004. Structural characterization of a cyprinid (*Cyprinus carpio* L.) CRH, CRH-BP, and CRH-R1, and the role of these proteins in the acute stress response. J Molecular Endocrinol 32: 627-648.

Huising MO, Flik G. 2005. The remarkable conservation of corticotropin-releasing hormone (CRH) -binding protein in the honeybee (*Apis mellifera*) dates the CRH system to a common ancestor of insects and vertebrates. Endocrinology 146: 2165-2170.

Jang H-J, et al., 2007. Gut-expressed gustducin and taste receptors regulate secretion of glucagon-like peptide-1. PNAS 104: 15069-15074.

Margolskee RF, et al., 2007. T1R3 and gustducin in gut sense sugars to regulate expression of Na+-glucose cotransporter 1. PNAS 104: 15075-15080.

参照文献

Kamagai J. 2001. Chronic central infusion of ghrelin increases hypothalamic neuropeptide Y and agouti-related protein mRNA levels and body weight in rats. Diabetes 50 (11): 2438-2443.

Gosman, et al., 2006. Obesity and the role of gut and adipose hormones in female reproduction. Hum Repro Update 12: 585-601.

Arvat E, et al. 2001. Endocrine activities of ghrelin, a natural growth hormone secretagogue (GHS), in humans: comparison and interactions with hexarelin, a nonnatural peptidyl GHS, and GH-releasing hormone. JCEM 86: 1169-1174.

Gourcerol G, et al., 2007. Preproghrelin-delivered peptide, obestatin, fails to influence food intake in lean or obese rodents. Obesity 15: 2643-2652.

Taché Y, Perdue MH. 2004. Role of peripheral CRF signaling pathways in stressrelated alterations of gut motility and mucosal function. Neurogastroenterol Motil 16 (suppl): 137-142.

Martínez V, et al., 2002. Cephalic phase of acid secretion involves activation of medullary TRH receptor subtype 1 in rats. Am J Physiol Gastrointest Liver Physiol 283: G1310-G1319.

Cummings DE, Overduin J. 2007. Gastrointestinal regulation of food intake. J Clin Invest 117: 13-23.

Berglund MM, et al. 2003. The use of bioluminescence resonance energy transfer 2 to study neuropeptide y receptor agonist: induced b-arrestin 2 interaction. J of Pharmacol and Experim Therapeutics 306: 147-156.

Wraith A, et al., 2000. Evolution of the neuropeptide Y receptor family: gene and chromosome duplications deduced from the cloning and mapping of the five receptor subtype genes in pig. Genome Res 3: 302-310.

Brady LS, et al. 1990. Altered expression of hypothalamic neuropeptide mRNAs in food-restricted and food-deprived rats. Neuroendocrinology 52: 441-447.

Batterham RL, et al. 2002. Gut hormone PYY3-36 physiologically inhibits food intake. Nature 418: 650-654.

Cerda-Reverter JM, et al. 2000. cNeuropeptide Y family of peptides: structure, anatomical expression, function, and molecular evolution. Biochem and Cell Biol 78 (3): 371-392.

Bado A, et al., 1998. The stomach is a source of leptin. Nature 394: 790-793.

Cammisotto PG, et al., 2006. Secretion of soluble leptin receptors by exocrine and endocrine cells of the gastric mucosa. Am J Physiol-Gastrointestinal and Liver Physiol 290: G242-249.

Peters JH, et al., 2005. Leptin-induced satiation mediated by abdominal vagal afferents. Am J Physiol Regul Integr Comp Physiol 288: R879-R884.

Picó C, et al., 2003. Gastric leptin: a putative role in the short-term regulation of food intake. Br J Nutr 90: 735-741.

Doyon C, et al. 2001. Molecular evolution of leptin. Gen and Comp Endocrinol 124 (2): 188-189.

Gingerich PD, et al. 2001. Origin of whales from early artiodactyls: hands and feet of Eocene Protocetidae from Pakistan. Science 293: 2239-2242.

Kennedy GC. 1953. The role of depot fat in the hypothalamic control of food intake in the rat. Proc Royal Soc London 140: 578-592.

Havel PJ, et al., 1996. Relationship of plasma leptin to insulin and adiposity in normal weight and overweight women: effects of dietary fat content and sustained weight loss. JCEM 81: 4406-4413.

Hervey GR. 1959. The effects of lesions in the hypothalamus in parabiotic rats. J Physiol 145: 336-352.

*1 Coleman DL. 1973. Effects of parabiosis of obese with diabetic and normal mice. Diabetologia 9: 294-298.

Zhang Y, et al., 1994. Positional cloning of the mouse Obese gene and its human analog. Nature 372: 425-531.

Fei H, et al. 1997. Anatomic localization of alternatively spliced leptin receptors (Ob-R) in mouse

brain and other tissues. PNAS 94: 7001-7005.
Cammisotto PG, et al., 2005. Endocrine and exocrine secretion of leptin by the gastric mucosa. J Histochemistry Cytochemistry 53: 851-860.
Isganaitis E, Lustig RH. 2005. Fast food, central nervous system insulin resistance, and obesity. Arterioscler Thromb Vasc Biol 25: 2451-2462.
Ahima RS, Osei SY. 2004. Leptin signaling. Physiol and Behav 81: 223-241.
Cohen P, et al., 2001. Selective deletion of leptin receptor in neurons leads to obesity. J Clin Invest 108: 1113-1121.
Halaas JL, et al., 1995. Weight-reducing effects of the plasma protein encoded by the obese gene. Science 269: 855-856.
Banks WA, et al., 2000. Partial saturation and regional variation in the blood to brain transport of leptin in normal weight mice. Am J Physiol 278: E1158-E1165.
Schwartz MW, et al., 2000. Central nervous system control of food intake. Nature 404: 661-671.
Mizuno TM, et al., 1996. Obese gene expression: reduction by fasting and stimulation by insulin and glucose in lean mice, and persistent elevation in acquired (diet-induced) and genetic (yellow *agouti*) obesity. PNAS 93: 3434-3438.
Mars M, et al., 2005. Decreases in fasting leptin and insulin concentrations after acute energy restriction and subsequent compensation in food intake. Am J Clin Nutr 81: 570-577.
Licinio J, et al., 1998. Synchronicity of frequently sampled, 24-hr concentrations of circulating leptin, luteinizing hormone, and estradiol in healthy women. PNAS USA 95: 2541-2546.
Henson MC, Castracane VD. 2006. Leptin in pregnancy: an update. Biol Reprod 74: 218-229.
Chehab FF, Lim ME, Lu R. 1996. Correction of the sterility defect in homozygous obese female mice by treatment with human recombinant leptin. Nat Genet 12: 318-320.
Ashworth CJ, et al., 2000. Placental leptin. Rev Reprod 5: 18-24.
Aquila S, et al., 2005. Leptin secretion by human ejaculated spermatozoa. JCEM 90: 4753-4761.
Kochan Z. 2006. Leptin is synthesized in the liver and adipose tissue of the dunlin (*Calidris alpine*). Gen Comp Endocrinol 148: 336-339.
Johnson RM, et al., 2000. Evidence for leptin expression in fishes. J Exp Zool 286: 718-724.
Huising MO, et al., 2006. Increased leptin expression in common carp (*Cyprinus carpio*) after food intake but not after fasting or feeding to satiation. Endocrinol 147: 5786-5797.
Spanovich S, et al., 2006. Seasonal effects on circulating leptin in the lizard Sceloporus undulatus from two populations. Comp Biochem Physiol Pt B, Biochem and Molecular Biol 143: 507-513.
Boswell T, et al. 2006. Identifi cation of a non-mammalian leptin-like gene: characterization and expression in the tiger salamander (*Ambystoma tigrinum*). Gen and Comp Endocrinol 146 (2): 157-166.
Crespi EJ. Denver RJ. 2006. Leptin (*ob gene*) of the South African clawed frog Xenopus laevis. PNAS 103: 10092-10097.
Doyon C, et al. 2001. Molecular evolution of leptin. Gen and Comp Endocrinol 124 (2): 188-189.
Taouis M, et al., 1998. Cloning the chicken leptin gene. Gene 208: 239-242.
Ashwell CM, et al. 1999. Hormonal regulation of leptin expression in broiler chickens. AJP-Regul, Integrative, and Comp Physiol 276 (1): R226-R232.
Denbow DM, et al. 2000. Leptin-induced decrease in food intake in chickens. Physiol and Behav 69 (3): 359-362.
Paczoska-Eliasiewicz HE, et al., 2006. Exogenous leptin advances puberty in domestic hen. Domestic Animal Endocrinol 31: 211-226.
Paczoska-Eliasiewicz HE, et al., 2003. Attenuation by leptin of the effects of fasting on ovarian

function in hens (*Gallus domesticus*). Reproduction 126 (6): 739-751.

Casabiell X, et al., 1997. Presence of leptin in colostrum and/or breast milk from lactating mothers: a potential role in the regulation of neonatal food intake. JCEM 82: 4270-4273.

Houseknecht KL, et al., 1997. Leptin is present in human milk and is related to maternal plasma leptin concentration and adiposity. Biochem Biophys Res Comm 240: 742-747.

Smith-Kirwin SM, et al., 1998. Leptin expression in human mammary epithelial cells and breast milk. JCEM 83: 1810-1813.

Barrenetxe J, et al., 2002. Distribution of the long leptin receptor isoform in brush border, basolateral membrane, and cytoplasm of enterocytes. Gut 50: 797-802.

Crespi EJ. Denver RJ. 2006. Leptin (ob gene) of the South African clawed frog Xenopus laevis. PNAS 103: 10092-10097.

Bouret SG, Simerly RB. 2004. Minireview: leptin and development of hypothalamic feeding circuits. Endocrinol 145: 2621-2626.

第8章

Richter CP. 1936. Increased salt appetite in adrenalectomized rats. Am J Physiol 115: 155-161.

Denton DA. 1982. *The Hunger for Salt*. Springer Verlag.

Schulkin J. 1991. *Sodium Hunger*. Cambridge University Press.

Fitzsimons JT. 1998. Angiotensin, thirst, and sodium appetite. Physiol Rev 78: 583-686.

Rozin P, Schulkin J. 1990. Food selection. In *Handbook of Behavioral Neurobiology*, Stricker EM (ed.): Plenum Press.

Rozin P. 1976. The selection of food by rats, humans, and other animals. In *Advances in the Study of Behavior*, Rosenlatt JS, Hinde RA, Shaw E, Beer C (eds.) Vol. 6. Academic Press.

Schulkin J. 2001. *Calcium Hunger: Behavioral and Biological Regulation*. Cambridge University Press.

Dallman MF, et al., 2003. Chronic stress and obesity: a new view of "comfort food." PNAS 100: 11696-11701.

Cummings DE, Overduin J. 2007. Gastrointestinal regulation of food intake. J Clin Invest 117: 13-23.

Gibbs J, et al., 1973. Cholecystokinin decreases food intake in rats. J Comp Physiol Psychol 84: 488-495.

Moran TH, Kinzig KP. 2004. Gastrointestinal satiety signals II. Cholecystokinin. Am J Physiol Gastrointest Liver Physiol 286: G183-G188.

Gibbs J, Smith GP. 1977. Cholecystokinin and satiety in rats and rhesus monkeys. Am J Clin Nutr 30: 758-761.

Gibbs J, et al., 1993. Cholecystokinin: a neuroendocrine key to feeding behavior. In *Hormonally Induced Changes in Mind and Brain*, Schulkin J (ed.) Academic Press.

West DB, et al., 1984. Cholecystokinin persistently suppresses meal size but not food intake in free-feeding rats. Am J Physiol Regul Integr Comp Physiol 246: R776-R787.

Moran TH, Kinzig KP. 2004. Gastrointestinal satiety signals II. Cholecystokinin. Am J Physiol Gastrointest Liver Physiol 286: G183-G188.

Tso P, Liu M. 2004. Apolipoprotein A-IV, food intake, and obesity. Physiol Behav 83: 631-643.

Degen L, et al., 2005. Effect of peptide YY3-36 on food intake in humans. Gastroenterology 129: 1430-1436.

Kojima M, et al., 1999. Ghrelin is a growth-hormone-releasing acylated peptide from stomach. Nature 402: 656-660.

Tomasetto C, et al., 2000. Identifi cation and characterization of a novel gastric peptide hormone: the motilin-related peptide. Gastroenterology 119: 395-405.

Tschop M, et al., 2000. Ghrelin induces adiposity in rodents. Nature 407: 908-913.
Gil-Campos M, et al., 2006. Ghrelin: a hormone regulating food intake and energy homeostasis. Br J Nutr 96: 201-226.
Wren AM, et al., 2001b. Ghrelin enhances appetite and increases food intake in humans. JCEM 86: 5992.
Wren AM, et al., 2001a. Ghrelin causes hyperphagia and obesity in rats. Diabetes 50: 2540-2547.
Cummings DE, et al., 2001. A preprandial rise in plasma ghrelin levels suggests a role in meal initiation in humans. Diabetes 50: 1714-1719.
Sun Y, Ahmed S, Smith RG. 2003. Deletion of Ghrelin impairs neither growth nor appetite. Molecular Cellular Biol 23: 7973-7981.
Ji H, Friedman MI. 1999. Compensatory hyperphagia after fasting tracks recovery of liver energy status. Physiol Behav 68: 181-186.
Bribiescas RG. 2005. Serum leptin levels in Ache Amerindian females with normal adiposity are not signifi cantly different from American anorexia nervosa patients. Am J Hum Biol 17: 207-210.
Kuzawa CW, et al., 2007. Leptin in a lean population of Filipino adolescents. Am J Phys Anthro 132: 642 649
Banks WA, et al., 2001. Serum leptin levels in wild and captive populations of baboons (Papio): implications for the ancestral role of leptin. JCEM 86: 4315-4320.
Weigle DS, et al., 1997. Effect of fasting, refeeding, and dietary fat restriction on plasma leptin levels. JCEM 82: 561-565.
Chan JL, et al., 2003. The role of falling leptin levels in the neuroendocrine and metabolic adaptation to shortterm starvation in healthy men. J Clin Invest 111: 1409-1421.
MacLean PS, et al., 2006. Peripheral metabolic responses to prolonged weight reduction that promote rapid, efficient regain in obesity-prone rats. Am J Physiol Regul Integr Comp Physiol 290: 1577-1588
Richter CP. 1953. Experimentally produced reactions to food poisoning in wild and domesticated rats. Ann NY Acad Sci 56: 225-239.
Stellar E. 1954. The physiology of motivation. Psychol Rev 61: 5-22.
Berridge KC. 2004. Motivation concepts in behavioral neuroscience. Physiol Behav 81: 179-209.
Dethier VG. 1976. *The Hungry Fly: A Physiological Study of the Behavior Associated with Feeding*. Harvard University Press.
Fitzsimons JT. 1998. Angiotensin, thirst, and sodium appetite. Physiol Rev 78: 583-686.
Grill HJ, Norgren R. 1978. The taste reactivity test. II. Mimetic responses to gustatory stimuli in chronic thalamic and chronic decerebrate rats. Brain Res 143: 263-279.
Grill HJ, Kaplan JM. 2002. The neuroanatomical axis for control of energy balance. Frontiers in Neuroscience 23: 2-40.
Grill HJ, Smith GB. 1988. Cholecystokinin decreases sucrose intake in chronic decerebrate rats. Am J Physiol 254: R853-856.
Norgren R. 1995. Gustatory system. In *The Rat Nervous System*, Pazinos G (ed.): Academic Press.
Travers JB, et al., 1987. Gustatory neural processing in the hindbrain. Annual Rev of Neuroscience 10: 595-632.
Woods SC, et al., 1998. Signals that regulate food intake and energy homeostasis. Science 280: 1378-1383.
Bouret SG, Simerly RB. 2004. Minireview: leptin and development of hypothalamic feeding circuits. Endocrinol 145: 2621-2626.
Sahu A. 2004. Minireview: a hypothalamic role in energy balance with special emphasis on leptin.

Endocrinol 145: 2613-2620.
Zigman JM, Elmquist JK. 2003. Minireview: from anorexia to obesity: the yin and yang of body weight control. Endocrinol 144: 3749-3756.
Berthoud HR, Morrison C. The brain, appetite, and obesity. 2008. Ann Rev Psychol 59: 55-92.
Mistry AM, et al., 1999. Leptin alters metabolic rates before acquisition of its anorectic effect in developing neonatal mice. Am J Physiol Regul Integr Comp Physiol 277: R742-R747.
Bouret SG, Simerly RB. 2004. Minireview: leptin and development of hypothalamic feeding circuits. Endocrinol 145: 2621-2626
Proulx K, Richard D, Walker C-D. 2002. Leptin regulates appetite-related neuropeptides in the hypothalamus of developing rats without affecting food intake. Endocrinol 143: 4683-4692.
Bouret SG, et al., 2004. Trophic action of leptin on hypothalamic neurons that regulate feeding. Science. 304: 108-110.
Hosoi T, et al., 2002. Brain stem is a direct target for leptin's action in the central nervous system. Endocrinology 143: 3498-3504.
Norgren R. 1995. Gustatory system. In *The Rat Nervous System*, Pazinos G (ed.) Academic Press.
Berridge KC. 2004. Motivation concepts in behavioral neuroscience. Physiol Behav 81: 179-209.
Heekeren HR, et al., 2004. A general mechanism for perceptual decision-making in the human brain. Nature 431: 859-862.
Heekeren HR, et al., 2006. Involvement of human left dorsolateral prefrontal cortex in perceptual decision making is independent of response modality. PNAS 103: 10023-100288.
Pannacciulli N, et al., 2007. Postprandial glucagon-like peptide-1 (GLP-1) response is positively associated with changes in neuronal activity of brain areas implicated in satiety and food intake regulation in humans. Neuroimage 35: 511-517.
Berridge KC. 2004. Motivation concepts in behavioral neuroscience. Physiol Behav 81: 179-209.
Gallistel CR. 1980. *The Organization of Action: A New Synthesis*. Erlbaum.
*1 Ji H, Friedman MI. 2003. Fasting plasma triglyceride levels and fat oxidation predict dietary obesity in rats. Physiol Behav 78: 767-772.
Friedman MI, Stricker EM. 1976. Evidence for hepatic involvement in control of ad libitum food intake in rats. Psychol Rev 83: 409-431.
Leibowitz SF, et al., 2006. Leptin secretion after a high-fat meal in normal-weight rats: strong predictor of long-term body fat accrual on a high-fat diet. Am J Physiol Endocrinol Metab 290: E258-E267.
Licinio J, et al., 1998. Synchronicity of frequently sampled, 24-hr concentrations of circulating leptin, luteinizing hormone, and estradiol in healthy women. PNAS USA 95: 2541-2546.

第9章

Todes DP. 2002. *Pavlov's Physiology Factory*. Johns Hopkins University Press.
Smith GP. 1995. Pavlov and appetite. Int Physiol Behav Sci 30: 169-174.
Pavlov IP. 1902. *The Work of the Digestive Glands*. Charles Griffin.
*1 Powley TL. 1977. The ventralmedial hypothalamic syndrome, satiety and a cephalic-phase hypothesis. Psychol Rev 84: 89-126.
*2 Moore-Ede MC. 1986. Physiology of the circadian timing system: predictive versus reactive homeostasis. Am J Physiol 250: R737-752.
Schulkin J. 2003. *Rethinking Homeostasis*. MIT Press.
Sterling P. 2004. Principles of allostasis: optimal design, predictive regulation, pathophysiology, and rational therapeutics. In *Allostasis, Homeostasis, and the Costs of Adaptation*, Schulkin J (ed.) 17-

64. Cambridge University Press.
Epstein, A. N. 1982. Mineralcorticoids and cerebral angiotensin may act to produce sodium appetite. Peptides 3: 493-494.
Herbert J. 1993. Peptides in the limbic system: neurochemical codes for co-ordinated adaptive responses to behavioural and physiological demand. Neurobiology 41: 723-791.
Smith GP. 2000. The controls of eating: a shift from nutritional homeostasis to behavioural neuroscience. Nutrition 16: 814-820.
McEwen BS. 2000. Allostasis and allostatic load: implications for neuropsychopharmacology. Neuropsychopharmacology 22: 108-124.
Woods SC. 1991. The eating paradox. How we tolerate food. Psychol Rev 98: 488-505.
Farrell JI. 1928. Contributions to the physiology of gastric secretion. Am J Physiol 85: 672-687.
Preshaw RM, et al., 1966. Sham-feeding and pancreatic secretion in the dog. Gastroenterology 50: 171-178.
Feldman M, Richardson CT. 1986. Role of thought, sight, smell, and taste of food in the cephalic phase of gastric acid secretion in humans. Gastroenterology 90: 428-33.
Martínez V, et al., 2002. Cephalic phase of acid secretion involves activation of medullary TRH receptor subtype 1 in rats. Am J Physiol Gastrointest Liver Physiol 283: G1310-G1319.
Goldschmidt M, et al., 1990. Food coloring and monosodium glutamate: effects on the cephalic phase of gastric acid secretion and gastrin release in humans. Am J Clin Nutr 51: 794-797.
Teff KL. 2000. Nutritional implications of the cephalic-phase refl exes: endocrine responses. Appetite 34: 206-213.
Teff KL, et al., 1991. Cephalic-phase insulin release in normal weight males: verifi cation and reliability. Am J Physiol 261: E430-E436.
Powley TL, Berthoud H-R. 1985. Diet and cephalic-phase insulin responses. Am J Clin Nutr 42: 991-1002.
Berthoud HR, et al., 1980. Cephalicphase insulin secretion in normal and pancreatic islet-transplanted rats. Am J Physiol 238: E336-E340.
Bruce DG, et al., 1987. Cephalic phase metabolic responses in normal weight adults. Metabolism 36: 721-725.
Abdallah L, et al., 1997. Cephalic phase responses to sweet taste. Am J Clin Nutr 65: 737-743.
Teff KL, et al., 1995. Sweet taste: effect on cephalic phase insulin release in men. Physiol and Behav 57: 1089-1095.
Norgren R. 1995. Gustatory system. In *The Rat Nervous System*, Pazinos G (ed.): Academic Press.
Wicks D, et al., 2005. Impact of bitter taste on gastric motility. Eur J Gastroenterol Hepatol 17: 961-965.
Li X, et al., 2006. Cats lack a sweet taste receptor. J Nutr 136: 1932S-1934S.
Luscombe-Marsh ND, et al., 2008. Taste sensitivity for monosodium glutamate and an increased liking of dietary protein. Br J Nutr 99: 904-908.
Ohara I, et al., 1988. Cephalic-phase response of pancreatic exocrine secretion in conscious dogs. Am J Physiol Gastrointest Liver Physiol 254: G424-G428.
Niijima A, et al., 1990. Cephalic-phase insulin release induced by taste stimulus of monosodium glutamate (umami) taste. Physiol Behav 48: 905-908.
Richter CP. 1936. Increased salt appetite in adrenalectomized rats. Am J Physiol 115: 155-161.
Denton DA. 1982. *The Hunger for Salt*. Springer Verlag.
Schulkin J. 1991. *Sodium Hunger*. Cambridge University Press.
Fitzsimons JT. 1998. Angiotensin, thirst, and sodium appetite. Physiol Rev 78: 583-686.

参照文献

Mattes RD. 2005. Fat taste and lipid metabolism in humans. Physiol Behav 86: 691–697.

Laugerette F, et al., 2005. CD36 involvement in orosensory detection of dietary lipids, spontaneous fat preference, and digestive secretions. J Clin Invest 115: 3177–3184.

Crystal SR, Teff KL. 2006. Tasting fat: cephalic-phase hormonal responses and food intake in restrained and unrestrained eaters. Physiol Behav 89: 213–220.

Smeets AJ, Westerterp-Plantenga MS. 2006. Oral exposure and sensory-specifi c satiety. Physiol and Behavior 89: 281–286.

Jackson KG, et al., 2002. Olive oil increases the number of triacylglycerol-rich chylomicron particles compared with other oils: an effect retained when a second standard meal is fed. Am J Clin Nutr 76: 942–949.

Mattes RD. 2002. Oral fat exposure increases the first phase triacylglycerol concentration due to release of stored lipid in humans. J Nutr 132: 3656–3662.

Tittelbach TJ, Mattes RD. 2001. Oral stimulation influences postprandial triacylglycerol concentrations in humans: nutrient specifi cit. J Am Coll Nutr 20: 485–493.

Booth DA. 1972. Conditioned satiety in the rat. J Comp Physiol Psychol 81: 457–471.

Rozin P. 1976. The selection of food by rats, humans, and other animals. In *Advances in the Study of Behavior*, Rosenlatt JS, et al. (eds.) Vol. 6. Academic Press.

Garcia J, et al., 1974. Behavioral regulation of the internal milieu in man and rat. Science 185: 824–831.

Richter CP. 1953. Experimentally produced reactions to food poisoning in wild and domesticated rats. Ann NY Acad Sci 56: 225–239.

Berridge KC, et al., 1981. Relation of consummatory responses and preabsorptive insulin response to palatability and taste aversions. J Comp Physiol Psychol 95: 363–382.

Woods SC, et al., 1970. Conditioned insulin secretion in the albino rat. Proc Soc Exp Biol Med 133: 965–968.

Dallman MF, et al., 1993. Feast and famine: critical role of glucocorticoids with insulin in daily energy flow. Front Neuroendocrinol 14: 303–347.

Woods SC, et al., 1977. Conditioned insulin secretion and meal feeding in rats. J Cop Physiol Psychol 91: 128–133.

Schwartz GJ, Moran TH. 1996. Sub-diaphragmatic vagal afferent integration of meal-related gastrointestinal signals. Neurosci Behav Rev 20: 47–56.

Powley TL. 2000. Vagal circuitry mediating cephalic-phase responses to food. Appetite 34: 184–188.

Katschinski M, et al., 1992. Cephalic stimulation of gastrointestinal secretory and motor responses in humans. Gastroenterology 103: 383–391.

Powley TL. 1977. The ventralmedial hypothalamic syndrome, satiety and a cephalic-phase hypothesis. Psychol Rev 84: 89–126.

Berthoud HR, et al., 1980. Cephalicphase insulin secretion in normal and pancreatic islet-transplanted rats. Am J Physiol 238: E336–E340.

Flynn FW, et al., 1986. Pre-and postabsorptive insulin secretion in chronic decerebrate rats. Am J Physiol 250: R539–R548.

*3 Grill HJ, Kaplan JM. 2002. The neuroanatomical axis for control of energy balance. Frontiers in Neuroscience 23: 2–40.

Smith GP. 2000. The controls of eating: a shift from nutritional homeostasis to behavioural neuroscience. Nutrition 16: 814–820.

*4 Zafra MA, et al., 2006. The neural/cephalic-phase refl exes in the physiology of nutrition. Neurosci Biobehav Rev 30: 1032–1044.

Williams LS, et al., 2002. Effects of admission hyperglycemia on mortality and costs in acute ischemic

stroke. Neurology 59: 67-71.
Gentile NT, et al., 2006. Decreased mortality by normalizing blood glucose after acute ischemic stroke. Acad Emerg Med 13: 174-180.
Porte D, Jr., et al., 2005. Insulin signaling in the central nervous system: a critical role in metabolic homeostasis and disease from C. elegans to humans. Diabetes 54: 1264-1276.
Powley TL, Berthoud H-R. 1985. Diet and cephalic-phase insulin responses. Am J Clin Nutr 42: 991-1002.
Teff KL. 2000. Nutritional implications of the cephalic-phase refl exes: endocrine responses. Appetite 34: 206-213.
Ahren B, Holst JJ. 2001. The cephalic insulin response to meal ingestion in humans is dependent on both cholinergic and noncholinergic mechanisms and is important for postprandial glycemia. Diabetes. 50 (5): 1030-1038.
Teff KL, Townsend RR. 1999. Early-phase insulin infusion and muscarinic blockade in obese and lean subjects. Am J Physiol 277: R198-R208.
Bruttomesso D, et al., 1999. Restoration of early rise in plasma insulin levels im proves the glucose tolerance of type 2 diabetic patients. Diabetes 48: 99-105.

第10章

Woods SC, et al., 1998. Signals that regulate food intake and energy homeostasis. Science 280: 1378-1383.
Havel PJ. 2001. Peripheral signals conveying metabolic information to the brain: short-term and long-term regulation of food intake and energy homeostasis. Experimental Biol and Med 226: 963-977.
Rozin P. 2005. The meaning of food in our lives: a cross-cultural perspective on eating and well-being. J Nutr Educ Behav 37: S107-S112.
*1 Woods SC. 1991. The eating paradox. How we tolerate food. Psychol Rev 98: 488-505.
Bernard C. 1865. *An Introduction to the Study of Experimental Medicine*. Dover Publications, 1957.
Cannon WB. 1932. *The Wisdom of the Body*. Norton.
Schulkin J. 2003. *Rethinking Homeostasis*. MIT Press.
Power ML. 2004. Viability as opposed to stability: an evolutionary perspective on physiological regulation. In *Allostasis, Homeostasis, and the Costs of Adaptation*, Schulkin J (ed.) 343-364. Cambridge University Press.
Craig WC. 1918. Appetites and aversions as constituents of instincts. Biol Bull 34: 91-107.
Katschinski M. 2000. Nutritional implications of cephalic-phase gastrointestinal responses. Appetite 34: 189-196.
Powley TL, Berthoud H-R. 1985. Diet and cephalic-phase insulin responses. Am J Clin Nutr 42: 991-1002.
Diamond P, LeBlanc J. 1988. A role for insulin in cephalic phase of postprandial thermogenesis in dogs. Am J Physiol 254 (5 Pt 1): E625-32.
Soucy J, LeBlanc J. 1999. Protein meals and postprandial thermogenesis. Physiol Behav 65: 705-709.
Teff KL, et al., 2004. Dietary fructose reduces circulating insulin and leptin, attenuates postprandial suppression of ghrelin, and in creases triglycerides in women. JCEM 89: 2963-2972.
Isganaitis E, Lustig RH. 2005. Fast food, central nervous system insulin resistance, and obesity. Arterioscler Thromb Vasc Biol 25: 2451-2462.
Powley TL. 1977. The ventralmedial hypothalamic syndrome, satiety and a cephalic-phase hypothesis. Psychol Rev 84: 89-12.
Friedman MI, Stricker EM. 1976. Evidence for hepatic involvement in control of ad libitum food

intake in rats. Psychol Rev 83: 409-431.

Tordoff MG, Friedman, MI. 1989. Drinking saccharin increases food intake and preference—IV. Cephalic phase and metabolic factors. Appetite 12: 37-56.

Wren AM, et al., 2001a. Ghrelin causes hyperphagia and obesity in rats. Diabetes 50: 2540-2547.

Wren AM, et al., 2001b. Ghrelin enhances appetite and increases food intake in humans. JCEM 86: 5992.

Ariyasu H, et al., 2001. Stomach is major source of circulating ghrelin and feeding state determines plasma ghrelin-like immunoreactivity levels in humans. JCEM 86: 4753-4758.

Cummings DE, et al., 2001. A preprandial rise in plasma ghrelin levels suggests a role in meal initiation in humans. Diabetes 50: 1714-1719

Arosio M, et al., 2004. Effects of modified sham feeding on ghrelin levels in healthy human subjects. JCEM 89: 5101-5104.

Drazen DL, et al., 2006. Effects of a fixed meal pattern on ghrelin secretion: evidence for a learned response independent of nutrient status. Endocrinology 147: 23-30.

Natalucci G, et al., 2005. Spontaneous 24-h ghrelin secretion pattern in fasting subjects: maintenance of a meal-related pattern. Eur L Endocrinol 152: 845-850.

Isganaitis E, Lustig RH. 2005. Fast food, central nervous system insulin resistance, and obesity. Arterioscler Thromb Vasc Biol 25: 2451-2462.

Kawai K, et al., 2000. Leptin as a modulator of sweet taste sensitivities in mice. PNAS 97: 11044-1104.

Bado A, et al., 1998. The stomach is a source of leptin. Nature 394: 790-793.

Sobhani I, et al., 2002. Vagal stimulation rapidly increases leptin secretion in human stomach. Gastroenterology 122: 259-263.

Peters JH, et al., 2005. Leptin-induced satiation mediated by abdominal vagal afferents. Am J Physiol Regul Integr Comp Physiol 288: R879-R884.

Picó C, et al., 2003. Gastric leptin: a putative role in the short-term regulation of food intake. Br J Nutr 90: 735-741.

Morton NM, et al., 1998. Leptin action in intestinal cells. J Biol Chem 273: 26194-26201.

Barrenetxe J, et al., 2002. Distribution of the long leptin receptor isoform in brush border, basolateral membrane, and cytoplasm of enterocytes. Gut 50: 797-802.

Lostao MP, et al., 1998. Presence of leptin receptors in rat small intestine and leptin effect on sugar absorption. FEBS Lett 423: 302-306.

Guilmeau S, et al., 2003. Duodenal leptin stimulates cholecystokinin secretion: evidence of a positive leptin-cholecystokinin feedback loop. Diabetes 52: 1664-1672.

Peters JH, et al., 2004. Cooperative activation of cultured vagal afferent neurons by leptin and cholecystokinin. Endocrinol 145: 3652-3657.

Peters JH, et al., 2005. Leptin-induced satiation mediated by abdominal vagal afferents. Am J Physiol Regul Integr Comp Physiol 288: R879-R884.

West DB, et al., 1984. Cholecystokinin persistently suppresses meal size but not food intake in free-feeding rats. Am J Physiol Regul Integr Comp Physiol 246: R776-R787.

Moran TH, Kinzig KP. 2004. Gastrointestinal satiety signals II. Cholecystokinin. Am J Physiol Gastrointest Liver Physiol 286: G183-G188.

Matson CA, Ritter RC. 1999. Long-term CCK-leptin synergy suggests a role for CCK in the regulation of body weight. Am J Physiol Regul Integr Comp Physiol 276: R1038-R1045.

Barrachina MD, et al., 1997. Synergistic interaction between leptin and cholecystokinin to reduce short-term food intake in lean mice. PNAS USA 94: 10455-10460.

Bajari TM, et al., Role of leptin in reproduction. 2004. Curr Opin Lipidol 15: 315-319.

Henson MC, Castracane VD. 2006. Leptin in pregnancy: an update. Biol Reprod 74: 218-229.
Tritos NA, Kokkotou EG. 2006. The physiology and potential clinical applications of ghrelin, a novel peptide hormone. Mayo Clin Proc 81: 653-660.
Takaya K, et al., 2000. Ghrelin strongly stimulates growth hormone (GH) release in humans. JCEM 85: 1169-1174.
*2 Zhang JV, et al., 2005. Obestatin, a peptide encoded by the ghrelin gene, opposes ghrelin's effects on food intake. Science 310: 996-999.
Gourcerol G, et al., 2007. Preproghrelin-delivered peptide, obestatin, fails to infl uence food intake in lean or obese rodents. Obesity 15: 2643-2652.
*3 Dallman MF, et al., 2005. Chronic stress and comfort foods: self-medication and abdominal obesity. Brain, Behavior, and Immunity 19: 275-280.
Zellner DA, et al., 2006. Food selection changes under stress. Physiol and Behav 87: 789-793.
Swanson LW, Simmons DM. 1989. Differential steroid hormone and neural infl uences on peptide mRNA levels in CRH cells of the paraventricular nucleus: a hybridization histochemical study in the rat. J Comp Neurol 285: 413-435.
Dallman MF, et al., 2003. Chronic stress and obesity: a new view of "comfort food." PNAS 100: 11696-11701.
Peciña S, et al., 2006. Nucleus accumbens corticotropin-releasing factor increases cue-triggered motivation for sucrose reward: paradoxical positive incentive effects in stress? BMC Biology 4: 8. doi: 10.1186/17417007-4-8.
Teff KL, et al., 2004. Dietary fructose reduces circulating insulin and leptin, attenuates postprandial suppression of ghrelin, and in creases triglycerides in women. JCEM 89: 2963-2972.
Schwartz MW, et al., 2003. Is the energy homeostasis inherently biased toward weight gain? Diabetes 52: 232-238.
Erickson JC, et al., 1996. Attenuation of the obesity syndrome of ob/ob mice by the loss of neuropeptide Y. Science 274: 1704-1707.
Woods SC. 1991. The eating paradox. How we tolerate food. Psychol Rev 98: 488-505.

第11章

Nicholls DG, Rial E. 1999. A history of the first uncoupling protein, UCP1. J Bioenergetics Biomembranes 31: 399-406.
Nicholls DG. 2001. A history of UCP1. Biochem Soc Trans 29: 751-755.
Hany TF, et al. 2002. Brown adipose tissue: a factor to consider in symmetrical tracer uptake in the neck and upper chest region. Eur J Nucl Med Mol Imaging 29: 1393-1398.
Cohade C, et al., 2003. "USA-fat": prevalence is related to ambient outdoor temperature—evaluation with 18F-FDG PET/CT. J Nucl Med 44: 1267-1270.
Schrauwen P, Hesselink MKC. 2004. Oxidative capacity, lipotoxicity, and mitochondrial damage in type 2 diabetes. Diabetes 53: 1412-1417.
Slawik M, Vidal-Puig AJ. 2006. Lipotoxicity, overnutrition, and energy metabolism in aging. Ageing Res Rev 5: 144-164.
Fain JN. 2006. Release of interleukins and other infl ammatory cytokines by human adipose tissue is enhanced in obesity and primarily due to the nonfat cells. Vitamins and Hormones 74: 443-477.
*1 Forssmann WG, Hock D, Lottspeich F, Henschen A, Kreye V, Christmann M, Reinecke M, Metz J, Catlquist M, Mutt V. 1983. The right auricle of the heart is an endocrine organ: cardiodilatin as a peptide hormone candidate. Anat Embryol 168: 307-313.
Kershaw EE, Flier JS. 2004. Adipose tissue as an endocrine organ. JCEM 89: 2548-2556.

参照文献

Andrew R, et al., 1998. Obesity and gender infl uence cortisol secretion and metabolism in man. JCEM 83: 1806-1809.

Morris JG. 1999. Ineffective vitamin D synthesis in cats is reversed by an inhibitor of 7-dehydrocholesterol-7-reductase. J Nutr 129: 903-908.

Kenny DE, et al., 1999. Determination of vitamins D, A, and E in sera and vitamin D in milk from captive and freeranging polar bears (Ursus mauritimus), and 7-dehydrocholecterol levels in skin from captive polar bears. Zoo Biol 17: 285-293.

Holick MF. 2004. Vitamin D: importance in the prevention of cancer, type 1 diabetes, heart disease and osteoporosis. Am J Clin Nutr 79: 362-371.

Holick MF. 1994. Vitamin D: new horizons for the 21st century. Am J Clin Nutr 60: 619-630.

Hillman LS. 1990. Mineral and vitamin D adequacy in infants fed human milk or formula between 6 and 12 months of age. J Pediatr 117: S134-S142.

Wortsman J, et al., 2000. Decreased bioavailability of vitamin D in obesity. Am J Clin Nutr 72: 690-693.

Arunagh S, et al., 2003. Body fat and 25-hydroxyvitamin D levels in healthy women. JCEM 88: 157-161.

Hyppönen E, Power C. 2006. Vitamin D status and glucose homeostasis in the 1958 British birth cohort. Diabetes Care 29: 2244-2246.

Heaney RP, et al., 2002. Calcium and weight: clinical studies. J Am Coll Nutr 21: 152S-155S.

Zemel MB. 2002. Regulation of adiposity and obesity risk by dietary calcium: mechanisms and implications. J Am Coll Nutr 21: 146S-151S.

Sun X, Zemel MB. 2004. Role of uncoupling protein 2 (UCP2) expression and 1alpha, 25-dihydroxyvitamin D3 in modulating adipocyte apoptosis. FASEB J 18: 1430-1432.

Zemel MB. 2004. Role of calcium and dairy products in energy partitioning and weight management. Am J Clin Nutr 79: 907S-912S.

Stewart PM, et al., 1999. Cortisol metabolism in human obesity: impaired cortisone to cortisol conversion in subjects with central obesity. JCEM 84: 1022-1027.

Rask E, et al., 2001. Tissue-specifi c dysregulation of cortisol metabolism in human obesity. JCEM 86: 1418-1421.

Hammoud AO, et al., 2006. Obesity and male reproductive potential. J Androl 27: 619-626.

Pasquali R, et al., 2003. Obesity and reproductive disorders in women. Hum Repro Update 9: 359-372.

Pasquali R, et al., 2006. The impact of obesity on reproduction in women with polycystic ovary syndrome. BJOG 113: 1148-1159.

Fain JN, et al., 2004. TNF release by the nonfat cells of human adipose tissue. Int J Obesity 28: 616-622.

Laird SM, et al., 2001. Leptin and leptin binding activity in recurrent miscarriage women: correlation with pregnancy outcome. Human Reproduction 16: 2008-2013.

Hendler I, et al., 2005. The levels of leptin, adiponectin, and resistin in normal weight, overweight, and obese pregnant women with and without preeclampsia. Am J Obstet Gynecol 193: 979-983.

Ategbo JM, et al., 2006. Modulation of adipokines and cytokines in gestational diabetes and macrosomia. JCEM 91: 4137-4143.

Jakimiuk AJ, et al., 2003. Leptin messenger ribonucleic acid (mRNA) content in the human placenta at term: relationship to levels of leptin in cord blood and placental weight. Gynecol Endocrinol 17: 311-316.

Butte NF, et al., 1997. Leptin in human reproduction: serum leptin levels in pregnant and lactating women. JCEM 82: 585-589.

Sooranna SR, et al., 2001. Fetal leptin infl uences birth weight in twins with discordant growth. Pediatr Res 49: 667-672.

Al Atawi F, et al., 2005. Fetal sex and leptin concentrations in pregnant females. Ann Saudi Med 25: 124-128.

Henson MC, Castracane VD. 2006. Leptin in pregnancy: an update. Biol Reprod 74: 218-229.

Henson MC, et al., 2004. Leptin receptor expression in fetal lung increases in late gestation in the baboon: a model for human pregnancy. Reprod 127: 87-94.

Lostao MP, et al., 1998. Presence of leptin receptors in rat small intestine and leptin effect on sugar absorption. FEBS Lett 423: 302-306.

Barrenetxe J, et al., 2002. Distribution of the long leptin receptor isoform in brush border, basolateral membrane, and cytoplasm of enterocytes. Gut 50: 797-802.

Arita Y, et al., 1999. Paradoxical decrease of an adipose-specific protein, adiponectin, in obesity. Biochem Biophys Res Commun 257: 79-83.

Lihn AS, et al., 2005. Adiponectin: action, regulation and association to insulin sensitivity. Obesity Rev 6: 13-21.

Trujillo ME, Scerer PE. 2005. Adiponectin—journey from an adipocyte secretory protein to biomarker of the metabolic syndrome. J Int Med 257: 167-175.

Catalano PM, et al., 2006. Adiponectin in human pregnancy: implications for regulation of glucose and lipid metabolism. Diabetologia 49: 1677-1685.

O'Sullivan AJ, et al., 2006. Serum adiponectin levels in normal and hypertensive pregnancy. Hypertension in Pregnancy 25: 193-203.

Combs TP, Scherer PE. 2003. The signifi cance of elevated adiponectin in the treatment of type 2 diabetes. Canadian Journal of Diabetes 27: 433-438.

*2 Kos K, et al., 2007. Secretion of neuropeptide Y in human adipose tissue and its role in maintenance of adipose tissue mass. Am J Physiol Endocrinol Metab 293: E1335-E1340.

*3 Kuo LE, et al., 2007. Neuropeptide Y acts directly in the periphery on fat tissue and mediates stress-induced obesity and metabolic syndrome. Nat Med 13: 803-811.

Dallman MF, et al., 2003. Chronic stress and obesity: a new view of "comfort food." PNAS 100: 11696-11701.

Clement K, Langin D. 2007. Regulation of infl ammation-related genes in human adipose tissue. J Int Med 262: 422-430.

Fain JN. 2006. Release of interleukins and other infl ammatory cytokines by human adipose tissue is enhanced in obesity and primarily due to the nonfat cells. Vitamins and Hormones 74: 443-477.

Weisberg SP, et al., 2003. Obesity is associated with macrophage accumulation in adipose tissue. J Clin Invest 112: 1796-1808.

Roth J, et al., 2004a. The obesity pandemic: where have we been and where are we going? Obesity Res 12: 88S-101S.

Roth J, et al., 2004b. Paradigm shifts in obesity research and treatment: roundtable discussion. Obesity Res 12: 145S-148S.

Arner P. 1998. Not all fat is alike. Lancet 351: 1301-1302.

Karelis AD, et al., 2004. Can we identify metabolically healthy but obese individuals (MHO)? Diabetes and Metabol 30: 569-572.

Goodpaster BH, et al., 2005. Obesity, regional body fat distribution, and the metabolic syndrome in older men and women. Arch Intern Med 165: 777-783.

Racette SB, et al., 2006. Abdominal obesity is a stronger predictor of insulin resistance than fitness among 50-95 year olds. Diabetes Care 29: 673-678.

Seidell JC, et al., 2001. Waist and hip circumferences have independent and opposite effects on cardiovascular disease risk factors: the Quebec family study. Am J Clin Nutr 74: 315-321.

Snijder MB, et al., 2003. Associations of hip and thigh circumferences independent of waist circumference with the incidence of type 2 diabetes: the Hoorn Study. Am J Clin Nutr 77: 1192-1197.

Ferreira I, et al., 2004. Central fat mass versus peripheral fat and lean mass: opposite (adverse versus favorable) associations with arterial stiffness? The Amsterdam growth and health longitudinal study. JCEM 89: 2632-2639.

Garg A. 2004. Regional adiposity and insulin resistance. JCEM 89: 4206-4210.

Jensen MD. 2006. Is visceral fat involved in the pathogenesis of the metabolic syndrome? Human model. Obesity 14 (suppl): 20S-24S.

Kuk JL, et al., 2006. Visceral fat is an independent predictor of all-cause mortality in men. Obesity 14: 336-341.

Fujioka S, et al., 1987. Contribution of intraabdominal fat accumulation to the impairment of glucose and lipid metabolism in human obesity. Metabolism 36: 54-59.

Racette SB, et al., 2006. Abdominal obesity is a stronger predictor of insulin resistance than fitness among 50-95 year olds. Diabetes Care 29: 673-678.

Goodpaster BH, et al., 2005. Obesity, regional body fat distribution, and the metabolic syndrome in older men and women. Arch Intern Med 165: 777-783.

Nielson S, et al., 2004. Splanchic lipolysis in human obesity. J Clin Invest 113: 1582-1588.

Seppälä-Lindroos A, et al., 2002. Fat accumulation in the liver is associated with defects in insulin suppression of glucose production and serum free fatty acids independent of obesity in normal men. JCEM 87: 3023-3028.

Bergman RN, et al., 2006. Why visceral fat is bad: mechanisms of the metabolic syndrome. Obesity 14 (suppl): 16S-19S.

Koutsari C, Jensen MD. 2006. Free fatty acid metabolism in human obesity. J Lipid Res 47: 1643-1650.

Pasquali R, et al., 1993. The hypothalamic-pituitary-adrenal axis in obese women with different patterns of body fat distribution. JCEM 77: 341-346.

Deurenberg P, et al., 2002. Asians are different from Caucasians and from each other in their body mass index/body fat per cent relationship. Obesity Rev 3: 141-146.

Park Y-W, et al., 2001. Larger amounts of visceral adipose tissue in Asian Americans. Obesity Res 9: 381-387.

Yajnik CS. 2004. Early life origins of insulin resistance and type 2 diabetes in India and other Asian countries. J Nutr 134: 205-210.

Conway JM, et al., 1995. Visceral adipose tissue differences in black and white women. Am J Clin Nutr 61: 765-771.

Tittelbach TJ, et al., 2004. Racial differences in adipocyte size and relationship to the metabolic syndrome in obese women. Obesity Res 12: 990-998.

Cossrow N, Falkner B. 2004. Race/ethnic issues in obesity and obesity-related comorbidities. JCEM 89: 2590-2594.

第12章

Speakman JR, et al., 2007. Assortative mating for obesity. Am J Clin Nutr 86: 316-323.

Wade GN, Jones JE. 2004. Neuroendocrinology of nutritional infertility. Am J Physiol Regul Integr Comp Physiol 287: R1277-R1296.

Nielsen S, et al., 2004. Splanchic lipolysis in human obesity. J Clin Invest 113: 1582-1588.

Williams CM. 2004. Lipid metabolism in women. Proc Nutr Soc 63: 153-160.
Lemieux S, et al., 1993. Sex differences in the relation of visceral adipose tissue accumulation to total body fatness. Am J Clin Nutr 58: 463-467.
He Q, et al., 2004. Sex-specific fat distribution is not linear across pubertal groups in a multiethnic study. Obesity Res 12: 725-733.
Kuk JL, et al., 2005. Waist circumference and abdominal adipose tissue distribution: infl uence of age and sex. Am J Clin Nutr 81: 1330-1334.
Jensen MD, et al., 1996. Effects of epinephrine on regional free fatty acid and energy metabolism in men and women. Ann Rev Physiol 33: 259-264.
Kuk JL, et al., 2006. Visceral fat is an independent predictor of all-cause mortality in men. Obesity 14: 336-341.
Pasquali R, et al., 1993. The hypothalamic-pituitary-adrenal axis in obese women with different patterns of body fat distribution. JCEM 77: 341-346.
Woodhouse LJ, et al., 2004. Dose-dependent effects of testosterone on regional adipose tissue distribution in healthy young men. JCEM 89: 718-726.
Singh R, et al., 2006. Testosterone inhibits adipogenic differentiation in 3T3-L1 cells: nuclear translocation of androgen receptor complex with beta-catenin and T-cell factor 4 may bypass canonical Wnt signaling to down-regulate adipogenic transcription factors. Endocrinology 147: 141-154.
Anderson LA, et al., 2001. The effects of androgens and estrogens on preadipocyte proliferation in human adipose tissue: influence of gender and site. JCEM 86: 5045-5051.
Tchernof A, et al., 2004. Ovarian hormone status and abdominal visceral adipose tissue metabolism. JCEM 89: 3425-3430.
Pedersen SB, et al., 2004. Estrogen controls lipolysis by up-regulating α2A-adrenergic receptors directly in human adipose tissue through the estrogen receptorα. Implications for the female fat distribution. JCEM 89: 1869-1878.
Rodríguez-Cuenca S, et al., 2005. Depot differences in steroid receptor expression in adipose tissue: possible role of the local steroid milieu. Am J Physiol Endocrinol Metab 288: E200-E207.
Richelsen B. 1986. Increased a 2-but similar b-adrenergic receptor activities in subcutaneous gluteal adipocytes from females compared with males. Eur J Clin Invest 16: 302-309.
Woods SC, et al., 2003. Gender differences in the control of energy homeostasis. Exp Biol Med 228: 1175-1180.
Wade GN, Jones JE. 2004. Neuroendocrinology of nutritional infertility. Am J Physiol Regul Integr Comp Physiol 287: R1277-R1296.
Sierra-Johnson J, et al., 2004. Relationships between insulin sensitivity and measures of body fat in asymptomatic men and women. Obesity Res 12: 2070-2077.
Einstein F, et al., 2005. Differential responses of visceral and subcutaneous fat depots to nutrients. Diabetes 54: 672-678.
Karelis AD, et al., 2004. Metabolic and body composition factors in subgroups of obesity: what do we know? JCEM 89: 2569-2575.
Racette SB, et al., 2006. Abdominal obesity is a stronger predictor of insulin resistance than fitness among 50-95 year olds. Diabetes Care 29: 673-678.
Hallschmid M, et al., 2004. Intranasal insulin reduces body fat in men but not in women. Diabetes 53: 3024-3029.
Clegg DJ, et al., 2003. Differential sensitivity to central leptin and insulin in male and female rats. Diabetes 52: 682-687.

参照文献

Clegg DJ, et al., 2006. Gonadal hormones determine sensitivity to central leptin and insulin. Diabetes 55: 978-987.

Al Atawi F, et al., 2005. Fetal sex and leptin concentrations in pregnant females. Ann Saudi Med 25: 124-128.

Ostlund RE, et al., 1996. Relation between plasma leptin concentration and body fat, gender, diet, age, and metabolic covariates. JCEM 81: 3909-3913.

Rosenbaum M, et al., 1996. Effects of gender, body composition, and menopause on plasma concentrations of leptin. JCEM 81: 3424-3427.

Kennedy A, et al., 1997. The metabolic signifi cance of leptin in humans: gender-based differences in relationship to adiposity, insulin sensitivity, and energy expenditure. JCEM 82: 1293-1300.

Saad MF, et al., 1997. Sexual dimorphism in plasma leptin concentration. JCEM 82: 579-584.

Nielsen S, et al., 2003. Energy expenditure, sex, and endogenous fuel availability in humans. J Clin Invest 111: 981-988.

Mittendorfer B. 2003. Sexual dimorphism in human lipid metabolism. J Nutr 135: 681-686.

Votruba SB, Jensen MD. 2006. Sex-specific differences in leg fat uptake are revealed with a high-fat meal. Am J Physiol Endocrinol Metab 291: E1115-E1123.

Lamont LS, et al., 2001. Gender differences in leucine, but not lysine, kinetics. J Appl Physiol 91: 357-362.

Lamont LS. 2005. Gender differences in amino acid use during endurance exercise. Nutr Rev 63: 419-422.

Hamadeh MJ, et al., 2005. Estrogen supplementation reduces whole body leucine and carbohydrate oxidation and increases lipid oxidation in men during endurance exercise. JCEM 90: 3592-3599.

Ross N. 1997. Effects of diet-and exercise-induced weight loss on visceral adipose tissue in men and women. Sports Med 24: 55-64.

Donnelly JE, et al., 2003. Effects of a 16-month randomized controlled exercise trial on body weight and composition in young, overweight men and women. Arch Intern Med 163: 1343-13.

Oftedal OT, et al., 1993. Nutrition and growth of suckling black bears (Ursus americanus) during their mothers' winter fast. Brit J Nutr 70: 59-79.

Kovacs CS, Kronenberg HM. 1998. Maternal-fetal calcium and bone metabolism during pregnancy, puerperium, and lactation. Endocrine Rev 18: 832-872.

Power ML, et al., 1999. The role of calcium in health and disease. Am J Obstet Gynecol 181: 1560-1569.

Prentice A, et al., 1995. Calcium requirements of lactating Gambian mothers: effects of a calcium supplement on breast-milk calcium concentration, maternal bone mineral content, and urinary calcium excretion. Am J Clin Nutr 62: 58-67.

Kalkwarf HJ, et al., 1997. The effect of calcium supplementation on bone density during lactation and after weaning. N Eng J Med 337: 523-528.

Fairweather-Tait S, et al., 1995. Effect of calcium supplements and stage of lactation on the calcium absorption effi ciency of lactating women accustomed to low calcium intakes. Am J Clin Nutr 62: 1188-1192.

Kuzawa CW. 1998. Adipose tissue in human infancy and childhood: an evolutionary perspective. Yrbk Phys Anthropol 41: 177-209.

Oftedal OT. 1984. Milk composition, milk yield, and energy output at peak lactation: a comparative review. Symp Zool Soc Lon 51: 33-8.

Power ML, et al., 2002. Does the milk of callitrichid monkeys differ from that of larger anthropoids? Am J Primatol 56: 117-127.

Aiello LC, Wheeler P. 1995. The expensive-tissue hypothesis: the brain and the digestive system in human and primate evolution. Curr Anthropol 46: 126-170.
Milligan LA. 2008. Nonhuman primate milk composition: relationship to phylogeny, ontogeny and, ecology. PhD diss., University of Arizona.
Milligan LA. 2005. Concentration of sIgA in the milk of Macaca mulatta [abstract]. Am J of Phys Anthropol Annual Meeting Issue: 153.
Barrett R, et al., 1998. Emerging and re-emerging infectious disease: the third epidemiologic transition. Ann Rev Anthro 27: 247-271.
Catalano PM, et al., 2007. Phenotype of in fants of mothers with gestational diabetes. Diabetes Care 30 (suppl 2): S156-S160.
Jasienska G, et al., 2006. Fatness at birth predicts adult susceptibility to ovarian suppression: an empirical test of the Predictive Adaptive Response hypothesis. PNAS 103: 12759-12762.
Jasienska G, et al., 2005. High ponderal index at birth predicts high estradiol levels in adult women. Am J Hum Biol 18: 133-140.
Matkovic V, et al., 1997. Leptin is inversely related to age at menarche in human females. JCEM 82: 3239-3245.
Gesink Law DC, et al., 2006. Obesity and time to pregnancy. Hum Reprod 22: 414-420.
Pasquali R, et al., 2003. Obesity and reproductive disorders in women. Hum Repro Update 9: 359-372.
Chehab FF, et al., 1996. Correction of the sterility defect in homozygous obese female mice by treatment with human recombinant leptin. Nat Genet 12: 318-320.
Wade GN, Jones JE. 2004. Neuroendocrinology of nutritional infertility. Am J Physiol Regul Integr Comp Physiol 287: R1277-R1296.
Lee JM, et al., 2007. Weight status in young girls and the onset of puberty. Pediatr 119: E624-E630.
*2 Tam CS, et al., 2006. Opposing influences of prenatal and postnatal growth on the timing of menarche. JCEM 91: 4369-4373.
*1 Frisch RE, Revelle R. 1971. Height and weight at menarche and a hypothesis of menarche. Arch Dis Child 46: 695-701.
Suter KJ, et al., 2000. Circulating concentrations of nocturnal leptin, growth hormone, and insulin-like growth factor-I increase before the onset of puberty in agonadal male monkeys: potential signals for the initiation of puberty. JCEM 85: 808-814.
McDowell MA, et al., 2007. Has age at menarche changed? Results from the National Health and Nutrition Examination Survey (NHANES) 1999-2004. J Adolescent Health 40: 227-231.
Li H-j, et al., 2005. A twin study for serum leptin, soluble leptin receptor, and free insulin-like growth factor-I in pubertal females. JCEM 90: 3659-3664.
Ahmed ML, et al., 1999. Longitudinal study of leptin concentration during puberty: sex differences and relationship to changes in body composition. JCEM 84: 899-905.
Lammert A, et al., 2001. Different isoforms of the soluble leptin receptor determine the leptin binding activity of human circulating blood. Biochem Biophys Res Commun 283: 982-988.
Kratzsch J, et al., 2002. Circulating soluble leptin receptor and free leptin index during childhood, puberty, and adolescence. JCEM 87: 4587-4594.
Hammoud AO, et al., 2006. Obesity and male reproductive potential. J Androl 27: 619-626.
Wang JX, et al., 2002. Obesity increases the risk of spontaneous abortion during infertility treatment. Obesity Res 10: 551-55.
Catalano PM, Ehrenberg HM. 2006. The short-and long-term implications of maternal obesity on the mother and her offspring. BJOG 113: 1126-1133.
Catalano PM. 2007. Management of obesity in pregnancy. Obstet Gynecol 109: 419-433.

Waller DK, et al., 2007. Prepregnancy obesity as a risk factor for structural birth defects. Arch Pediatr Adolesc Med 161: 745-750.

Feldkamp ML, et al., 2007. Development of gastroschisis: review of hypotheses, a novel hypothesis, and implications for research. Am J Med Genet Pt A 143: 639-652.

Ehrenberg, HM, et al., 2004. The influence of obesity and diabetes on the risk of cesarean delivery. Am J of Obstetrics and Gynecology 191: 969-974.

Speakman JR. 2007. A nonadaptive scenario explaining the genetic predisposition to obesity: the "predation release" hypothesis. Cell Metab 6: 5-12.

Speakman JR. 2006. Thrifty genes for obesity and the metabolic syndrome-time to call off the search? Diab Vasc Dis Res 3: 7-11.

第13章

Stunkard AJ, et al., 1986. An adoption study of human obesity. N Eng J Med 314: 193-198.

Stunkard AJ, et al., 1990. The body-mass index of twins who have been reared apart. N Eng J Med 322: 1483-1487.

Roth J, et al., 2004a. The obesity pandemic: where have we been and where are we going? Obesity Res 12: 88S-101S.

Roth J, et al., 2004b. Paradigm shifts in obesity research and treatment: roundtable discussion. Obesity Res 12: 145S-148S.

Farooqi IS, et al., 2003. Clinical spectrum of obesity and mutations in the melanocortin 4 receptor gene. N Eng J Med 348: 1085-1095.

Branson R, et al., 2003. Binge eating as a major phenotype of melanocortin 4 receptor gene mutations. NE J Med 348 (12): 1096-1103.

List JF, Habener JF. 2003. Defective melanocortin 4 receptors in hyperphagia and morbid obesity. N Eng J Med 348: 1160-1163.

Abate N, Chandalia M. 2003. The impact of ethnicity on type 2 diabetes. J Diabetes Complications 17: 39-58.

Yajnik CS. 2004. Early life origins of insulin resistance and type 2 diabetes in India and other Asian countries. J Nutr 134: 205-210.

Watson JD, Crick FHC. 1953. Molecular structure of nucleic acids: a structure for the deoxyribose nucleic acid. Nature 171: 737-738.

Franklin RE, Gosling RG. 1953. The structure of sodium thymonucleate fi bres. I. The influence of water content. Acta Crystallographica 6: 673-677.

Wilkins MHF, et al., 1953. Molecular structure of nucleic acids: molecular structure of deoxypentose nucleic acids. Nature 171: 738-740.

Gil-Campos M, et al., 2006. Ghrelin: a hormone regulating food intake and energy homeostasis. Br J Nutr 96: 201-226.

Zhang JV, et al., 2005. Obestatin, a peptide encoded by the ghrelin gene, opposes ghrelin's effects on food intake. Science 310: 996-999.

Gourcerol G, et al., 2007. Lack of obestatin effects on food intake: should obestatin be renamed ghrelin-associated peptide (GAP)? Regulatory Peptides 141: 1-7.

Bucham JR, Parker R. 2007. The two faces of miRNA. Science 318: 1877-1878.

Vasudevan S, et al., 2007. Switching from repression to activation: microRNAs can up-regulate translation. Science 318: 1931-193.

Goy RW, McEwen BS. 1980. *Sexual Differentiation of the Brain*. MIT Press.

*1 Forsdahl A. 1977. Are poor living conditions in childhood and adolescence important risk factors

for arteiosclerotic heart disease? Br J Prev Soc Med 31: 91-95.
*2 Barker DJP, Osmond C. 1986. Infant mortality, childhood nutrition, and ischaemic heart disease in England and Wales. Lancet 8489: 1077-1081.
Barker DJP. 1997. The fetal origins of coronary heart disease. Eur Heart J 18: 883-884.
Barker DJP, et al., 2008. A possible link between the pubertal growth of girls and breast cancer in their daughters. Am J Hum Biol 20 (2): 127-131.
Gesta S, et al., 2006. Evidence for a role of developmental genes in the origin of obesity and body fat distribution. PNAS 103: 6676-6681.
Waddington CH. 1942. Canalization of development and the inheritance of acquired characters. Nature 150: 563-565.
Crews D, McLachlan JA. 2006. Epigenetics, evolution, endocrine disruption, health, and disease. Endocrinology 147 (suppl): S4-S10.
*3 Holliday R. 1990. Mechanisms for the control of gene activity during development. Biol Rev Cambr Philos Soc 65: 431-471.
Holliday R. 2006. Epigenetics: a historical overview. Epigenetics 1: 76-80.
Cubas P, et al., 1999. An epigenetic mutation responsible for natural variation in floral symmetry. Nature 401: 157-161.
Kuzawa CW. 1998. Adipose tissue in human infancy and childhood: an evolutionary perspective. Yrbk Phys Anthropol 41: 177-209.
Yajnik CS. 2004. Early life origins of insulin resistance and type 2 diabetes in India and other Asian countries. J Nutr 134: 205-210.
Barker DJP. 1991. *Fetal and Infant Origins of Adult Disease*. BMJ.
Barker DJP. 1998. *Mothers, Babies, and Health in Later Life*. Churchill Livingstone.
Barker DJP, et al., 1993. Fetal nutrition and cardiovascular disease in adult life. Lancet 341: 938-941.
McEwen BS. 2005. Stressed or stressed out: what is the difference? J Psychiatry Neurosci 30: 315-318.
Crews D, McLachlan JA. 2006. Epigenetics, evolution, endocrine disruption, health, and disease. Endocrinology 147 (suppl): S4-S10.
Baillie-Hamilton PF. 2002. Chemical toxins: a hypothesis to explain the obesity epidemic. J Alt Comp Med 8: 185-192.
Kunz, LH, King, JC. 2007. Impact of maternal nutrition and metabolism on health of the offspring. Seminars in Fetal and Neonatal Med 12: 71-77.
Catalano PM, et al., 2003. Increased fetal adiposity: a very sensitive marker of abnormal in utero development. Am J Obstet Gynecol 189: 1698-1704.
Waterland RA, Jirtle RL. 2003. Transposable elements: targets for early nutritional effects on epigenetic gene regulation. Molecular and Cellular Biol 23: 5293-5300.
*4 Speakman JR. 2006. Thrifty genes for obesity and the metabolic syndrome-time to call off the search? Diab Vasc Dis Res 3: 7-11.
Abate N, Chandalia M. 2003. The impact of ethnicity on type 2 diabetes. J Diabetes Complications 17: 39-58.
Collins FS. 2004. What we do and don't know about "race," "ethnicity," genetics, and health in the dawn of the genome era. Nat Genet Suppl 36 (11): S13-S15.
Keita SOY, et al., 2004. Conceptualizing human variation. Nat Genet 36: S17-S20.
Royal CDM, Dunston GM. 2004. Changing the paradigm from "race" to human genome variation. Nat Genet 35: S5-S7.
Jorde LB, Wooding SP. 2004. Genetic variation, classifi cation, and "race." Nat Genet 36: 528-533.

参照文献

Mountain JL, Risch N. 2004. Assessing genetic contributions to phenotypic differences among "racial" and "ethnic" groups. Nat Genet 36: S48-S53.

Bamshad M, Wooding SP. 2003. Signatures of natural selection in the human genome. Nat Rev Genet 4 (2): 99-111.

Park Y-W, et al., 2001. Larger amounts of visceral adipose tissue in Asian Americans. Obesity Res 9: 381-387.

Sumner AE, et al., 2002. Sex differences in visceral adipose tissue volume among African Americans. Am J Clin Nutr 76: 975-979.

Hoffman DJ, et al., 2005. Comparison of visceral adipose tissue mass in adult African Americans ans whites. Obesity Res 13: 66-74.

Araneta MRG, Barrett-Conner E. 2005. Ethnic differences in visceral adipose tissue and type 2 diabetes: Filipino, African-American, and white women. Obesity Res 13: 1458-1465.

Schulz LO, et al., 2006. Effects of traditional and western environments on prevalence of type 2 diabetes in Pima Indians in Mexico and the U.S. Diabetes Care 29: 1866-1871.

Bennett PH, et al., 1971. Diabetes mellitus in American (Pima) Indians. Lancet 2 (7716): 125-128.

Knowler WC, et al., 1990. Diabetes mellitus in the Pima Indians: incidence, risk factors and pathogenesis. Diabetes Metab Rev 6: 1-27.

Koska J, et al., 2004. Pancreatic polypeptide is involved in the regulation of body weight in Pima Indian male subjects. Diabetes 53: 3091-3096.

Ma L, et al., 2005. Variations in peptide YY and Y2 receptor genes are associated with severe obesity in Pima Indian men. Diabetes 54: 1598-1602.

Kovacs P, et al., 2004. A novel missense substitution (Val1483Ile) in the fatty acid synthase gene (FAS) is associated with percentage of body fat and substrate oxidation rates in nondiabetic Pima Indians. Diabetes 53: 1915-1919.

Ma L, et al., 2007. Variants in ARHGEF11, a candidate gene for the linkage to type 2 diabetes on chromosomes 1q, are nominally associated with insulin resistance and type 2 diabetes in Pima Indians. Diabetes 56: 1454-1459.

Stunkard AJ, et al., 1986. An adoption study of human obesity. N Eng J Med 314: 193-198.

Stunkard AJ, et al., 1990. The body-mass index of twins who have been reared apart. N Eng J Med 322: 1483-148.

Hebebrand J, et al., 2000. Epidemic obesity: are genetic factors involved via increased rates of assortative mating? Int J Obesity 24: 345-353.

Jacobson P, et al., 2007. Spouse resemblance in body mass index: effects on adult obesity prevalence in the offspring generation. Am J of Epidemiol 165 (1): 101-108.

*5 Speakman JR, et al., 2007. Assortative mating for obesity. Am J Clin Nutr 86: 316-323.

Berk ES, et al., 2006. Metabolic infl exibility in substrate use is present in African-American but not Caucasian healthy, premenopausal, nondiabetic women. JCEM 91: 4099-4106.

Young TK, et al., 2007. Prevalence of obesity and its metabolic correlates among the circumpolar Inuit in 3 countries. Am J of Pub Health 97: 691-695.

Paulsen IT, et al., 2005. Complete genome sequence of the plant commensal pseudomonas fluorescens pf-5: insights into the biological control of plant disease. Nature Biotech 23: 873-878.

結論

Stunkard AJ. 1988. The Salmon lecture. Some perspective on human obesity: its causes. Bull NY Acad of Med 64 (8): 902-923.

Stunkard AJ, et al., 1990. The body-mass index of twins who have been reared apart. N Eng J Med

322: 1483-1487.
Kuzawa CW. 1998. Adipose tissue in human infancy and childhood: an evolutionary perspective. Yrbk Phys Anthropol 41: 177-209.
Cunnane SC, Crawford MA. 2003. Survival of the fattest: fat babies were the key to evolution of the large human brain. Comp Biochem and Physiol Part A 136: 17-26.
Nedergaard J, et al., 2007. Unexpected evidence for active brown adipose tissue in adult humans. Am J Physiol-Endocrinol and Metabol 293: E444-E452.
Milligan LA. 2008. Nonhuman primate milk composition: relationship to phylogeny, ontogeny and, ecology. PhD diss., University of Arizona.
Goldman L, et al., 1982. Incremental value of the exercise test for diagnosing the presence or absence of coronary artery disease. Circulation 66: 945-953.
Milligan LA. 2005. Concentration of sIgA in the milk of Macaca mulatta [abstract]. Am J of Phys Anthropol Annual Meeting Issue: 153.
Cassell JA. 1995. Social anthropology and nutrition: a different look at obesity in America. J Am Dietetic Assoc 95: 424-427.
Saguy AC, Riley KW. 2005. Weighing both sides: morality, mortality, and framing contests over obesity. J Health Politics Policy Law 30: 869-921.
Jørgensen ME, et al., 2006. Lifestyle modifies obesityassociated risk of cardiovascular disease in a genetically homogeneous population. Am J Clin Nutr 84: 29-36.
Lietzmann MF, et al., 2007. Physical activity recommendations and decreased risk of mortality. Arch Intern Med 167: 2453-2460.
Lee CD, et al., 1999. Cardiorespiratory fitness, body composition, and all-cause and cardiovascular disease mortality in men. Am J Clin Nutr 69: 373-380.
Sui X, et al., 2007. Cardiorespiratory fitness as a predictor of nonfatal cardiovascular events in asymptomatic women and men. Am J Epidemiol 165: 1413-1423.
Sui X, et al., 2007. Cardiorespiratory fitness and adiposity as mortality predictors in older adults. JAMA 298: 2507-2516.
Gale CR, et al., 2007. Maternal size in pregnancy and body composition in children. JCEM 92: 3904-3911.
Cherkas LF, et al., 2008. Arch Intern Med 168: 154-158.
Duke-Cohan JS, et al., 2004. Attractin: cautionary tales for therapeutic intervention in molecules with pleiotropic functionality. J Environ Pathol Toxicol Oncol 23: 1-11.
NHLBI press release. 2008. For safety, NHLBI changes intensive blood sugar treatment in trial of diabetes and cardiovascular disease. February 6. Accessed at www.nhlbi.nih.gov/health/prof/heart/other/accord/.

表

（表 6－1）骨格筋の収縮

1．中枢神経系に起源を有する活動電位がアルファ運動神経に達し，その後，軸索にそって下る．
2．活動電位が，軸索の電圧依存性カルシウムチャンネルを開く．濃度勾配によって細胞外液から細胞内にカルシウムイオンが流入する．
3．カルシウムイオンが，神経伝達物質であるアセチルコリンを含有する小胞と細胞膜の融合を促す．それが，運動神経末端と骨格筋繊維の運動神経側末端の間のシナプスにアセチルコリンの放出を引き起こす．
4．アセチルコリンはシナプスを越えて拡散し，ニコチン受容体に結合し，それを骨格筋繊維の運動神経側末端で活性化する．ニコチン受容体の活性化はナトリウム／カリウム・チャンネルを開き，自然の濃度勾配を利用してナトリウムイオンを細胞内に流入させると同時に，カルシウムイオンを細胞外へ放出する．このチャンネルは，ナトリウムに対してより透過性であるため，陽性イオンが細胞内に流入し，それによって，筋繊維膜は陽性に価電し，それが活動電位となる．
5．活動電位は，筋繊維内部を脱分極させ，それによって電位依存性カルシウムチャンネル（筋小胞体近接に存在するリアノジン受容体によく似た受容体である）が活性化され，それが，筋小胞体近接に存在するリアノジン受容体からのカルシウム放出を促す．
6．放出されたカルシウムは，筋原繊維の細いフィラメント上に存在するトロポニンCに結合し，そのトロポニンは，アロステリックにトロポミオシンを修飾する．通常，トロポミオシンは，ミオシン上にある結合部位を立体的に占拠する．カルシウムがトロポニンCに結合し，トロポニンタンパク質の立体構造の変化を引き起こすとトロポニンTがトロポミオシンを動かし，結合部位を解放する．
7．ミオシンは，細いフィラメント上の新たに解放された結合部位に結合する．そしてミオシンは，アクチンと強い結合で結びつく．アデノシン二リン酸（ADP）や無機リン酸塩の放出は，筋肉の力強い一撃をもたらす．これが，Z帯をお互いに引かせ合い，筋節と筋肉内のI帯を収縮させる．
8．アデノシン三リン酸（ATP）はミオシンに結合する．それがアクチンの放出をもたらす．その後，ミオシンはATPを加水分解し，ATPがcocked-back立体構造を取るように促す．
9．段階7と8は，カルシウムが存在し，ATPが有効である限り，繰り返される．
10．カルシウムイオンは，積極的に筋小胞体の中に戻される．この反応は，筋原繊維周囲液体内のカルシウム濃度を低い状態に保つ．これが，カルシウムのトロポニンからの移動に貢献する．こうして，トロポミオシン－トロポニン複合体は，アクチンフィラメント上の結合部位を再度覆い，筋肉の収縮は停止する．

（表7－1）情報分子の分泌系

内分泌腺	分泌されるおもなホルモン
脳下垂体前葉	プロラクチン，副腎皮質刺激ホルモン（ACTH），黄体形成ホルモン（LH），甲状腺刺激ホルモン（TSH），卵胞刺激ホルモン（FSH）
神経中葉／脳下垂体後葉	オキシトシン，アルギニンバゾプレッシン（AVP），エンドルフィン，エンケファリン
松果体	メラトニン
甲状腺	サイロキシン，カルシトニン
副甲状腺	副甲状腺ホルモン（PTH）
心臓	心房性ナトリウム利尿因子
副腎皮質	グルココルチコイド，ミネラロコルチコイド，アンドロゲン
副腎髄質	エピネフリン，ノルアドレナリン，ドーパミン
腎臓	レニン，カルシトリオール
膵臓	インスリン，グルカゴン，膵臓ポリペプチド，アミリン，エンテロスタチン
胃　小腸	グレリン，レプチン，副腎皮質刺激ホルモン放出ホルモン（CRH），ウロコルチン，コレシストキニン（CCK），ガストリン放出ペプチド，ペプチドYY，ボンベシン，ソマトスタチン，オベスタチン
肝臓	インスリン様成長因子，アンジオテンシノゲン，カルシトリオール
性腺：卵巣	エストロゲン，プロゲステロン
性腺：精巣	テストステロン
マクロファージ，リンパ球	サイトカイン
皮フ	副腎皮質刺激ホルモン放出ホルモン，ビタミンD
脂肪組織	レプチン，アディポネクチン，アンドロゲン，グルココルチコイド，サイトカイン

表

(表7－2) 主要なペプチド，神経ペプチド

	脳での合成の有無	末梢組織
βエンドルフィン	有	
ダイノルフィン	有	
エンケファリン	有	
ソマトスタチン	有	
副腎皮質刺激ホルモン	有	大腸，皮フ
ウロコルチン	有	胃，心臓
心房性ナトリウム利尿因子	有	心臓
ボンベシン	有	
グルカゴン	?	膵臓
血管作動性腸管ポリペプチド	?	
バソトシン	有	
(サブスタンスP) P物質	有	
(ニューロペプチドY) 神経ペプチドY	有	脂肪組織
ニューロテンシン	有	
ガラニン	?	
カルシトニン	有	甲状腺
コレシストキニン	有（?）	小腸
オキシトシン	有	乳腺
プロラクチン	有	
バソプレシン	有	
アンジオテンシン	有	腎臓
インターロイキン	有	脂肪組織
甲状腺刺激ホルモン放出ホルモン	有	
性腺刺激ホルモン放出ホルモン（GRH）	有	
黄体形成ホルモン放出ホルモン（LHRH）	有	
ノイロトロピン	有	
カルレチニン	有	
レプチン	無	脂肪組織，胃
グレリン	有（?）	胃
インスリン	無	膵臓

（表7－3）摂食を制御する腸脳ペプチド

ペプチド	合成場所	作用する場所			機能
		海馬	後脳	迷走神経	
グレリン	胃	X	X	X	摂食刺激
レプチン	胃	X	X	X	摂食抑制
ガストリン放出ペプチド	胃		X	X	
ニューロメディンB	胃		X	X	
コレシストキニン	小腸	X	X	X	摂食の中止
アポリポタンパク質 A-Ⅳ	小腸	X		X	脂肪吸収に応じて分泌される
グルカゴン様ペプチド1	小腸，大腸	X	X	X	胃内容排出を遅延させる
オキシントモジュリン	小腸，大腸	X			
ペプチドYY	小腸，大腸	X		X	胃内容排出を遅延させる
アミリン	膵臓	X	X		胃内容排出や胃液やグルカゴンの分泌抑制
エンテロスタチン	膵臓			X	脂肪の摂取にともなって分泌される
グルカゴン	膵臓				
インスリン	膵臓	X			
膵臓ポリペプチド	膵臓		X	X	

（表9－1）脳相反応の例

脳相反応	組織	機能
だ液分泌	口	そしゃく，スターチ消化の開始，食物粒子の溶解（味覚に必須）
胃酸分泌	胃	食物の加水分解
ガストリン分泌	胃	胃酸分泌刺激
リパーゼ分泌	胃，膵臓	脂肪消化
空腹	胃	食物通過調節
消化管ぜん動	消化管	食物通過調節
重炭酸塩分泌	消化管	胃酸の中和
コレシストキニン（CCK）分泌	小腸	食物摂取の中止
インスリン分泌	膵臓	血糖調節
膵臓ペプチド分泌	膵臓	膵液・消化管液の調節
消化酵素分泌	膵臓	タンパク質，炭水化物，脂肪の消化補助
胆汁分泌	胆のう	脂肪の乳化
レプチン分泌	脂肪組織，胃	食欲低下
グレリン分泌	胃	食欲刺激，成長ホルモン分泌刺激，脂肪吸収
熱産生	多数	摂食に関連する消化，生理プロセスのエネルギー代謝の増加の結果である．

表

（表11-１）脂肪組織が産生する活性物質

ホルモン	機能	肥満による変化
レプチン	食物摂取への影響，思春期の開始，骨の発達，免疫機能	血中レプチンの上昇
腫瘍壊死因子α（TNF-α）	遊離脂肪酸とグルコースの摂取と蓄積に関わる遺伝子の形質発現を抑える	脂肪組織内のTNF-α発現上昇
アディポネクチン	インスリン作用の強化	血中アディポネクチンの低下
インターロイキン６（IL-6）	インスリン信号の調整，エネルギー代謝への中枢作用	血中IL-6の上昇，内臓脂肪内のIL-6発現上昇
神経ペプチドY（NPY）	脂肪組織における血管新生，レプチン分泌の調整	不明．しかしNPYとY2受容体機能は内蔵脂肪量に比例して上昇
レジスチン	インスリン作用への効果，インスリン抵抗性との関連	血中レジスチン濃度はげっ歯類の肥満モデルで上昇
アロマターゼ	アンドロゲンをエストロゲンに変換	著変なし．しかし脂肪量の増大は全体としての変化を生む
17β-ヒドロキシステロイドヒドロゲナーゼ	エストロゲンをエストラジオールに，アンドロステンジオンをテストステロンに変換	著変なし．しかし脂肪量の増大は全体としての変化を生む
３α-ヒドロキシステロイドヒドロゲナーゼ	ジヒドロテストステロン不活化	
５α-リダクターゼ	コルチゾール不活化	
11β-ヒドロキシステロイドデヒドロゲナーゼ　１型	コルチゾンをコルチゾールに変換	脂肪組織の活性上昇

著者略歴

(Michael L. Power)

アメリカ産科婦人科学会上級研究員．スミソニアン国立動物園所属動物科学者．

(Jay Schulkin)

アメリカ産科婦人科学会研究部長．ワシントン大学産科婦人科学部客員教授．ジョージタウン大学神経科学学部特任教授．二人による共著に *The Evolution of the Human Placenta* (Johns Hopkins University Press, 2012), *Milk: The Biology of Lactation* (Johns Hopkins University, 2016) がある．

訳者略歴

山本太郎〈やまもと・たろう〉長崎大学熱帯医学研究所・国際保健分野主任教授．1990年長崎大学医学部卒業．長崎大学大学院博士課程病理学系専攻修了（博士医学）．東京大学大学院医学系研究科博士課程国際保健学専攻修了（博士国際保健学）．京都大学，ハーヴァード大学，コーネル大学，および外務省勤務等を経て現職．著書に『ハイチ――いのちとの闘い』（昭和堂）『感染症と文明』（岩波新書）『新型インフルエンザ』（岩波新書）ほか，翻訳書にジャック・ペパン『エイズの起源』（みすず書房），マーティン・J・ブレイザー『失われてゆく，我々の内なる細菌』（みすず書房）ほかがある．

マイケル・L・パワー／ジェイ・シュルキン
人はなぜ太りやすいのか
肥満の進化生物学
山本太郎訳

2017年 7月10日 印刷
2017年 7月18日 発行

発行所 株式会社 みすず書房
〒113-0033 東京都文京区本郷5丁目32-21
電話 03-3814-0131(営業) 03-3815-9181(編集)
http://www.msz.co.jp

本文組版 キャップス
本文印刷・製本所 中央精版印刷
扉・表紙・カバー印刷所 リヒトプランニング

ISBN 978-4-622-08553-9
[ひとはなぜふとりやすいのか]